W0255901

SPRINGER COMPASS

Herausgegeben von
G. R. Kofer P. Schnupp H. Strunz

Reinhold Franck

Rechnernetze und Datenkommunikation

Mit 75 Abbildungen

Springer-Verlag
Berlin Heidelberg New York Tokyo

Prof. Dr.-Ing. Reinhold Franck

Universität Bremen
FB Mathematik und Informatik
Postfach 330440
D-2800 Bremen 33

CIP-Kurztitelaufnahme der Deutschen Bibliothek

Franck, Reinhold: Rechnernetze und Datenkommunikation / Reinhold Franck.
- Berlin ; Heidelberg ; New York ; Tokyo : Springer, 1986.
(Springer-Compass)

ISBN-13: 978-3-642-70267-9 e-ISBN-13: 978-3-642-70266-2
DOI: 10.1007/978-3-642-70266-2

Softcover reprint of the hardcover 1st edition 1986

2145/3145-543210

Softcover reprint of the hardcover 1st edition 1989

Vorwort des Herausgebers

Es ist in Deutschland leider eine Ausnahme, daß ein Praktiker zum Hochschullehrer wird (und umgekehrt).

Der Autor dieses Buchs ist eine solche Ausnahme: In einem namhaften Softwarehaus war er für Design und Implementierung bei mehreren großen Rechnernetz-Entwicklungen verantwortlich. Es sind Netze, die heute noch im täglichen Einsatz sind. Es sind Netze, die heute noch zu den größten in Deutschland gehören.

In noch einem Punkt ist er eine Ausnahme: Er gibt seine Erfahrungen nicht nur seinen Informatikstudenten weiter, denen so neben der Theorie eine gehörige Menge Praxis vermittelt wird. Sondern er bietet mit diesem Buch auch den Kollegen, die kleine und große Rechner-Verbundlösungen realisieren müssen, ein fundiertes Grundlagenwissen.

Es ist ein Grundlagenwissen, auf dessen Einsatztauglichkeit Sie sich verlassen können. Aus eigener Erfahrung weiß der Autor, welche theoretischen Überlegungen und Ergebnisse einem Software-Entwickler helfen, ein Netz besser, schneller, sicherer, zuverlässiger und wartungsfreundlicher zu konzipieren und zu realisieren. Und welche Theorie (zumindest derzeit noch) „nur" schön und elegant ist.

Denn in wenigen Gebieten der Software-Technologie treffen Wünsche, Realitäten und Restriktionen so hart aufeinander wie im Networking. Und in wenigen Gebieten ist die Wahl zwischen verschiedenen technischen und organisatorischen Lösungsmöglichkeiten so groß - und so riskant.

Deshalb ist dieses Buch auch nicht dünn. Es enthält und vermittelt eine Menge Wissen. Aber es läßt sich zum Glück auch auf zwei Weisen konsumieren.

Es ist ein Lehrbuch, das Sie sequentiell lesen können. Als Studierender als Begleitbuch zu einer Vorlesung, oder zur Vorbereitung auf eine Diplomarbeit (denn es enthält auch ein ausführliches Literaturverzeichnis). Als Praktiker für eine gründliche Einführung in dieses Fachgebiet, nach deren Abschluß Sie vermutlich feststellen werden, daß Sie manchem „alten Hasen" noch einiges Neue vormachen können.

Sie können dieses Buch aber auch als Hand- und Nachschlagebuch verwenden - vor allem dann, wenn Sie bereits ein „alter Hase“ sind. Das ist der Modus, in dem ich es nutze. Und bei dem ich mich jedesmal freue, daß es dieses Buch jetzt gibt.

Peter Schnupp

Vorwort des Autors

Das Fachgebiet „Rechnernetze und Datenkommunikation“ ist ein sehr junges Spezialgebiet der Informatik, das teilweise noch um seine Anerkennung neben anderen, etablierten Fachrichtungen kämpft. Die zögernde Akzeptanz dieser neuen Informatikdisziplin geht auf zwei Gründe zurück:

- auf den lange Zeit sehr rudimentären Entwicklungsstand der Datenübertragung und
- die entwicklungsbedingte, enge Verflechtung der Datenübertragung mit der klassischen Fernmeldetechnik, die traditionell der Elektrotechnik zuzurechnen ist.

Dieses Buch ist entstanden auf der Basis von Lehrmaterial, das ich für kommerzielle Seminare oder universitäre Lehrveranstaltungen ausgearbeitet habe. Ein wichtiges Motiv dieser Lehrtätigkeit lag für mich immer in dem Wunsch, anderen einen direkteren Zugang zu diesem Spezialgebiet der Informatik zu erschließen, als er mir möglich war:

- Meine eigenen Kenntnisse bezüglich der Datenkommunikation habe ich bei der Mitarbeit an industriellen Softwareprojekten erworben: Moderne Anwendungssysteme erbringen im Normalfall ihre Dienstleistungen im Dialog mit dem Benutzer; die Bereitstellung eines solchen Dialogzugangs zu einem Rechner ist der historische Ausgangspunkt und auch heute noch eine zentrale Aufgabenstellung für die Datenkommunikation.
- Im Unterschied zu den meisten anderen Autoren, die ähnliche Themen behandeln, habe ich mich in dieses neue Fachgebiet von der Seite der Anwendungen und unter softwaretechnischen Fragestellungen eingearbeitet. Deshalb spielen im vorliegenden Buch fernmelde- und nachrichtentechnische Grundlagen keine so große Rolle wie sonst üblich.

Dieses Buch soll Informatikern in Ausbildung und Beruf bei der Einarbeitung in das Gebiet der Rechnernetze und Datenkommunikation helfen. Im Zuge dieser Orientierung wird beim Leser neben allgemeinen Kenntnissen und Erfahrungen auf dem Gebiet der Datenverarbeitung kein besonderes Vorwissen vorausgesetzt.

Im Mittelpunkt der Darstellung steht die Motivation der Problemstellungen bei Rechnerkopplungen und -netzen sowie die Erläuterung der zugehörigen Lösungskonzepte.

Es war ursprünglich geplant, in dieses Buch auch einige Kapitel mit stärkerer Praxisorientierung über Standards der Datenkommunikation sowie das Dienstleistungsangebot der Deutschen Bundespost für die Datenübertragung zu integrieren. Aus Platz- und Zeitgründen wurde darauf verzichtet; es soll dies aber Thema eines selbständigen, ergänzenden Buches werden.

Die allgemeine Situation an den Universitäten der Bundesrepublik Deutschland und insbesondere im Studienfach Informatik begünstigt nicht gerade die Anfertigung umfänglicher Manuskripte: Die Beendigung des Ausbaus der Hochschulen bei steigenden Studentenzahlen allein führt für die Lehrenden und Lernenden schon häufig zu unzumutbaren Arbeitsbedingungen, die in der Regel nur durch Mehrarbeit der Betroffenen aufzufangen sind.

Das Schreiben wissenschaftlicher Lehrbücher gehört traditionell zu den Aufgaben von Hochschulwissenschaftlern. Angesichts der skizzierten Situation ist eine Arbeit an einem Buchmanuskript jedoch nahezu unvermeidlich mit einem zeitweiligen Verzicht auf persönliche Freizeit und Erholung verbunden. Ich möchte mich deshalb an dieser Stelle bei meiner Familie dafür entschuldigen, daß sie meinen „Besucherstatus" zuhause für mindestens ein halbes Jahr zu ertragen hatte. Gleichzeitig bedanke ich mich für ihre Unterstützung, ohne die dieses Buch nicht hätte entstehen können.

Weiterhin danke ich allen Fachkollegen, die Vorabfassungen von Teilen dieses Buches gelesen und mir mit ihrer Kritik geholfen haben, insbesondere den Herren E. Behnke, O. Langmack, K. Schröder und A. Spillner. Frau K. Limberg danke ich für ihre Unterstützung bei der Anfertigung der Zeichnungen.

Bremen, im April 1986 Reinhold Franck

Inhaltsverzeichnis

1 Einleitung

Dieses Kapitel enthält eine Einführung in die nachfolgende Abhandlung des Themengebiets Rechnernetze und Datenkommunikation und ist in folgender Weise untergliedert:

- 1.1 enthält eine Übersicht über den Inhalt des gesamten Buches sowie einige Hinweise für den Leser bezüglich der verwendeten Notation. Insbesondere wird erläutert, wie deutsche und englische Fachausdrücke verwendet werden.
- 1.2 enthält eine Abgrenzung dessen, was im vorliegenden Buch unter einem Rechnernetz verstanden und behandelt wird.
- 1.3 beschreibt die zwei unterschiedlichen und teils auch konträren Sichten eines Rechnernetzes: die eines Teilnehmers und die des Betreibers.
- 1.4 enthält eine Diskussion und Gegenüberstellung der beiden zentralen Begriffe dieses Buches: Rechnernetze und Datenkommunikation. Als Basis und Bezugsrahmen für die folgende Darstellung wird das Architekturmodell der ISO eingeführt.

1.1 Inhaltsübersicht und Lesehinweise

Das vorliegende Buch ist in folgender Weise aufgebaut:

In *Kapitel 1* folgt im Anschluß an diese Inhaltübersicht eine Definition dessen, was im folgenden unter einem Rechnernetz verstanden wird. Die Sicht eines Teilnehmers am Rand eines Netzes wird der des Betreibers eines Rechnernetzes gegenübergestellt. Die Begriffe „Rechnernetz" und „Datenkommunikation" werden eingeführt und gegeneinander abgegrenzt. Das grundlegende Architekturmodell der ISO für Kommunikationssysteme wird kurz beschrieben.

Kapitel 2 enthält eine Klassifikation von Rechnernetzen. Als Klassifikationsmerkmale dienen die Charakteristik der angebotenen Übertragungsdienste sowie die Art der Nutzung der Netzbetriebsmittel. Beschrieben werden u. a Vermittlungssysteme, Rundfunksysteme, leitungs- und speichervermittelnde Netze, Datagramm- und Paketnetze.

In Kapitel 3 und 4 werden die zentralen Leistungen beschrieben, die ein Rechnernetz für seine Benutzer erbringt:

- In *Kapitel 3* handelt es sich um die Dienstleistungen, die unmittelbar als Bestandteil der Schnittstelle am Netzrand auftreten und somit für alle Teilnehmer von Interesse bzw. verbindlich vorgegeben sind.
- In *Kapitel 4* werden einige netzinterne Verwaltungs- und Kontrollaufgaben beschrieben, die für ein korrektes Funktionieren eines Netzes unerläßlich sind. Darüber hinaus werden die Zuverlässigkeit von Netzdiensten sowie Probleme eines Netzbetriebs behandelt.

Im Vordergrund dieser Dienstleistungsbeschreibungen steht jeweils die Schilderung der Problemstellung und die Darstellung der Lösungskonzepte. Verzichtet wird dabei auf Details praktizierter Verfahren.

Kapitel 5 enthält einen Einschub über lokale Netze. Die Motive bei der Entstehung dieses jüngsten Netztypus, technologische Grundlagen sowie die wichtigsten bisher existierenden Ausprägungen von lokalen Netzen werden beschrieben.

In *Kapitel 6* wird die Thematik aus der Einleitung neu aufgegriffen und vor dem Hintergrund der dann zur Verfügung stehenden Begriffe und Techniken vertieft: Die historische Entstehung der Datenübertragung, die Kostenentwicklung für unterschiedliche Netztypen sowie die Perspektiven der Datenkommunikation und damit zusammenhängende Probleme werden beschrieben.

Abschließend folgt ein Verzeichnis der verwendeten *Literatur* sowie ein *Sachverzeichnis,* das den direkten Zugriff auf die Definitionen aller vorkommenden Abkürzungen und Spezialbegriffe ermöglicht.

Jedem Leser wird empfohlen, mit der Lektüre der Kapitel 1 und 2 zu beginnen. Die anschließenden zentralen Kapitel 3 bis 5 sind prinzipiell unabhängig voneinander, so daß z. B. für ein Verständnis des Kapitels 5 nicht die gesamte Kenntnis der vorangehenden Kapitel Voraussetzung ist; diese Unabhängigkeit gilt weitgehend auch für die einzelnen Abschnitte dieser umfangreichen Kapitel. Soweit dort zuvor erläuterte Begriffe verwendet werden, ist eine direkte Referenz auf die entsprechende Definition angegeben oder kann diese über das Sachverzeichnis leicht ermittelt werden.

Die Einarbeitung in das schon von Hause aus nicht einfache Fachgebiet „Rechnernetze und Datenkommunikation“ wird zusätzlich dadurch kompliziert, daß es eine enorme Anzahl von Spezialbegriffen gibt, deren Bedeutung man kennen muß, will man die einschlägigen Texte verstehen. Erschwerend kommt hinzu, daß zum Teil

- unterschiedliche Autoren gleiche Begriffe mit abweichender Bedeutung verwenden,
- für gleiche Sachverhalte unterschiedliche Bezeichnungen eingeführt sind und
- aufgrund der rapiden technischen Entwicklung der Begriffsapparat sich beständig erweitert.

Für Datenverarbeiter, deren Muttersprache nicht Englisch oder Amerikanisch ist, nimmt diese Begriffsverwirrung sehr bald babylonische Dimensionen an, weil in den meisten Fällen auf eine adäquate Übersetzung verzichtet und lieber gleich der amerikanische Spezialbegriff verwendet wird.

Angesichts dieser Begriffsprobleme und -unklarheiten wird in diesem Buch in folgender Weise verfahren:

- Jeder Spezialbegriff wird bei seinem ersten Auftreten **halbfett** hervorgehoben.
- Im Umfeld dieses ersten Auftretens wird er im Sinne einer Definition erklärt; nachfolgend verwendete oder sonst gebräuchliche Abkürzungen werden eingeführt.
- Falls Begriffe uneinheitlich verwendet werden oder noch nicht als stabil anzusehen sind, wird darauf besonders hingewiesen.
- Zusätzlich werden, *kursiv* und in Klammern eingeschlossen, für alle eingeführten Begriffe die englisch/amerikanischen Originalbezeichnungen genannt, um eine Orientierung in der Literatur zu erleichtern.
- Soweit es für einzelne Begriffe eine postamtliche Übersetzung gibt, wird diese verwendet, falls es nicht inzwischen eine gebräuchlichere Eindeutschung gibt.
- Zur leichteren Einarbeitung in den gesamten Begriffsapparat ist das erwähnte Sachverzeichnis angefügt, über welches das erste und definierende Auftreten aller verwendeten Begriffe leicht zu ermitteln ist.

1.2 Was ist ein Rechnernetz?

Die EDV oder kurz auch DV wird heute in nahezu allen Bereichen von Verwaltung und Produktion eingesetzt; aktuell ist eine zunehmende Durchdringung unseres Alltagslebens mit Mikroprozessoren zu beobachten. Im Zuge dieser Entwicklung wird eine zunehmende Anzahl von Rechnern bzw. Prozessoren eingesetzt. Um deren Leistungsfähigkeit besser und umfassender nutzen zu können, ist es in vielen Fällen wünschenswert, unterschiedliche Prozessoren in Verbindung bringen zu können - und zwar möglichst unabhängig von ihrem Aufstellungsort. Dies ist der zentrale Grund für die steigende Bedeutung der Datenkommunikation und für den Aufbau einer zunehmenden Anzahl von Rechnernetzen (vgl. auch 6.3.1).

Man könnte nun versucht sein, einfach alle solche Verbindungen zwischen einer Anzahl von Prozessoren als Rechnernetz zu bezeichnen. Dies stellt aber keine vernünftige Präzisierung dar: Zum Beispiel wird man im allgemeinen die Kommunikation

- zwischen den Zentraleinheiten eines Multiprozessorsystems oder
- zwischen einer Zentraleinheit und einem Prozessor zum Betrieb eines angeschlossenen Ein-/Ausgabegeräts

nicht als Rechnernetz bezeichnen - auch wenn dabei im einzelnen Verfahren und Techniken angewendet werden, die bei Rechnernetzen ebenfalls vorkommen.

In diesem Buch wird der Begriff **Rechnernetz** *(computer network)*, im folgenden auch kurz **Netz** genannt, in einem engeren Sinne verwendet, der in etwa durch die folgenden Anforderungen zu charakterisieren ist:

- Ein Rechnernetz ist primär ein **Transport-** und **Übertragungssystem** *(transport, transmission system)* für den Austausch digitaler Daten zwischen an das Netz angeschlossenen, weitgehend oder vollständig autonomen Teilnehmern.
- Der Transport, bzw. die Übertragung beinhaltet die Fähigkeit, die von Teilnehmern übergebenen Daten dem gewünschten Kommunikationspartner zustellen zu können.
- Ein Rechnernetz bietet seinen Teilnehmern die Möglichkeit, nacheinander oder auch gleichzeitig mit jedem anderen gewünschten Netzteilnehmer zum Zweck des Datenaustauschs in Verbindung zu treten. Diese Fähigkeit wird für eine große Klasse von Netzen auch als **Vermittlung** *(switching)* bezeichnet (vgl. dazu 2.1).
- Realisiert wird ein Netz in der Regel durch eine Anzahl von **Netzknoten** *(network node)*, d.h. speziell für die Aufgaben der Vermittlung und Übertragung digitaler Daten entwickelten DV-Systemen und den **Verbindungen** *(transmission line, connection, data link)* der Knoten untereinander sowie zwischen Knoten und den angeschlossenen Endgeräten. (Bei den meisten Typen von lokalen Netzen gibt es keine Netzknoten in diesem Sinne.)
- Das physikalische **Übertragungsmedium** *(transmission media)* zwischen den Knoten untereinander und zu den Teilnehmern unterliegt keinerlei Einschränkungen. Es kann variieren von Busverbindungen und Koaxkabeln über traditionelle Kupferkabel bis hin zu Laser-, Richtfunk- oder Satellitenstrecken.

Um diese sehr knappe, abstrakte und hier sicher noch schwer verständliche Charakterisierung zu veranschaulichen, folgen zwei Aussagen darüber, was im folgenden nicht unter einem Rechnernetz verstanden und deshalb auch nicht oder nur in Form von Randbemerkungen und Verweisen behandelt wird:

- Strikt hierarchisch strukturierte Systeme, bei denen z.B. von einer zentralen DV-Anlage *(master)* aus eine Reihe von unintelligenten Stationen *(slaves)* kontrolliert wird, stellten historisch die ersten von ihrer Komplexität her beherrschbaren Netze dar. Dabei handelt es sich aber nach heutigem Verständnis nicht um ein eigentliches Netz; viele der im folgenden beschriebenen Probleme treten dort nicht auf oder werden irgendwie lokal in dem zentralen Rechner gelöst.
- Verteilte Betriebs- oder Anwendungssysteme erscheinen ihren Benutzern oder Teilnehmern gegenüber als homogene Verarbeitungssysteme und verbergen vor ihnen bewußt, wo und wie die angebotenen Funktionen erbracht werden. Die Realisierung eines solchen **verteilten Systems** *(distributed system)* geschieht zwangsläufig auf der Basis eines unterliegenden Rechnernetzes oder Kommunikationssystems (vgl. 1.3). Jedoch bilden verteilte Systeme ein eigenes, abgrenzbares Fachgebiet, das hier nicht behandelt wird. Beispiele für solche Systeme sind verteilte Datenbanken, Last- und Funktionsverbunde auf Anwendungsebene etc.

Bezüglich der Komplexität der resultierenden Systeme handelt es sich dabei um Abgrenzungen „nach unten“ und „nach oben“; bezüglich ihrer Entstehungszeit könnten sie auch als „von gestern“ und „von morgen“ charakterisiert werden. In beiden Fällen sind die jeweiligen Grenzen nicht scharf fixierbar; die Übergänge sind fließend, so daß nachfolgend die hier getroffene Abgrenzung jeweils konkret auszuführen sein wird.

1.3 Teilnehmer- und Betreibersicht eines Netzes

Aus der Perspektive eines angeschlossenen **Teilnehmers** *(subscriber)* besteht ein Rechnernetz aus zwei Bestandteilen, die häufig wie in Abb. 1-1 (a) graphisch veranschaulicht werden:

- dem **Kommunikationssystem** *(communication subnet* oder kurz *subnet)* - es wird oft als „Netzwolke" mit einer nicht sichtbaren Feinstruktur gezeichnet; und
- den **Teilnehmeranschlüssen** - diese werden durch Geraden repräsentiert, welche die Netzwolke mit je einem Endteilnehmer, häufig auch Host genannt, verbinden.

Die Bezeichnung **Host** ist aus der Terminologie des ARPA-Netzes (vgl. 6.1.5) übernommen: Ursprünglich wurden damit nur mit dem Netz verbundene DV-Anlagen bezeichnet, an die selbst eine Reihe von Terminals für den Netzzugang angeschlossen waren. Inzwischen ist es weitgehend üblich geworden, alle angeschlossenen, autonomen Endteilnehmer unterschiedslos als Hosts zu bezeichnen.

Man kann sich die Verbindungsgerade zwischen jedem Host und der Netzwolke als Repräsentant der Teilnehmeranschlußleitung zwischen dem nächstgelegenen Netzknoten und dem angeschlossenen Endteilnehmer vorstellen. Die den Host repräsentierenden Kreise stellen jedoch nur die für den Netzanschluß relevanten (Hardware- und Software-) Komponenten der betreffenden Installation dar. Diese werden auch als **Datenendgerät, Endgerät** oder **Endsystem** *(end system)* bezeichnet. Was ein solcher Teilnehmer neben seinen Kommunikationsbeziehungen alles lokal ausführt, wie die zu verschickenden Daten erstellt oder die empfangenen Daten weiterverarbeitet werden, ist im Zusammenhang mit Netzbetrachtungen nicht interessant.

Die so getroffene Unterscheidung zwischen Teilnehmern und dem Kommunikationssystem hat nicht nur die oben beschriebene technische, sondern oft auch organisatorische und juristische Bedeutung:

- Es kommt häufig vor, daß es sich bei den Teilnehmern und dem **Netzbetreiber,** d. h. dem für das Kommunikationssystem Zuständigen *(network carrier)*, um unterschiedliche juristische Personen handelt. In der Bundesrepublik Deutschland liegt das Monopol für Fernmeldenetze bei der Deutschen Bundespost (DBP): Jeder Betreiber eines privaten Übertragungsnetzes muß sich die notwendigen Übertragungsleitungen von der DBP mieten, falls das gewünschte Netz über die Grenzen seines privaten Grundstücks ausgedehnt werden soll.
- Der Benutzer sieht das Netz normalerweise als *black-box,* welche die von ihm gewünschte Dienstleistung erbringt: die Ermöglichung eines Datenaustauschs mit dem gewünschten Partner nach einer eventuellen vorherigen Vermittlung durch

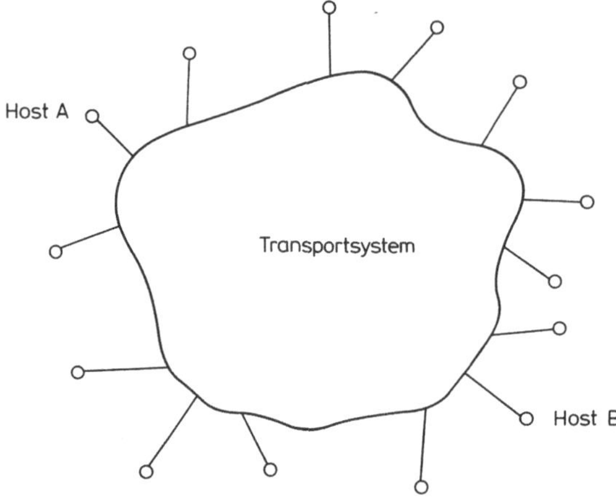

a) Schematische Darstellung eines Rechnernetzes bestehend aus dem Transportsystem und den Teilnehmeranschlüssen

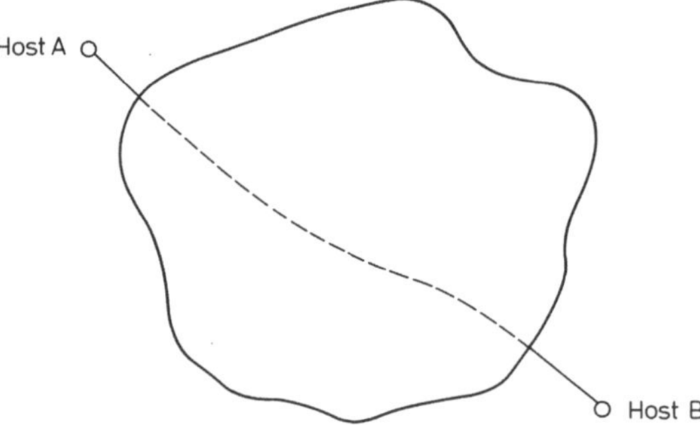

b) End-zu-End-Sicht des Netzes aus der Perspektive zweier Kommunikationspartner

Abb. 1-1 a, b. Globale und Detailsicht eines Netzes

das Netz (vgl. 2.1). Diese **End-zu-End-Sicht** *(end-to-end)* ist in Abb. 1-1 (b) wiedergegeben.

- Der Betreiber des Netzes dagegen sieht primär ein vielleicht sehr komplexes Hardware-/Softwaresystem, das von ihm in Gang gebracht und betrieben werden muß. Die Teilnehmer und ihre Wünsche sind aus dieser Perspektive häufig nur die Ursache von Störungen und Problemen beim Betrieb des Systems.

Die angedeutete unterschiedliche Interessenlage von Betreibern und Teilnehmern eines Netzes schlägt sich auch in einer ersten nicht eindeutigen Weise der Bezeichnung nieder: Aus der Sicht eines Netzbetreibers wird oft das Kommunikationssystem mit dem gesamten Netz identifiziert, so daß dieses auch pauschal mit den oben bereits eingeführten Begriffen Transport- oder Übertragungssystem bezeichnet wird (vgl. 1.2). Ein Teilnehmer dagegen wird in der Regel auch seine Anschlußleitung dem Netz zurechnen; diese besteht bei nicht rein lokalen Netzen ebenfalls aus einer Postleitung. (Der daraus resultiernde Widerspruch wird z. B. in 3.4.1 weiter diskutiert.)

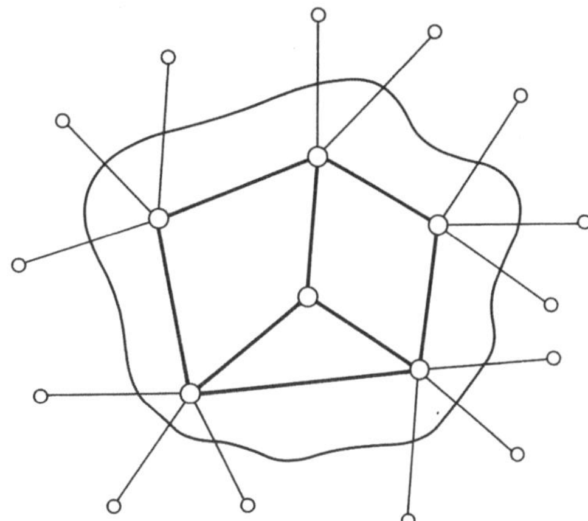

a) Mögliche Topologie des Netzes aus Bild 1-1(a)

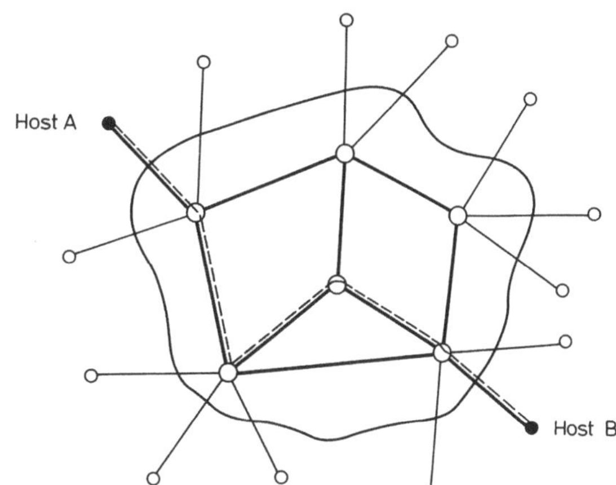

b) Mögliche, netzinterne Realisierung der in Bild 1-1(b) aus Benutzersicht dargestellten Kommunikationsbeziehung

Abb. 1-2 a, b. Erweiterung der Netzsichten aus Bild 1-1 um die Topologie des Transportsystems

Die Feinstruktur der Netzwolke, ihr „Innenleben", besteht normalerweise aus

- einer Anzahl von Netzknoten und
- den Leitungen zwischen diesen Knoten.

Diese beiden Informationen zusammen werden als **Topologie** *(topology)* des Netzes bezeichnet und durch einen entsprechenden Graphen beschrieben. Beispielsweise könnte das Netz aus Abb. 1-1 (a) die in Abb. 1-2 (a) wiedergegebene Topologie haben. Die in Abb. 1-1 (b) aus End-zu-End-Benutzersicht angedeutete Kommunikationsbeziehung zwischen Host A und Host B könnte netzintern wie in Abb. 1-2 (b) skizziert realisiert sein.

Das Netz kennt die angeschlossenen Endsysteme als die Absender und Empfänger der zu übertragenden Daten; diese werden bei punktueller Betrachtung oft auch als die **Quellen** *(source)* und **Senken** *(sink)* der Daten bezeichnet. Jedoch besteht aus Netzsicht eine solche Kommunikationsbeziehung nicht nur aus einem „irgendwie" verlaufenden Weg durchs Netz: Als Teil des Transportsystems muß es Verfahren und Algorithmen geben, deren Aufgabe gerade darin besteht zu entscheiden, über welchen der möglichen Wege im Netz ein aktueller Kommunikationswunsch am besten erfüllt werden kann. Häufig wird das Transportsystem mit diesen Funktionen gleichgesetzt und auch als **Netzwerk** *(network)* bezeichnet.

Das Netzwerk kennt neben den beiden kommunizierenden Endsystemen also insbesondere auch die einzelnen Teilabschnitte, über welche die End-zu-End-Kommunikation abgewickelt wird. In diesem Zusammenhang werden Netzknoten manchmal auch als *hop* bezeichnet und im Gegensatz zur End-zu-End-Sicht der Teilnehmer wird eine Netzwerkübertragung als *hop-to-hop* charakterisiert.

1.4 Rechnernetze und Datenkommunikation

Am Anfang der gesamten Rechnernetzentwicklung stand das Bestreben, die Verarbeitungsfunktionen eines EDV-Systems den daran interessierten Anwendern und Benutzern näherzubringen (vgl. 6.1.1). Deshalb ist es nicht verwunderlich, daß

- die ersten Rechnernetze von Herstellern von EDV-Anlagen entwickelt wurden,
- diese Netze mit ihrer Orientierung auf den einen Verarbeitungsrechner eine strikt hierarchische, zentralistische Struktur aufwiesen und
- zugunsten einer geringeren Komplexität und gleichzeitig als Verkaufsstrategie die Systeme so ausgelegt waren, daß nur Geräte aus dem Angebot dieses einen Herstellers problemlos angeschlossen werden konnten.

Diese im folgenden auch **Herstellernetze** genannten Rechnernetze wurden seit ihrer Entstehung zu sehr leistungsfähigen Kommunikationssystemen ausgebaut. Ihre ursprünglichen Eigenschaften haften ihnen jedoch mehr oder weniger ausgeprägt bis heute an: Orientierung auf und zum Teil sogar Vermischung mit Verarbeitungsfunktionen, Zentralisierung und Geschlossenheit. Die Konsequenz ist eine durchgängige Inkompatibilität mit Netzprodukten anderer Hersteller (vgl. 6.1.2 und 6.1.3).

Mit dem Aufbau einer zunehmenden Anzahl solcher Herstellernetze erwies sich insbesondere die Geschlossenheit dieser Systeme als Entwicklungshemmnis. Die rasche Ausbreitung der EDV und die damit einhergehende Tendenz zur Dezentralisierung erzwangen immer deutlicher die Einsicht, daß der steigende Kommunikationsbedarf nur durch Übertragungssysteme erfüllt werden kann, die einen grundsätzlich anderen Charakter haben: Notwendig sind **offene Systeme,** die durch folgende Eigenschaften gekennzeichnet sind (vgl. 6.3.2):

- vollständige Trennung von Anwendungs- und Kommunikationsfunktionen,
- gleichberechtigte Kommunikation zwischen allen Endsystemen,
- Anschlußmöglichkeit für Endgeräte beliebigen Fabrikats über die Bereitstellung einheitlicher, standardisierter Schnittstellen am Netzrand.

Die wesentlichen Arbeiten zur Entwicklung offener Systeme sind bisher von der ISO *(International Organization for Standardization)*, der internationalen Dachorganisation der Normungsverbände in Gestalt ihres **Referenz-** oder **OSI-Modells** *(reference model for open systems interconnection)* geleistet worden. Dieses Modell für die Architektur offener Systeme ist in Abb. 1-3 wiedergegeben. Es bildet den heute allgemein anerkannten begrifflichen und konzeptionellen Rahmen für die internationale Diskussion von Wissenschaftlern und Praktikern sowie eine Grundlage für die Entwicklung von weiteren Datenübertragungsnormen.

Die zentralen Entscheidungen beim Entwurf dieses Architekturmodells können wie folgt zusammengefaßt werden:

- Damit unterschiedliche Endsysteme erfolgreich an einer offenen Kommunikation teilnehmen können, müssen sie sich in ihrem nach außen wahrnehmbaren Verhalten an bestimmte, vorher allgemein festgelegte Absprachen halten; andernfalls ist eine erfolgreiche Kommunikation nicht möglich. Diese allgemein verbindlichen Verhaltensregeln werden **Protokolle** *(communication protocol)* genannt. (Bei dieser Begriffsbildung ist weniger an ein Mitschreiben im Sinne eines Sitzungsprotokolls einer Konferenz o. ä. zu denken. Vielmehr sind damit Verhaltensvorschriften etwa im Sinne eines höfischen Protokolls gemeint, die festlegen, wie sich Herrscher, Untertanen und Hofstaat im Verlaufe bestimmter Zeremonie, z. B. einer Audienz, zu verhalten haben.)
- Die allgemein bei Datenübertragungen auftretenden Probleme sind zu komplex, als daß sie ad-hoc erfolgreich gelöst werden könnten. In Anwendung der „Teile-und-Herrsche“-Problemlösungsstrategie wird die gesamte Aufgabenstellung in

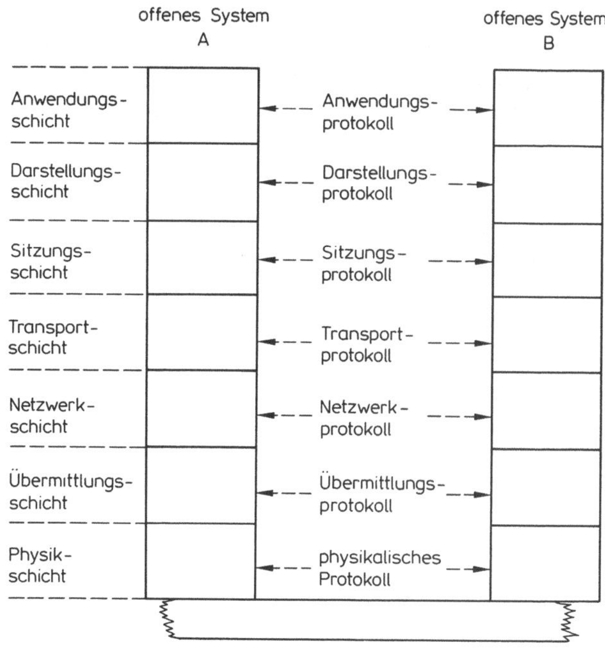

Abb. 1-3. Das ISO-Referenzmodell für die Kommunikation offener Systeme

sieben Teilaufgaben zerlegt. Das Zusammenspiel dieser sieben Teilkomplexe erfolgt strikt hierarchisch. Im Rahmen des OSI-Modells der ISO werden deshalb diese sieben Teilaufgaben als **Schichten** oder **Ebenen** *(layer)* bezeichnet. Neben der Problemreduktion bietet dieses Herangehen auch den Vorteil, daß zum Zeitpunkt der Ausarbeitung des **Schichtenmodells** im Einsatz befindliche Übertragungsverfahren als konkrete Realisierungen einzelner Schichten interpretiert und integriert werden können.

- Die strikte Hierarchie zwischen den einzelnen Schichten schlägt sich darin nieder, daß jede Schicht zur Erledigung der ihr zugewiesenen Aufgaben nur auf die **Dienstleistungen** *(services)* der unmittelbar darunterliegenden Schicht zurückgreift.

Die Schichten werden von unten nach oben von 1 bis 7 durchnumeriert und haben die im folgenden angegebenen Namen und Aufgaben (vgl. Abb. 1-3, wobei die jeweils angegebenen Referenzen auf Abschnitte verweisen, in denen Verfahren oder Techniken beschrieben sind, die in dieser Schicht Verwendung finden):

- **Physikschicht** *(physical layer)*: Diese physikalische Ebene hat die Aufgabe, Folgen von Bits über einen physikalischen Kanal transparent zu übertragen. Die in dieser Schicht zu verabredenden Festlegungen betreffen Steckernormen, die Signalisierung der Werte 0 und 1, die Synchronisation zwischen Sender und Empfänger etc. (vgl. 3.1.2 bis 3.1.4).
- **Übermittlungs-** oder **Verbindungsschicht** *(link layer)*: Jede physikalische Datenübertragung unterliegt gewissen Fehlern (vgl. 3.5.1). Aufgabe der Verbindungsschicht ist es, längere Bitfolgen gegen Übertragungsfehler zu sichern. Hier sind also Verfahren zu finden, die es gestatten, Übertragungsfehler zu entdecken und zu korrigieren (vgl. 3.1.3 und 3.5).
- **Netzwerkschicht** *(network layer)*: Zentrale Aufgabe der Netzwerkebene ist die Übertragung von Daten zwischen zwei Kommunikationspartnern über ein ganzes Netz hinweg. Hierzu ist es insbesondere notwendig, einen geeigneten Weg über möglicherweise eine ganze Reihe von Netzknoten für diese Übertragung zu finden (vgl. 3.2.1, 3.2.2, 4.1 und 4.2).
- **Transportschicht** *(transport layer)*: Die Transportschicht stellt den Endsystemen eine End-zu-End-Kommunikation zur Verfügung. Sie nimmt den Endsystemen die Aufgabe ab, sich um Details der Übertragung zu kümmern. Hierzu zählen insbesondere Optimierungen bezüglich der Nutzung des Netzwerkdienstes durch Multiplexverfahren oder die Zerlegung längerer Nachrichten vor dem Transport sowie deren Rekonstruktion aus den empfangenen Einzelteilen nach der Übertragung. Eine andere Aufgabe der Tranportschicht besteht in der Adressierung von Benutzerprozessen in Endsystemen (vgl. 3.2.3).
- **Sitzungsschicht** *(session layer)*: Die Sitzungsschicht koordiniert das Zusammenspiel der beiden kommunizierenden Prozesse durch geeignete Synchronisationsmaßnahmen. Insbesondere zählen dazu Funktionen, die einen geordneten Beginn, ein Ende der Kommunikation in gegenseitiger Absprache sowie eine koordinierte Wiederaufnahme der Übertragung nach Entdeckung eines Fehlers im Rahmen der Weiterverarbeitung der übermittelten Daten erlauben.
- **Darstellungsschicht** *(presentation layer)*: Die Darstellungs- oder auch **Präsentationsschicht** unterstützt die Anwendungsebene durch Formatierungs- und Codie-

rungsdienste für einen effizienten Datenaustausch. Hierzu zählen z. B. Funktionen zur Codeumwandlung und Textkompression.
- **Anwendungsschicht** *(application layer)*: Diese Schicht beinhaltet die Anwendungsfunktionen, zu deren Unterstützung die gesamte Übertragung erfolgt. Dabei kann es sich um eine verteilte Datenbank, ein verteiltes Betriebssystem oder eine beliebige andere Datenübertragungsanwendung wie z. B. ein Dialogsystem handeln, dessen Dienste Benutzern über entfernt *(remote)* aufgestellte Terminals zugänglich gemacht werden sollen.

Diese sehr knappe Zusammenfassung stellt keine erschöpfende Beschreibung des ISO-Schichtenmodells dar (vgl. dazu z. B. Eckert et al., 1985). Bei erstmaliger Beschäftigung mit dem Referenzmodell ist weder seine innere Systematik noch die Funktionsabgrenzung zwischen den einzelnen Schichten vollständig erfaßbar. Eine detailliertere Darstellung wäre notwendig, wenn im folgenden konkrete, praktisch verwendete Datenübertragungsverfahren beschrieben und verglichen würden. Schwerpunkt der folgenden Darstellung ist jedoch die Herausarbeitung von Problemstellungen und entsprechenden Lösungsmethoden, die sich zum Teil gar nicht isolierten ISO-Schichten zuordnen lassen: Fehlererkennung und -reaktion, Konzentrieren und Multiplexen etc. sind Aufgaben, die auf unterschiedlichen Ebenen des ISO-Modells vorkommen und häufig mit ähnlichen Verfahren, jedoch zwischen unterschiedlichen Instanzen realisiert werden.

Vor dem Hintergrund der obigen Darstellung kann nun aber das Begriffspaar „Rechnernetze und Datenkommunikation" präziser abgegrenzt werden. Ein Rechnernetz dient im Normalfall der Datenkommunikation, und umgekehrt werden digitale Daten in der Regel über ein Rechnernetz übertragen. (Die Einschränkungen sind notwendig, um eine Diskussion zu vermeiden, ob Spezialfälle und Übergangslösungen wie z. B. ein analoges Telefonnetz mit digitalen Vermittlungsknoten ein Rechnernetz ist oder nicht.) Bei einem **Rechnernetz** steht bereits begrifflich im Vordergrund die Realisierung eines Netzwerks auf der Basis von konkreten Rechnern. Die in der Praxis vorkommenden Rechnernetze stellen aber in der Regel spezifische Ausprägungen von Herstellernetzen dar. Die **Datenkommunikation** benennt den technischen Vorgang der Übertragung von Daten und abstrahiert auch begrifflich von der Realisierung dieser Funktion durch digitale Vermittlungsrechner. Diese Bezeichnung gehört eher in das Umfeld des ISO-Ansatzes mit seiner Orientierung auf offene Systeme.

Die Beschreibung der Probleme und Lösungskonzepte bei der Datenübertragung in diesem Buch ist nicht orientiert an einem konkreten Netz oder Netzprodukt. Bei der Einordnung in das oben abgeleitete Spannungsverhältnis zwischen Rechnernetzen und Datenkommunikation ergibt sich eine eindeutige Zuordnung zur Datenkommunikation. Die angeführten konkreten Beispiele entstammen jedoch zwangsläufig eher dem Bereich der realen Netze und dabei vor allem auch der Herstellernetze.

2 Klassifikation von Rechnernetzen

In diesem Kapitel folgt eine Übersicht über die wichtigsten Typen von Rechnernetzen, die sich im Laufe der bisherigen Entwicklung herausgebildet haben.

Vorangestellt ist ein Klassifikationsschema für Rechnernetze (vgl. Abb. 2-1). Diese Klassifikation ist bezogen auf die vorliegende Darstellung und soll deren Verständnis unterstützen. Als generelle Klassifikationshierarchie ist sie nicht anwendbar, weil die einzelnen, im folgenden beschriebenen Unterscheidungsmerkmale allgemeiner miteinander kombinierbar sind, als in einer Baumstruktur zum Ausdruck zu bringen ist. Auf einzelne wichtige Netzbeispiele, die in dieses Klassifikationsschema nicht eindeutig einzuordnen sind, wird im folgenden von Fall zu Fall hingewiesen.

In den nachfolgenden Abschnitten werden die in Abb. 2-1 aufgeführten Netztypen teils für sich allein, teils in Abgrenzung voneinander charakterisiert:

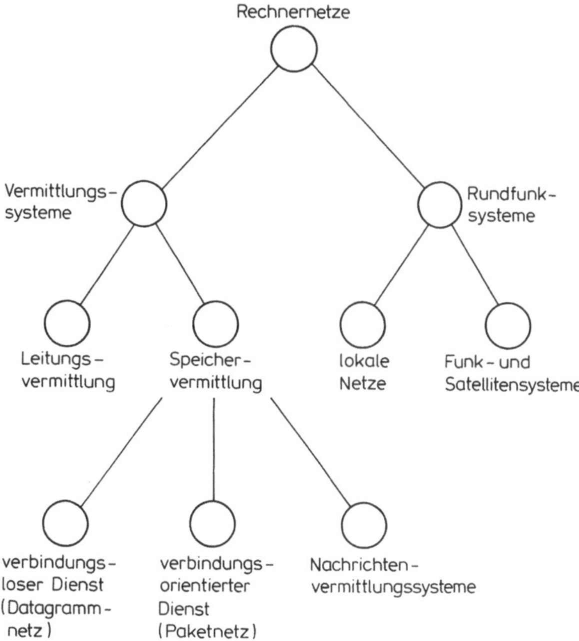

Abb. 2-1. Klassifikationsschema für Rechnernetztypen

- 2.1 enthält eine Gegenüberstellung von Vermittlungs- und Rundfunksystemen.
- In 2.2 wird die Unterscheidung zwischen Leitungs- und Speichervermittlung getroffen.
- In 2.3 wird die Alternative zwischen verbindunglosen und verbindungsorientierten Netzdiensten beschrieben.
- 2.4 enthält die Charakterisierung von Datagrammnetzen.
- In 2.5 werden Paketvermittlungssysteme beschrieben.
- In 2.6 werden Nachrichtenvermittlungssysteme charakterisiert.
- 2.7 enthält einige Aussagen über Ähnlichkeiten sowie Unterschiede zwischen lokalen Netzen, Funk- und Satellitensystemen.

2.1 Vermittlungsnetze / Rundfunksysteme

Die Fähigkeit eines Rechnernetzes, wechselnde Kommunikationsbeziehungen zwischen unterschiedlichen Teilnehmern zu ermöglichen, ist ein zentraler Bestandteil der in 1.2 entwickelten Definition. Die Unterscheidung zwischen Vermittlungsnetzen und Rundfunksystemen bezieht sich darauf, wie diese Anforderung eingelöst wird:

- Bei einem **Vermittlungsnetz** *(switching system)* werden die von einem Teilnehmer an das Netz übergebenen Daten genau zu einem anderen Teilnehmer übertragen. Diese Kommunikationsart wird als **Punkt-zu-Punkt** *(point-to-point)* charakterisiert und ist die vorherrschende Kommunikationsart in existierenden Netzen, vor allem bei kabelgestützten Fernnetzen.
- In einem **Rundfunksystem** *(broadcast system)* steht nur ein, in der Regel aber sehr leistungsfähiger Übertragungskanal (vgl. 3.3.1 und 5.1.2) zur Verfügung. Jede Übertragung wird dabei von allen angeschlossenen Teilnehmern gleichzeitig „mitgehört", so daß keine besonderen Vermittlungsanstrengungen erforderlich sind. Die resultierende Kommunikationsart wird **Mehrpunktkommunikation** *(multi-point)* oder auch **Vielfachzugang** *(multi-access)* genannt.

Der Name Rundfunksystem geht einerseits darauf zurück, daß die ersten Erfahrungen mit der Nutzung eines solchen Ein-Kanal-Netzes *(single channel)* mit einem Radionetz gemacht wurden (vgl. das ALOHA-Netz der Universität von Hawaii in Abramson 1973). Zum anderen erinnert das Bild vom „Rundfunk" in plastischer Weise an die zentrale Eigenschaft dieser Netze, daß die übertragenen Daten von allen angeschlossenen Teilnehmern gleichzeitig empfangen werden.

2.2 Leitungsvermittlung / Speichervermittlung

Die Unterscheidung zwischen diesen beiden Netztypen bezieht sich auf die unterschiedliche Art der Nutzung der Betriebsmittel des Netzes *(network ressource)* wie z. B. Leitungen, Übertragungseinrichtungen, Prozessoren, Speicher in den Netzknoten etc.:

- Bei der **Leitungsvermittlung** *(circuit switching)* wird zwischen den verbundenen Teilnehmern eine durchgehende, physikalische Verbindung geschaltet, die anschließend den Kommunikationspartnern exklusiv zur Nutzung überlassen wird. Man kann sich dies so vorstellen, als ob für die beiden verbundenen Teilnehmer ein geeignetes Kabel exklusiv reserviert würde. Die Leitungsvermittlung ist im Vergleich mit der Speichervermittlung die wesentlich ältere Technik, die insbesondere im Zusammenhang mit der Entwicklung der Telefonnetze perfektioniert wurde.
- Bei der **Speichervermittlung** wird keine direkte Verbindung zwischen den Endteilnehmern hergestellt: Die zu übertragenden Daten werden einmal oder mehrmals zwischengespeichert, bevor sie beim Empfänger abgeliefert werden. Im Englischen bezeichnet man solche Netze deshalb auch als *store-and-forward* Systeme (übersetzt etwa „Speichere zwischen und schicke weiter!").

Eine Schemazeichnung eines leitungsvermittelten Netzes mit einer Verbindung über zwei Knoten bzw. Vermittlungseinrichtungen ist in Abb. 2-2 wiedergegeben: Die gestrichelten Schaltungen in den Knoten 1 und 4 repräsentieren die zeitweilige Verbindung zwischen den Endteilnehmern A und B. Entsprechend ist die eingezeichnete Verbindungsleitung zwischen Knoten 1 und 4 für die Dauer der Verbindung exklusiv für die Kommunikation zwischen A und B reserviert.

Wie gut die Kommunikationspartner die für sie reservierten Betriebsmittel nutzen, ist allein ihr Problem. Vom Betreiber eines leitungsvermittelten Netzes werden

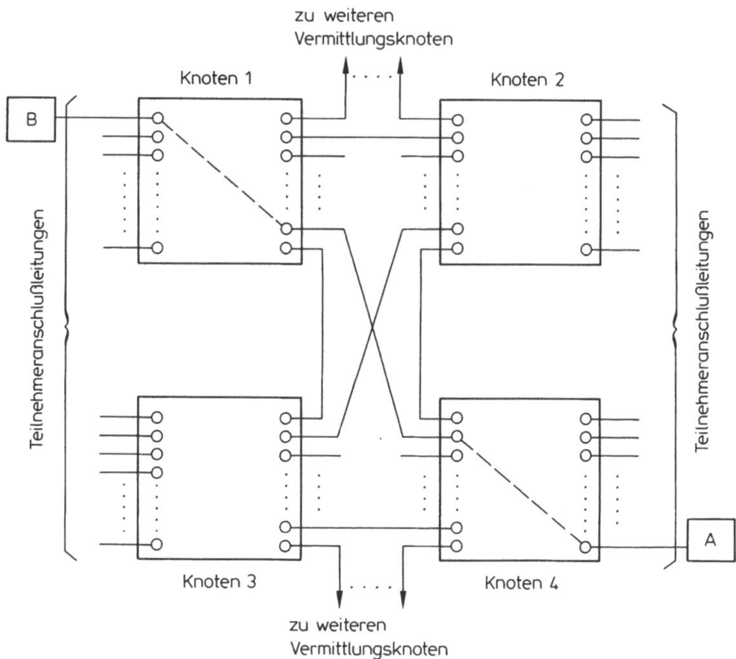

Abb. 2-2. Schematische Darstellung einer leitungsvermittelten Verbindung über zwei Knoten

üblicherweise Nutzungsgebühren erhoben, die vor allem von der Dauer der Betriebsmittelreservierung, d.h. der Verbindungsdauer abhängen - nicht jedoch vom Erfolg der Kommunikation, der Menge der übertragenen Daten o.ä.

Das wichtigste, allen bekannte Beispiel für ein leitungsvermitteltes - wenn auch nichtdigitales - Netz ist das Telefonnetz: Kritisch ist eventuell nur der Verbindungsaufbau, z.B. abends kurz nach 18 Uhr. Sobald man den gewünschten Teilnehmer erreicht hat, kann eine ungestörte Kommunikation erfolgen. Ob zwischenzeitlich andere Fernsprechteilnehmer gerne die somit belegte Fernverbindung nutzen oder den gleichen Teilnehmer erreichen möchten, spielt für die verbundenen Teilnehmer keine Rolle. Erreicht man unglücklicherweise am anderen Ende einen Teilnehmer, der nur Französisch spricht, während man selbst aber nur des Englischen mächtig ist, so wird zwar wahrscheinlich kein sinnvolles Gespräch zustandekommen - doch die anfallenden Gesprächseinheiten werden von der Post dennoch in Rechnung gestellt.

Ein für die Übertragung digitaler Daten und Rechnernetze relevanteres Beispiel eines leitungsvermittelten Netzes ist das **Datex-L-Netz** der DBP.

Bei der Speichervermittlung wird keine durchgehende Verbindung zwischen den kommunizierenden Teilnehmern eingerichtet. Wie die Begriffe bereits besagen, bieten sowohl die Speicher- wie auch die Leitungsvermittlung den Teilnehmern als Netzdienstleistung eine Vermittlung an. Die **Teilnehmer-** oder **Netzrandschnittstelle** muß in beiden Fällen also eine Adressierungsmöglichkeit umfassen. Bei der Leitungsvermittlung endet damit die Netzzuständigkeit. Was die dann verbundenen Teilnehmer anschließend auf ihrem Kanal senden und empfangen, ist ihnen allein überlassen: Das Netz überträgt transparent die entsprechenden elektrischen Signale. Protokollabsprachen, z.B. für eine Fehlerkontrolle und -reaktion, zwischen den verbundenen Teilnehmern sind möglich; für das Netz ist dies aber nicht sichtbar.

Bei speichervermittelten Systemen muß es darüber hinaus auch für die eigentliche Datenübertragung Schnittstellenfestlegungen zwischen Teilnehmern und Netz geben. Notwendig sind solche Verabredungen z.B. für

- die Übergabe eines Nutzdatenblocks vom Teilnehmer an das Netz und umgekehrt;
- den Rückstau eines sendenden Teilnehmers, wenn die Gefahr besteht, daß der Empfänger oder ein beteiligter Zwischenknoten „überflutet" wird, d.h. die Daten nicht so schnell abnehmen kann, wie sie vom Sender ans Netz gegeben werden;
- eine Fehlererkennung und die Einleitung entsprechender Reaktionen.

Diese höhere Komplexität der Netzrandschnittstelle hat wesentlich zur zögernden Akzeptanz von Speichervermittlungssystemen beigetragen. Als Beleg dafür ist der zähe Durchsetzungsprozeß der CCITT-Empfehlung X.25 anzusehen (vgl. 6.1.5).

Auch beim Entwurf eines speichervermittelten Netzes, vor allem bei der Konstruktion entsprechender Netzknoten, wirkt sich diese zusätzliche Komplexität aus: Im Unterschied zur Leitungsvermittlung bestehen für einen speichervermittelnden Knoten während der gesamten Dauer einer Kommunikationsbeziehung Anforderungen, die nur durch komplexe Algorithmen mit kritischen Realzeitanforderungen erfüllt werden können (vgl. z. B. Fehlerkontrolle in 3.5, Flußkontrolle in 3.6, Wegelenkung in 4.1, Staukontrolle in 4.2).

Speichervermittelte Netze existieren in ganz unterschiedlichen Ausprägungen, je nachdem, welche Ziele bei ihrem Entwurf im Vordergrund standen. In den folgenden Abschnitten werden beispielhaft einige Prototypen speichervermittelter Systeme vorgestellt (Datagrammnetze, Paketnetze, Nachrichtenvermittlungssysteme), so daß hier auf Einzelbeispiele verzichtet werden kann.

2.3 Verbindungslose / verbindungsorientierte Dienste

Bei den bis heute entwickelten Speichervermittlungssystemen werden die Dienstleistungen für die Teilnehmer in unterschiedlicher Form angeboten, z. B. als **verbindungslose** oder **verbindungsorientierte** Dienste. (Leitungsvermittelte Netze sind immer verbindungsorientiert.) Im Vordergrund der hier zu beschreibenden gegensätzlichen **Dienstcharakteristiken** steht der Verbindungsbegriff; er bezieht sich auf eine **logische Verbindung** *(logical connection)* zwischen zwei Netzteilnehmern. Bei einer verbindungsorientierten Kommunikation muß vor einem Datentransport jeweils durch spezifische Maßnahmen eine logische Verbindung zwischen den Kommunikationspartnern aufgebaut werden - bei verbindungslosen Netzen ist dies nicht erforderlich.

Charakteristisch für ein verbindungsorientiertes Netz ist die Tatsache, daß jede erfolgreiche Kommunikation sich aus den drei Abschnitten **Verbindungsaufbauphase, Nutzungsphase** und **Verbindungsabbauphase** zusammensetzt. Diese zeitlich streng sequentiell zu durchlaufenden Phasen sind in Abb. 2-3 skizziert:

- Abbildung 2-3(a) zeigt eine Netzskizze mit den beiden Teilnehmern A und B. Zwischen ihnen gibt es keine Verbindung; ein Austausch von Daten ist nicht möglich.
- Abbildung 2-3(b) zeigt eine Momentaufnahme, nachdem A dem Netz den Wunsch nach Aufbau einer Verbindung zum Teilnehmer B mitgeteilt hat.
- Das Netz sucht intern einen geeigneten, freien Weg zwischen A und B. Wenn ein solcher aktuell überhaupt bereitgestellt werden kann (das Netz kann verstopft oder durch Ausfall von Leitungen oder Knoten separiert sein), wird die gewünschte Verbindung eingerichtet. In der Regel werden dabei einige Betriebsmittel des Netzes für die neu aufzubauende Verbindung reserviert (Abb. 2-3(c)).
- Nach Abschluß des Verbindungsaufbaus sind die Teilnehmer A und B in gewünschter Weise verbunden und können kommunizieren (Abb. 2-3(d)).
- Am Ende der Nutzungsphase wird im Normalfall zwischen A und B Einverständnis darüber herrschen, daß der Zweck der Kommunikation erfüllt oder aus Gründen, die in den Endsystemen liegen, nicht erreichbar ist. (Fehlerfälle, in denen das Netz von sich aus eine Verbindung auflöst, werden hier zunächst nicht betrachtet; vgl. dazu z. B. 4.2.) Mindestens einer der beiden Teilnehmer äußert dem Netz gegenüber den Wunsch nach Abbau der Verbindung. Das Netz löst daraufhin die Verbindung auf, kann die freiwerdenden Betriebsmittel anderweitig vergeben und fällt nach einigen internen Zustandsübergängen wieder in die in Abb. 2-3(a) beschriebene Situation zurück.

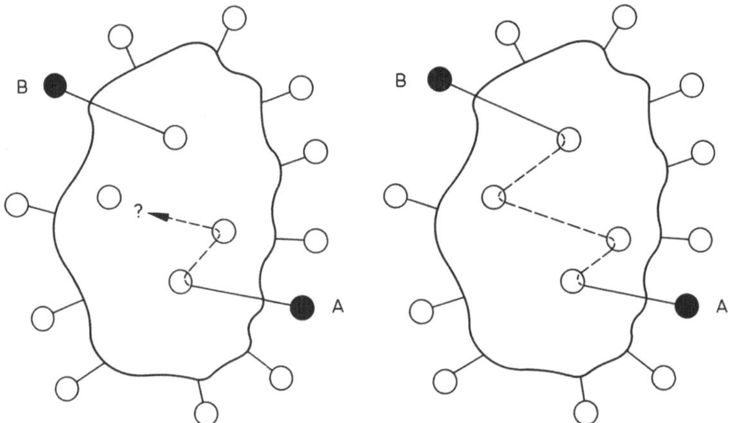

a) Netzskizze mit Anschlüssen

b) Teilnehmer A meldet einen Verbindungswunsch an

c) Aufbau einer Verbindung zwischen A und B

d) Austausch von Nutzdaten zwischen A und B

Abb. 2-3 a–d. Phasenablauf bei Aufbau und Nutzung einer vermittelten Verbindung

Falls nicht spezielle Absprachen zwischen dem Teilnehmer A und dem Netzbetreiber vorliegen (vgl. Direktruf und Kurzwahl in 3.7.2), ist für den Verbindungsaufbau die Angabe der vollständigen Netzadresse des gewünschten Partners notwendig. In der Nutzungsphase brauchen die Daten nicht mehr adressiert zu werden, da das Netz weiß, auf welcher Verbindung und damit auch zu welchem Teilnehmer die übergebenen Daten zu transportieren sind. (Eine geringfügige Erweiterung und Modifikation dieser Aussage erfolgt in 3.3.2.)

Die Dienstleistungen von traditionellen Netzen sind verbindungsorientiert. Dies gilt für das analoge Fernsprechnetz, das Telexnetz, aber auch nahezu ausnahmslos für alle im kommerziellen Bereich eingesetzten Herstellernetze (vgl. 1.4 und 6.1.2).

Diese lassen sich jedoch in die Klassifikationshierarchie aus Abb. 2-1 nicht unmittelbar einordnen, da sie in der Mehrzahl leitungsvermittelte Netze sind.

Zentrale Beispiele für speichervermittelte, verbindungsorientierte Netze sind die in 2.5 beschriebenen Paketnetze.

Im Unterschied zu verbindungsorientierten Verfahren können bei verbindungslosen Netzen die Teilnehmer ihre Kommunikation spontan abwickeln, d. h. vor dem Austausch von Daten brauchen keine (logischen, virtuellen oder sonstigen) Verbindungen aufgebaut zu werden: Die zu übertragenden Nutzdaten werden unmittelbar an das Transportsystem übergeben. Die zu transportierenden Blöcke von Benutzerdaten werden **Datagramme** *(datagram)* genannt. Sie müssen jeweils mit den vollen Absender- und Empfängeradressen versehen sein, da die einzelnen Datagramme aus Sicht des Netzes in keiner Beziehung zueinander stehen. Netze mit einem verbindungslosen Dienst werden daher auch **Datagrammnetze** genannt.

Beispiele für verbindungslose Netze sind die in 2.4 speziell beschriebenen speichervermittelten Datagrammnetze. Auch in Rundfunksystemen, insbesondere in lokalen Netzen, werden in der Regel Datagrammverfahren angewendet (vgl. 5.1.2).

2.4 Datagrammnetze

Die Konzeption verbindungsloser, speichervermittelter Übertragungssysteme markiert historisch den Beginn der gesamten Speichervermittlungstechnik und hat wesentlich zu deren Durchsetzung beigetragen (vgl. 6.1.4). Wie am Ende von 2.3 schon beschrieben, wird inzwischen der Begriff Datagramm allgemein für verbindungslose Netzdienste verwendet, so daß in Durchbrechung der in Abb. 2.1 wiedergegebenen Hierarchie auch Rundfunksysteme als spezielle Ausprägungen von Datagrammnetzen anzusehen sind. Da es aber für speichervermittelte Datagrammnetze keine allgemein anerkannte, spezielle Bezeichnung gibt, wird im folgenden der Begriff Datagrammnetz für speichervermittelte, verbindungslose Netze verwendet.

Datagrammnetze verdeutlichen in exemplarischer Weise die grundlegenden Konzepte von Speichervermittlungssystemen und insbesondere deren Unterschiede zur Leitungsvermittlung (vgl. Abb. 2-4):

- Jeder Teilnehmer kann spontan, ohne Voranmeldung oder Verbindungsaufbau dem Netz Datagramme übergeben, die einem anderen Teilnehmer zugestellt werden.
- Aufeinanderfolgende Datagramme von einer Quelle zum gleichen Ziel können vom Netz über verschiedene Wege geleitet werden.
- Aufgrund der unterschiedlichen Wege und der verkehrsabhängigen Wartezeiten in den einzelnen Knoten werden aufeinanderfolgende Datagramme zwischen einer Quelle und einer Senke nicht notwendig in der gleichen Reihenfolge abgeliefert, in der sie an das Netz übergeben wurden.
- Wenn vom Netz nur Datagramme bis zu einer festgelegten maximalen Länge akzeptiert werden (meist in der Größenordnung von etwa 400 bis 2000 Bits), dann

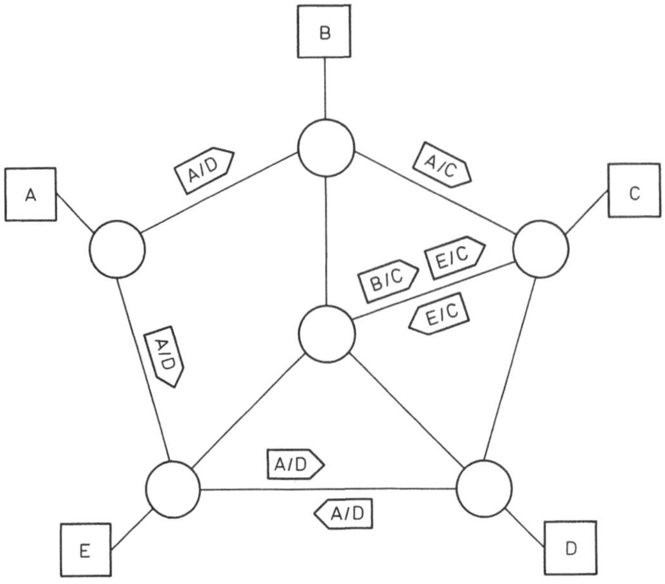

Abb. 2-4. Skizze zum Datagrammverfahren: Die gerichteten Kästchen [>, <] repräsentieren die einzelnen Datagramme. Die erste Angabe in Laufrichtung ist der Empfänger gefolgt vom Absender. Ein Datagramm von D nach A wird also durch [D/A> oder <A/D] veranschaulicht

müssen die Teilnehmer eventuelle längere Nachrichten in passende Teilstücke zerlegen bzw. wieder zur alten Nachricht zusammenfügen. Diese zueinander dualen Vorgänge werden **Segmentierung** *(segmentation)* oder **Fragmentierung** *(fragmentation)* bzw. **Rekonstruktion** *(reassembly)* genannt.

- Alle Teilnehmer können ihren Anschluß logisch wie einen Multiplexkanal nutzen (vgl. 3.3.1), denn es ist möglich, in beliebiger Reihenfolge Datagramme mit ganz verschiedenen Partnern auszutauschen.

Aus der bisherigen Beschreibung ergeben sich bereits die Nachteile des Verfahrens (vgl. Abb. 2-5):

- Alle Datagramme müssen jeweils die volle Absender- und Empfängeradresse enthalten, sonst können sie nicht zugestellt werden oder der Adressat weiß nicht, von wem diese Daten stammen.
- Üblicherweise wird von Anwendungsprogrammen, aber auch von Terminalbenutzern, die über ein Netz kommunizieren, erwartet, daß sie die Daten in der gleichen Reihenfolge erhalten, in der diese von der Quelle verschickt werden. (Man denke etwa an eine Dateiübertragung!) Die Einhaltung der Reihenfolge wird aber von einem Datagrammnetz nicht garantiert. Eine entsprechende **Sequenzkontrolle** *(sequence control)* muß in den Endsystemen realisiert werden.

Dem stehen, insbesondere auf seiten des Netzbetreibers, die folgenden Vorteile gegenüber:

- Das Verfahren ist konzeptionell sehr einfach. Es kann auch auf Mini- und Mikrorechnern ohne großen Aufwand kompakt und robust realisiert werden.

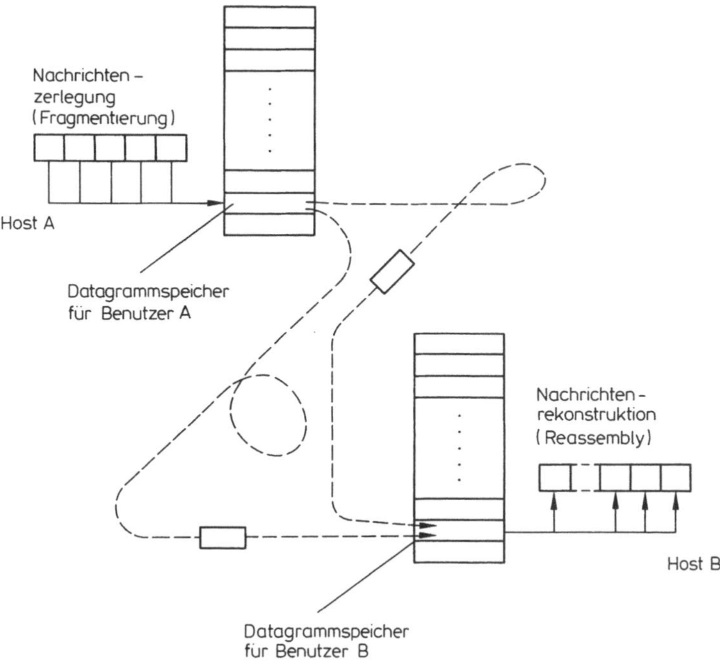

Abb. 2-5. Schematische Darstellung des Datagrammverfahrens

- Als Teil des Transportsystems braucht kein zusätzlicher Speicher pro Anschluß vorgesehen zu werden; dieser wäre im Falle einer zu garantierenden Sequenzerhaltung notwendig.
- In den Knoten müssen keine Tabellen über die aktuell gültigen Verkehrsbeziehungen geführt werden, da die Entscheidung über die Weiterleitung eines Datagramms in jedem Knoten neu getroffen werden kann (vgl. 4.1).
- Wenn bei dieser Wegewahl die aktuelle Auslastung der in Frage kommenden Ausgangsleitungen berücksichtigt wird, ist ein relativ unmittelbarer Lastausgleich zur Erzielung einer gleichmäßigen Netzbelastung möglich.
- Die Vermeidung bzw. Auflösung von Stausituationen ist durch die große Flexibilität bei der Weiterleitung der Datagramme einfacher als bei anderen Verfahren (vgl. 4.2).
- Die Nutzung eines einzigen Netzanschlusses für eine gleichzeitige Kommunikation mit mehreren Partnern (vgl. Multiplexen in 3.3) ist ohne irgendwelchen Zusatzaufwand möglich.
- Das Verfahren bietet konzeptionell einen größeren Schutz gegen Datenmißbrauch als die Leitungsvermittlung, da im Inneren des Netzes an jedem Punkt immer nur Teile einer Kommunikation abgehört werden können.

Es gibt im Grunde kein bedeutendes Fernnetz oder Netzprodukt, das am Netzrand ausschließlich eine Datagrammschnittstelle anbietet. Am ehesten wäre hier noch das ARPA-Netz (vgl. 6.1.5) zu nennen; doch gibt es dort neben dem Datagrammverfahren auch eine Vielzahl anderer Anschlußmöglichkeiten und Schnittstellen.

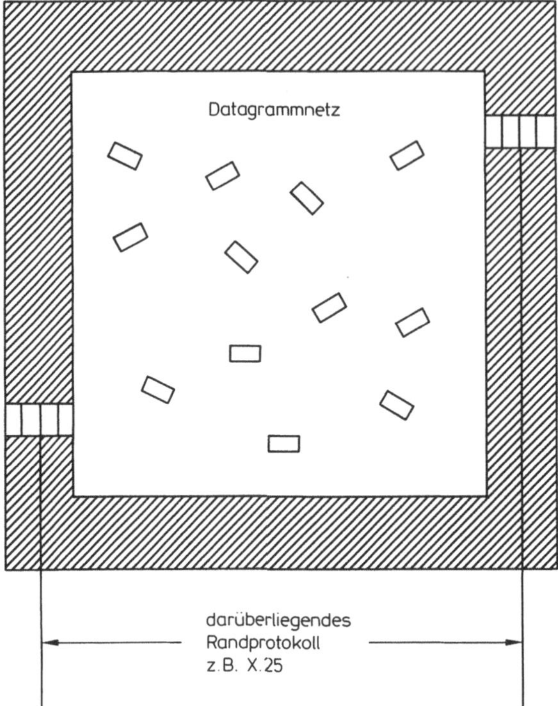

Abb. 2-6. Anreicherung der Dienstleistung eines Datagrammnetzes durch zusätzliche Randanpassungen

Es gibt jedoch viele Netze, die wegen der oben aufgeführten Vorteile intern als Datagrammnetz realisiert sind, am Netzrand dagegen durch zusätzliche Softwareschichten den Teilnehmern komfortablere Schnittstellen ohne die oben aufgeführten Nachteile bieten. (vgl. Abb. 2-6). Beispiele für solche „verkleideten“ Datagrammnetze sind DATAPAC und Netze auf der Basis von TELENET-Knoten mit der paketorientierten X.25-Teilnehmerschnittstelle (vgl. 2.5 und 6.1.5), aber auch das Herstellernetz DECNET mit einem DEC-spezifischen Randprotokoll.

2.5 Paketvermittlungssysteme

Entsprechend der in 2.3 getroffenen Unterscheidung, läßt sich die von der Leitungsvermittlung her gewohnte Verbindungsorientierung auch bei speichervermittelten Übertragungssystemen nachbilden. Ein solches **Paketvermittlungssystem** *(packet switching system)* kombiniert einige Vorteile von Datagrammsystemen mit der bei Netzanbietern und Teilnehmern gewohnten Vorstellung einer Verbindung als der logischen Voraussetzung für eine Kommunikation:

- Wie bei Datagrammsystemen werden relativ kurze Blöcke von Benutzerdaten übertragen. Diese werden **Pakete** *(packet)* genannt. Ihre Größe entspricht der von Datagrammen.
- Wie bei verbindungsorientierten Netzen üblich, können Daten jedoch nicht spontan dem Paketnetz übergeben werden; vielmehr muß vor jeder Übertragung zunächst eine Verbindung aufgebaut werden. Diese Verbindungen werden bei Paketnetzen **virtuelle Verbindungen** *(virtual circuit,* VC) genannt.
- Erst nach Einrichtung einer solchen virtuellen Verbindung zwischen zwei Teilnehmern können diese Daten austauschen.

Bei einem **paketvermittelten** oder auch **paketvermittelnden** Netz sind für jede Übertragung also genau die in Abb. 2-3 allgemein skizzierten Phasen zu durchlaufen:

- Ein Teilnehmer wird aktiv und meldet beim Netz einen Verbindungswunsch über ein spezielles **Verbindungsaufbaupaket** *(call-request-packet)* an. Dieses enthält neben seiner eigenen die volle Netzadresse des gewünschten Empfängers.
- Das Netz wählt daraufhin eine virtuelle Verbindung durch das Netz aus und reserviert in jedem auf dem Weg liegenden Knoten entsprechende Betriebsmittel. Im Minimum muß dazu eine Tabelle mit den dynamisch aufgebauten, d. h. zeitweilig geschalteten, virtuellen Verbindungen einen zusätzlichen Eintrag erhalten (vgl. Abb. 2-7).
- Wenn der Adressat erreichbar ist, wird ihm der Verbindungswunsch gemeldet. Falls der Empfänger in den Aufbau einer Verbindung mit dem Initiator des Verbindungsaufbaupakets einwilligt, wird dem Absender die erfolgreiche Einrichtung der gewünschten virtuellen Verbindung gemeldet.
- Anschließend können beide Teilnehmer Nutzdaten austauschen. Die dazu dem Netz übergebenen Datenpakete brauchen - im Unterschied zu Datagrammen - nicht jeweils die Absender- und Empfängeradresse zu enthalten: Durch die Zuordnung zur aufgebauten virtuellen Verbindung weiß das Netz, wohin die Pakete zu befördern sind.
- Am Ende der Übertragungsphase muß von mindestens einem der beiden Teilnehmer die virtuelle Verbindung wieder aufgelöst werden. Dies geschieht durch Übergabe eines entsprechenden **Verbindungsabbaupakets** *(clear-request-packet),* das zur Freigabe der reservierten Betriebsmittel im Netz führt.

Auf der Basis dieser Beschreibung und speziell im Vergleich mit Datagrammnetzen lassen sich nun die Vor- und Nachteile von Paketnetzen erkennen (vgl. dazu auch Abb. 2-8):

- Alle Pakete zwischen zwei Kommunikationspartnern werden auf derselben virtuellen Verbindung transportiert. Dadurch ist eine Vertauschungen der Reihenfolge einzelner Pakete äußerst unwahrscheinlich.
- Die Entscheidung über den Weg der Pakete einer virtuellen Verbindung, d. h. die Ausführung entsprechender Algorithmen, ist nur einmal beim Aufbau der Verbindung notwendig.
- Die Betriebsmittelzuordnung im Netz erfolgt starrer als beim Datagrammverfahren. Entsprechend schlechter wird deren Auslastung sein; Reaktionen auf Netzprobleme (Stau, Leitungs- und Knotenausfälle) können weniger flexibel erfolgen.

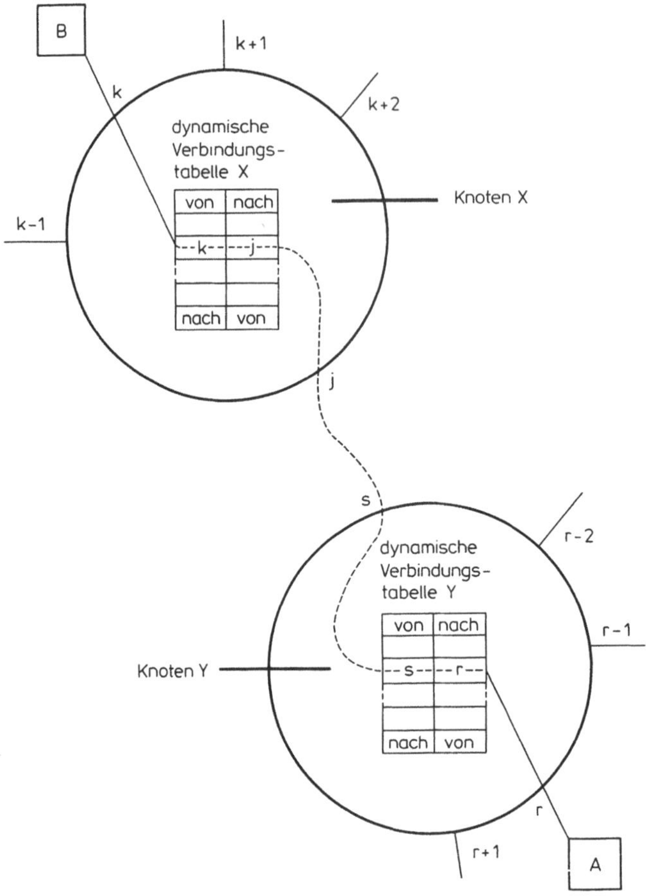

Abb. 2-7. Schematische Darstellung einer Paketverbindung über zwei Knoten X und Y

- Der parallele Betrieb mehrerer Verbindungen (Multiplexen, vgl. 3.3) über einen Netzanschluß bleibt möglich. Allerdings wirkt sich dies in einer größeren Komplexität der Schnittstelle am Netzrand aus: Es müssen zu diesem Zweck zusätzlich logische Kanäle im Rahmen der Benutzerschnittstelle eingeführt werden (vgl. 3.3.2).

Der wichtigste Grund dafür, daß sich Paketverfahren gegenüber den Datagrammnetzen durchgesetzt haben, liegt darin, daß das CCITT in Form seiner Empfehlung X. 25 eine paketorientierte Schnittstelle genormt hat (vgl. 6.1.5).

Beispiele für Netzwerke, die gemäß der starken Verbindungsorientierung von Paketnetzen entworfen und gebaut wurden, sind z. B. das EDX-P-System von Siemens, das Ericsson Paketnetz ERIPAX, die Netzknoten der SESA, die SL-10 Knotenrechner der NORTHERN TELECOM, welche die Basis für das **Datex-P-Netz** der DBP bilden.

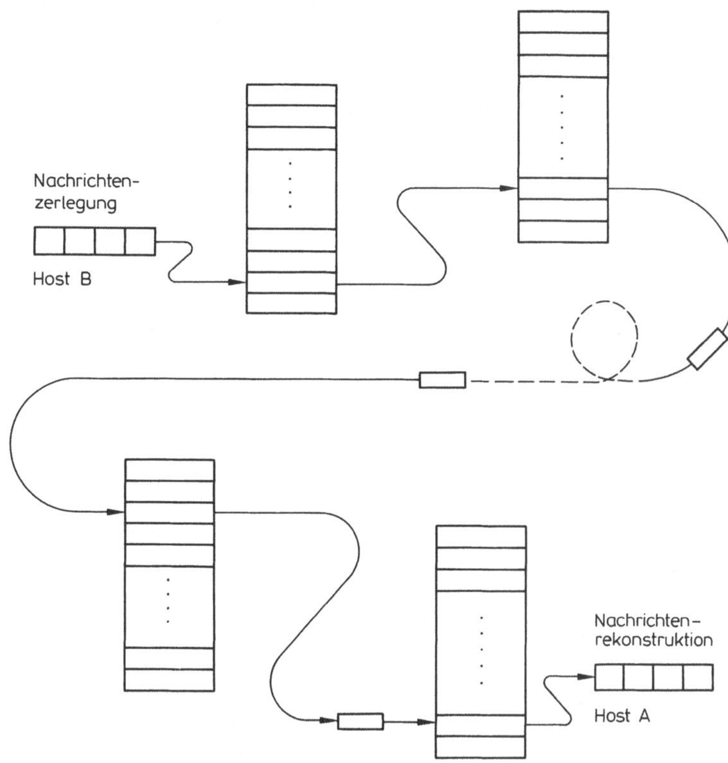

Abb. 2-8. Schematische Darstellung des Paketnetzverfahrens

Die in 2.4 beschriebene, nicht einheitliche Verwendung des Begriffs „Datagrammnetz" hat hier ihre Entsprechung: Die Bezeichnungen **Paketnetz** und **Paketverfahren** werden oft als Oberbegriff für das verwendet, was hier getrennt als Datagramm- und Paketsysteme beschrieben ist. Der Grund für diese Verwischung liegt darin, daß beide Konzeptionen von Speichervermittlungssystemen in der Realität auch vermischt auftreten:

- Wie in Abb. 2-6 veranschaulicht, kann aus der verbindungsorientierten Charakteristik der Netzrandschnittstelle nicht auf die interne Realisierung eines Netzes geschlossen werden.
- Auch am Rand eines verbindungsorientierten Paketnetzes kann zusätzlich ein verbindungsloser Dienst angeboten werden. Im Rahmen der 1980 erfolgten erheblichen Revision und Erweiterung der Empfehlung X. 25 wurde z. B. eine sogenannte *fast-select*-Dienstleistung aufgenommen, die von Teilnehmern in etwa wie ein Datagrammdienst genutzt werden kann. Die Bezeichnung *fast-select* (übersetzt „schnelle Wahl") rührt daher, daß kein Verbindungsaufbau abgewartet werden muß, sondern für diesen Dienst ein spezielles Paketformat verabredet wurde, das
  - neben den Adressen von Empfänger und Absender
  - auch zusätzlichen Platz für zu übertragende Nutzdaten bietet.

Ein X.25-Netz, von dem diese Dienstleistung angeboten wird, baut bei der Beförderung eines *fast-select-packet* zwar eine entsprechende virtuelle Verbindung auf. Ob diese nach dessen Zustellung jedoch normal genutzt wird oder ob nach einem Antwortpaket des Empfängers die Verbindung sofort wieder abgebaut wird, bleibt den so verbundenen Teilnehmern überlassen.

2.6 Nachrichtenvermittlungssysteme

Bei den Netzknoten eines Speichervermittlungssystems handelt es sich um frei programmierbare DV-Anlagen. Die dort eingesetzten Programme können so ausgelegt werden, daß sie spezifischen Zielen dienen: Einzelne Übertragungsqualitäten können zu Lasten anderer besonders unterstützt werden; das Netz kann um zusätzliche Dienstleistungen angereichert werden. Bei **Nachrichtensystemen** oder der **Nachrichtenvermittlung** *(message switching, message handling)* besteht das besondere Ziel in der absolut sicheren Zustellung der übergebenen Nachrichten; Zeitaspekte sind dabei meist von geringerer Bedeutung.

Es gibt seit längerem eine ganze Reihe entsprechender Produkte auf dem Markt, die Nachrichtensysteme auf der Basis einzelner Herstellernetze realisieren. Dennoch sind bis heute Nachrichtenvermittlungssysteme in ihrer Bedeutung und praktischen Relevanz nicht mit Datagramm- und Paketnetzen vergleichbar. Dies wird sich in Zukunft ändern, da es seit 1984 eine Reihe von CCITT-Empfehlungen gibt, auf deren Grundlage der Aufbau weltweiter Nachrichtensysteme begonnen hat. Dabei handelt es sich einerseits um eine Ablösung bzw. moderne Alternative zum Telexnetz. Auf der anderen Seite lassen sich Nachrichtenvermittlungssysteme als elektronische Post *(mailbox sytem, mailing system)*, d. h. als technisch fortgeschrittene Alternative zur traditionellen Briefpost einsetzen. So bietet z. B. die DBP ab 1985 einen **Telebox-** oder **Telemail-Dienst** an, der eine solche Nachrichtenvermittlung realisiert.

Nachrichtenvermittlungssysteme können für die Kommunikation zwischen räumlich relativ dicht zusammenliegenden Benutzern ausgelegt sein (Einsatzumfeld: Büroautomatisierung und lokale Netze) oder für eine Vermittlung von Nachrichten zwischen weit entfernten Teilnehmern über ein Fernnetz hinweg.

Abbildung 2-9 beschreibt schematisch die Funktionsweise eines Nachrichtensystems mit vier Teilnehmeranschlüssen. (Bei realen Systemen werden natürlich erheblich mehr Teilnehmer angeschlossen sein.) Vor den Ausgangsleitungen sind jeweils drei Nachrichtenpuffer fixer Größe vorgesehen; ein gerade belegter Speicher ist schraffiert gezeichnet. In Abb. 2-9(a) sind die Eingangsleitungen 3 bzw. 4 mit den Ausgangsleitungen 4 bzw. 2 verbunden.

Wenn auf der Eingangsleitung 1 eine Nachricht für die Ausgangsleitung 3 übertragen werden soll, versucht das System vermutlich als erstes, Eingang 1 mit Ausgang 3 unmittelbar zu verbinden (vgl. Pfeil ··► in Abb. 2-9(b)). Da alle Ausgangspuffer der Leitung 3 belegt sind, muß die auf Leitung 1 eingehende Nachricht zunächst in einem ausfallsicheren Langzeitspeicher zwischengespeichert werden (vgl. Pfeil — —► in Abb. 2-9(b)).

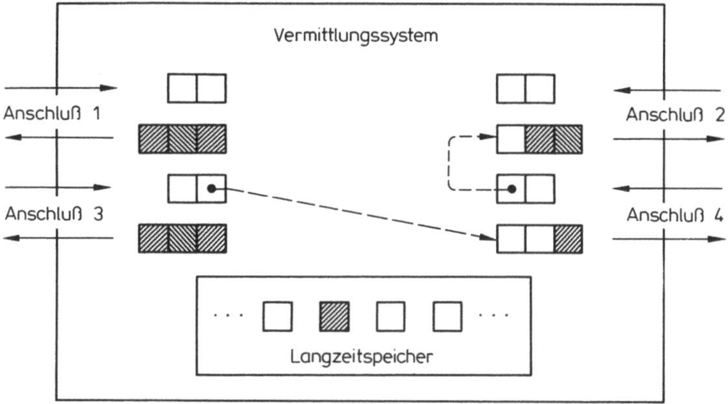

a) Momentaufnahme: Eingang 3 ist mit Ausgang 4 und Eingang 4 mit Ausgang 2 verbunden

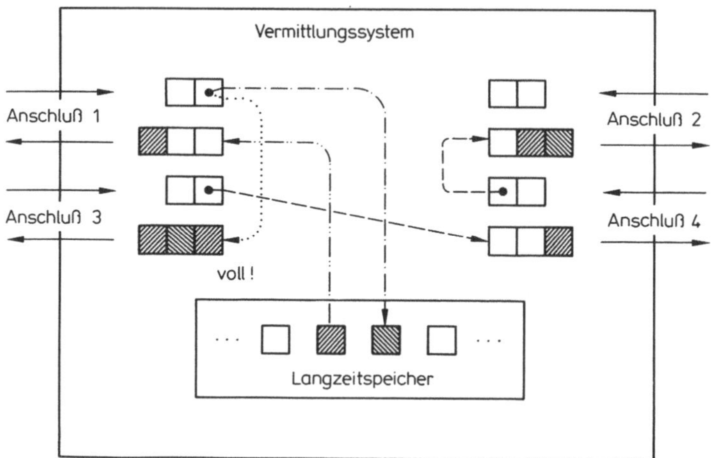

b) Momentaufnahme: Eine bei 1 einkommende Nachricht wird zwischengespeichert sowie eine Nachricht aus dem Speicher auf einer wieder freigewordenen Leitung verschickt

Abb. 2-9 a, b. Momentaufnahmen eines Nachrichtenvermittlungssystems

Zusätzlich ist angedeutet, wie eine Nachricht aus dem Langzeitspeicher auf Ausgangsleitung 1 verschickt wird, nachdem dort wieder Leitungspuffer freigeworden sind (Pfeil —·—► in Abb. 2-9(b)).

Allein aus dieser Skizze läßt sich grob ableiten, welche Teilaufgaben beim Entwurf eines solchen Nachrichtensystems zu lösen sind:

- Speicherverwaltung für die Nachrichten im Langzeitspeicher,
- Rundfunkmeldungen *(broadcasting)* zum Versand einer gleichen Nachricht an alle Teilnehmer oder bestimmte Untergruppen,
- Buchführung über die vermittelten und zugestellten Nachrichten,
- Anmahnung von ausstehenden Antworten (Quittungen auf Benutzerebene) etc.

Nachrichtenvermittlungssysteme sind in das obige Klassifikationsschema aufgenommen und hier kurz skizziert worden als konkretes Beispiel für die Möglichkeiten, welche die Speichervermittlung prinzipiell als Basis für speziell ausgelegte Übertragungssysteme *(dedicated systems)* bietet. Ihre Darstellung wird im folgenden nicht vertieft. Eine Übersicht über die CCITT-Empfehlungen für Nachrichtensysteme findet sich in Cunningham 1983.

2.7 Lokale Netze / Funk- und Satellitensysteme

Wie aus den Bezeichnungen dieser Systeme bereits zu erkennen, bezieht sich deren Unterscheidung primär auf die geographische Verteilung der zu verbindenden Kommunikationspartner. Der Unterschied in der räumlichen Ausdehnung zwischen einem lokalen Netz, dessen Anschlüsse maximal wenige Kilometer voneinander entfernt sind, und einem Nachrichtensatelliten, der in einer geostationären Bahn etwa 36.000 km über der Erdoberfläche kreist, ist jedoch so erheblich, daß allein die unterschiedlichen Signallaufzeiten jeweils andere technische Lösungen erzwingen.

Neben den Unterschieden in der räumlichen Ausdehnung liegt die Ähnlichkeit zwischen Funksystemen und lokalen Netzen darin, daß für die Kommunikation zwischen vielen Teilnehmern nur ein, meist sehr leistungsfähiger Übertragungskanal zur Verfügung steht (vgl. 2.1). Man bezeichnet deshalb das Übertragungsmedium bei diesen Netzen manchmal als **Äther** *(ether)*, obwohl dieser bei lokalen Netzen in der Regel aus traditionellen Kupfer- oder Koaxialkabeln besteht. (Ein bekannter Prototyp eines lokalen Netzes trägt daher auch den Namen ETHERNET, vgl. 5.4.2.)

Das Bild einer Menge von Amateurfunkern (diese entsprechen den Netzteilnehmern), die alle auf einer identischen Wellenlänge senden und empfangen, liefert ein gutes Modell für die Arbeitsweise eines derartigen Rundfunkrechnernetzes. Das zu lösende, zentrale Problem besteht darin, daß

- zu einem Zeitpunkt immer nur ein Teilnehmer senden kann, da Signale von zwei Sendern auf dem gleichen Kanal sich gegenseitig zerstören;
- für die notwendige Synchronisation der sendewilligen Teilnehmer keine zentrale Instanz zur Verfügung steht; und
- die Abstimmung der Teilnehmer darüber, wer aktuell das Senderecht erhält, auch über das eine Übertragungsmedium zu erfolgen hat.

Die zur Lösung dieses Problems entwickelten verteilten Algorithmen werden **Zugangsverfahren** *(access control)* genannt und sind prinzipiell für alle Rundfunksysteme identisch. Für die lokalen Netze werden in 5.4 Beispiele solcher Zugangsverfahren vorgestellt. Weitergehende Information über Funk- und Satellitensysteme finden sich in Bhargava et al. 1981, Spaniol 1983 und Grangé 1983.

3 Dienstleistungen eines Rechnernetzes

Die Dienstleistungen *(services)* eines Rechnernetzes sind genau die Dienste, die einem Benutzer, d. h. einem Netzteilnehmer am Rande des Transportsytems angeboten werden (vgl. 1.4). Abstrakt sind die beiden zentralen Aufgaben der Datenkommunikation bereits in 1.4 im Rahmen der Definition eines Rechnernetzes benannt worden: Vermittlung und Übertragung. Diese beiden Funktionen können jedoch konkret in sehr verschiedenen Formen und vor allem unterschiedlich komfortabel erbracht werden.

In diesem Kapitel werden deshalb notwendige oder wünschenswerte Bestandteile einer Teilnehmerschnittstelle am Rand eines Netzes detaillierter beschrieben. Aus den der Datenkommunikation innewohnenden Problemen werden die zentralen Elemente eines Netzrandprotokolls entwickelt. Die folgende Darstellung umfaßt vorwiegend transportorientierte Dienste, d. h. Dienstleistungen, die in den Ebenen 1 bis 4 des ISO-Modells zu erbringen sind. Unter anderem werden dabei die zentralen Protokollelemente der Empfehlung X. 25 (vgl. 6.1.5) entwickelt, ohne daß die Darstellung darauf beschränkt bliebe.

Das Schwergewicht der folgenden Abschnitte liegt auf der Motivation der Probleme und der zu ihrer Lösung entwickelten Konzepte - nicht jedoch auf einer detaillierten Beschreibung bestimmter Verfahren und Schnittstellen. In jedem Fall liefert das vorliegende Kapitel wichtige Grundlagen für das Verständnis konkreter Standards und Normen.

In den nachfolgenden Abschnitten werden im einzelnen beschrieben:

- Betriebs- und Übertragungsarten (3.1),
- Adressierung (3.2),
- Konzentrieren und Multiplexen (3.3),
- Transportzeiten und Durchsatz (3.4),
- Fehlererkennung und Fehlerreaktion (3.5),
- Flußkontrolle (3.6),
- Gestaltung von Teilnehmeranschlüssen (3.7) und
- Test- und Fehlersuchunterstützung für Teilnehmer (3.8).

3.1 Betriebs- und Übertragungsarten

Diese Darstellung von Betriebsarten und Übertragungsarten klassifiziert überblicksartig die wichtigsten Verfahren, die für die Ebenen 1 und 2 des ISO-Modells in Gebrauch sind.

Übertragungsverfahren, d.h. die Möglichkeit zur Übermittlung von Bitfolgen zwischen einer Datenquelle und -senke, stellen die Basis eines jeden Rechnernetzes und jeder Datenkommunikation dar und sind von daher die grundlegende Voraussetzung für alle im folgenden dargestellten Einzelprobleme. Andererseits bilden die Übertragungstechniken das Grenzgebiet zwischen Datenkommunikation und Nachrichtentechnik, das entsprechend der Ankündigung im Vorwort keinen Schwerpunkt dieses Buches ausmacht.

Die folgende Übersichtsdarstellung der Betriebsarten und Übertragungstechniken ist deshalb nur aus Vollständigkeitsgründen eingefügt. Nähere Einzelheiten zu diesem Gebiet sind nachrichtentechnischen Lehrbüchern zu entnehmen (vgl. z.B. Bocker 1977).

Die Kenntnis dieses Abschnitts ist keine Voraussetzung für das Verständnis der weiteren Abschnitte und Kapitel.

Die anschließende Beschreibung ist folgendermaßen untergliedert:

- In 3.1.1 werden die drei Betriebsarten der Datenübertragung definiert.
- 3.1.2 enthält eine Beschreibung der asynchronen Übertragungart.
- In 3.1.3 wird die synchrone Übertragung skizziert.
- In 3.1.4 wird beschrieben, wie bei den unterschiedlichen Verfahren die Transparenz der Übertragung erzielt werden kann.

3.1.1 Betriebsarten der Datenübertragung

Im folgenden werden kurz die drei **Betriebsarten** bei der Übertragungen von Daten definiert. Es wird unterschieden zwischen:

- **Richtungsbetrieb:** Diese Betriebsweise wird häufig auch als **Simplexbetrieb** (abgekürzt sx) bezeichnet. Sie charakterisiert einen gerichteten oder einseitigen Betrieb. Dabei ist eine Übertragung nur in einer Richtung möglich. Diese Betriebsart wird für die Datenübertragung selten eingesetzt, da kein Rückkanal für Quittungen, Fehlermeldungen o.ä. vorhanden ist. Traditionelle Rundfunk- oder Fernsehübertragungen sind Beispiele für diese Betriebsart.
- **Wechselbetrieb:** Diese Betriebsweise wird auch **Halbduplexbetrieb** (abgekürzt hx) genannt. Dabei ist alternierend eine Übertragung in beiden Richtungen möglich. Die in dieser Betriebsart kommunizierenden Endgeräte müssen also synchronisiert zwischen Sende- und Empfangsbetrieb umschalten. Bei Endgeräten älterer Bauart (Terminals, Stapelstationen für das Einlesen von Lochkartenstapeln und die Druckerausgabe) ist diese Betriebsart weit verbreitet.
- **Gegenbetrieb:** Den oben aufgeführten alternativen Bezeichnungen entsprechend wird diese Betriebsart auch **Duplex-** oder **Vollduplexbetrieb** (abgekürzt dx) ge-

nannt. Beim Gegenbetrieb können die beiden Kommunikationspartner parallel senden und empfangen. Diese Betriebsweise ist die bei modernen Datenübertragungsverfahren übliche. Nur sie erlaubt einen kontinuierlichen Austausch von Daten (Nutzdaten, Quittungen) zwischen zwei kommunizierenden Endgeräten.

3.1.2 Asynchrone Übertragung

Damit eine von einem Sender übermittelte Impulsfolge von einem Empfänger wieder korrekt als Bitfolge interpretiert werden kann, ist eine **Synchronisation** zwischen beiden notwendig. Die im folgenden dargestellten Verfahren unterscheiden sich im wesentlichen dadurch,

- wie diese Synchronisierung, d. h. die Erzeugung eines Gleichlaufs zwischen Quelle und Senke hergestellt wird und
- wie lange dieser Gleichlauf anschließend gesichert ist, bzw. in welchen Abständen neu synchronisiert werden muß.

Im Laufe der Entwicklung der Datenübertragung sind eine große Anzahl unterschiedlicher **Übertragungsverfahren** oder Verfahrensvarianten entwickelt worden. Für diese Verfahren, welche die Aufgaben der Pysik- und Übermittlungsschicht des ISO-Modells lösen, ist auch die Bezeichnung **Übertragungsprozeduren** gebräuchlich.

Die **asynchrone** Übertragung, auch **Start-Stop-Verfahren** genannt, ist eine zeichenorientierte Übertragungsart, bei der die Synchronisation zwischen Sender und Empfänger am Anfang und Ende jedes übertragenen Zeichens hergestellt wird. Das Prinzip dieses Verfahrens ist in Abb. 3-1(a) dargestellt: Die Folge von k Bits, mit denen ein Zeichen kodiert wird, ist eingerahmt in einen **Startschritt** und einen **Stoppschritt.** Start- und Stoppschritt unterscheiden sich von den Zeichenbits durch ihre größere Länge: Sie beträgt etwa das 1,3 bis 1,7-fache der Länge eines Nutzdatenbits. In Abb. 3-1(b) ist als Beispiel die Übertragung der Bitfolge 01 011 veranschaulicht. Die Pausen zwischen aufeinanderfolgenden Zeichen können beliebig lang sein (vgl. Abb. 3-1(c)): Durch den das nächste Zeichen einleitenden Startschritt ist eine Resynchronisation und damit der korrekte Empfang der nächstens Zeichens gewährleistet.

Ein Nachteil der asynchronen Übertragung ist unmittelbar zu sehen: Der für die Synchronisation erforderliche Anteil der gesamten Übertragungskapazität ist enorm hoch. Bei Verwendung eines 7-Bit-Alphabets (vgl. Abb. 3-14) stehen nur 70% der Kapazität für die Nutzdatenübertragung zur Verfügung. Die Bezeichnung „asynchron“ für diese Übertragungsart ist irreführend, denn wie beschrieben ist eine Synchronisierung zwischen Sender und Empfänger auch bei diesem Verfahren notwendig, damit die übertragenen Bitfolgen korrekt interpretiert werden können. Die Synchronisation gilt bei der asynchronen Übertragung nur für eine wesentlich kürzere Zeitspanne als bei der synchronen (vgl. 3.1.3): Sie umfaßt gerade die Zeit für die Übertragung eines Zeichens. Asynchron ist jedoch die zeitliche Lage der hintereinander übertragenen Zeichen: Aus dem Beginn oder auch dem Ende der

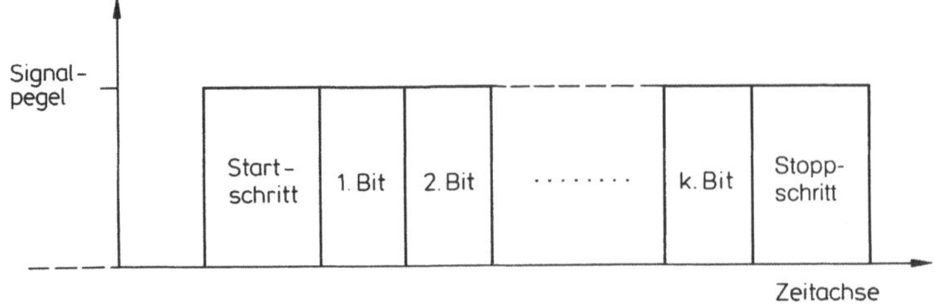

a) Schematische Darstellung der asynchronen Übertragung eines Zeichens bestehend aus k Informationsbits

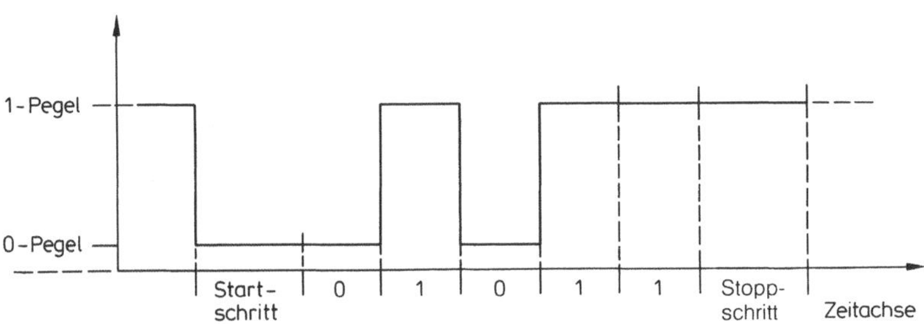

b) Asynchrone Übertragung der Bitfolge ‚01011'

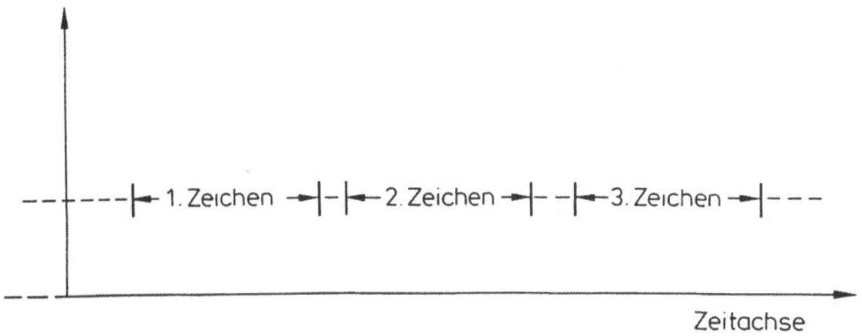

c) Folge von asynchron übertragenen Zeichen

Abb. 3-1 a–c. Asynchrone Übertragungsart

Übertragung eines Zeichens kann nicht auf den zeitlichen Beginn der Übertragung des nächsten Zeichens geschlossen werden; die zeitliche Aufeinanderfolge der zu übertragenden Zeichen ist tatsächlich asynchron.

Die asynchrone Übertragung ist die älteste digitale Übertragungstechnik. Die Gleichlaufanforderungen zwischen Quelle und Senke sind vergleichsweise gering, so daß sie auch mit mäßigem technischen Aufwand erfüllt werden können. Entwikkelt worden ist die asynchrone Übertragungstechnik für den Aufbau des Telexsystems: In diesem weltweiten Netz wird ein 5-Bit-Code verwendet. Auch im Rahmen moderner Rechnernetze werden asynchrone Verfahren oft eingesetzt, um langsame, zeichenweise arbeitende Geräte anzuschließen (Terminals, Drucker, *teletype).* Beispiele für in der Praxis eingesetzte asynchrone Übertragungsprozeduren sind LSV1 und LSV2 *(Low Speed Variant)* der Siemens AG.

3.1.3 Synchrone Übertragung

Bei **synchronen** Übertragungsverfahren ist der Gleichlauf zwischen Sender und Empfänger über eine längere Zeitdauer, während der Übertragung einer ganzen Folge von Zeichen, gewährleistet. Derartige Zeichenfolgen werden **Blöcke** oder **Übertragungsblöcke** *(transmission block)* genannt. Die Synchronisation erfolgt vor Beginn eines Übertragungsblocks durch eine Folge spezieller Synchronisationszeichen. Zur Blockbildung dienen besondere Steuerzeichen. In den gebräuchlichen Alphabeten sind für diesen Zweck entsprechende **Kontrollzeichen** *(control character, CC)* vorgesehen.

Abbildung 3-2 veranschaulicht das synchrone Übertragungsverfahren: Abb. 3-2(a) zeigt den prinzipiellen Aufbau eines Übertragungsblocks. Die Synchronisation erfolgt durch eine Folge von zwei bis vier SYN-Zeichen. Der Beginn des Blocks ist durch das STX-Zeichen *(start of text)*, sein Ende durch das ETX-Zeichen *(end of text)* markiert. Dazwischen eingefügt sind die zu übertragenden Nutzdaten. Abschließend folgen zwei BCC-Zeichen *(block check character)*, welche für die Fehlersicherung verwendet werden (vgl. 3.5.5).

Vom Verfahren her können Blöcke eine beliebige Länge besitzen. Im realen Einsatz ist immer eine maximale Blocklänge festgelegt:

- Ein praktischer Grund für diese Restriktion liegt darin, daß die Blöcke in den Übertragungseinrichtungen zwischengespeichert werden müssen und der dafür zu verwaltende Speicher in Portionen fester Länge aufgeteilt ist.
- Ein technischer Grund liegt in den mit zunehmender Blocklänge steigenden Anforderungen an den Gleichlauf zwischen Sender und Empfänger.
- Ein theoretischer Grund für eine solche Blocklängenbegrenzung resultiert aus der angestrebten Absicherung gegen Datenverfälschung über die BCC-Zeichen (vgl. 3.5.5).

Wenn die zu übertragenden Daten nicht in einen Block passen, können Folgen von Teilblöcken gebildet werden, die jeweils mit dem ETB-Zeichen *(end of text block)* abgeschlossen werden und dem Empfänger signalisieren, daß noch weitere Daten folgen (vgl. Abb. 3-2(b)).

Der für die Synchronisation erfoderliche Aufwand ist bei einem synchronen Übertragungsverfahren wesentlich niedriger als bei den asynchronen Prozeduren: Pro übertragungsblock sind dazu etwa vier bis sechs Zeichen erforderlich. In der Praxis werden Blocklängen von etwa 100 bis 1.000 Zeichen verwendet. Der Synchronisationsanteil liegt demzufolge bei weniger als 5% der Übertragungskapazität.

Es gibt eine große Klasse von synchronen Übertragungsprozeduren, die nach dem bisher geschilderten Verfahren arbeiten und für die auch der Sammelbegriff *basic-mode*-Prozeduren gebräuchlich ist. Ihr bekanntester und am weitesten verbreiteter

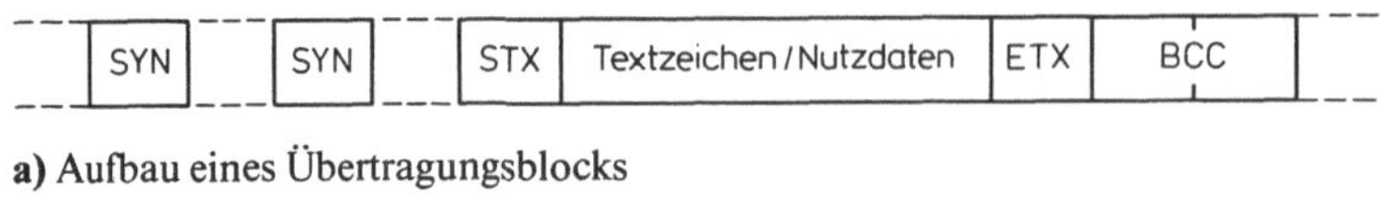

a) Aufbau eines Übertragungsblocks

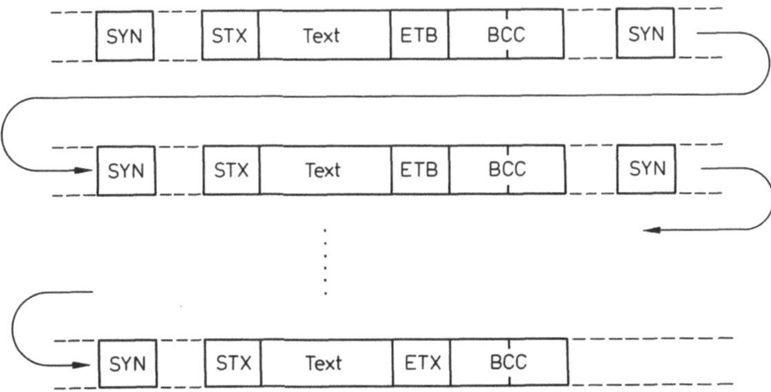

b) Folge von Teilblöcken

flag | Bitfolge / Nutzdaten | CRC | flag

c) Aufbau eines HDLC-Rahmens

Abb. 3-2 a–c. Synchrone Übertragung

Vertreter ist zweifellos die ursprünglich von IBM entwickelte BSC-Prozedur *(binary synchronous communication).* Im industriellen Bereich ist BSC die Standardprozedur, die für jeden datenübertragungsfähigen Mikro- oder Minirechner angeboten wird. Andererseits gibt es so viele Weiterentwicklungen und Varianten dieser Prozedur, daß das Zusammenspiel unterschiedlicher BSC-Versionen nicht immer gleich das gewünschte Ergebnis zeitigt. Die Siemens AG z. B. verwendet in Form der Synchronprozeduren MSV1 und MSV2 *(medium speed variant)* firmenspezifische BSC-Adaptionen.

Die meisten moderne Bildschirmterminals werden über synchrone Prozeduren angesteuert. Für sie ist deshalb auch die Bezeichung **Synchronterminals** gebräuchlich.

Die Übertragung mit Hilfe einer *basic-mode*-Prozedur unterliegt einer gravierenden Einschränkung: Alle diese Verfahren sind **zeichenorientiert**:

- Grundlegende Voraussetzung ist die Verabredung eines bestimmten Alphabets zwischen Sender und Empfänger.
- Dieses Alphabet muß die speziellen Steuerzeichen für die Synchronisation und Blockbildung enthalten (SYN, STX, ETB, ETX, vgl. Abb. 3-14).
- Wenn das Alphabet eine Länge von z. B. 8 Bits hat, können als Nutzdaten nur Bitfolgen übertragen werden, deren Länge ein Vielfaches von 8 ist.

(Ein weiterer Nachteil dieser Zeichenorientierung wird in 3.1.4 beschrieben.)

Aufgrund ihrer Zeichenorientierung werden *basic-mode*-Prozeduren auch als **zeichensynchrone Verfahren** bezeichnet.

Eine derartige Zeichenorientierung mag der Ansteuerung von Terminals angemessen sein - für eine uneingeschränkte Rechner-Rechner-Kommunikation besteht jedoch das Bedürfnis, beliebige Bitfolgen, z. B. den Inhalt von Binärdateien, übertragen zu können. Zu diesem Zweck werden sogenannte **bitsynchrone Übertragungsverfahren** eingesetzt, die nach dem folgenden Prinzip arbeiten (vgl. Abb. 3-2(c)):

- Die Übertragungsblöcke werden **Rahmen** *(frame)* genannt, deren Inhalt aus Bitfolgen beliebiger Länge bestehen kann.
- Anfang und Ende eines solchen Rahmens werden durch eine spezielle Bitfolge *(flag,* übersetzt „Flagge") markiert.
- Die Fehlersicherung wird nach dem moderneren CRC-Verfahren durchgeführt (vgl. 3.5.5). Die dazu verwendete Bitfolge wird im Anschluß an die Nutzdaten, unmittelbar vor der den gesamten Rahmen begrenzenden *flag* übertragen.

(Es stellt sich sofort die Frage, was geschieht, wenn als Teil der Nutzdaten im Inneren eines Rahmens die Bitfolge für die Rahmenbegrenzung auftritt. Dieses Problem wird in 3.1.4 behandelt.)

Ein solches bitsynchrones Übertragungsverfahren wurde erstmals von IBM in Form der SDLC-Prozedur *(synchronous data link control)* entwickelt. Die daraus abgeleitete, jedoch unterschiedliche ISO-Norm trägt die Bezeichnung HDLC *(high level data link control).* Wieder andere Versionen dieser Prozedur wurden im Rahmen der Verabschiedung der Empfehlung X.25 (vgl. 6.1.5) als LAP *(link access procedure)* oder LAPB *(link access procedure balanced version)* festgeschrieben.

3.1.4 Transparenz von Übertragungsverfahren

Ein Übertragungsverfahren heißt **transparent,** wenn es bezüglich der zu übertragenden Daten keinerlei Einschränkungen macht, d. h. wenn beliebige Bitfolgen übertragen werden können.

Die asynchronen Verfahren verlangen nur, daß die zu übertragenden Bitfolgen in Stücke einer festgelegten Länge unterteilt werden; in der Regel sind dies Sequenzen von 5 bis 8 Bits. Wie diese Bitsequenzen, eingerahmt in Start-/Stoppschritte, interpretiert werden, ist allein in die Verantwortung von Sender und Empfänger gestellt. Für die Übertragung sind diese Nutzbitfolgen voll transparent.

Bei den zeichensynchronen Verfahren ist dies grundsätzlich anders:

- Zwischen Sender und Empfänger muß die Benutzung eines bestimmten Alphabets verabredet werden, das die für die Steuerung der Übertragung benötigten Kontrollzeichen (SYN, STX, ETB, ETX und wenige weitere) enthält (vgl. Abb. 3-14).

- Diese Kontrollzeichen dürfen im Rahmen der Nutzdaten zunächst nicht auftreten; andernfalls würde die Synchronisation der Übertragung gestört und damit das gesamte Verfahren zusammenbrechen.

Um dennoch auch innerhalb der Nutzdaten die Kontrollzeichen übertragen zu können, wird die sogenannte **Codeerweiterungstechnik** *(character stuffing,* übersetzt „Zeichenstopfen"*)* angewendet: Es gibt als weiteres Kontrollzeichen ein spezielles **Ausweichzeichen** *(data link escape,* DLE, auch *escape*-Zeichen genannt*)*. Jedem Kontrollzeichen im Rahmen der Nutzdaten muß dieses Ausweichzeichen vorangestellt werden. Es bewirkt, daß das unmittelbar folgende Zeichen nicht für die Prozedursteuerung ausgewertet, sondern als transparent zu übertragendes Benutzerdatum angesehen wird.

Bei den bitsynchronen Übertragungsverfahren wird die Übertragungstransparenz durch die Methode des sogenannten **Bitstopfens** *(bit stuffing)* erzielt:

- Das einzige bei der bitsynchronen Übertragung notwendige Steuerelement ist die zur Kennzeichnung des Anfangs und Endes eines Rahmens verwendete *flag*.
- Eine *flag* besteht aus 6 aufeinanderfolgenden 1-Bits, als 8-Bit-Zeichen in der Form 0111 1110 kodiert.
- Die als Nutzdaten zu übertragende Bitfolge kann natürlich derartige Folgen von 1-Bits enthalten. Um zu verhindern, daß Teile der Nutzdaten irrtümlich als *flag* interpretiert werden, fügt der Sender während der Nutzdatenübertragung nach je 5 aufeinanderfolgenden 1-Bits immer ein 0-Bit ein.
- Diese Veränderung der Nutzdaten muß vom Empfänger rückgängig gemacht werden: Nach jeweils 5 empfangenen 1-Bits wird das folgende 0-Bit wieder entfernt, bevor die Daten zur Verarbeitungsinstanz weitergeleitet werden.

In der Regel werden die beschriebenen Bitoperationen auf seiten des Senders und Empfängers über geeignete Hardwareeinrichtungen realisiert, so daß das Bitstopfen keine Zeitverluste verursacht.

3.2 Adressierung

Ein Netzteilnehmer A wird aus der Sicht des Transportsystems durch den entsprechende Netzanschluß repräsentiert und hat üblicherweise genau eine ihm zugeordnete **Netz-**, bzw. **Netzwerkadresse,** über die er erreichbar ist. Diese Adresse muß von jedem anderen Teilnehmer B dem Netz genannt werden, bevor Daten von B nach A übertragen werden können. Wie bei einem normalen Post- oder Expresspaket besteht auch bei Rechnernetzen eine vollständige Adreßangabe aus der Empfänger- und Absenderadresse; beide müssen gültige Netzadressen sein.

Die Menge aller gültigen Netzadressen wird der **Adreßraum** *(address space)* des Netzes genannt.

In Kapitel 2 ist beschrieben, welche unterschiedliche Verwendung Netze mit einem verbindungslosen bzw. verbindungsorientierten Dienst von Adressen machen: Bei einem verbindungslosen Dienst (z. B. einem Datagrammnetz oder lokalen Netz) muß jede Nachricht vollständig mit Empfänger- und Absenderangabe versehen sein; bei einem verbindungsorientierten Dienst werden diese Adreßangaben nur einmal für den Aufbau der Verbindung benötigt. Im folgenden Abschnitt werden einige mit der Adressierung in einem Rechnernetz zusammenhängende Probleme aus Sicht des Betreibers und der Teilnehmer dargestellt:

- Die Alternative zwischen logischen und physikalischen Adressen wird in 3.2.1 beschrieben.
- In 3.2.2 werden strukturierte und flache Adreßräume einander gegenübergestellt.
- Das Abbildungsproblem zwischen Namen von Benutzer- oder Dienstleistungsprozessen und Netzadressen wird in 3.2.3 diskutiert.

3.2.1 Physikalische und logische Adressierung

Die bei Postorganisationen übliche Art der Adressierung ist die **physikalische** (vgl. Abb. 3-3(a)):

- Jeder Knoten hat eine eindeutige Knotennummer.
- Die Teilnehmeranschlußleitungen sind fortlaufend numeriert.
- Die Adresse eines Teilnehmers ergibt sich durch die Aneinanderfügung beider Zahlen bzw. Ziffernfolgen.

Dieses Adressierungsverfahren leuchtet jedem Telefonbenutzer unmittelbar ein, da es genau der in Fernsprechnetzen üblichen Wahlmöglichkeit entspricht: Die Verknüpfung der Knotennummer mit der der Anschlußleitung geschieht beim Telefonieren durch die Kombination von Vorwahl- und Teilnehmernummer.

Eine solche physikalische Adressierung ist jedoch mit einigen Nachteilen verbunden. Ein großer Nachteil liegt in der Fehleranfälligkeit bei Angabe physikalischer Adressen: Eine irrtümlich falsch eingegebene Ziffer kann nicht als Eingabefehler erkannt werden, sondern führt in der Regel zu einer anderen gültigen Adresse. Bei Auftreten dieses Fehlers stellt das Netz auftragsgemäß die eigentlich nicht gewünschte Verbindung her:

- Die Situation ist jedem Telefonbenutzer bekannt: Es dauert meist nicht länger als eine oder zwei Gesprächseinheiten, den Irrtum zu erkennen, d. h. zu klären, ob die gewünschte Nummer angewählt und eine entsprechende Verbindung eingerichtet worden ist oder ob man sich „verwählt" hat.
- Wenn es sich in ähnlicher Situation, z. B. wegen einer falschen Angabe in einem Programm oder wegen eines Eingabefehlers, um falsch verbundene Rechner handelt, kann dies gravierendere Konsequenzen haben:
- Die unvorbereitet verbundenen Prozesse können sich gegenseitig blockieren, indem jeder darauf wartet, daß der jeweils andere etwas Bestimmtes tut, das in dem von ihm befolgten Verfahren vorgeschrieben ist.
- Wenn einer der Prozesse erkennt, daß er mit einem „falschen" Partner verbunden ist, wird er den Abbau der Verbindung veranlassen. Die einfachste algorithmische Reaktion besteht darin, den gesamten Ablauf zu wiederholen; z. B. kann ei-

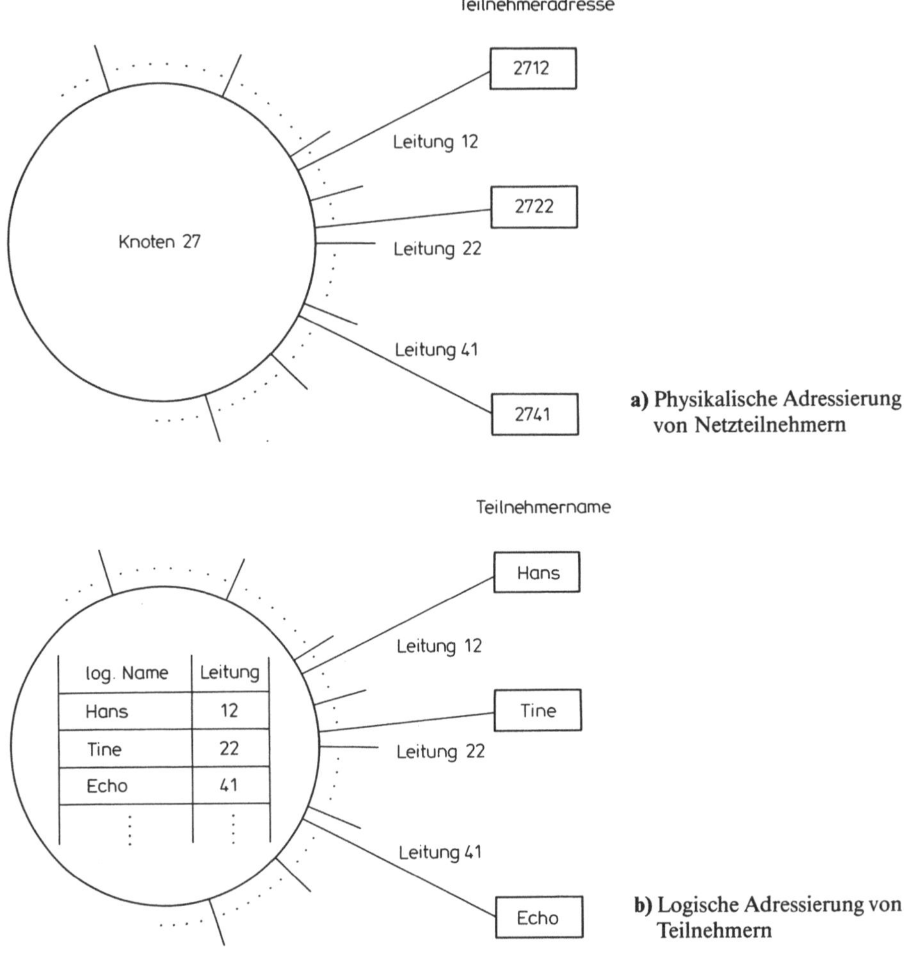

Abb. 3-3 a, b. Physikalische und logische Adressierung von Teilnehmern

ne Schleife vorgesehen sein, um ggf. abzuwarten, bis der gewünschte Anschluß wieder frei wird. Es ist vorstellbar, daß aus solchen Situationen eine Folge von Verbindungsaufbau- und Verbindungsabbauaktionen resultiert, die erst durch menschlichen Eingriff beendet wird.

Auf Netzebene lassen sich derartige Fehler weder erkennen noch beheben. Dazu sind entsprechende Programme auf höherer Ebene erforderliche (z. B. im Rahmen eines Sitzungsprotokolls, d. h. der ISO-Ebene 5).

Ein anderer prinzipieller Nachteil der physikalischen Adressierung zeigt sich beim Mehrfachanschluß eines Teilnehmers. Neben einer gewünschten höheren Übertragungsleistung ist der wichtigste Grund für den Mehrfachanschluß eines Teilnehmers eine angestrebte höhere Ausfallsicherheit (vgl. Abb. 3-4(a)). Bei der physikalischen Adressierung haben mehrfache Anschlüsse eines Teilnehmers auch unter-

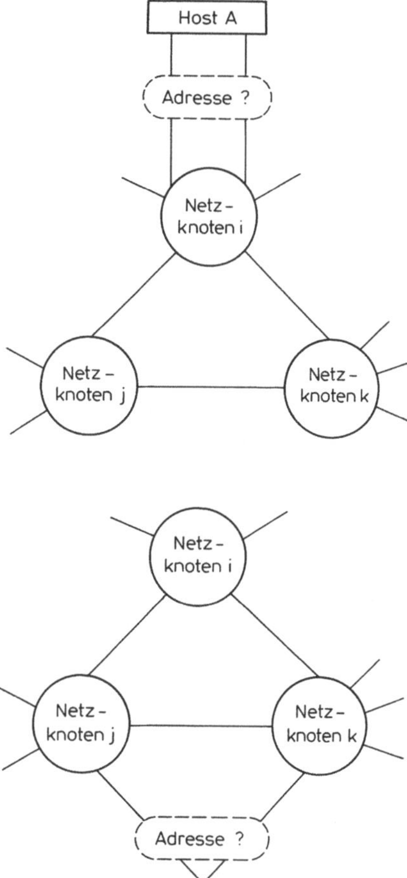

a) Mehrfachanschluß eines Hosts an einen Netzknoten

b) Mehrfachanschluß eines Hosts an mehrere Netzknoten

Abb. 3-4 a, b. Netzskizzen zum Problem des mehrfachen Anschlusses eines Teilnehmers

schiedliche Adressen. Ein solcher Mehrfachanschluß bewirkt also nicht, daß Host A unter einer Adresse selbst dann noch erreichbar ist, wenn einer der Anschlüsse ausgefallen ist; für Anrufer von außen wird nur eine zweite Chance für ihren Kommunikationswunsch eröffnet, wenn die erste Leitung belegt oder gestört sein sollte.

Ein weiteres Beispiel für einen Nachteil der physikalischen Adressierung ist die daraus resultierende Transparenz, d.h. mangelnde Abgeschlossenheit des Netzes. Z. B. müssen im Gefolge eines Erweiterungsausbaus eines Knotens häufig vollkommen neue Adressen vergeben werden. Dies geht natürlich zu Lasten der darüber verkehrenden Teilnehmer, die sich auf die neuen Adressen umstellen müssen. Zu einer klaren Trennung zwischen Teilnehmern und Betreiber eines Netzes sollte auch gehören, daß die Teilnehmer durch die Konsequenzen eines Netzausbaus nicht beeinträchtigt werden.

Der Gegensatz zur physikalischen ist die **logische Adressierung,** bei der Netzadressen bzw. Teilnehmernamen nicht aus einer Ziffernfolge, sondern aus frei wählbaren Namen bestehen. Bei einer solchen Adressierung spricht man statt vom Adreßraum deshalb auch vom **Namensraum** *(naming space)* des Netzes. Eine derartige freie Namenswahl kann dazu genutzt werden, Teilnehmerprozesse in symbolischer Weise so zu bezeichnen, daß ihre Funktion über den gewählten Namen erkennbar ist. (Z. B. ist eine Adresse der Form „Teilnehmerverzeichnis", „Datum" oder „Uhrzeit" aussagekräftiger und weniger anfällig gegen Verwechslungen als eine Ziffernfolge der Form „118", „119" oder „1188". Einige Beispiele für derartige, netzweit möglichst symbolisch adressierbare Teilnehmer bzw. Funktionen sind in 3.8 beschrieben.)

Da es sich bei den Netzknoten eines modernen Vermittlungsystems um spezialisierte DV-Systeme handelt, ist die aus Benutzersicht wünschenswerte logische Adressierung sehr einfach realisierbar (vgl. Abb. 3-3(b)). Sie erfordert nur eine mit geringem Aufwand speicherresident zu realisierende Tabelle zur Umsetzung zwischen den logischen Teilnehmeradressen oder auch -namen sowie den zugeordneten Leitungen.

Die logische Adressierung befindet sich in Übereinstimmung mit dem bestimmenden Trend der DV-Entwicklung der jüngeren Zeit: Aus schlechten Erfahrungen hat man gelernt, daß Menschen symbolische Bezeichnungen, unter denen sich etwas vorstellen läßt, normalerweise sicherer und mit geringerer Fehlerwahrscheinlichkeit benutzen als abstrakte Ziffernfolgen.

Bei den Herstellernetzwerken, die auf Verkäuflichkeit am Markt orientiert sind, hat sich die Möglichkeit der symbolischen Benennung und damit auch Adressierung von Teilnehmern längst durchgesetzt. An der Teilnehmerschnittstelle wird eine entsprechende Option durchgängig geboten, obwohl netzintern die Adressen natürlich auch in physikalischer Form vorliegen.

Die logische Adressierung bietet eine saubere Trennung zwischen der Teilnehmersicht des Netzes und der internen Realisierung von Teilnehmeranschlüssen. Sie läßt dem Netzbetreiber jede Freiheit für das interne Adreßformat sowie die Adreßumsetzung; Änderungen der internen Adressen, Erweiterungen des Namensraums etc. lassen sich ohne direkte Konsequenzen für alle Teilnehmer realisieren. Dabei kann die netzinterne Adreßumsetzung

- durch eine einfache Tabellensuche realisiert werden, wie in Abb. 3-3(b) angedeutet, oder
- über beliebig komplexe Algorithmen geschehen, die zusätzliche Aspekte der gleichmäßigen Lastverteilung auf parallelen Leitungen, eine erhöhte Ausfallsicherheit u. ä. berücksichtigen können.

3.2.2 Strukturierte und flache Adreßräume

Der Adreßraum eines Netzes heißt **strukturiert,** wenn die Netzadressen nicht willkürlich, sondern nach einem meist hierarchischen Schema aufgebaut sind. Adreßräume von Fernsprechnetzen, d. h. Telefonnummern, sind üblicherweise hierarchisch strukturiert. Im bundesdeutschen Telefonnetz z.B. sind die Adressen zweistufig gegliedert:

<Ortskennziffer> <Teilnehmernummer>

Dabei kann zur Bequemlichkeit der Benutzer die Vorwahlnummer, d.h. die Ortskennziffer, weggelassen werden, wenn ein Teilnehmer im gleichen Ortsnetz gewünscht wird.

Ein Adreßraum ohne eine derartige innere Struktur dagegen heißt **flach** *(flat)*. Hierarchische Adressen in Rechnernetzen sind in der Regel mehrstufig aufgebaut, z.B. in folgenden Schritten:

<Adresse> ::= <Netz> <Region> <Knoten> <Teilnehmer>

Ein großer Vorteil eines solchen Adreßschemas liegt in seiner leichten Erweiterbarkeit: Durch Iterierung des Verfahrens, d.h. durch Einführung einer zusätzlichen Hierarchiestufe ist es immer möglich, beliebige Adreßräume disjunkt zu vereinigen. Bei Netzen ist dies relevant, wenn zwei bisher isolierte Netze zusammengelegt oder verbunden werden sollen.

Wie aus beiden Beispielen ersichtlich, kann eine derartige hierarchische Struktur eines Adreßraums genutzt werden, um Adressen in enger Bindung an die topologische Struktur des Netzes zu vergeben. Dies ist natürlich in erster Linie für den Netzbetreiber attraktiv:

- Bei Kenntnis der Kodierungen der einzelnen Adreßkomponenten ist jeder Adresse unmittelbar zu entnehmen, an welchen Knoten der betreffende Teilnehmer angeschlossen ist.
- Von dieser Eigenschaft kann im Rahmen von Wegelenkungsverfahren (vgl. 4.1) vorteilhaft Gebrauch gemacht werden.
- Die Adreßverwaltung erfolgt lokal in jedem Knoten: Es entsteht nicht die Notwendigkeit einer netzweiten, zentralen Adreßverwaltung (Vergabe, Sicherung der Eindeutigkeit, Auskunftdienst etc.).

Aus diesen Gründen verwenden Postorganisationen nahezu ausschließlich hierarchisch strukturierte, physikalische Adressen. Auch die CCITT-Empfehlung X.121, die ein weltweites, eindeutiges Adressierungsschema für Paketnetze vorschreibt, legt eine solche 4-stufige Adreßhierarchie fest. Ihr Aufbau ist in Abb.3-5 beschrieben:

- Eine Adresse eines beliebigen Paketnetzteilnehmers besteht danach aus 14 Dezimalziffern.
- Die ersten 3 Ziffern sind dabei eine Landeskennziffer, die in sich wieder zerfällt in eine Erdteilnummer und eine zweistellige Länderkennzahl.
- Die folgende Ziffer bezeichnet das gewünschte Paketnetz in diesem Land.
- Die letzten 10 Ziffern bilden die eigentliche Teilnehmeradresse in diesem Netz. Ob diese 10 Positionen noch einmal untergliedert sind, ist nicht festgelegt, sondern kann netzspezifisch geregelt werden.

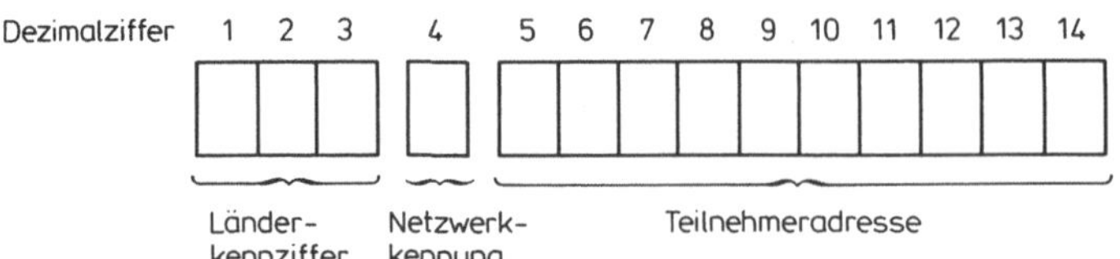

Abb. 3-5. Adressierungsschema der CCITT-Empfehlung X.121

Es fällt unmittelbar ins Auge, daß es einerseits sicher niemals 1000 Länder mit öffentlichen Paketnetzen geben wird. Auf der anderen Seite existieren heute schon Länder mit mehr als 10 Paketnetzen. Beiden Aspekten wurde bei der Festlegung der entsprechenden Kodierungen Rechnung getragen:

- Die mit 0 und 1 beginnenden Ländercodes sind für künftige Zwecke freigehalten, die mit 8 und 9 beginnenden Kodierungen für öffentliche Telex- und Telefonnetze reserviert; die dazwischenliegenden Ziffern werden für die Erdteilschlüssel verwendet - z. B. 2 für Europa, 3 für Nordamerika etc.
- Ländern, bei denen zu erwarten ist, daß in ihnen mehr als 10 öffentliche Paketnetze aufgebaut werden, ist mehr als eine Länderkennziffer zugeordnet. Für die USA z. B. sind die Länderkennzahlen 310, 311 und 312 reserviert.

Hierarchisch strukturierte Adreßräume weisen die oben genannten Vorteile auf; zudem ist diese Art der Adressierung weit verbreitet und allen Telefonbenutzern geläufig. Dennoch sind mit einer solchen Adreßstruktur auch Nachteile verbunden. Diese rühren von der Bindung der Adressen an die Netztopologie her:

- Wenn ein Teilnehmer, d. h. ein Benutzerprozeß an einen anderen Ort verlegt wird und deshalb an einen neuen Netzknoten angeschlossen wird, erhält er zwangsläufig eine neue Adresse. Für alle seine Kommunikationspartner ist dies mit entsprechenden Änderungen in Programmen oder Tabelleneinträgen verbunden.
- Die hierarchische Struktur zerlegt den Adreßraum auf jeder Hierarchiestufe mit Notwendigkeit in gleich große Subadreßräume, obwohl in der Regel die entsprechenden Hierarchieelemente (Knoten, Regionen, Netze) von sehr unterschiedlichem Umfang sind. Das oben aufgeführte Beispiel der X.121 demonstriert sehr deutlich, welche Hilfskonstruktionen notwendig sind, um diesen Nachteil zu überwinden. (Durch die Zuteilung mehrerer Länderkennziffern an große Länder wird die bei einer hierarchischen Adreßstruktur angestrebte einfache semantische Interpretation der Einzelteile einer Adresse teilweise wieder aufgehoben.)
- Zur Erhöhung der Netzverfügbarkeit kann ein Teilnehmer über zwei Anschlußleitungen mit zwei unterschiedlichen Netzknoten verbunden sein (vgl. Abb. 3-4(b)). Bei Kopplung der Adresse an die Netztopologie führt dies mit Notwendigkeit zu zwei unterschiedlichen Netzadressen. Das eigentliche Ziel besteht jedoch darin, Host B über eine Adresse oder einen Namen auch dann noch erreichen zu können, wenn einer der beiden Netzknoten j oder k nicht mehr funktionsfähig ist.

Ein flacher Adreßraum weist keine interne Struktur auf. Beispiele für solche flachen Adreßräume sind die Nummernkreise, die von Versicherungsgesellschaften für ihre Verträge verwendet werden, oder auch die Numerierung von Pässen und Personalausweisen.

Die Eigenschaften von flachen Adreßräumen lassen sich denen von strukturierten umgekehrt zuordnen: Was im einen Fall ein Vorteil ist, entspricht auf der anderen Seite einem Nachteil und umgekehrt:

- Eine einem Benutzer einmal zugeteilte, flache Adresse kann unverändert bleiben, auch wenn der damit adressierte Prozeß von einem Host in einen anderen verlagert wird. Dies gilt selbst dann, wenn der neue Host an einen anderen Netzknoten angeschlossen ist.
- Die Vergabe von Adressen, insbesondere die Sicherung deren Eindeutigkeit, wird bei einem flachen Adreßraum zu einem netzweiten Problem. Ein zentraler Adreßvergabeprozeß stellt einen unerwünschten Flaschenhals dar.

3.2.3 Abbildung von Netzadressen auf Benutzerprozesse

Wenn ein Terminal oder Mikrorechner an ein Netz angeschlossen wird, ist von vornherein bekannt, daß über einen solchen Anschluß in der Regel nur wenige lokale Prozesse mit anderen über das Netz verbunden werden sollen. Bei einem Großrechner stellt sich die Situation völlig anders dar: Es kann leicht Tausende von Programmen und Programmsystemen geben, die potentiellen Benutzern lokal oder über ein Netz angeboten werden.

Unabhängig davon, wie rechnerintern der Zugriff auf diese Dienstprogramme realisiert ist, stellt der Zugriff auf solch ein Programmarchiv beim Zugang über ein Netz ein eigenständiges Problem dar. Dabei geht es nicht mehr um die oben diskutierte Form der Netzadressen, sondern um die Adressierung auf der Transportebene, d.h. in den Endsystemen. Üblicherweise tragen die angebotenen Dienstprogramme symbolische Namen; andernfalls wäre eine Orientierung kaum vorstellbar. Das zu lösende Problem besteht darin, wie diese möglicherweise enorme Anzahl von Dienstprogrammen realistisch von einem entfernten Benutzer ansprechbar zu machen ist:

- Gänzlich auszuschließen ist die Vorstellung, daß pro angebotenem Programm ein eigener Netzanschluß eingerichtet werden kann. Dies ist zu teuer und auch rein technisch nicht realisierbar.
- Über eine sehr kleine Anzahl von Netzanschlüssen muß also eine sehr große Anzahl unterschiedlicher Programme erreichbar gemacht werden.
- Das Problem ist auch nicht dadurch zu lösen, daß für jedes potentiell anwählbare Programm ein eigener Transportprozeß erzeugt wird, der nur darauf horcht, ob ein Netzteilnehmer die dahinter angebotene Leistung abrufen will. Eine solche Lösung ist beim oben erwähnten Beispiel eines Arbeitsplatzrechners oder einem permanent mit einem Netz verbundenen PC die Regel. Für das hier gestellte Problem verbietet sich aber auch eine derartige Lösung, weil alle diese Prozesse Speicherplatz belegten, der den größten Teil der Zeit ungenutzt bliebe.

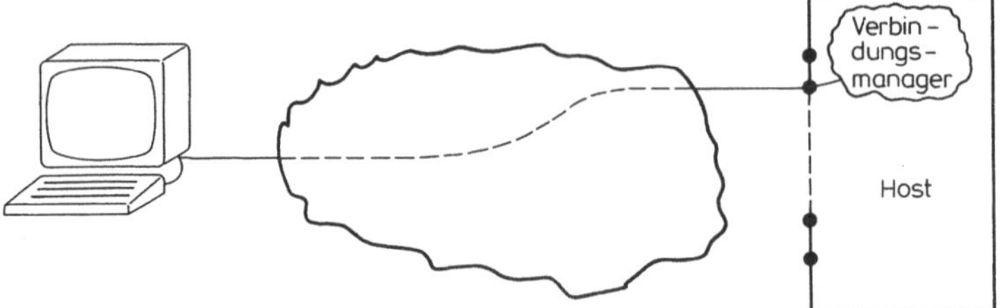

a) Der Verbindungsmanager ist für einen rufenden Teilnehmer unter einer bekannten Adresse erreichbar

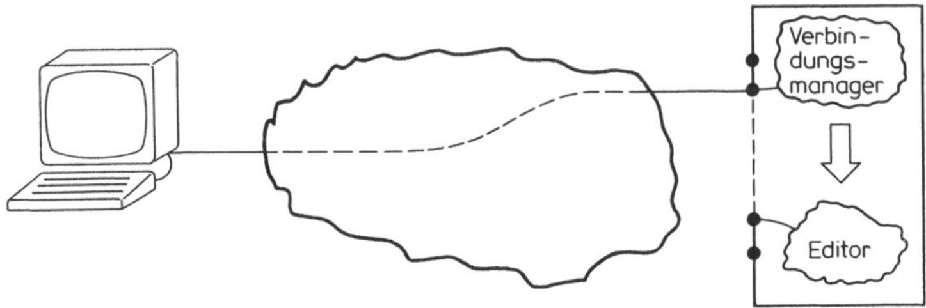

b) Der Verbindungsmanager erzeugt den gewünschten Editor-Prozeß und weist ihm eine freie Transportadresse zu. Diese wird dem rufenden Teilnehmer zurückgemeldet und anschließend die Verbindung aufgelöst

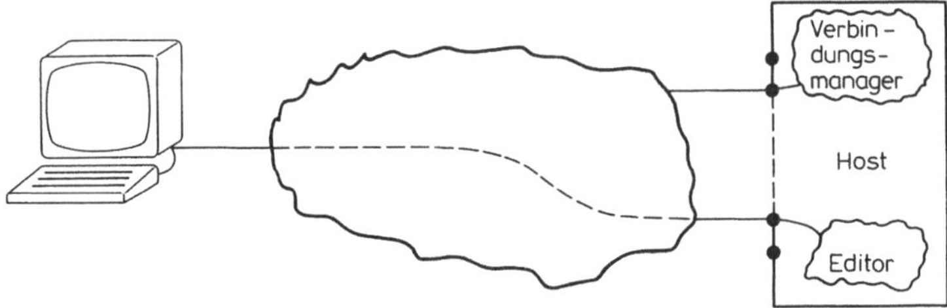

c) Aufbau einer Verbindung zum gewünschten Dienstprogramm, das jetzt unter der bekannten Adresse erreichbar ist. Der Verbindungsmanager kann neue Aufträge entgegennehmen

Abb. 3-6 a–c. Phasen der Herstellung einer Verbindung zwischen einem Benutzer und einem speziellen Anwendungsprogramm

Bei Herstellernetzen wird die notwendige Zuordnung von rufenden Teilnehmern (Terminals) zu Anwendungsprogrammen meist durch ein spezielles Systemprogramm geleistet, das als (Realzeit- oder Transaktions-) **Monitor** *(teleprocessing monitor,* TP-Monitor*)* bezeichnet wird. Bei einer Netzöffnung (vgl. 1.4 und 6.3.2) müssen auch zur Lösung dieses Problems standardisierte Verfahren gefunden werden. Eine beispielhafte Lösung wurde beim Aufbau des ARPA-Netzes (vgl. 6.1.5) schon sehr früh in folgender Weise entwickelt (vgl. Abb. 3-6):

- Jeder Host, der seine vielen Dienstprogramme entfernten Benutzern verfügbar machen will, etabliert einen wohldefinierten, nach außen bekannten, speziellen

Prozeß, der die Aufgabe eines **Verbindungsmanagers** *(process server* oder *logger)* wahrnimmt.

- An diesen über eine oder mehrere feste Transportadressen erreichbaren Verbindungsmanager richtet jeder Teilnehmer über das Netz seinen Verbindungswunsch zusammen mit der Angabe, welche der vom adressierten Host angebotenen Dienstleistungen er in Anspruch nehmen möchte. Im Beispiel aus Abb. 3-6 ist dies ein spezifischer Editor (vgl. Abb. 3-6(a)).
- Der Verbindungsmanager richtet mit Hilfe entsprechender Betriebssystemfunktionen den gewünschten Dienstleistungsprozeß ein; im Beispiel aus Abb. 3-6 ist dies ein neuer Editorprozeß. Danach sucht er eine unbelegte Transportadresse und weist den neuen Prozeß an, Verbindungswünsche über diese Adresse entgegenzunehmen. Dem initiativ gewordenen Teilnehmer wird diese Transportadresse zurückgemeldet, unter der jetzt die von ihm gewünschte Dienstleistung erreichbar ist. Daraufhin kann die Verbindung zwischen dem Verbindungsmanager und dem Teilnehmer aufgelöst werden (vgl. Abb. 3-6(b)).
- Anschließend ist der Verbindungsmanager von neuem unter seiner alten Adresse erreichbar und kann andere Verbindungswünsche entgegennehmen. Der Teilnehmer dagegen kann unter Nutzung der ihm mitgeteilten Transportadresse eine Verbindung zur gewünschten und jetzt auch erreichbaren Dienstleistung herstellen (vgl. Abb. 3-6(c)).

3.3 Konzentrieren und Multiplexen

Bei den Funktionen des Konzentrierens *(concentration)* und Multiplexens *(multiplexing)* handelt es sich um charakteristische Beispiele der Mehrfachnutzung von Ressourcen in einem Rechnernetz. Das zentrale Betriebsmittel, das bei Kommunikationsnetzen aus Kostengründen durch Mehrfachnutzung optimal ausgelastet werden soll, sind die Übertragungsstrecken. Es gibt vermutlich kein Beispiel eines Rechnernetzes, dessen interne Realisierung ohne Konzentrations- und Multiplexeinrichtungen vorgenommen ist, obwohl von deren Existenz an der Teilnehmerschnittstelle nicht das Geringste zu spüren ist. Konzentrieren und Multiplexen sind aber Verfahren, die mit der gesamten Fernmeldetechnik und Datenkommunikation so eng verflochten sind, daß sie auf sehr unterschiedlichen Ebenen (mindestens in den ISO-Schichten 1 bis 4) Anwendung finden.

Die nachfolgenden Ausführungen gliedern sich in zwei Teile:

- 3.3.1 enthält eine kurze Einführung in die Problemstellung: Es wird definiert, was Konzentrieren und Multiplexen ist. Einige häufig vorkommende Techniken werden kurz skizziert.
- In 3.3.2 wird vor diesem Hintergrund erklärt, wie speichervermittelte Netze eine Multiplexmöglichkeit als Teil der Benutzerschnittstelle anbieten können.

3.3.1 Problemstellung und Definitionen

In Abb. 3-7(a) ist ein einfaches Beispiel skizziert: Eine Reihe von Terminals *(terminal-cluster),* die dicht beieinander, z. B. im gleichen Bürogebäude, aufgestellt sind, werden von einem entfernten Prozessor betrieben. Entfernt bedeutet hier, daß eine Distanz von mehr als wenigen hundert Metern im Normalfall also auch über nicht betriebseigenes Gelände überbrückt werden muß. Die Kosten, die durch die parallel verlaufenden Leitungen zwischen dem Prozessor und den Terminals entstehen, können ganz erheblich sein und fallen zudem als laufende Betriebskosten jeden

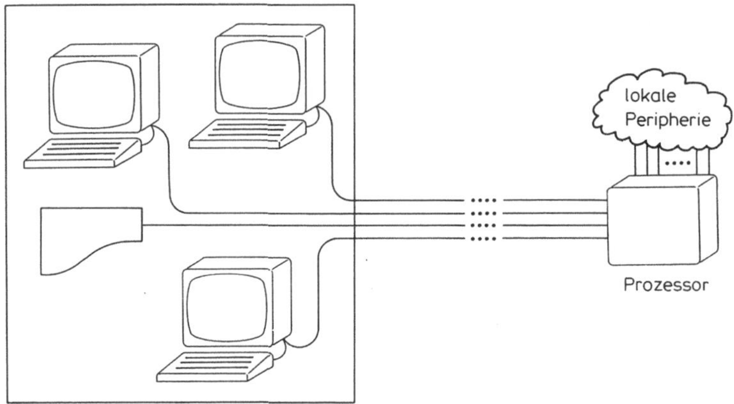

a) Anschluß über vier parallele Einzelleitungen

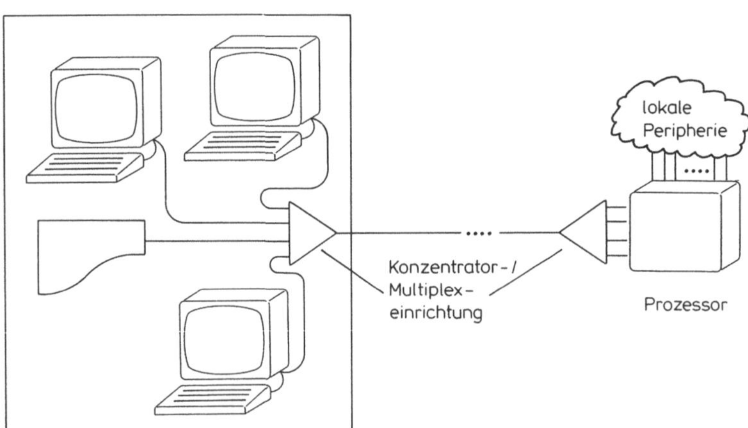

b) Anschluß über Konzentrator- oder Multiplexeinrichtungen, die durch nur eine Leitung verbunden sind

Abb. 3-7 a, b. Anschlußalternativen für eine Ansammlung entfernt aufgestellter Endgeräte

Monat an. Das zu lösende Problem besteht also darin, nach technischen Möglichkeiten zu suchen, um einen Teil der Leitungskosten einzusparen.

Die naheliegendste und einfachste Möglichkeit besteht darin, den entfernten Prozessor in die Nähe der Terminals zu verlegen. Dies kann aber aus betrieblichen Gründen unmöglich sein: Ist z. B. der Prozessor ein Zentralrechner, so kann es viele derartige, abgesetzte Terminalansammlungen geben, so daß der Rechner nicht zu allen gleichzeitig verlegt werden kann. Für die folgende Diskussion werden also die skizzierten geographischen Gegebenheiten als unveränderbar angenommen.

Allen in derartigen Fällen häufig eingesetzten Konzentrations- oder Multiplexstrategien liegt die Idee zugrunde, mehrere Leitungen durch eine einzige, meist leistungsfähigere zu ersetzen und deren Kapazität so aufzuteilen, daß der gesamte Verkehr darüber abgewickelt werden kann. Abb. 3-7(b) zeigt eine schematische Darstellung der daraus resultierenden Konfiguration.

Das Ziel einer möglichst effizienten Ausnutzung der Übertragungskapazität der teueren Leitungen trat historisch erstmals bei der Entwicklung der Nachrichtentechnik für die analoge Sprachübertragung auf: Im Inneren der Telefonnetze werden heute sehr ausgeklügelte Multiplexverfahren eingesetzt. Für die nachfolgende Beschreibung wird deshalb zunächst ein zentraler Begriff der Nachrichtentechnik eingeführt: der Kanal.

Unter einem **Übertragungskanal** oder kurz **Kanal** *(channel)* wird eine Übertragungsstrecke mit einer bestimmten Leistung verstanden. In der bisherigen Darstellung war wiederholt ein wenig unpräzise von Leitungen anstelle von Kanälen die Rede. Natürlich werden Kanäle oft über geeignete Leitungen physikalisch realisiert. Die Unterscheidung zwischen einer Übertragungsleitung und einem Kanal geht indes auf die folgenden Gründe zurück:

- Ein Kanal stellt eine Abstraktion vom phsikalischen Übertragungsmedium dar. Er kann also auf ganz unterschiedliche Art realisiert werden: als Kabelstrecke, Richtfunkverbindung etc.
- Ein Kanal faßt das Übertragungsmedium mit den notwendigen Übertragungseinrichtungen wie z. B. Verstärkern, Modems (vgl. 5.3.3) etc. zusammen.
- Seine wesentliche Eigenschaft ist die quantitativ, in der Maßeinheit Bit/s fixierbare Übertragungskapazität.
- Einem beliebigen Kabel (2-Draht-, 4-Draht-, Koaxkabel etc.) ist nicht unmittelbar anzusehen, wieviele Kanäle darüber realisiert sind. Die aufgrund der physikalischen Gegebenheiten mögliche Übertragungskapazität kann beliebig zu einem leistungsfähigen Kanal zusammengefaßt oder auf schmalere Subkanäle aufgeteilt werden. Dies hängt in der Praxis meist in erster Linie vom Preis der eingesetzten Übertragungstechnik ab.

Multiplexverfahren. Die technisch und verfahrensmäßig einfachere Variante zur Mehrfachnutzung einer Übertragungsstrecke ist der Einsatz von Multiplexeinrichtungen. Dabei muß die Kapazität des einen Kanals zwischen den **Multiplexern** mindestens der Summe der vorherigen Einzelleitungen entsprechen. Wenn im Beispiel aus Abb. 3-7(a) die vier Terminals über Kanäle mit jeweils 2.400 Bit/s verbunden waren, dann muß der Kanal zwischen den Multiplexeinrichtungen mindestens

9.600 Bit/s übertragen können. Die Aufgabe der Multiplexeinrichtungen besteht darin, die vier Datenströme vor der Übertragung zu vermischen und danach wieder zu entflechten. (Man spricht in Langfassung deshalb auch von **Multiplex-/Demultiplexeinrichtung**). Für die angeschlossenen Terminals ist diese Änderung transparent: Ihnen steht nach wie vor jeweils eine Übertragungskapazität von 2.400 Bit/s zur Verfügung.

Es werden vor allem zwei Techniken angewendet, um diese Mischung und Entmischung verschiedener Datenströme zu realisieren:

- **Frequenzmultiplex** *(frequency division multiplex,* FDM*)*: Das für die Übertragung genutzte Frequenzspektrum wird in mehrere, schmalere Frequenzbänder aufgeteilt, über welche die Subkanäle mit der benötigten Leistung realisiert werden können.
- **Zeitmultiplex** *(time division multiplex,* TDM*)*: Die Übertragungskapazität des Verbindungskanals zwischen den Multiplexern wird periodisch für ein Zeitintervall konstanter Länge *(time slice, time slot)* reihum den einzelnen Subkanälen zur Verfügung gestellt.

Die über Multiplexverfahren erzielbare Einsparung beruht darauf, daß die Kosten für einen viermal so leistungsfähigen Kanal geringer sind als viermal die Kosten für einen Kanal mit einem Viertel der Leistung (vgl. die Größenökonomie in 6.2.2). Die möglichen Einsparungen beziehen sich sowohl auf Kosten für Übertragungseinrichtungen wie auch auf die Tarife der Netzbetreiber.

Insbesondere bei der Nutzung von Fernleitungen für den Betrieb abgesetzter Terminals ist normalerweise die durchschnittliche Auslastung der Leitungen sehr niedrig. Dies liegt an der langsamen Eingabe-, d.h. Tippgeschwindigkeit der meisten Terminalbediener und den sich bei Menschen oft ergebenden Arbeitsunterbrechungen (Telefonanrufe, Gespräche, Kaffeepausen etc.).

Beide beschriebenen Multiplexverfahren leiden unter dem Nachteil, daß die zeitweilig ungenutzte Kapazität eines Subkanals den anderen Kanälen nicht zur Verfügung gestellt werden kann. Es gibt modernere Multiplexvarianten, teils **statistischer Multiplex** genannt, die diesen Nachteil beheben:

- Solange auf allen Subkanälen Verkehr herrscht, arbeitet das Verfahren ähnlich wie ein Zeitmultiplex.
- Wenn auf einem Subkanal keine Daten zur Übertragung anliegen, wird dessen Kapazität den anderen zur Verfügung gestellt.
- Damit der Demultiplexer die übertragenen Daten den jeweiligen Subkanälen wieder richtig zuordnen kann, müssen die einzelnen Fragmente - dies können Einzelbits, Zeichen oder längere Bitketten sein - mit entsprechenden Kennzeichnungen versehen werden.

Konzentrationsverfahren. Die prinzipielle Aufgabe, bzw. das Ziel beim Einsatz von **Konzentratoren** geht ebenfalls aus Abb. 3-7 hervor. Im Unterschied zu Multiplexverfahren wird beim Konzentrieren in der Regel ein schwächerer Kanal zwischen den Konzentratoreinrichtungen eingesetzt; häufig hat er die gleiche Kapazität wie jeder

der zu konzentrierenden Subkanäle. Damit ergibt sich bei Konzentrationsverfahren das grundlegende Problem, wie auf Lastspitzen reagiert wird: Es kann vorkommen, daß die Übertragungswünsche der Subkanäle zeitlich so zusammenfallen, daß ihnen aufgrund des zu schwachen weiterführenden Kanals nicht gleichzeitig entsprochen werden kann:

- Eines der einfachsten und wegen seiner Robustheit auch meist funktionierendes Verfahren besteht darin, die nicht unmittelbar übertragbaren Daten wegzuwerfen. Wenn Lastspitzen selten genug auftreten, kann eine solche Primitivlösung sinnvoll sein.
- Da diese Vorgehensweise vermutlich nicht in allen Fällen befriedigend ist, sind Konzentratoreinrichtungen in der Regel mit Speicher ausgestattet, so daß durch entsprechende Zwischenspeicherung kurzfristige Überlastsituationen bewältigt werden können.
- Es sind viele Strategien denkbar, nach denen die Übertragungskapazität des Verbindungskanals auf die zu konzentrierenden Subkanäle aufgeteilt wird:
  - Eine starre zeitliche Aufteilung wie beim Zeitmultiplex ist möglich; dies hat aber die gleichen Nachteile wie dort beschrieben.
  - Bei den in der Praxis weit verbreiteten Mehrpunktverbindungen (vgl. 2.1 und 5.1.2) wird nach einer FIFO-Strategie *(first-in/first-out,* d.h. „Wer zuerst kommt, mahlt zuerst“*)* verfahren. Abhängig von der Länge der übertragenen Nachrichten können sich dadurch aber spürbare Wartezeiten ergeben.
  - Bei Anwendung eines flexibleren Verfahrens muß ein Teil der teueren Übertragungskapazität für die Subkanalkennzeichnung der übertragenen Daten verwendet werden.
  - Verkompliziert werden solche Konzentrationsprozesse häufig noch dadurch, daß die einzelnen Subkanäle mit unterschiedlicher Priorität bedient werden sollen. In diesem Fall ist Sorge zu tragen, daß ein Subkanal mit höherer Priorität nicht die gesamte Kapazität des Verbindungskanals zwischen den Konzentratoreinrichtungen für sich usurpieren kann.

Wie beschrieben, lösen Konzentrations- und Multiplexverfahren das gleiche Problem. Durch neuere Entwicklungen, z. B. die oben erwähnten statistischen Multiplexverfahren, verwischt sich die in der Vergangenheit gültige klare Unterscheidung zwischen Konzentrieren und Multiplexen. Beispiele für solche modernen Konzentrations- und Multiplexverfahren werden in 5.4.1 bei den Zugangsverfahren in lokalen Netzen beschrieben.

3.3.2 Multiplex an der Teilnehmerschnittstelle

Zwei Teilnehmer, die eine feste oder vermittelte Verbindung ausschließlich dazu nutzen wollen, untereinander Daten auszutauschen, können vereinbaren, zur Kosteneinsparung bestimmte Konzentrator- oder Multiplexeinrichtungen zu nutzen (vgl. Abb. 3-8):

- Derartige Geräte werden von vielen Herstellern angeboten. In der Regel sind aber solche Einrichtungen von unterschiedlichen Herstellern inkompatibel: Auf beiden Seiten des Netzes müssen also von den Teilnehmern Zusatzgeräte identischen Typs aufgestellt werden.

- Man verzichtet dabei auf die Nutzung der sonstigen von dem Netz gebotenen Kommunikationsmöglichkeiten mit anderen Teilnehmern: Beim Partner ist eine identische Konzentrator-/Multiplexeinrichtung Voraussetzung für eine erfolgreiche Kommunikation. Nur zwischen den Geräten, die an die beiden Zusatzinrichtungen angeschlossen sind, können anschließend Daten eventuell kostengünstiger ausgetauscht werden.
- Die Entscheidung über den Einsatz solcher Zusatzgeräte hängt deshalb in erster Linie vom Verhältnis der für diese Anschaffung notwendigen einmaligen Kosten und der erhofften monatlichen Einsparungen bei den Anschluß- und Leitungskosten ab.

Zentrales Ziel eines Multiplex an der Teilnehmerschnittstelle ist es, eine gleichzeitige Kommunikation mit mehreren anderen Netzteilnehmern zu ermöglichen. Bei verbindungslosen Netzen sind am Netzrand keine besonderen Multiplexeinrichtungen erforderlich: Wie in 2.4 beschrieben, können in beliebiger Reihenfolge Datagramme für jeweils andere Teilnehmer an das Netz übergeben werden; umgekehrt liefert das Netz Daten von unterschiedlichen Absendern beim Empfänger in der Reihenfolge ab, wie sie im Zielknoten eingehen.

Im folgenden wird das Multiplexverfahren für paketvermittelte Netze beschrieben. Die Darstellung ist orientiert an der X.25-Schnittstelle, ohne daß dabei auf alle Details eingegangen wird.

Abbildung 3-9 zeigt eine Prinzipdarstellung, die unmittelbar als „Verfeinerung" von Abb. 2-4 betrachtet werden kann. Statt der einzelnen Datagramme aus Abb. 2-4 sind jeweils die entsprechenden logischen Verbindungen gestrichelt eingezeichnet:

- Schon aus den in Abb. 2-4 eingezeichneten Datagrammen ist ersichtlich, daß C zeitlich parallel mit A, B und E Daten austauscht, d. h. Kommunikationsbeziehungen unterhält. Deshalb sind in Abb. 3-9 drei entsprechende Verbindungen eingetragen.

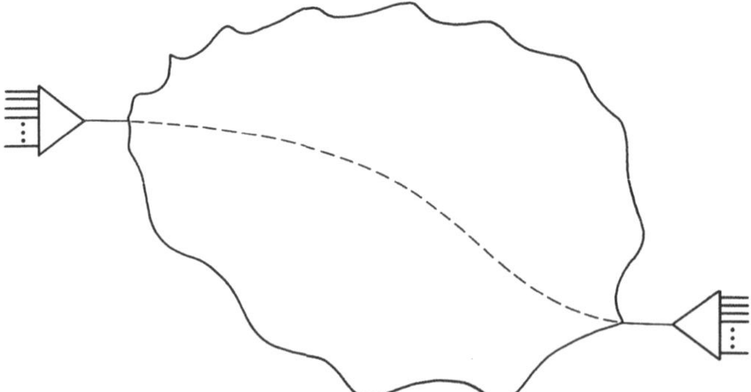

Abb. 3-8. Einsatz eines Konzentrators/Multiplexers auf Seiten und Kosten zweier Teilnehmer eines Leitungsnetzes

- Durch die zwei gestrichelten Verbindungen zwischen A und D ist angedeutet, daß zwischen beiden parallel zwei logische Verbindungen existieren. (Andernfalls wäre es in einem verbindungsorientierten Netz auch nicht möglich, daß Pakete zwischen identischen Teilnehmern auf unterschiedlichen Wegen transportiert werden, wie es in Abb. 2-4 der Fall ist.)

Bei einem verbindungslosen Dienst muß jedes Datagramm die Absender- und Empfängeradresse enthalten; dadurch können die einzelnen Datagramme auch in beliebiger Reihenfolge übergeben werden. Bei einem verbindungsorientierten Netz sind derartige Adreßangaben nach Aufbau der gewünschten Verbindung eigentlich nicht notwendig. Bei Integration einer Multiplexmöglichkeit müssen jedoch die einzelnen Pakete den parallel aufgebauten Verbindungen zugeordnet werden können.

Der bei der Festschreibung der Empfehlung X.25 getroffene Kompromiß zwischen dem Wunsch nach Integration einer Multiplexmöglichkeit in die Schnittstelle und der Abneigung dagegen, in jedes Paket die langen Absender- und Empfängeradressen aufzunehmen, sieht folgendermaßen aus:

- In allen verbindungsbezogenen Paketen, die zwischen einem X.25-Netz und einem Teilnehmer ausgetauscht werden, sind 12 Bits reserviert, die dazu dienen, die möglicherweise parallel existierenden Kommunikationsbeziehungen voneinander zu unterscheiden.
- In Analogie zu den oben definierten Übertragungskanälen werden die über einen X.25-Netzanschluß gleichzeitig zu betreibenden virtuellen Verbindungen **logische Kanäle** *(logical channel)* genannt.
- Über einen X.25-Anschluß können also maximal 4096 logische Verbindungen parallel unterhalten werden. Bei konkreten X.25-Netzen ist dieser Bereich meist nicht ausschöpfbar; beim Datex-P-Netz der DBP liegt die Obergrenze der paral-

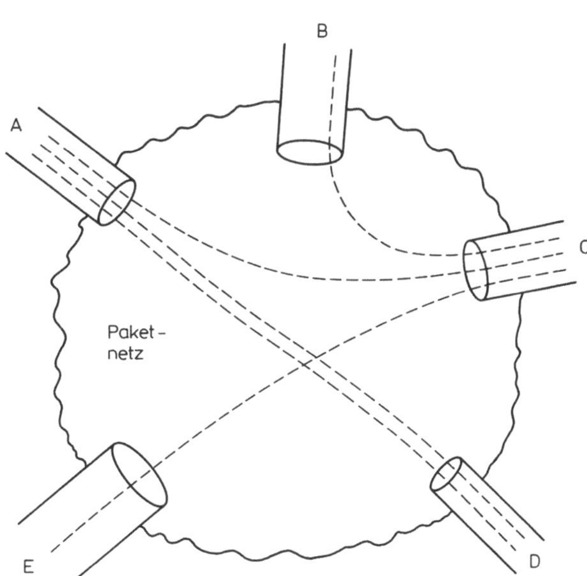

Abb. 3-9. Paketnetz aus Bild 2-4 mit eingetragenen virtuellen Verbindungen

lel nutzbaren logischen Kanäle bei 255. Eine ganz andere Frage ist natürlich, wieviele logische Verbindungen eine gegebene Teilnehmerkonfiguration gleichzeitig bedienen kann. In der Regel dürfte diese Zahl die eigentliche Beschränkung darstellen; sie liegt meist bei maximal 10 bis 20 logischen Kanälen pro Anschluß.

- Natürlich ist es nicht das Ziel, diesen **Kanalnummernraum** so zu nutzen, daß alle potentiellen Kommunikationspartner aus der Sicht eines Teilnehmers durchnumeriert werden und somit eine statische Zuordnung erfolgt. Es ist leicht vorstellbar, daß ein einzelner Teilnehmer potentiell zu mehr als 4000 Teilnehmern im Laufe der Nutzung seines Anschlusses in Kontakt treten möchte. Die Zuordnung der logischen Kanalnummer zu einer Verbindung muß also dynamisch bei deren Aufbau erfolgen.

3.4 Transportzeit und Durchsatz

Die Zeit, die das Netz benötigt, um die von einem Benutzer übergebenen Datenblöcke beim Adressaten abzuliefern, und der pro Zeiteinheit durchschnittlich garantierte Datendurchsatz sind Parameter, die für jeden Benutzer eines Netzes von entscheidender Bedeutung sind. Die resultierenden Werte hängen in erster Linie von netzinternen Regelungen ab, auf die ein Benutzer keinen Einfluß hat. Dieser Abschnitt ist hier eingefügt, weil es bezüglich der Transportzeit und des Datendurchsatzes zwischen den einzelnen Netztypen einschneidende Unterschiede gibt. Insbesondere bei der Ersetzung der Übertragungsdienste eines leitungsvermittelten Netzes (z. B. von Telefon-, Datex-L- oder Standleitungen) durch die Dienste eines speichervermittelten Netzes (z. B. Datex-P) können sich dabei gravierende Veränderungen ergeben.

Im Rahmen der anschließenden Darstellung werden nicht die Zeiten für den Aufbau einer Verbindung berücksichtigt, die in unterschiedlichen Netzen stark voneinander abweichen können. Nicht zu übertreffen sind in dieser Hinsicht die verbindungslosen Netze, bei denen keine Verbindungen aufzubauen sind und demzufolge auch keine Verbindungsaufbauzeiten anfallen. Bei verbindungsorientierten Netzen dagegen ist die Dauer für einen Verbindungsaufbau primär abhängig von der eingesetzten Vermittlungstechnik: Bei den Netzen der DBP mit digitalen Vermittlungsrechnern (Datex-L, Datex-P) dauert der Aufbau einer Verbindung etwa 500 ms, bei den elektromechanischen Fernsprechvermittlungen entstehen Verbindungsaufbauzeiten von einigen Sekunden.Im folgenden werden die wesentlichen Einflußfaktoren herausgearbeitet, die bei der quantitativen Abschätzung von Übertragungszeiten eine Rolle spielen:

- In 3.4.1 wird abgegrenzt, was unter der Transportzeit aus der Sicht eines Netzes zu verstehen ist.
- Die Einflußfaktoren auf die Netztransportzeit, insbesondere bei einem speichervermittelten Netz, werden in 3.4.2 beschrieben.

- In 3.4.3 werden anhand eines konkreten Beispiels die Transportzeiten bei Speicher- und Leitungsvermittlung verglichen. Für die Speichervermittlung werden einige Verbesserungsmöglichkeiten diskutiert.
- 3.4.4 befaßt sich vor diesem Hintergrund mit dem Durchsatz eines speichervermittelten Netzes.

3.4.1 Transportzeit eines Netzes

Was einen Teilnehmer am Rand eines Netzes, z. B. den Benutzer eines Terminals, naturgemäß vor allem interessiert, ist seine **Antwortzeit** *(response time):* Dies ist die Wartezeit, die sich für ihn ergibt zwischen dem Abschicken einer Nachricht an das DV-System, auf dem seine Anwendung abläuft, und dem Eintreffen der entsprechenden Antwort an seinem Terminal. Es ist auch üblich, eine solche Eingabe und die daraufhin erfolgende Ausgabe zusammen als eine (Einschritt-) **Transaktion** zu bezeichnen. Die Antwortzeit, d. h. die Dauer einer solchen Transaktion, hängt außer von der Verarbeitungszeit im Rechner auch von der Übertragungsgeschwindigkeit des Netzes ab.

Die einzelnen Bestandteile der vom Benutzer abzuwartenden Antwortzeit sind in Abb. 3-10 veranschaulicht: Es handelt sich dabei um

- die Zeit für die Übergabe der Eingabenachricht an das Transportsystem,
- die Zeit für den Transport der Eingabenachricht durch das Netz,
- die Zeit für die Übergabe der Eingabenachricht an das angewählte Verarbeitungssystem,
- die Verarbeitungszeit in diesem Rechner und
- die Zeit für die Rückübertragung der Ausgabenachricht, die in umgekehrter Reihenfolge die gleichen Etappen wie die Eingabe durchläuft.

Der einzige dieser Anteile, der mit dem Netz unbestreitbar nichts zu tun hat, ist die Verarbeitungszeit im benutzten Rechnersystem. Ob die Zeit auf den Anschlußleitungen eher dem Netz oder dem Teilnehmer zuzuschlagen ist, hängt vom Standpunkt und der Interessenlage des Betrachters ab:

- Aus der Sicht eines Netzbetreibers fällt die Anschlußleitung und die auf sie entfallende Verzögerung in die Verantwortung des Teilnehmers: Wenn ein Benutzer eine schnellere Anschlußleitung wünscht, so kann er diese gegen entsprechende Gebühren meist bekommen.
- Aus der Sicht des Teilnehmers zählt die Anschlußleitung schon zu dem Bereich, für den er nicht mehr zuständig ist, d. h. zum Netz. Im Falle eines Postnetzes wird die Anschlußleitung auch von der DBP gestellt. Insbesondere kann der Benutzer seine Nachricht nur bis zum Absenden auf der Anschlußleitung verfolgen. Danach beginnt er zu warten. Welcher Teil seiner Wartezeit auf die Anschlußleitungen entfällt und welcher Anteil im Netzinneren verursacht wird, kann der Terminalbenutzer nicht erkennen.

Bei der folgenden Diskussion von Übertragungszeiten wird also im einzelnen jeweils zu fixieren sein, ob damit die reine **Netzverzögerungs-** oder **Verweilzeit** *(net-*

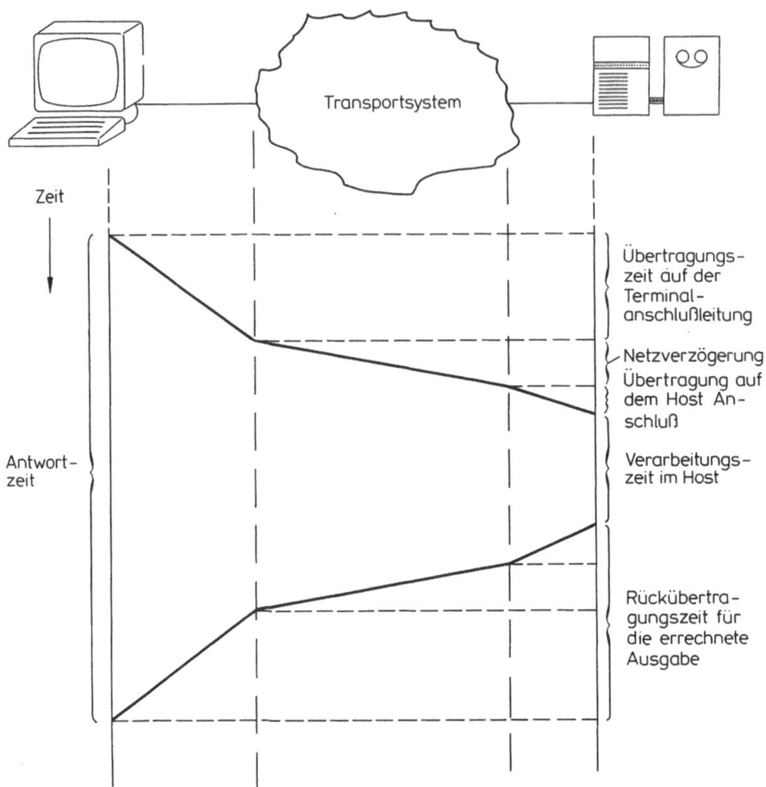

Abb. 3-10. Zusammenhang zwischen Antwortzeit, Übertragungszeit und Netzverzögerung bei speichervermittelten Rechnernetzen

work delay) einer Nachricht im Transportsystem (ohne Anschlußleitungen) oder die **Transport-** bzw. **Übertragungszeit** zwischen einem Teilnehmer und seinem Kommunikationspartner (einschließlich der Übertragung auf den jeweiligen Anschlußleitungen) gemeint ist. Unstrittig ist jedoch, daß sich alle Zeitbetrachtungen aus der Sicht eines Netzes immer nur auf die Übertragung einer Nachricht und nie einer Transaktion beziehen können: Die Zuordnung einer Ausgabe zu einer vorhergehenden Eingabe als deren Antwort kann von einem Netz in der Regel nicht vorgenommen werden.

3.4.2 Einflußfaktoren auf die Transportzeit

Im vorangegangenen Abschnitt war bereits von drei Faktoren die Rede, aus denen sich die gesamte Transportzeit zusammensetzt:

- der Übertragungszeit auf der Anschlußleitung zwischen der Datenquelle und dem Transportsystem,
- der durch den netzinternen Transport entstehenden Verzögerung und
- der Übertragungszeit auf der Anschlußleitung zwischen dem Transportsystem und der Datensenke.

Im Falle eines leitungsvermittelten Netzes stellt das Netz die Verbindung zwischen zwei Teilnehmern in Form einer durchgeschalteten, reservierten Verbindung bereit (vgl. 2.2). Daraus ergibt sich für die Übertragungszeit:

- Beide Anschlußleitungen und die zugewiesene netzinterne Strecke müssen die gleiche Geschwindigkeit haben.
- Die Verzögerungszeit für den Transport eines elektromagnetischen Impulses hängt von der Länge der zurückzulegenden Strecke ab.
- Angesichts der großen Ausbreitungsgeschwindigkeit von elektromagnetischen Wellen ist diese Impulslaufzeit bei terrestrischen Verbindungen vernachlässigbar - im Gegensatz zu Satellitenstrecken, wo durch die zu überbrückenden Entfernungen bereits spürbare Verzögerungen entstehen.

Beschränkt man sich auf die für terrestrische Verbindungen in der BRD relevanten Entfernungen, so hängt die Zeit für die Übertragung einer Nachricht bei einem leitungsvermittelten Netz mithin ausschließlich von der Länge der zu übertragenden Nachricht ab. Wenn z. B. eine Nachricht von 120 Zeichen übertragen werden soll und dabei

- eine Zeichencodierung von 8 Bits pro Zeichen verwendet wird (vgl. 3.5.3) und
- die Übertragungsgeschwindigkeit 2.400 Bit/s beträgt (d. h. beide Anschlußleitungen sowie die netzinterne Verbindung haben diese Geschwindigkeit),

so dauert diese Übertragung 0,4 s.

Interessanter und in der Abschätzung der resultierenden Übertragungszeit erheblich komplexer stellt sich die Situation im Falle eines speichervermittelten Übertragungssystems dar. Hier endet die erste Übertragungsetappe im Anschlußknoten des Netzes, zu dem die Teilnehmerleitung geführt ist. Wenn also im oben berechneten Beispiel statt eines leitungsvermittelten ein speichervermitteltes Netz eingesetzt wird,

- dann ist die Nachricht von 120 Zeichen nach Ablauf der 0,4 s gerade im ersten Knoten des Netzes eingetroffen;
- anschließend muß sie durch das Netz zu dem Anschlußknoten des Kommunikationspartners transportiert werden;
- und für die Übertragung auf der folgenden Anschlußleitung werden erneut 0,4 s benötigt.

Die resultierende Übertragungszeit ist also bei der skizzierten einfachen Ersetzung eines leitungsvermittelten durch ein speichervermitteltes Transportsystem mehr als zweimal so groß!

Um Aussagen über die netzintern entstehende Verzögerung beim Transport von Nachrichten in einem Speichervermittlungssystem machen zu können, ist natürlich das Innere des Transportsystems von Belang; z. B. ist die Kenntnis der Netztopologie notwendig, um eine Abschätzung der Transportzeit vornehmen zu können.

In Abb. 3-11 ist ein Beispiel für den Nachrichtentransport durch ein speichervermitteltes Netz skizziert, wobei alle Verzögerungspunkte speziell hervorgehoben sind. Die wesentlichen Komponenten, aus denen sich die Transportzeit eines spei-

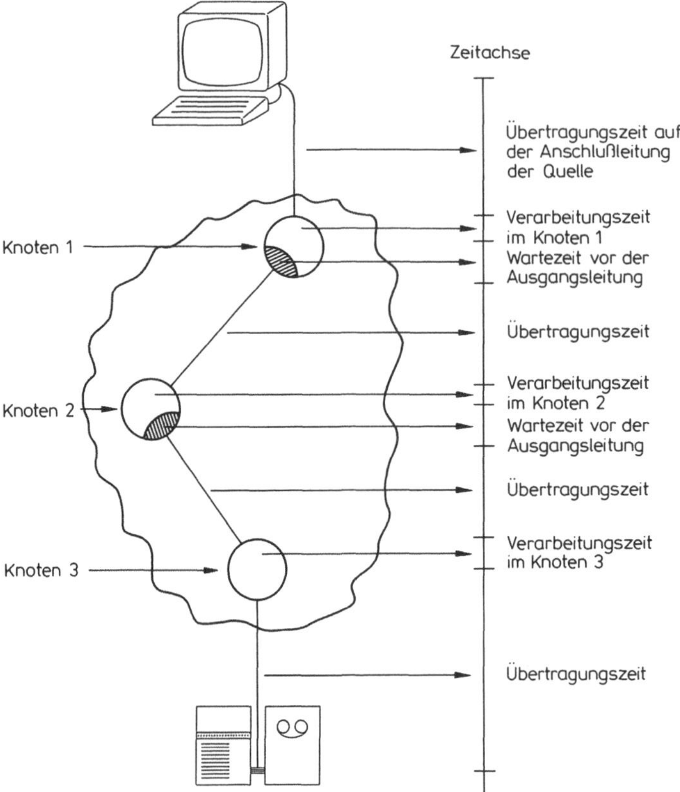

Abb. 3-11. Mögliche Komponenten der Transportverzögerung bei einem speichervermittelten Netz

chervermittelten Netzes zusammensetzt, sowie die für die Verzögerung relevanten Faktoren werden im folgenden beschrieben.

Übertragungszeiten. Übertragungszeiten treten auf den Anschlußleitungen und auf den Knotenverbindungen auf. Im Normalfall machen die Übertragungszeiten auf den einzelnen Leitungsabschnitten den Löwenanteil der Gesamtübertragungszeit bei einem speicher-vermittelten Netz aus. Die absolute Übertragungszeit auf jedem Übertragungsabschnitt hängt ab von

- der Länge der zu übertragenden Nachricht - zusammengesetzt aus den Nutz- und Protokolldaten (vgl. 3.4.4), und
- der Leitungsgeschwindigkeit - bei einem speichervermittelten Netz kann diese von Abschnitt zu Abschnitt variieren; insbesondere können die beiden Anschlußleitungen von unterschiedlicher Geschwindigkeit sein.

Knotenverarbeitungszeit. Eine bei einem Speichervermittlungsknoten eintreffende Nachricht, z. B. ein Paket oder ein Datagramm, muß in die Richtung des Adressaten weitergeleitet werden. Zu diesem Zweck muß der Knoten wissen oder entscheiden, auf welcher seiner Ausgangsleitungen die empfangene Nachricht weiterzuleiten ist. Welche absolute Zeit dafür erforderlich ist, hängt außer von der Schnelligkeit der Knotenhardware auch von der Komplexität der für diese Entscheidung auszuführenden Algorithmen ab:

- Wenn das weiterzuleitende Paket ein Datenpaket einer bereits eingerichteten logischen Verbindung ist, so ist nur in der Verbindungstabelle nachzusehen, wohin dieses Paket weitergeschickt werden muß.
- Wenn es sich um ein Datagramm eines verbindungslosen Netzes oder um ein Verbindungsaufbaupaket eines verbindungsorientierten Netz handelt, so muß vor der Weiterleitung eine Wegeentscheidung durch einen eventuell sehr komplizierten Wegelenkungsalgorithmus (vgl. 4.1) getroffen werden.

Nach der Ermittlung der Ausgangsleitung wird der empfangene Nachrichtenblock in die Warteschlange vor dieser Leitung eingereiht. (Dies geschieht nicht durch ein langsames Umkopieren, sondern über eine Reorganisation der Warteschlangen, d. h. eine schnelle Zuweisung einiger Zeigerwerte.) Moderne Vermittlungsknoten benötigen dafür eine Verarbeitungszeit von wenigen ms (Millisekunde gleich 10^{-3} s) im Falle einer bereits aufgebauten virtuellen Verbindung; die Verarbeitung eines Verbindungsaufbaupakets oder die Weiterleitung eines Datagramms dagegen dauert abhängig vom verwendeten Wegelenkungsverfahren länger (ca. 100 bis 200 ms).

Wartezeit vor einer Ausgangsleitung. Wie oben beschrieben, führt die „Verarbeitung" eines Nachrichtensegments zu einer Entscheidung über die Ausgangsleitung, auf der es weitergeleitet werden soll. Um sicherzustellen, daß ein Knoten die teure Übertragungskapazität einer Verbindungsleitung möglichst optimal ausnutzen kann, wird bei der Konfigurierung eines Rechnernetzes darauf geachtet, daß die Verarbeitungsgeschwindigkeit eines Knotenrechners ausreicht, um die an ihn anschließbaren Leitungen ohne Unterbrechung mit Daten zu versorgen. (Umgekehrt kommt es aufgrund einer korrekten Auslegung der Knoten normalerweise nicht zu Verzögerungen zwischen dem Eingang von Nachrichten und deren Verarbeitung, d. h. ihrer Weiterleitung.)

Dieses vorsätzlich eingeplante Leistungsgefälle zwischen Knotenverarbeitungszeit und Übertragungsgeschwindigkeit kann bei ausreichendem Anfall von Daten in gleicher Richtung dazu führen, daß (hoffentlich nur kurzfristig) auf einer Leitung mehr Daten übertragen werden sollen, als unmittelbar möglich ist. Um solche kurzfristigen Überlastsituationen bewältigen zu können, werden vor den Ausgangsleitungen (d. h. der abgehenden Richtung der Leitungen) Warteschlangen verwaltet.

Über die Verzögerungszeiten in diesen Warteschlangen können keine absoluten, sondern nur statistische Angaben gemacht werden. Einflußfaktoren für eine exakte Abschätzung des in einem einzelnen Knoten vor einer bestimmten Ausgangsleitung zu erwartenden Verkehrs sind z. B. die jeweilige Datenquelle und -senke, der genaue Absendezeitpunkt, die Anzahl der übergebenen Datenblöcke, die Netztopologie, die Zahl und topologische Verteilung der aktiven Teilnehmer, der von diesen erzeugte Verkehr, das angewendete Wegelenkungsverfahren etc.

Es ist prinzipiell nicht möglich, alle diese Informationen in Realzeit irgendwo im Netz zur Verfügung zu haben. Und selbst bei Kenntnis aller dieser Daten wäre es ein sehr komplexes, d.h auch algorithmisch sehr aufwendiges Verfahren, daraus Wartezeiten exakt berechnen zu wollen.

Hier liegt einer der zentralen Nachteile der Speichervermittlung im Vergleich mit der Leitungsvermittlung: Die bessere Auslastung der Netzbetriebsmittel durch Mehrfachnutzung sowie die dadurch erzielbare Verbilligung basieren auf der Ausnutzung statistischer Gesetzmäßigkeiten (vgl. 6.2.2). Daraus ergeben sich jedoch zwei unangenehme Konsequenzen:

- Absolute obere Schranken für Verzögerungszeiten sind bei der Speichervermittlung in der Regel nicht fixierbar, sondern eben nur statistische Durchschnittswerte. Dies kann den Einsatz solcher Netze für Anwendungen mit harten Realzeitanforderungen ausschließen.
- Bei Lastsituationen weisen Speichervermittlungssysteme einen nichtlinearen Anstieg der Verzögerungszeiten auf.

Auf einige damit zusammenhängende Probleme und Gegenstrategien wird in 4.2 und 5.5.1 eingegangen. Für eine allgemeine Darstellung der statistischen Grundlagen von Rechnernetzen und speziell von Speichervermittlungssystemen sei auf Kleinrock 1976 und Rosner 1982 verwiesen.

Netztopologie. Im Beispiel aus Abb. 3.11 verläuft der Transport der Benutzerdaten über drei Knoten. Über wieviele Knoten und Leitungsabschnitte zwischen ihnen ein Datenblock zu transportieren ist, hängt von der statischen Topologie des Netzes und den dynamischen Wegeentscheidungen ab. Die Anzahl der beteiligten Zwischenknoten geht jedoch als multiplikativer Faktor in die Abschätzung der gesamten für einen Datenblock resultierenden Verzögerungszeit ein.

Die Anzahl der Zwischenknoten auf einem Transportweg zwischen zwei Teilnehmern ist also keine Netzkonstante:

- Sie hängt ab von den zu verbindenden Teilnehmern. Wenn diese z. B. am gleichen Netzknoten angeschlossen sind, gibt es gar keinen Zwischenknoten.
- Aus der Netztopologie ist für jedes Paar von Teilnehmern die minimale Zahl von Zwischenknoten ableitbar; jedoch können dynamisch „längere“ Wege mit einer größeren Anzahl von Zwischenknoten gewählt werden.

Es ergibt sich als Konsequenz, daß es für die Minimierung der Transportzeit vorteilhaft ist, wenn die Vermittlungsknoten eines Netzes so eng vermascht sind, daß in der Regel nur zwei, maximal aber wenig mehr Knoten auf einem Weg zwischen zwei beliebigen Teilnehmern liegen.

3.4.3 Beispiel und Diskussion von Alternativen

Im folgenden wird anhand eines Beispiels untersucht, wie sich die Ablösung einer direkten oder leitungsvermittelten Verbindung durch ein speichervermitteltes Netz, z. B. ein Paketnetz, auf die Übertragungszeit auswirkt. Im Anschluß an die einfache

Ersetzung werden realistische Alternativen diskutiert, um das Ergebnis im Falle der Speichervermittlung zu verbessern.

Der Einfachheit halber wird die Konfigurations- und Netzskizze aus Abb. 3-11 zugrundegelegt. Zusätzlich werden die folgenden konkreten Werte angenommen:

- Die Terminalanschlußleitung hat eine Geschwindigkeit von 2.400 Bit/s.
- Die Geschwindigkeit der Verbindungsleitungen zwischen den Knoten im Netz beträgt 48.000 Bit/s.
- Das Terminal wird für eine Anwendung eingesetzt, bei der eine Eingabe von durchschnittlich 150 Zeichen eine Ausgabe von durchschnittlich 900 Zeichen zur Folge hat. (Die Übertragungszeiten für die im Rahmen des verwendeten Protokolls zusätzlich notwendigen Kontroll- und Steuerdaten werden vernachlässigt; vgl. dazu 3.4.4.)
- Für die Kodierung eines Zeichens sind 8 Bit erforderlich.
- Für die Knotenverarbeitungszeit werden 10 ms angesetzt.
- Es wird eine Verkehrsbelastung im Netz angenommen, die zu einer durchschnittlichen Wartezeit von 70% der Übertragungszeit in den Ausgabewarteschlangen der Knoten führt.

Für den Vergleich zwischen einer direkten Kopplung und einer speichervermittelten Verbindung stelle man sich zunächst vor, daß in Abb. 3-11 das gesamte Netz, d. h. die drei angenommenen Knoten und die Leitungen zwischen ihnen, durch eine direkte Verbindung ersetzt ist. Unter den getroffenen Annahmen ergibt sich:

- Die „Anschlußleitung" des Terminals mit 2.400 Bit/s erstreckt sich logisch über das Netz bis zum Rechner mit identischer Geschwindigkeit.
- Die Übertragungszeit für die Eingabe beträgt 0,5 s. Nach dieser Zeit ist die Eingabenachricht bei der DVA eingegangen und kann dort bearbeitet werden.
- Die Rückübertragung der errechneten Antwort dauert 3,0 s.

Zusammen ergibt sich eine reine Übertragungszeit von 3,5 s für die Ein- und Ausgabe im zugrundegelegten Beispiel.

Bei Einsatz eines speichervermittelten Netzes gemäß Abb. 3-11 und ansonsten gleichbleibenden Voraussetzungen ergibt sich für die Eingabe die folgende Rechnung:

+ Übertragungszeit auf der Anschlußleitung:	500 ms
+ Verarbeitungszeit in Knoten 1:	10 ms
+ Wartezeit im Knoten 1:	18 ms
+ Übertragungszeit zwischen Knoten 1 und 2:	25 ms
+ Verarbeitungszeit in Knoten 2:	10 ms
+ Wartezeit in Knoten 2:	18 ms
+ Übertragungszeit zwischen Knoten 2 und 3:	25 ms
+ Verarbeitungszeit in Knoten 3:	10 ms
+ Übertragungszeit auf der Hostanschlußleitung:	500 ms
	Summe: 1.116 ms

Hierbei ist keine Wartezeit vor der Übertragung auf der Anschlußleitung zur DVA eingerechnet, weil die Leitung vorher exklusiv für die betrachtete Übertragung genutzt wurde und diese Annahme deshalb auch nach der Ersetzung fairerweise beibehalten werden sollte. Die entsprechende Vergleichsrechnung für die Ausgabe ergibt:

+ Übertragungszeit auf der Hostanschlußleitung:	3.000 ms
+ Verarbeitungszeit in Knoten 3:	10 ms
+ Wartezeit im Knoten 3:	105 ms
+ Übertragungszeit zwischen Knoten 3 und 2:	150 ms
+ Verarbeitungszeit in Knoten 2:	10 ms
+ Wartezeit in Knoten 2:	105 ms
+ Übertragungszeit zwischen Knoten 2 und 1:	150 ms
+ Verarbeitungszeit in Knoten 1:	10 ms
+ Übertragungszeit zum Terminal:	3.000 ms
	Summe: 6.540 ms

Für diese konkrete Beispielrechnung ergibt sich zusammengenommen das oben nur abstrakt abgeleitete erschreckende Verhältnis der Transportzeiten von 3,5 : 7,656 zuungunsten der Speichervermittlung.

Natürlich hätte man sich die gesamte Entwicklung der Speichervermittlungstechnologie sparen können, wenn sie notwendig zu derart drastischen Verlängerungen von Übertragungszeiten und daraus resultierend zu entsprechend schlechteren Antwortzeiten führen würde. Im folgenden sollen deshalb zwei realistische Alternativen vorgestellt werden, die zu einer Verkürzung der Übertragungszeiten im Falle der Speichervermittlung führen.

Einsatz eines leistungsfähigeren DVA-Anschlusses. Im Gegensatz zur Leitungsvermittlung ist es bei speichervermittelten Netzen möglich, unterschiedlich leistungsfähige Teilnehmer, d.h. Netzteilnehmer mit unterschiedlich schnellen Anschlußleitungen, zu verbinden.

Natürlich können lange Übertragungszeiten immer durch Einsatz schnellerer und teurerer Leitungen reduziert werden. Bei festen Verbindungen oder bei einer leitungsvermittelten Verbindung muß diese höhere Geschwindigkeit aber auf beiden Seiten eingeführt werden. Dies kann und wird oft bei den vielen langsamen Terminals, die von einem Rechner bedient werden, aus Kostengründen nicht möglich sein.

Bei Nutzung eines speichervermittelten Netzes mit einer entsprechenden Flußkontrolle (vgl. 3.6) kann jedoch eine Verminderung der Übertragunsgzeit durch den Einsatz eines leistungsfähigeren Anschlusses allein auf seiten der DVA erzielt werden. Dies wird dadurch noch realistischer, daß sich die dazu notwendige Investition nicht nur positiv für eine Verbindung auswirkt, sondern aufgrund der Multiplexmöglichkeiten der Speichervermittlung (vgl. 3.3) gleichzeitig allen ähnlichen Terminalverbindungen zugute kommt.

Es sei also angenommen, daß die Geschwindigkeit der Anschlußleitung zur DVA

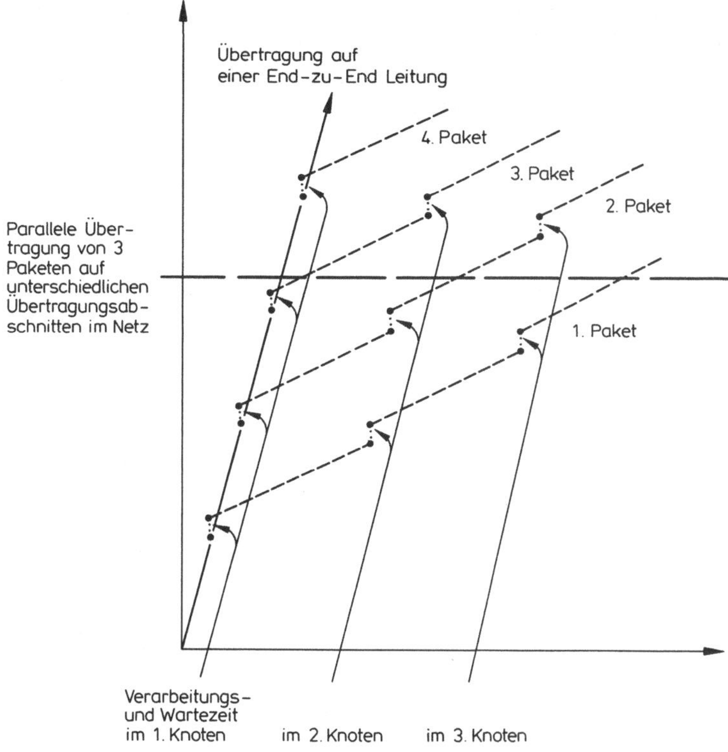

Abb. 3-12. Schemazeichnung zur Demonstration des Pipelineeffekts in speichervermittelten Netzen

auf 9.600 Bit/s erhöht wird. Entsprechend der obigen Begründung wird dieser leistungsfähigere Anschluß nicht nur von dem einen betrachteten Terminal, sondern von einer größeren Zahl genutzt. Also muß dann auch eine Wartezeit vor einer Übertragung auf dieser Anschlußleitung zur DVA kalkuliert werden. In der umgekehrten Richtung wird keine dadurch neu entstehende Wartezeit angesetzt: Dabei wären DVA-interne Voraussetzungen und Abhängigkeiten zu berücksichtigen, über die allgemein nichts ausgesagt werden kann.

Im Ergebnis bringt diese Veränderung bei der Übertragung der Ausgabe eine Einsparung von 2.250 ms, bei der Eingabe eine Verbesserung von 375 ms, von der aber die resultierende Wartezeit von 88 ms abzurechnen ist (vgl. die obige Annahme über die Netzauslastung). Im Resultat verändert sich also das Gesamtverhältnis zwischen Leitungs- und Speichervermittlung durch diese Modifikation des Hostanschlusses auf 3,5 : 5,119 zugunsten der Leitungsvermittlung.

Nutzung des Pipelineeffekts bei der Speichervermittlung. Im Grunde geht es dabei eigentlich nicht um die Einführung einer Alternative, sondern um eine etwas detailliertere Betrachtung des Effekts der Übertragung von Nachrichtenteilen in einzelnen Paketen zwischen den Kommunikationspartnern. Wie in 6.1.4 beschrieben, führten sowohl empirische Resultate wie auch theoretische Überlegungen zu dem

Schluß, die übertragbaren Nachrichtenblöcke in speichervermittelten Systemen in ihrer Länge auf relativ kurze Nachrichtenfragmente zu beschränken. Der im folgenden beschriebene **Pipelineeffekt,** d. h. die gleichzeitige Übertragung einzelner Nachrichtenteile auf verschiedenen Streckenabschnitten, ist eine unmittelbare Konsequenz dieser Entwurfsentscheidung.

Abbildung 3-12 verdeutlicht das Prinzip des Pipelineeffekts: Der graphischen Darstellung einer längeren Übertragung auf einer durchgehenden Leitung ist ein Schema des Paketverfahrens gegenübergestellt, bei dem jeweils nur kurze Fragmente in den beteiligten Knoten verarbeitet werden. Aus der Gegenüberstellung ist erkennbar, daß - abhängig von den genauen Parametern - mehrere kurze Datensegmente parallel auf verschiedenen Übertragungsabschnitten des Netzes transportiert werden können.

Für die quantitative Einbeziehung des Pipelineeffekts in das obige Beispiel einer Transportzeitberechnung müssen weitere Annahmen getroffen werden:

- Der erste Punkt ist die quantitative Fixierung der Paketlänge. Zur Vereinfachung der folgenden Darstellung wird eine Paketlänge von 300 Zeichen vorausgesetzt.
- Eine wichtige Voraussetzung liegt in der Art und Weise, wie beide verbundenenen Systeme an das speichervermittelte Netz angeschlossen sind. Im Falle des Datex-P-Netzes der DBP lautet diese Frage konkret: Können beide Partner X.25? Auf seiten der DVA ist dies anzunehmen; die heute eingesetzten Terminals dagegen sind dazu meist nicht in der Lage. Wenn beide Kommunikationspartner das Netzrandprotokoll beherrschen, steht der vollständigen Nutzung des Pipelineeffekts nichts im Wege. Wenn dagegen auf seiten des Terminals eine Protokollumwandlung, z.B. zwischen X.25 und BSC (vgl. 3.1), vorgenommen werden muß, schlägt dieser Effekt nur noch teilweise oder auch gar nicht mehr zu Buche.
- Für das betrachtete Beispiel wirkt sich der Pipelineeffekt nur bei der Ausgabe aus, weil die Eingabe vollständig in einem Paket Platz hat. In Abb. 3-13 ist konkret vorausgesetzt, daß der Inhalt des ersten, bei Knoten 1 angekommenen Pakets der Ausgabenachricht schon an das Terminal weitergeleitet werden kann, obwohl die restlichen Nachrichtenteile noch nicht von Knoten 1 empfangen wurden. Es sind die oben berechneten Werte für eine DVA-Anschlußleitung von 9.600 Bit/s und eine Terminalleitung mit 2.400 Bit/s eingesetzt.

Das quantitative Ergebnis der in Abb. 3-13 dargestellten Berechnung bringt eine weitere Veränderung des Verhältnisses der Transportzeiten. Resultat ist nun eine Relation von 3,5 : 4.179. Diese Veränderung durch Einbeziehung des Paketpipelining hängt natürlich stark von den jeweiligen Randbedingungen ab: Je länger die transportierten Nachrichten und je kürzer die Pakete sind, desto stärker wird sich der Pipelineeffekt auswirken.

Schlußfolgerungen. Neben dem konkreten Ergebnis im Rahmen der Beispielrechnung ist Abb. 3-13 allgemein zu entnehmen: Die wesentlichen Zeitanteile der gesamten Übertragung entfallen nicht in erster Linie auf netzinterne Abläufe, sondern auf Übertragungen auf den Anschlußleitungen. Relevante Verbesserungen des Zeitverhaltens von speichervermittelten Netzen sind also an zwei Stellen möglich:

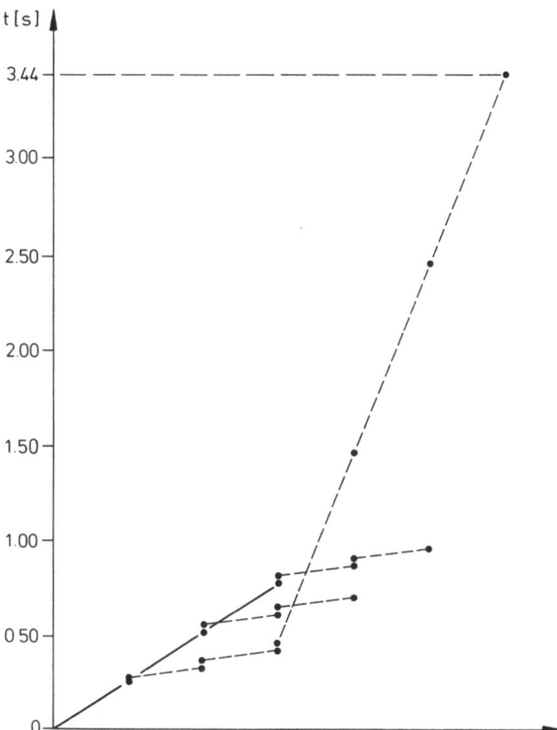

Abb. 3-13. Auswirkung des Pipelineeffekts bei der Übertragung der Rechnerausgabe des Beispiels aus Abschnitt 3.4.3

- Höhere Geschwindigkeiten der Anschlußleitungen würden eine generelle Reduzierung der Übertragungszeiten bewirken. Dieser Effekt käme natürlich auch der Leitungsvermittlung zugute, so daß dadurch die oben abgeleitete Relation unberührt bliebe.
- Die heute weithin eingesetzten Kommunikationsprogramme, vor allem die Terminalzugriffsmethoden *(telecommunication access method,* TAM oder *virtual telecommunication accesss method,* VTAM*)* sind für den Einsatz in Herstellernetzen entwickelt worden. Dabei ist ein Terminal meistens kein gleichberechtigter Kommunikationspartner, sondern wird von einer zentralen Intelligenz (einem Host- oder Knotenprozessor) kontrolliert. Für eine vollständige Nutzung des Pipelineeffekts sind folgende Voraussetzungen notwendig:
- Abschaffung der Unsymmetrie in der Kommunikation,
- Integration der sich etwickelnden Datenübertragungsnormen in alle Endgeräte,
- bei den Terminals z. B. durch entsprechende Protokoll-*chips,*
- auf seiten der Rechner durch die Integration der Übertragungsnormen in die Kommunikationssoftware der Vorrechner durch die Hersteller.

Erst nach derartigen Entwicklungen ist mit einer deutlichen und durchgängigen Reduzierung der Übertragungszeiten bei der Speichervermittlung zu rechnen. Bis dahin stellen speichervermittelte Übertragungsverfahren vor allem für nichtzeitkritische Dialoganwendungen eine ökonomisch attraktive Alternative zu direkten oder leitungsvermittelten Verbindungen dar (vgl. 6.2).

3.4.4 Durchsatz

Die bisherige Diskussion der Einflußfaktoren auf die Transportzeiten bezog sich auf ein einziges, bzw. auf wenige zu befördernde Datagramme oder Pakete. Bei realen Messungen von Paketlaufzeiten kann man bei einem einzelnen Beispiel zufällig an einen wenig repräsentativen Vertreter geraten. Aufgrund des statistischen Charakters der Fragestellung wird man im allgemeinen daran interessiert sein zu erfahren, mit welchen Verzögerungszeiten beim Transport von Datenblöcken im Durchschnitt zu rechnen ist.

Als **Durchsatz** *(throughput)* eines Netzes wird deshalb die durchschnittliche Übertragungsleistung eines Rechnernetzes über einen längeren Zeitraum definiert. Dabei sind zwei unterschiedliche Betrachtungsebenen zu unterscheiden:

- Zwei miteinander verkehrende Teilnehmer interessiert naturgemäß nur das Quantum an Daten, das zwischen ihnen in bestimmter Zeit ausgetauscht werden kann. Dabei handelt es sich also um den End-zu-End-Durchsatz zwischen diesen beiden Anschlüssen.
- Für den Netzbetreiber dagegen ist der Netzdurchsatz das zentrale Optimierungskriterium, d.h. die Menge aller in einer gegebenen Zeit zustellbaren Pakete oder Datagramme. Diese Größe hängt natürlich auch von der Anzahl der dem Netz zur Beförderung angebotenen Pakete ab. (Dieser Zusammenhang führt zum Problem der Stauvermeidung, das in 4.2 behandelt wird.)

Die quantitative Angabe eines Durchsatzwertes erfolgt deshalb in der Maßeinheit Pakete pro Zeit, bzw. nach entsprechender Normierung in der üblichen Form einer Kapazitätsangabe als Bit/s.

Bei einer festen Leitung oder bei einem leitungsvermittelten Netz fällt der End-zu-End-Durchsatz in etwa mit der Leitungsgeschwindigkeit zusammen. Der real erzielbare Durchsatz liegt aufgrund von Leitungsfehlern (vgl. 3.5) u.ä. jedoch meist bei höchstens 90% der Leitungskapazität.

Bei einem speichervermittelten Netz wird der Durchsatz zwischen zwei Endpunkten, d.h. zwischen zwei Teilnehmern, nach oben durch die Anschlußleitung mit der kleineren Übertragungskapazität begrenzt; in der Regel wird er aber deutlich darunter liegen. So haben Durchsatzmessungen im Datex-P-Netz der DBP effektive Durchsatzraten von maximal 60% bis 70% der Anschlußgeschwindigkeit ergeben - abhängig davon, über wieviele Netzknoten die Verbindung verläuft (vgl. Gabler 1981).

Absolute Durchsatzangaben sind mit einiger Vorsicht zu betrachten:

- Auch wenn sie empirisch über einen längeren Zeitraum ermittelt worden sind - es handelt sich dabei immer noch um statistische Aussagen, die von so vielen Einflußfaktoren abhängen, daß ihre absolute Gültigkeit allein aus der Sicht der an einer Messung beteiligten Endteilnehmer nie genau eingeschätzt werden kann (vgl. 6.2.2).

- Interessant wäre es natürlich, wenn ein Netzbetreiber im Rahmen des Vertrages, den er mit seinen Teilnehmern, d.h. seinen Kunden schließt, einen bestimmten Durchsatz pro Leitung garantieren würde. Gerade das wird aber üblicherweise von Postorganisationen kategorisch abgelehnt.
- Aus der Sicht eines Endteilnehmers ist eigentlich nur der Durchsatz bezogen auf seine Benutzerdaten relevant. Diese werden aber nie rein netto übertragen. Zusammen mit den Benutzerdaten muß jeweils noch ein bestimmtes Quantum zusätzlicher Kontroll- und Steuerinformation *(control overhead)* übertragen werden. Diese dient z.B. zur Numerierung der Blöcke (vgl. 3.6.2), besteht aus der Übertragung von Quittungen (vgl. 3.5.6) und Krediten (vgl. 3.6.3) etc.
- Im Falle des Datex-P-Netzes beträgt dieser Anteil an Steuerinformation etwa 7%. Dabei sind eventuell notwendige Blockwiederholungen noch nicht berücksichtigt. Aus der Sicht des Netzbetreibers handelt es sich dabei natürlich um Benutzerdaten, denn nur im Auftrag und zur Erfüllung der Transportwünsche des Teilnehmers wird die dazu erforderliche Übertragungskapazität verwendet.

Bei Durchsatzangaben ist also zu unterscheiden zwischen dem Nettodurchsatz an Benutzerdaten und dem zu diesem Zweck zu befördernden Bruttodatenvolumen aus der Sicht des Netzes.

3.5 Fehlererkennung und Fehlerreaktion

Bei der Übertragung digitaler Daten über eine Einzelleitung oder ein Rechnernetz treten aufgrund der physikalischen Eigenschaften der Übertragungsmedien Fehler auf. Der nachfolgende Abschnitt ist diesem Problem, der Beschreibung seiner Ursachen und der dagegen entwickelten Strategien gewidmet. Er ist in folgender Weise untergliedert:

- In 3.5.1 werden Ursachen und Charakter der auftretenden Fehler beschrieben.
- 3.5.2 formuliert die Aufgabenstellung für eine zeichen- bzw. blockweise Sicherung der zu übertragenden Daten.
- In 3.5.3 wird das Verfahren der Paritätssicherung von Zeichen beschrieben.
- 3.5.4 enthält eine Beschreibung von fehlerkorrigierenden Alphabeten.
- In 3.5.5 werden Verfahren zur Sicherung ganzer Datenblöcke beschrieben.
- 3.5.6 ist dem Problem der Sicherung gegen Datenverlust bei Übertragungen gewidmet.

3.5.1 Problemstellung

Die Übertragung von digitalen Daten zwischen unterschiedlichen Verarbeitungssystemen basiert letztlich auf der Übertragung von Bits. Unabhängig vom verwendeten Übertragungsverfahren (vgl. 3.1.2 und 3.1.3), bedarf es dazu zweier wohlunterscheidbarer Signale, die zwischen Kommunikationspartnern ausgetauscht werden können und von allen einheitlich als Kodierung der beiden möglichen Werte eines Bits interpretiert werden.

Die entsprechenden Signale werden bei Rechnernetzen traditionell in Form von elektrischen oder elektromagnetischen Impulsen kodiert. Bei den heute gebräuchlichen Übertragungstechniken gibt es eine ganze Reihe von Einflußfaktoren, die zu Störungen und Fehlern bei der Übertragung führen können:

- Kopiereffekte in Leitungsbündeln (das jedem Telefonbenutzer bekannte „Nebensprechen"),
- Knackgeräusche durch die Atmosphäre,
- Fehler in Vermittlungsstellen (in der Mechanik von Drehwählern in Fernsprechvermittlungsstellen, in der Hard- und Software von digitalen Knoten),
- Leitungsrauschen bei hoher Verstärkung,
- Gleichlaufschwankungen zwischen Sender und Empfänger,
- Leitungsunterbrechungen, z. B. durch einen allzu energischen Baggereinsatz in der Nachbarschaft eines Erdkabels etc.

Die Kompensation derartiger Störungseinflüsse kann nur durch die Kombination zweier Zusatzfunktionen erreicht werden:

- die Erkennung von Fehlern und
- die Vereinbarung geeigneter Reaktionen zur Überwindung erkannter Fehlersituationen zwischen den kommunizierenden Instanzen.

Eine Fehlererkennung ist nur durch **Redundanz** in den übertragenen Daten möglich; neben den Nettonutzdaten muß also ein zusätzlicher Anteil von Kontrollinformation übertragen werden, der zwar den Durchsatz (vgl. 3.4.4) senkt, für die Erhöhung der Übertragungssicherheit aber unumgänglich ist. Schon hier läßt sich ein prinzipielles Problem erkennen: Da Fehler überall möglich sind, können sowohl Nutzdaten wie auch zugehörige Kontrollinformation zufällig so verfälscht werden, daß der Fehler mit dem verwendeten Sicherungsverfahren nicht erkannt wird. Datenübertragungsfehler sind also niemals mit völliger Sicherheit auszuschließen. Diese Aussage gilt allgemein für jede digitale Datenübertragung und -verarbeitung. Ziel von Verfahren zur Fehlererkennung ist es, die verbleibende **Restfehlerwahrscheinlichkeit,** d. h. die Wahrscheinlichkeit, mit der beim angewendeten Verfahrens noch mit dem Auftreten unentdeckter Fehler zu rechnen ist, hinreichend klein zu halten.

Um die Restfehlerwahrscheinlichkeit abschätzen oder berechnen zu können, müssen Anzahl und Art der zu erwartenden Fehler bekannt sein oder darüber entsprechende Annahmen getroffen werden:

- Die absolute Anzahl der Übertragungsfehler, d. h. der Mittelwert der bei Übertragungen verfälscht ankommenden Bits, hängt von der Qualität der eingesetzten Übertragungstechnik ab. Aufgrund von Langzeittests hat die DBP für ihre öffentlichen Netze physikalische Fehlerwahrscheinlichkeiten zwischen 10^{-4} und 10^{-7} ermittelt. Das bedeutet, daß ohne zusätzliche Sicherungsmaßnahmen in höheren

Schichten durchschnittlich pro übertragenen 10.000 bis 10.000.000 Bits mit einem verfälschten Bit zu rechnen ist.

- Im ersten Ansatz ist zu vermuten, daß die Wahrscheinlichkeit einer Verfälschung für alle Bits eines Übertragungsblocks gleich groß ist. Empirische Untersuchungen zeigen aber, daß Übertragungsfehler nicht gleichmäßig verteilt auftreten, sondern lange Zeiten fehlerfreier Übertragung unterbrochen werden von kurzen **Fehlerhäufungen** *(burst error),* d. h. Perioden, in denen die Übertragung insgesamt gestört ist .

Der Grund für dieses Fehlerverhalten liegt in der Natur der Fehlerursachen: Bei vielen der oben aufgeführten Fehlerquellen ist unmittelbar einsichtig, daß sie so lange wirken, daß mehr als ein Bit betroffen ist. Die typische Dauer eines Knackgeräuschs liegt etwa bei 10 ms. Bei einer Übertragungsrate von 4.800 Bit/s sind dadurch 48 aufeinanderfolgende Bits betroffen. Wenn also z. B. eine Fehlerwahrscheinlichkeit von 10^{-3} vorliegt und die Daten in Blöcken von je 1000 Bits übertragen werden, dann enthielte bei einer Gleichverteilung jeder Block durchschnittlich einen Fehler. Wenn jedoch die Fehler in Häufungen von jeweils 100 fehlerhaften Bits in Folge auftreten, dann ist bei 100 Blöcken nur mit einem oder zwei fehlerhaften zu rechnen - abhängig davon, ob die Folge fehlerhafter Bits ganz in einem Block liegt oder sich über das Ende eines und den Beginn des folgenden Blocks erstreckt.

Durch das Auftreten solcher Fehlerhäufungen wird eine verläßliche Fehlererkennung zusätzlich erschwert, weil Folgen fehlerhaft übertragener Bits viel schwerer zu erkennen sind als Einzelbitfehler.

Die Absicherung gegen Datenübertragungsfehler erfolgt bei den heute verbreiteten Techniken in zwei unterschiedlichen, meist parallel eingesetzten Formen:

- Erkennung verfälschter Daten mit entsprechenden Reaktionen (vgl. 3.5.2 bis 3.5.5) einerseits und
- Erkennung von verlorengegangenen Daten und entsprechenden Reaktionen (vgl. 3.5.6) andererseits.

3.5.2 Vorkehrungen gegen Datenverfälschung

Einem einzelnen Bit ist nicht anzusehen, ob es während einer Übertragung verfälscht wurde, da der neue, falsche Wert ebenfalls einen zulässigen Bitwert repräsentiert. Um derartige Fehler erkennen zu können, müssen also größere Datenportionen, d. h. Bitfolgen, betrachtet und gesichert werden. Man setzt derartige Sicherungsverfahren auf zwei Ebenen ein:

- Jede ein Zeichen repräsentierende Bitfolge wird durch ein zusätzliches Bit gesichert (vgl. 3.5.3). Die Länge dieser Bitfolge hängt ab von dem für die Übertragung verwendeten **Alphabet,** bzw. der **Codetabelle.** Beispiele für in der Praxis vielverwendete Alphabete sind
  - das Internationale Alphabet Nr. 2 (Telex-Code, nach seinem Erfinder auch Baudot-Code genannt) mit 5 Bits pro Zeichen,

- das Internationale Alphabet Nr. 5 mit 7 Bits pro Zeichen (IA Nr. 5, vgl. Abb. 3-14) und
- der ursprünglich von IBM entwickelte EBCDIC *(extended binary coded decimal interchange code)* mit 8 Bits pro Zeichen.
  Man bezeichnet diese Anzahl von Bits pro Zeichen als **Alphabetlänge**.

- Größere Datenblöcke, bestehend aus Zeichenfolgen mit einer Länge zwischen etwa 30 und einigen hundert Zeichen, werden durch ein oder zwei zusätzliche Zeichen gesichert (vgl. 3.5.5).

Übertragungsfehler auf Zeichen- oder Blockebene können naturgemäß nur durch die Datensenke erkannt werden. Im Falle eines erkannten Fehlers muß der Empfänger eine Möglichkeit haben, doch noch in den Besitz der korrekten Information zu gelangen. Hierzu werden zwei Techniken angewendet:

- Der Empfänger veranlaßt direkt oder indirekt die erneute Übertragung der Daten durch den Absender (vgl. 3.5.6).
- Gleichzeitig mit der Erkennung des Fehlers ist der Empfänger in der Lage, die korrekte Nachricht zu rekonstruieren (vgl. 3.5.4).

			Bit7	0	0	0	0	1	1	1	1
			Bit6	0	0	1	1	0	0	1	1
			Bit5	0	1	0	1	0	1	0	1
Bit4	Bit3	Bit2	Bit1	Kontroll-Zeichen		Zahl-Zeichen		Große Buchstab.		Kleine Buchstab.	
0	0	0	0	NUL	DLE	SP	Ø	@	P	`	p
0	0	0	1	SOH	DC1	!	1	A	Q	a	q
0	0	1	0	STX	DC2	"	2	B	R	b	r
0	0	1	1	ETX	DC3	#	3	C	S	c	s
0	1	0	0	EOT	DC4	$	4	D	T	d	t
0	1	0	1	ENQ	NAK	%	5	E	U	e	u
0	1	1	0	ACK	SYN	&	6	F	V	f	v
0	1	1	1	BEL	ETB	'	7	G	W	g	w
1	0	0	0	BS	CAN	(	8	H	X	h	x
1	0	0	1	HT	EM	)	9	I	Y	i	y
1	0	1	0	LF	SUB	*	:	J	Z	j	z
1	0	1	1	VT	ESC	+	,	K	[	k	{
1	1	0	0	FF	FS	,	<	L	\	l	¦
1	1	0	1	CR	GS	–	=	M	]	m	}
1	1	1	0	SO	RS	.	>	N	^	n	~
1	1	1	1	SI	US	/	?	O	_	o	DEL

a) Internationale Fassung des IA Nr. 5, identisch mit ASCII (American standard coded information interchange), der nationalen US-Version des IA Nr. 5

Abb. 3-14. Codetabellen des internationalen Alphabets Nr. 5 (IA Nr. 5) (Die Numerierung der Bits erfolgt von rechts nach links)

3.5.3 Zeichenweise Paritätssicherung

Bei diesem Verfahren wird jedes zu übertragende Zeichen um ein zusätzliches **Paritätsbit** *(parity-bit)* ergänzt, das als redundante Zusatzinformation für die Überprüfung der korrekten Übertragung verwendet wird: Jede Zeichenkodierung besteht aus einer durch die Alphabetlänge vorgegebenen Anzahl von Bits, bei Verwendung der gebräuchlichen Repräsentation der Bitwerte durch die Symbole 0 und 1 also aus einer festgelegten Folge dieser Symbole. Für jedes Zeichen wird nun die Anzahl der Einsen ermittelt; die resultierende Anzahl ist entweder eine gerade oder ungerade Zahl. Das Paritätsbit erhält dann den Wert, der diese Anzahl

- bei **gerader Parität** *(even parity)* auf eine gerade Zahl,
- bei **ungerader Parität** *(odd parity)* auf eine ungerade Zahl

				Bit7	0	0	0	0	1	1	1	1
				Bit6	0	0	1	1	0	0	1	1
				Bit5	0	1	0	1	0	1	0	1
Bit4	Bit3	Bit2	Bit1		0	1	2	3	4	5	6	7
0	0	0	0	0	NUL	DLE	SP	Ø	ß	P		p
0	0	0	1	1	SOH	DC1	!	1	A	Q	a	q
0	0	1	0	2	STX	DC2	"	2	B	R	b	r
0	0	1	1	3	ETX	DC3	§	3	C	S	c	s
0	1	0	0	4	EOT	DC4	$	4	D	T	d	t
0	1	0	1	5	ENQ	NAK	%	5	E	U	e	u
0	1	1	0	6	ACK	SYN	&	6	F	V	f	v
0	1	1	1	7	BEL	ETB	'	7	G	W	g	w
1	0	0	0	8	BS	CAN	(	8	H	X	h	x
1	0	0	1	9	HT	EM	)	9	I	Y	i	y
1	0	1	0	10	LF	SUB	*	:	J	Z	j	z
1	0	1	1	11	VT	ESC	+	;	K	Ü	k	ü
1	1	0	0	12	FF	FS	,	<	L	Ö	l	ö
1	1	0	1	13	CR	GS	-	=	M	Ä	m	ä
1	1	1	0	14	SO	RS	.	>	N		n	~
1	1	1	1	15	SI	US	/	?	O	_	o	DEL

Hexadezimaldarstellung der Bits 5 bis 7 (Spaltenköpfe 0–7); Hexadezimaldarstellung der Bits 1 bis 4 (Zeilen 0–15)

b) Nationale deutsche Fassung des IA Nr. 5

Abb. 3-14. Codetabellen des internationalen Alphabets Nr. 5 (IA Nr. 5) (Die Numerierung der Bits erfolgt von rechts nach links)

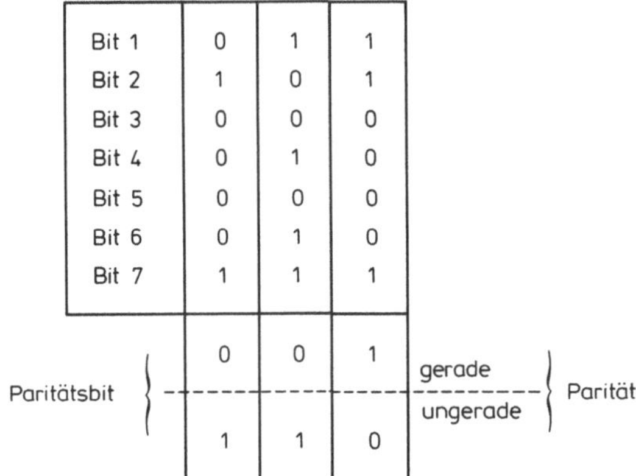

Abb. 3-15. Beispiel für zeichenweise Paritätssicherung: Ergänzung von drei 7-Bit-Zeichen auf gerade/ungerade Parität

ergänzt. Ob bei einer konkreten Anwendung auf gerade oder ungerade Parität ergänzt werden soll, ist an den entsprechenden Übertragungseinrichtungen meist durch einen Schalter einstellbar. Abb. 3-15 demonstriert dieses Verfahren anhand der Paritätsbitergänzung von drei Zeichenkodierungen.

Das Verfahren ist weithin gebräuchlich; insbesondere das IA Nr. 5 (vgl. Abb. 3-14) ist als ein 8-Bit-Alphabet normiert, bei dem die 7 Informationsbits jeweils um ein zusätzliches Paritätsbit ergänzt werden. Die Anwendung dieses Sicherungsverfahrens ist nicht auf die Datenübertragung beschränkt; es wird auch rechnerintern eingesetzt, um z. B. Datenverfälschungen bei Speicherzugriffen erkennen zu können.

Zur Bewertung: Erkannt werden alle 1-Bitfehler und alle Verfälschungen einer ungeraden Anzahl von Bits eines Zeichens. Das angestrebte Ziel der Erhöhung der Übertragungssicherheit wird insoweit erreicht, als die Rate der unerkannten Bitfehler auf etwa 10% des Wertes ohne Sicherung gesenkt wird. Erkauft wird diese Verbesserung durch eine Durchsatzminderung, die abhängt von der Länge der Zeichenkodierung: Bei einem 7-stelligen Code reduziert sich die für Nutzdaten zur Verfügung stehende Bandbreite bei Einsatz der Paritätsergänzung um ca. 15%.

In der Praxis wird die Paritätssicherung bei neueren Datenübertragungsverfahren fast durchgängig eingesetzt. Im allgemeinen wird das Verfahren aber noch mit anderen Vorkehrungen gegen Übertragungsfehler gekoppelt (vgl. 3.5.5), um eine höhere Übertragungssicherheit zu erzielen.

3.5.4 Selbstkorrigierende Codes

Den **selbstkorrigierenden Codes** *(error correcting code)* liegt folgendes Konzept zugrunde:

- Die Codetabelle wird so dünn besetzt, daß die Verfälschung eines an beliebiger Position befindlichen Bits zu einer Bitfolge führt, die keine zulässige Zeichenkodierung ist. Ein solcher „unsinniger Code“ wird als Übertragungsfehler erkannt.

- Wenn zusätzlich ermittelbar ist, wo der Übertragungsfehler liegt, d.h. welches Bit verfälscht wurde, kann eine Korrektur durch Invertierung dieses Bits vorgenommen werden.

Das Verfahren geht zurück auf den Mathematiker R.W. Hamming, der sich als erster mit solchen selbstkorrigierenden Codes beschäftigt hat (vgl. Hamming 1950). Selbstkorrigierende Codes werden deshalb auch **Hamming-Codes** genannt; die nachfolgend beschriebene Übertragungsmethode wird als **Hamming-Verfahren** bezeichnet.

Der **Hamming-Abstand** oder die **Hamming-Distanz** zweier Bitfolgen wird definiert als die Anzahl von Bitpositionen, an denen ihre Codierungen unterschiedliche Bitwerte aufweisen. Der Hamming-Abstand von 1011001 und 0011100 ist beispielsweise 3. Für ein gesamtes Alphabet wird der Hamming-Abstand definiert als das Minimum der Distanzen zwischen allen Paaren von Codewörtern.

Zunächst liegt die Frage nahe, welchen Anteil an redundanter Information das Hamming-Verfahren erfordert: Wenn ein Code mit b bedeutungstragenden Bits und r redundanten Prüfbits für die Erkennung und Korrektur aller 1-Bitfehler entworfen werden soll, besteht jedes übertragene Codewort, d.h. die Kodierung jedes Zeichens, aus $n = b + r$ Bits. Es gilt:

- Jedes Codewort hat n „Nachbarn" mit einem Hamming-Abstand 1. Diese entstehen durch Abänderung jedes der $b + r$ Bits im Ausgangscode unter Beibehaltung aller übrigen.
- Mit den b bedeutungstragenden Bits können 2^b Zeichen kodiert werden. Jedes dieser Nutzzeichen läßt sich mit seinen n Nachbarn zu $(n+1)$ Bitmustern zusammenfassen.
- Um eine eindeutige Korrektur der 1-Bitfehler zu gewährleisten, müssen alle diese $(n+1)$ Bitfolgen für jedes der 2^b Nutzzeichen disjunkt sein. Da die Gesamtzahl der mit n Bit codierbaren Wörter 2^n ist, muß dann gelten: $(n+1)*2^b \leq 2^n$.
- Die Einsetzung von $n = b + r$ liefert:

$$(b+r+1)*2^b \leq 2^{(b+r)}$$
$$(b+r+1) \leq 2^r$$

- Für ein gegebenes b ergibt diese Abschäzung eine untere Grenze für die Anzahl der notwendigen Prüfbits.

Für einen 7-Bitcode wie z.B. ASCII läßt sich daraus die Anzahl der für 1-Bitfehlerkorrekturen notwendigen Prüfbits errechnen:

$$(7+r+1) \leq 2^r$$
$$8+r \leq 2^r$$

Die kleinste ganze Zahl, die diese Ungleichung erfüllt, ist 4. Aus der Ungleichung folgt auch, daß sich mit diesen 4 Prüfbits nicht nur 7, sondern sogar 11 bedeutungstragende Bits absichern lassen, denn auch für $b = 11$ und $r = 4$ ist obige Ungleichung erfüllt.

Hamming hat ein Verfahren angegeben, das mit dieser minimalen Anzahl theoretisch erforderlicher Redundanzbits auch effektiv auskommt: Dabei werden alle Bits auf Zweierpotenzen, also die Bitpositionen 1, 2, 4, 8, ... als redundante Prüfbits verwendet, während die dazwischenliegenden Stellen für bedeutungstragende Bits genutzt werden. Dieses Verfahren wird im folgenden für $b = 4$ kurz skizziert (vgl. auch Abb. 3-16(a) und (b)):

- Aus der oben abgeleiteten Abschätzung $b + r + 1 \leq 2^r$ ergibt sich r zu 3. Ein Codewort besteht also aus $n = 4 + 3 = 7$ Bits.
- Dabei sind - von links nach rechts gezählt - das erste, zweite, vierte Bit Prüf- oder Kontrollbits (K-Bits), während die übrigen Informationsbits (I-Bits) sind.
- Prüfbit $i = 2^k$ trägt bei zur Absicherung jeder Bitposition j, bei deren Dualdarstellung das i-te Bit gesetzt ist. Im Beispiel trägt also das
  - K-Bit 1 bei zur Absicherung von Bit 1, 3, 5, 7
  - K-Bit 2 bei zur Absicherung von Bit 2, 3, 6, 7
  - K-Bit 3 bei zur Absicherung von Bit 4, 5, 6, 7
- Der konkrete Wert der Prüfbits ist in Abb. 3-16 jeweils auf gerade Parität für alle zu sichernden Bitwerte ergänzt.
- Der Empfänger kann dieses Sicherungsschema nutzen, um bei Vorliegen eines 1-Bitfehlers für ein K- oder I-Bit die Position zu ermitteln, wo der Fehler liegt:
- Zu diesem Zweck initialisiert er für die Kontrolle eines jeden Codeworts einen Zähler mit Null.
- Für jedes Prüfbit, im Beispiel also Bit 1, 2 und 4, wird dessen korrekter Wert über eine Paritätsergänzung der dadurch jeweils gesicherten Bits kontrolliert. Im Falle einer Abweichung liegt ein Fehler vor; als Reaktion wird die Bitposition dieses Prüfbits zum aktuellen Zählerstand addiert.
- Nach Abschluß dieser Prüfung enthält der Zähler bei einem korrekt übertragenen Wort den Wert Null.
- Andernfalls enthält er die Position des fehlerhaft übertragenen Bits, das somit leicht korrigiert werden kann.

Das Verfahren kann über die Erkennung und Korrektur von 1-Bitfehlern hinaus erweitert werden: Durch Zufügung weiterer redundanter Bits pro Zeichen können auch mehrere Bitverfälschungen erkannt und korrigiert werden. So gibt es speziell unter Sicherheitsaspekten *(fault-tolerance)* entworfene EDV-Systeme, die intern Hamming-Codes verwenden, die 2-Bitfehler pro Zeichen korrigieren und 3-Bitfehler erkennen können. Intern bedeutet dabei vor allem die Absicherung des Datentransfers zwischen Hintergrund- und Arbeitsspeicher.

Für die Datenübertragung sind - wie oben beschrieben - 1-Bitfehler nicht typisch, sondern seltene Häufungen von aufeinanderfolgenden Fehlern. Die mit einem Hamming-Verfahren erreichbare Datenübertragungssicherheit kann in dieser Hinsicht ohne zusätzliche Redundanz verbessert werden (vgl. Abb. 3-16(c)):

- Die Bitfolgen für die einzelnen Codewörter werden untereinandergeschrieben, so daß sich bei einem Alphabet der Länge n und k zu übertragenden Zeichen eine (k,n)-Bitmatrix ergibt.
- Die Übertragung erfolgt spaltenweise, z. B. von links nach rechts.
- Beim Auftreten einer längeren Störung der Übertragung kann die ursprüngliche Nachricht rekonstruiert werden, wenn

Bitposition	1	2	3	4	5	6	7
Verwendung	K-Bit 1	K-Bit 2	I-Bit 1	K-Bit 3	I-Bit 2	I-Bit 3	I-Bit 4
	0	0	0	0	0	0	0
	1	1	0	1	0	0	1
	0	1	0	1	0	1	0
	1	0	0	0	0	1	1
	1	0	0	1	1	0	0
	0	1	0	0	1	0	1
	1	1	0	0	1	1	0
	0	0	0	1	1	1	1
	1	1	1	0	0	0	0
	0	0	1	1	0	0	1
	1	0	1	1	0	1	0
	0	1	1	0	0	1	1
	0	1	1	1	1	0	0
	1	0	1	0	1	0	1
	0	0	1	0	1	1	0
	1	1	1	1	1	1	1

a) Codetabelle

Beispiel für eine fehlerhafte Übertragung:

Gesendetes Zeichen	0	1	1	1	1	0	0
Empfangenes Zeichen	0	1	1	1	1	(1)	0

Bei der Prüfung durch den Empfänger werden die Prüfbits 2 und 4 als falsch erkannt, der Fehler liegt also bei Bitposition $2 + 4 = 6$

b) Beispiel für eine fehlerhafte Übertragung und deren Korrektur

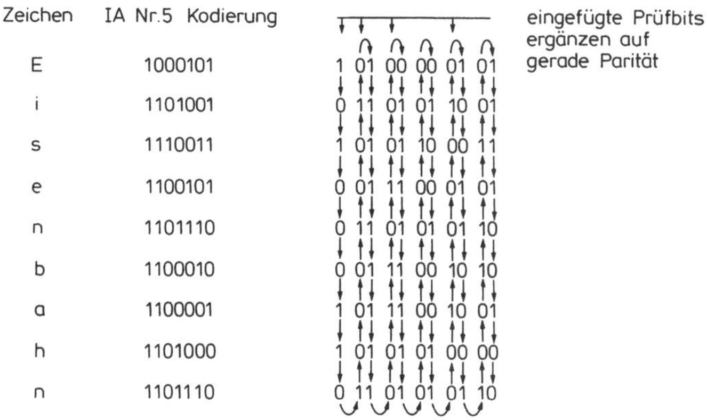

Zeichen	IA Nr.5 Kodierung	
E	1000101	1 01 00 00 01 01
i	1101001	0 11 01 01 10 01
s	1110011	1 01 01 10 00 11
e	1100101	0 01 11 00 01 01
n	1101110	0 11 01 01 01 10
b	1100010	0 01 11 00 10 10
a	1100001	1 01 11 00 10 01
h	1101000	1 01 01 01 00 00
n	1101110	0 11 01 01 01 10

c) Beispiel für eine Übertragung einer Zeichenfolge im Internationalen Alphabet Nr. 5 mit Korrigierbarkeit einer max. Folge von 9 verfälschten Bit

Abb. 3-16 a-c. Beispiele für Hamming-Codes zur Korrektur von 1-Bit Fehlern

- der Code die Korrektur von 1-Bitfehlern erlaubt,
- die Störung nicht mehr als k Bits betrifft.
- Die maximal k verfälschten Bits gehören jeweils zu verschiedenen Codezeichen, bei denen derartige 1-Bitfehler korrigiert werden können.

Logische Voraussetzung für diese Übertragungsart ist die Kenntnis der Anzahl der zu übertragenden Zeichen, d.h. die Anzahl der Matrixzeilen auf seiten des Empfängers. Diese kann entweder statisch festgelegt oder vor jeder Übertragung dynamisch verhandelt, d.h. zu Beginn der Kommunikation ebenfalls übertragen werden. Für einen n-Bit Hamming-Code mit b bedeutungstragenden und r Kontrollbits dienen dabei also k*r Bits dazu, k*b Nutzbits gegen einmalig auftretende Bitverfälschungen der Länge k abzusichern.

In der Praxis der Datenübertragung werden Hamming-Codes nur in Ausnahmefällen eingesetzt: Im Falle eines Simplexbetriebs (vgl. 3.1.1), wo der Empfänger einen erkannten Fehler gar nicht zum Sender zurückmelden kann, ist es natürlich wünschenswert, daß er selbst den Fehler korrigieren kann. Die im folgenden Abschnitt beschriebenen Verfahren sind jedoch besser geeignet, auf die bei der Datenübertragung charakteristischen Fehlerhäufungen zu reagieren; sie tun dies insbesondere wesentlich ökonomischer als die Hamming-Codes, so daß sie beim heute üblichen Duplex- oder Halbduplexbetrieb normalerweise verwendet werden.

3.5.5 Blockweise Sicherung

Bei den Verfahren mit blockweiser Sicherung werden längere Bitfolgen (Übertragungsblöcke oder Rahmen, vgl. Abschnitt 3.1.3) insgesamt gesichert. Bei einem zeichenorientierten Übertragungsverfahren bestehen diese Blöcke aus Folgen von Zeichen. Dabei ist es unerheblich, ob die einzelnen Zeichen für sich bereits durch ein Paritätsbit gesichert sind.

In der Vergangenheit wurden eine ganze Reihe solcher Verfahren entwickelt, die alle nach demselben Prinzip arbeiten:

- Am Ende eines Blocks werden ein oder zwei redundante Zeichen zur Absicherung des gesamten Blocks angefügt und zusammen mit dem Block übertragen.
- Zwischen Sender und Empfänger ist verabredet, wie diese Blockprüfzeichen *(block-check-character,* BCC; vgl. 3.1.3*)* zu berechnen sind.
- Diese Berechnung ist eine Funktion der vorangehenden Bitfolge. Wenn der beim Empfängers im Anschluß an die Übertragung errechnete Wert der Prüfzeichen von den zusätzlich übertragenen abweicht, liegt ein Fehler vor.
- Nach einem vorher verabredeten Verfahren kann der Emfänger dann die erneute Übertragung der verfälschten Daten verursachen.

Ein recht einfaches Zahlenbeispiel belegt die Vorteile dieser Blocksicherung im Vergleich zum Hamming-Verfahren: Es sei eine Bitfehlerrate von 10^{-6} auf einer Leitung vorausgesetzt und angenommen, daß bei Übertragungsblöcken mit einer Länge von 1000 Bit die Verfälschungen als Einzelbitfehler auftreten. Zur Erkennung und Korrektur dieser 1-Bitfehler sind pro 1.000 Nutzbits nach 3.5.4 jeweils 10 Prüfbits notwendig. Wenn 1.000 dieser Blöcke zu übertragen sind, summieren sich diese redundanten Prüfbits zu insgesamt 10.000 Bits. Zur bloßen Entdeckung eines 1-Bitfehlers reicht ein zusätzliches Paritätsbit pro Übertragungsblock. Bei der angenommenen Fehlerrate wird durchschnittlich jeder tausendste Block verfälscht, so daß bei der gesamten Übertragung die erneute Übertragung nur eines Blocks zu erwarten ist. Diese 1.000 Bit zusammen mit den 1001 Paritätsbits ergeben eine Redundanz von 2001 Bits. Das quantitative Verhältnis der notwendigen Kontrollinformation ist also 10.000 : 2.001 zugunsten des Blocksicherungsverfahrens. Bei Einbeziehung der Fehlerhäufungen bei realen Übertragungen verschiebt sich diese Relation noch stärker zugunsten der Blocksicherung.

Blocksicherung durch Längsparität. Bei diesem Verfahren handelt es sich um eine unmittelbare Übertragung der oben beschriebenen Paritätsbitergänzung auf ganze Übertragungsblöcke. Abbildung 3-17 demonstriert das Verfahren an einem Beispiel:

- Es wird ein Code der Länge k vorausgesetzt.
- Das jeweils letzte, k-te Bit kann dabei ein zeichenweise genutztes Paritätsbit sein oder auch nicht.
- Der Wert der einzelnen Bits des Blockparitätszeichens wird in gleicher Weise ermittelt wie bei der Zeichenparität:
- Das i-te Bit des Paritätszeichens wird auf gerade oder ungerade Parität ergänzt in Abhängigkeit von den Werten des jeweils i-ten Bits aller Zeichen im vorangehenden Block.
- Damit für den schematisch angedeuteten, beliebig langen Block in Abb. 3-17 ein konkreter Paritätswert eingetragen werden kann, muß vorausgesetzt werden, daß die Summe der gesetzten Bits der weggelassenen Zeichen auf allen Bitpositionen gerade ist.

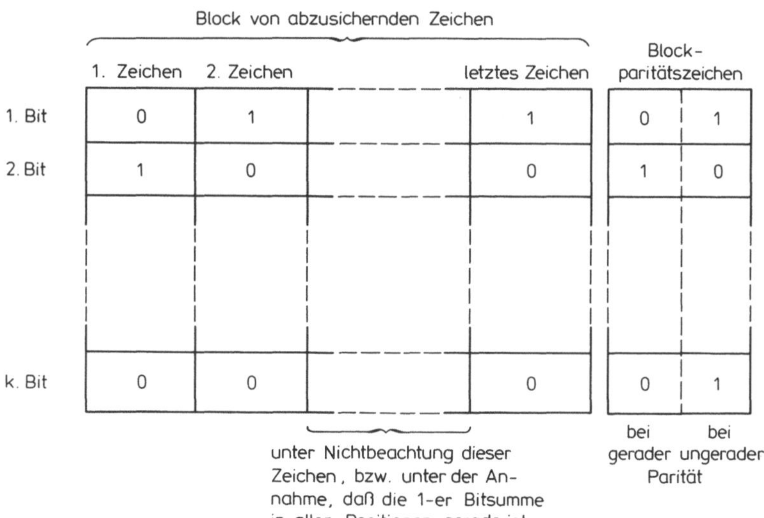

Abb. 3-17. Schema für eine Blockparitätssicherung

Die Blockparitätssicherung ist ähnlich zu bewerten wie die Zeichenparität: Die exakte, quantitative Fixierung der resultierenden Restfehlerwahrscheinlichkeit, bzw. deren Verbesserung bei Einführung der Blockparität hängt ab von der Länge der zu sichernden Datenblöcke. Als Faustformel kann aber ebenfalls eine Verbesserung etwa um den Faktor 10 angesetzt werden. Praktisch kommt dieses Verfahren kaum vor, weil dabei jede gerade Anzahl verfälschter Bits nicht erkannt wird, was angesichts der Tendenz zu Fehlerhäufungen bei Übertragungen nicht akzeptabel ist.

Blocksicherung durch Summation. Ein anderes, älteres Verfahren besteht darin, alle Zeichen eines Blocks, d. h. die zugehörigen Bitfolgen, als numerische Werte zu interpretieren und aufzusummieren. Da nur ein beschränkter, vorher festgelegter Platz für die Blocksicherung zur Verfügung steht, muß geregelt sein, wie im Falle eines Überlaufs verfahren wird. Eine Möglichkeit besteht darin, den Überlauf zu vernachlässigen; bei einem anderen Verfahren werden die oben übergelaufenen Bits am unteren Ende wieder in die Summation eingefügt *(wrap-around).*

Resultat einer solchen Berechnung ist eine Bitfolge festgelegter Länge; im Normalfall entspricht sie der Codelänge von ein oder zwei Zeichen. Dieses Summationsergebnis wird einfach hinten an den Übertragungsblock angehängt und zusammen mit diesem verschickt.

CRC-Blocksicherung. Das heute allgemein übliche Verfahren zur Sicherung von Blöcken ist das **CRC-Verfahren** *(cyclic redundancy check),* manchmal auch als „zyklische Prüfsummenbildung“ übersetzt. Das prinzipielle Verfahren verläuft genau wie oben für die BCC-Bildung beschrieben. Unterschiedlich ist nur der Algorithmus, nach dem diese Prüfzeichen gebildet werden. Zusätzlich kann das CRC-Verfahren auf Bitfolgen beliebiger Länge angewendet werden; es ist also unabhängig von Zeichencodes (vgl. 3.1.3).

Der konkrete Wert der CRC-Zeichen wird über die Ausführung einer Folge von Bitoperationen (Schiebe- und Exklusiv-Oder-Operationen) auf allen vorangehenden Zeichen des Übertragungsblocks ermittelt. Diese Operationsfolge muß zwischen den Kommunikationspartnern vorher abgesprochen sein. Dann kann der Empfänger durch Vergleich seines Resultats mit dem Wert der übertragenen CRC-Zeichen die Richtigkeit der eingegangenen Daten überprüfen. (Praktisch eingesetzt wird das Verfahren in einer leicht modifizierten, jedoch logisch äquivalenten Form.)

Zur Bewertung des Verfahrens: Die CRC-Prüfung führt zu einer sprunghaften Verbesserung der Übertragungssicherheit und wird deshalb in allen modernen Übertragungssystemen verwendet. Es ist als Bestandteil in die HDLC-Norm (vgl. 3.1.3) aufgenommen worden und wird üblicherweise durch entsprechende Hardwarekomponenten in Übertragungseinrichtungen ausgeführt.

Es gibt für das CRC-Verfahren eine sehr elegante mathematische Modellbildung. Diese hat einerseits zur Minimierung der resultierenden Restfehlerwahrscheinlichkeit beigetragen und gestattet auf der anderen Seite eine sehr präzise Bestimmung der erkennbaren Datenverfälschungen. Erkannt werden

- alle isolierten 1- und 2-Bitfehler,
- alle Fehler mit einer ungeraden Anzahl von verfälschten Bits,

- alle Fehlerhäufungen bis zur Länge 16 und
- 99,998% aller längeren Fehlerhäufungen.

Die DBP gibt z. B. für ihr Datex-P-Netz, bei dem den Benutzern eine bestimmte HDLC-Variante vorgeschrieben ist, eine Restfehlerwahrscheinlichkeit von höchstens 10^{-12} an.

3.5.6 Absicherung gegen Datenverlust

Alle bisher beschriebenen Verfahren zur Fehlersicherung dienen ausschließlich dazu, den formalen Aufbau einer empfangenen Bitfolge hinsichtlich gewisser Konsistenzbedingungen zu überprüfen. Diese Verfahren versagen daher angesichts des gravierendsten in Rechnernetzen auftretenden Fehlers: dem Verlust ganzer Übertragungsblöcke. Der Vollständigkeit halber sei hinzugefügt, daß es auch das umgekehrte Problem gibt: Jeder Teilnehmer an einem komplexen Rechnernetzes sollte auch damit rechnen, daß ihm „imaginäre" Nachrichten zugestellt werden, die eigentlich gar nicht für ihn bestimmt waren. Die Quellen für solche „Irrläufer" sind meist nicht genau feststellbar: Es kann sich dabei um falsch zugestellte Datenblökke aus einer anderen gerade über das Netz laufenden Kommunikation oder auch um originäre „Eigenschöpfungen" des Netzes handeln.

Mit ziemlich hoher Wahrscheinlichkeit sind solche falsch zugestellten Daten wie auch ein Datenverlust anhand der Semantik der übertragenen Nutzdaten erkennbar. Jeder Zeitungsleser kennt das Problem, daß es beim Umbruch einer Zeitung oft vorkommt, daß einzelne Zeilen oder ganze Absätze vertauscht werden. Erkennbar ist dieses Problem an den daraus resultierenden syntaktischen und semantischen Fehlern, die bei der Lektüre stören. In ähnlicher Weise wird ein nicht vollends computergläubiger Netzteilnehmer den ihm übermittelten Daten mißtrauen, wenn mitten in einer Textdatei plötzlich eine Zeile merkwürdiger Ziffern oder Zeichen auftaucht, die offensichtlich auch in keinen sinnvollen Zusammenhang mit dem umgebenden Text zu bringen ist.

Für ein Übertragungssystem ist jedoch die Erkennung von falsch zugestellten oder verlorengegangenen Daten anhand deren Semantik nicht möglich:

- Jedem Anwender bleibt es freigestellt, übertragenen Daten mit großem Mißtrauen zu begegnen und sie beliebigen Plausibilitätsprüfungen zu unterwerfen.
- Ein Rechnernetz muß aber die Daten seiner Benutzer transparent übertragen (vgl. 3.1.4) - allein schon aus Gründen des Datenschutzes. Also kann insbesondere deren Semantik nicht zur Fehlererkennung durch ein Netz herangezogen werden.

Das übliche Verfahren zur Vermeidung von Datenverlust und zur Erkennung falsch zugestellter Daten besteht darin, die einzelnen Kommunikationsschritte durch **Quittungen** *(acknowledgement)* abzusichern. Quittungen sind Bestätigungen für korrekt empfangene Datenblöcke; diese werden entweder in eigenständigen, kurzen Quittungsnachrichten übertragen (vgl. dazu Abb. 3-27(a)) oder eventuell in Gegenrichtung zu übertragenden Datenblöcken beigepackt (im Englischen heißt dieses Verfahren *piggy packing*).

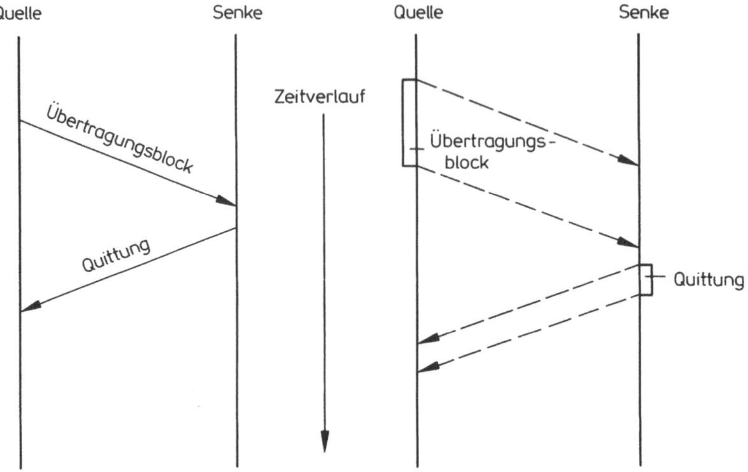

a) Abstraktion von der Länge der Übertragungsblöcke

b) Repräsentation der Länge der einzelnen Blöcke

Abb. 3-18 a, b. Schematische Darstellung von Kommunikationsabläufen durch Zeitdiagramme

Neben der Einführung des Quittungskonzepts müssen für eine Fehlerreaktion auch Konventionen und Regeln für das Zusammenspiel beider Kommunikationspartner betrachtet werden. Solche Festlegungen stellen typische Bestandteile von Protokollregelungen dar (vgl. 1.4). Im folgenden wird zur Beschreibung einiger grundlegender Protokollabläufe eine graphische Darstellung verwendet, die in Abb. 3-18 in zwei Alternativen abgebildet ist:

- Die beiden Kommunikationspartner sind repräsentiert durch vertikale Geraden, zwischen denen Nachrichten übertragen werden.
- Primäres Ziel dieser Darstellung ist es, einen zeitlichen Ablauf schematisch darzustellen. Die Zeitachse verläuft vertikal von oben nach unten.
- Der einzige Unterschied zwischen Abb. 3-18(a) und (b) liegt darin, daß in 3-18(b) zusätzlich die Länge der Nachrichtenblöcke angedeutet ist. Für die Diskussion des Problems verlorengegangener Übertragungsblöcke ist deren Länge unwichtig, so daß im folgenden nur die Darstellung aus Abb. 3-18(a) verwendet wird.
- In beiden Abbildungen sind die eine Übertragung symbolisierenden Geraden in Richtung fortschreitender Zeit nach unten geneigt. Dadurch wird angedeutet, daß für eine solche Übertragung immer eine gewisse Zeit erforderlich ist. Deren absolute Länge hängt ab von der Menge der zu befördernden Daten sowie der Geschwindigkeit des Transportmediums.

In Abb. 3-18 ist die Übertragung eines Blocks und dessen Quittierung durch den Empfänger skizziert. Für eine derartige Empfangsquittung ist meistens neben einer positiven *(acknowledgement,* ACK*)* auch eine negative Form *(negative acknowledgement,* NAK*)* definiert. Diese beiden Quittungssignale, die standardmäßig in viele Alphabete aufgenommen sind (vgl. Abb. 3-14) reichen aus, um bei Verwendung eines der Fehlererkennungsverfahren aus 3.5.3 oder 3.5.5 die erneute Übertragung ei-

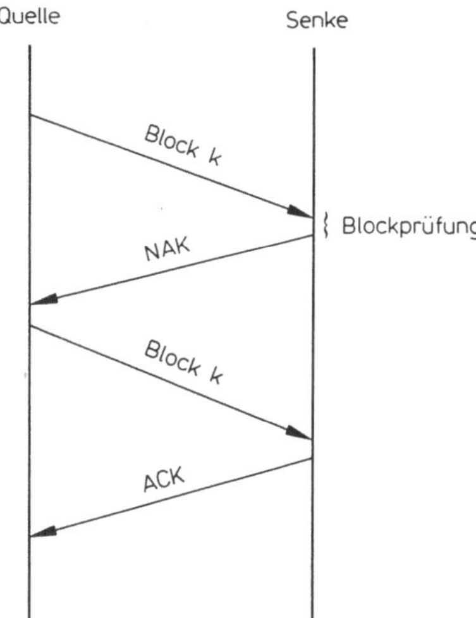

Abb. 3-19. Erneute Übertragung eines verfälschten Datenblocks auf Veranlassung des Empfängers

nes als fehlerhaft erkannten Blocks durch den Empfänger zu veranlassen. Diese Situation ist in Abb. 3-19 dargestellt.

Das eigentliche Problem, die Erkennung und adäquate Reaktion im Falle des Datenverlusts ist damit aber immer noch ungelöst. In Abb. 3-20 sind zwei Situationen dargestellt, die beim soweit entwickelten Verfahren zu **Verklemmungen** *(deadlock)* führen:

- Wenn ein Block den Empfänger gar nicht erreicht, kann dieser ihn natürlich weder positiv noch negativ quittieren (Abb. 3-20(a)).
- Unglücklicherweise können auch Quittungen verlorengehen. Dies wirkt sich auf seiten des Senders in genau derselben Weise aus, als wäre die Nachricht beim Adressaten gar nicht eingetroffen (Abb. 3-20(b)).

Das zusätzlich notwendige Steuerelement, das aus dieser Klemme hilft, ist eine passive Zeitüberwachung des Übertragungsablaufs auf seiten des Senders: Nach Abschicken eines jeden Datenblocks wird bei der Quelle eine **Zeitüberwachung** *(timer)* gestartet; wenn vor Ablauf eines festgelegten Intervalls dieser Block nicht bestätigt wurde *(time-out)*, überträgt der Sender von sich aus den Block erneut. Abbildung 3-21 zeigt die Wirkung einer solchen Zeitüberwachung:

- Bei einer fehlerlosen Übertragung hat die Zeitüberwachung keinen Einfluß (Abb. 3-21(a)).
- In Abb. 3-21(b) sind die beiden Fehlerfälle aus Abb. 3-20 zusammengefaßt, da sie aus der Sicht der Quelle auch nicht zu unterscheiden sind.
- Beide Fehlersituationen bewirken den Ablauf der Zeitüberwachung. Reagiert wird in beiden Fällen mit einer erneuten Übertragung des nichtquittierten Blocks.

Über die optimale Länge einer solchen Zeitüberwachung *(timer-*Einstellung*)* kann allgemein wenig gesagt werden. Dabei spielen eine große Anzahl sehr unterschied-

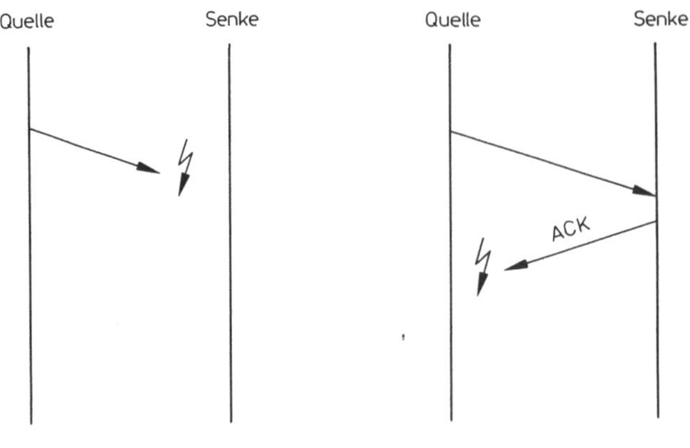

a) Verlust eines Datenblocks:
- Senke wartet auf Daten
- Quelle wartet auf Bestätigung

b) Verlust einer Quittung:
- Quelle wartet auf Bestätigung
- Senke wartet auf Daten

Abb. 3-20 a, b. Zwei Beispiele für Datenverlust

licher Netz- und teilweise sogar Implementierungsparameter eine Rolle. Für konkrete Datenübertragungssysteme sind dazu natürlich exakte Verabredungen zu treffen.

Die beiden in Abb. 3-21(b) zusammengefaßten Fehlerfälle sind nur aus der Sicht der Quelle identisch; für die Senke stellen sich die Fehlersituationen aus Abb. 3-20(a) und (b) sehr unterschiedlich dar:

- Der Verlust des Datenblocks ist der einfachere Fall: Der Empfänger erhält die für ihn bestimmten Daten nach dem zweiten Abschicken durch den Absender; er bemerkt den vorherigen Verlust überhaupt nicht.
- Bei Verlust der Quittung bekommt der Empfänger einen Datenblock, den er bereits positiv quittiert hat, ein zweitesmal zugestellt. Damit die Übertragung in der beabsichtigten Weise verläuft, muß der Adressat in der Lage sein
- diese Datenwiederholung zu erkennen und
- darauf adäquat zu reagieren - er muß diesen Block für seine eigene Weiterverarbeitung ignorieren, dem Kommunikationspartner gegenüber jedoch ordnungsgemäß bestätigen.

Damit das gesamte Verfahren funktionieren kann, ist es also erforderlich, daß die einzelnen Übertragungsblöcke voneinander unterscheidbar sind. Wie oben schon begründet, kann diese Unterscheidung nicht anhand der Nutzdaten getroffen werden. Es ist notwendig, allein für Übertragungszwecke eine eindeutige Blockkennzeichnung einzuführen. Das im Alltagsleben übliche Verfahren bei einer ähnlichen Problemstellung, das auch bei Rechnernetzen angewandt wird, ist die **Numerierung** der betreffenden Teilstücke. (Einzelheiten dieses Verfahrens werden in 3.6.2 beschrieben - hier ist die intuitive Vorstellung einer Folge numerierter Blöcke ausreichend.)

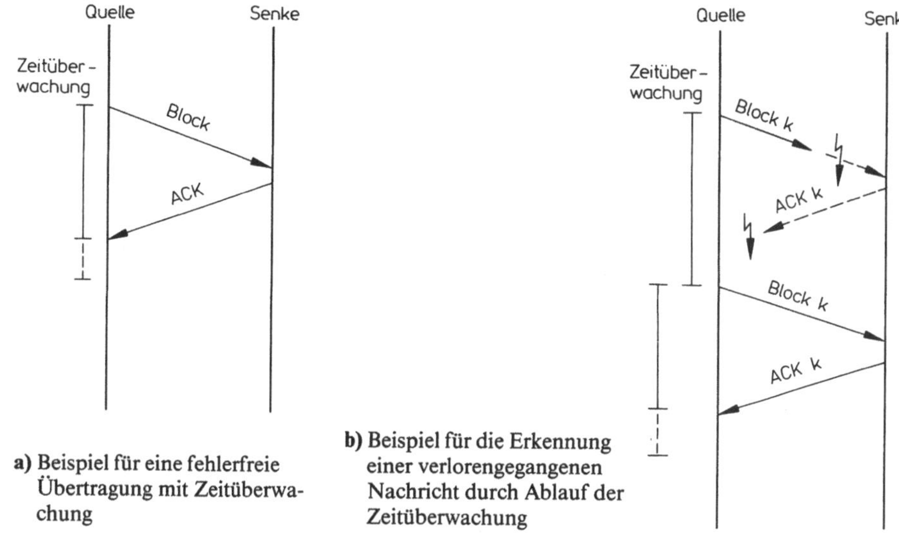

a) Beispiel für eine fehlerfreie Übertragung mit Zeitüberwachung

b) Beispiel für die Erkennung einer verlorengegangenen Nachricht durch Ablauf der Zeitüberwachung

Abb. 3-21 a, b. Zeitüberwachung der Übertragung auf seiten des Senders

Eine letzte Verbesserung soll an dem so weit beschriebenen Verfahren noch angebracht werden: Bisher laufen Datenblöcke und Quittungen zwischen den Kommunikationspartnern streng sequentiell hin und her. Die folgende Regelung überwindet diese Restriktion:

- Es braucht nicht nach jedem Block auf die entsprechende Quittung gewartet zu werden. Der Sender darf bis zu einer verabredeten Maximalzahl Blöcke verschikken, ohne daß einer der vorher abgesandten quittiert worden ist. Man spricht dabei auch von einem **Quittungsfenster** (vgl. 3.6.3).
- Erst wenn diese Anzahl von Blöcken ausgeschöpft ist und noch immer keine Quittung empfangen wurde, muß der Sender warten.
- Das Eintreffen einer Quittung für Block k wird beim Sender als Bestätigung dafür genommen, daß alle vorangegangenen Blöcke ..., k-2, k-1, k empfangen und für korrekt befunden wurden.

Es sei darauf hingewiesen, daß diese Erweiterung in der beschriebenen Form nicht nur für eine bessere Fehlererkennung entwickelt worden ist, sondern auch noch einem zweiten Zweck, der Flußkontrolle, dient (vgl. 3.6). Daß zur Realisierung für beide Funktionen ein ähnlicher Quittungsmechanismus und meistens die gleichen Blockquittungen verwendet werden, hat dazu geführt, daß beide unterschiedlichen Funktionen - Fehlererkennung und Flußkontrolle - häufig nicht klar genug voneinander getrennt werden. Konzeptionell handelt es sich aber um vollkommen unterschiedliche Leistungen, die deshalb hier auch in separaten Abschnitten beschrieben sind.

Abschließend wird das bisher entwickelte Verfahren zur Sicherung gegen Datenverlust kurz zusammengefaßt. Die folgende Beschreibung skizziert das entsprechende

Teilprotokoll aus HDLC (vgl. 3.1.3). Derartige Regelungen sind aber, in teilweise stark vereinfachter Form, Bestandteil aller Protokolle für die Übermittlungsschicht *(data link protocol,* oft abgekürzt *link protocol* genannt; vgl. 1.4*)*:

- Die Blöcke der zu übertragenden Daten sind fortlaufend numeriert und müssen quittiert werden.
- Nach Abschicken eines Blocks startet der Absender eine Zeitüberwachung.
- Der Empfänger quittiert jeweils mit der Nummer des nächsten erwarteten Blocks. Eine solche Quittung bestätigt den korrekten Empfang aller vorangegangenen Blöcke.
- Wenn eine Quittung bei der Quelle nicht vor Ablauf der Zeitüberwachung eintrifft, wird der entsprechende Block nochmals übertragen.
- Die Senke kann erneut übertragene Blöcke an deren Laufnummer erkennen und wegwerfen. Jedoch muß ein wiederholter Block nochmals quittiert werden.
- Eine maximale Anzahl von Übertragungsversuchen muß festgelegt werden, um zu verhindern, daß das Übertragungsverfahren in eine Endlosschleife gerät.
- Die konkrete Einstellung
  - des Quittungsfensters, d.h. der maximalen Anzahl versendbarer Blöcke ohne Quittungsempfang,
  - der maximalen Anzahl von Übertragungsversuchen,
  - der Länge der Zeitüberwachung etc.

  hängt von zu vielen Parametern ab, als daß dazu allgemeingültige Festlegungen getroffen werden könnten.

3.6 Flußkontrolle

Die Flußkontrolle stellt ein weiteres Protokollelement im Rahmen moderner Übertragungverfahren dar: Sie ermöglicht eine Kommunikation zwischen unterschiedlich leistungsfähigen Teilnehmern eines Netzes, indem sie eine Geschwindigkeitsanpassung zwischen Datenquelle und -senke realisiert.

Die Ausführungen dazu sind wie folgt untergliedert:

- In 3.6.1 wird die durch eine Flußkontrolle zu lösende Problemstellung geschildert.
- 3.6.2 enthält einen Einschub über die Numerierung von Übertragungsblöcken.
- In 3.6.3 wird beschrieben, wie Flußkontrollverfahren üblicherweise realisiert werden.

3.6.1 Problemstellung

Eine **Flußkontrolle** *(flow-control)* regelt - wie die Bezeichnung schon vermuten läßt - den Zu- und Abfluß von Daten bei Übertragungsprozessen. Abbildung 3-22 beschreibt eine unmittelbar verständliche Form einer derartigen Flußkontrolle, die einer weitverbreiteten Bauart von Toilettenspülkästen zugrunde liegt. Die beiden we-

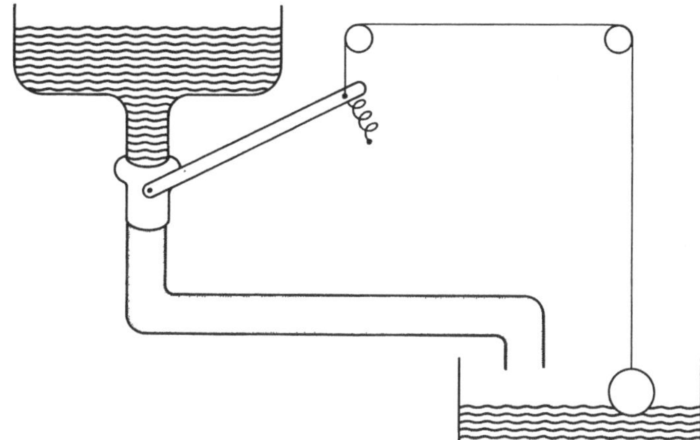

Abb. 3-22. Physikalisches Beispiel für eine Flußkontrolle

sentlichen Aspekte der Flußkontrolle kommen in diesem Beispiel klar zum Ausdruck:

- Das Problem entsteht offensichtlich nur dann, wenn ein Leistungsgefälle in der Richtung vorliegt, daß eine leistungsfähigere Quelle mit einer schwächeren Senke kommuniziert.
- Zur Regulierung des Flusses entsprechend den Fähigkeiten der leistungsschwächeren Senke bedarf es einer Rückwirkung vom Empfänger zum Sender. Dies setzt die Existenz eines **Rückkanals** von der Senke zur Quelle voraus. Bei einer Simplexübertragung ist eine Flußkontrolle also nicht möglich.

Natürlich ist dieses Rückkopplungsprinzip nicht erst für die Datenkommunikation entwickelt worden. Als Beleg mag allein das physikalische Beispiel in Abb. 3-22 dienen. Bei Datenübertragungsanwendungen tritt dieses Problem in Form der Geschwindigkeitsanpassung eines schnellen Rechners an ein langsames Terminal nahezu immer auf. Bei der Kommunikation über ein leitungsvermitteltes Netz, wo Quelle und Senke immer mit der gleichen Geschwindigkeit anzuschließen sind, leistet das Netz keinen Beitrag zur Lösung dieses Problems:

- Im Rahmen von Herstellernetzen (vgl. 1.4 und 6.1.2) werden dafür spezielle **Vorrechner** *(front-end-processor,* FEP*)* und Knotenrechner *(cluster-controller)* eingesetzt, die unter anderem eine Geschwindigkeitsanpassung vornehmen.
- Diese Vorrechner sind somit auch zuständig für die Auswertung der entsprechenden Protokollelemente der eingesetzten Übertragungprozedur. Ein typisches damit zu regelndes Problem ist die Reaktion auf das Signal für das Papierende an einem abgesetzten Drucker im Laufe eines noch nicht beendeten Druckprozesses.

Bei speichervermittelten Netzen, über die eine freizügigere Kommunikation ermöglicht werden soll, ist eine Flußkontrolle unverzichtbarer Bestandteil der Teilnehmerschnittstelle am Netzrand:

- Bei einer Auflösung von sehr starren, eingeschränkten Kommunikationsbeziehungen muß immer mit dem Auftreten des Problemfalls der Kopplung einer leistungsfähigeren Quelle mit einer schwächeren Senke gerechnet werden.
- Speziell bei speichervermittelten Netzen, in denen verfahrensbedingt alle Benutzerdaten mindestens einmal zwischenzuspeichern sind, muß verhindert werden, daß das Netz als Zwischenspeicher in solchen Problemfällen mißbraucht werden kann.

Die Untersuchung von Flußkontrollproblemen hat deshalb im Zusammenhang mit der Entwicklung der Speichervermittlung erheblich an Gewicht gewonnen. Dabei wurde lange Zeit die Bezeichnung Flußkontrolle auf zwei sehr unterschiedlichen Problemebenen verwendet:

- Zwischen dem punktuellen Zu- und Abfluß von Daten auf einer Übertragungsstrecke, einer logischen Verbindung etc. muß ein gewisses Gleichgewicht eingehalten werden, um eine Monopolisierung der Netzbetriebsmittel durch wenige Teilnehmer zu Lasten aller anderen zu verhindern.
- Daneben existiert die netzglobale Problemstellung der Vermeidung von Stausituationen, die dadurch entstehen können, daß das Netz von mehreren Teilnehmern nahezu gleichzeitig so viele Daten entgegennimmt, daß diese sich gegenseitig blockieren und nicht mehr ordnungsgemäß zugestellt werden können.

Inzwischen ist eine weitgehend akzeptierte Präzisierung in der Verwendung des Begriffs Flußkontrolle erfolgt: Man spricht heute nur noch im ersteren Sinne von Flußkontrolle, während bei der zweiten Problemstellung von Stauvermeidung *(congestion control)* gesprochen wird. Die Stauvermeidung wird unter den internen Netzdiensten in 4.2 behandelt. Im folgenden ist also mit Flußkontrolle immer nur die lokale oder punktuelle Anpassung zwischen zwei kommunizierenden Einheiten gemeint.

Wie aus der beschriebenen Problemstellung ersichtlich, bezieht sich die Flußkontrolle logisch nicht auf die Übergabe oder den Transport eines Benutzerdatenblocks, sondern auf die Steuerung der Übergabe ganzer Folgen von Blöcken. Aus diesem Grund ist im folgenden Abschnitt eine Abhandlung über die Numerierung von Übertragungsblöcken eingeschoben. (Die Notwendigkeit einer Numerierung von Übertragungsblöcken zum Zweck ihrer eindeutigen Identifizierung trat auch schon bei der Erkennung von und der Reaktion auf Datenverlust in 3.5.6 auf.)

3.6.2 Sequenznummern

Zur Unterscheidung und Identifikation der einzelnen, aufeinanderfolgenden Übertragungsblöcke werden diese fortlaufend durchnumeriert. Eine solche Numerierung erfolgt über die Vergabe sogenannter **Sequenznummern** oder **Laufnummern** an die einzelnen Blöcke. Damit sind die beiden gestellten Probleme,

- die Herstellung einer Reihenfolge zwischen den aufeinanderfolgenden Blöcken und
- die eindeutige Bezugnahme auf Übertragungsblöcke

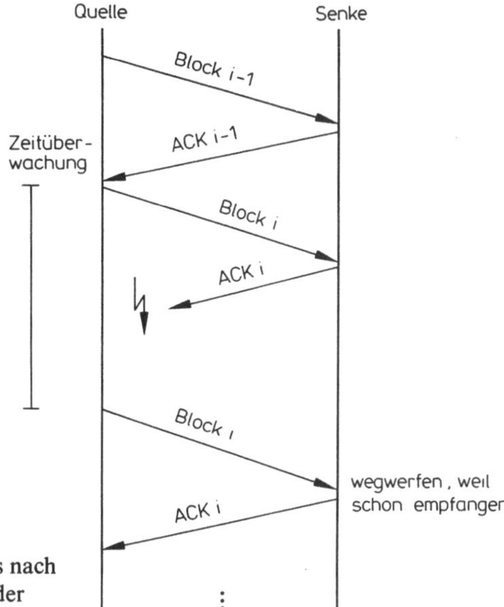

Abb. 3-23. Erneute Übertragung eines Blocks nach Ablauf der Zeitüberwachung wegen Verlust der Quittung

einfach zu lösen: Der Block mit der Nummer i wird vor dem Block i+1 und nach dem Block mit der Laufnummer i−1 übertragen. Dadurch ist eine Sequenzkontrolle, d.h. die Überprüfung der korrekten Reihenfolge der übertragenen Blöcke, unmittelbar möglich. Muß ein Block erneut übertragen werden, so wird seine Numerierung beibehalten (vgl. Abb. 3-23). An der alten Blocknummer kann der Empfänger erkennen, daß es sich um die wiederholte Übertragung eines bei ihm möglicherweise bereits korrekt eingetroffenen und quittierten Blocks handelt.

Damit sind beide gestellten Probleme theoretisch gelöst: Die natürlichen Zahlen stellen einen effektiv unerschöpflichen Nummernvorrat zur Verfügung; er ist auch für die langwierigste Kommunikation ausreichend. Bei der realen Verwendung von Sequenznummern wird aber mit der teuren Übertragungskapazität gegeizt, so daß dabei immer ein sehr viel kleinerer **Nummernvorrat** verwendet wird. Möglich ist dies, weil genau betrachtet keine Notwendigkeit besteht, die gesamten Informationsblöcke, die im Verlauf einer Sitzung ausgetauscht werden, eindeutig zu kennzeichnen; ausreichend ist eine eindeutige Identifikation der Übertragungsblöcke in bezug auf die sie umgebenden vorangehenden und nachfolgenden Blöcke.

Im Rahmen eines Protokolls ist also festzulegen, welcher Nummernvorrat für die Sequenznumerierung zur Verfügung steht. Zwei Gründe sprechen dafür, den für Laufnummern verwendeten Nummernvorrat nicht zu groß zu machen:

- Die Anzahl der möglichen Laufnummern bestimmt die Länge der Bitfolge, die in jedem Übertragungsblock für dessen Numerierung reserviert werden muß. Dabei handelt es sich um ein typisches Beispiel für zusätzlich zu den Benutzerdaten zu übertragende Kontroll- und Steuerinformation des Netzes; die zu deren Übertragung notwendige Kapazität soll möglichst minimiert werden.

- Alle abgeschickten, unquittierten Übertragungsblöcke müssen auf seiten des Senders zwischengespeichert werden, um sie bei negativer Quittierung durch den Empfänger oder bei Ablauf der beim Abschicken gestarteten Zeitüberwachung erneut übertragen zu können (vgl. 3.5.6).

Normalerweise stehen deshalb etwa 8 oder wenig mehr Laufnummern für die Blockidentifizierung zur Verfügung. In der Paketebene der Empfehlung X.25 werden diese 8 Sequenznummern durch 3 Bits repräsentiert und die verschiedenen Laufnummern durch die Werte 0, 1, 2, ... , 7 dargestellt. Nach Paket Nr. 7 erhält das nächste Paket wieder die Laufnummer 0. Mathematisch wird dies Verfahren als modulo-8 Zählweise bezeichnet. Aufgrund der zyklischen Nummernvergabe wird der Nummernvorrat auch **Nummernkreis** genannt. Bei Verwendung einer solchen Zählweise ist natürlich Sorge zu tragen, daß unterschiedliche Pakete mit gleicher Laufnummer nicht verwechselt werden, z. B. 0, 8 und 16, 3 und 11 etc.

3.6.3 Mechanismen der Flußkontrolle

Das durch Flußkontrollmaßnahmen zu regelnde Problem der Geschwindigkeitsanpassung bei einer Übertragung wird durch drei, möglicherweise unterschiedliche Geschwindigkeiten bestimmt:
(1) die Geschwindigkeit, mit der die Quelle Daten erzeugt,
(2) die Geschwindigkeit, mit der das Netz Daten zwischen Quelle und Senke transportieren kann und
(3) die Geschwindigkeit, mit der die Senke Daten annehmen kann.

Aufgabe der Flußkontrolle ist es, diese Geschwindigkeiten zueinander in die gewünschte Beziehung zu setzen. Offensichtlich problemlos und ohne die Notwendigkeit einer zusätzlichen Regulierung verläuft der Fluß nur dann, wenn (1) < (2) und gleichzeitig (1) < (3) gilt:

- Das Netz kann die von der Quelle übergebenen Daten immer abnehmen.
- Daten können höchstens so schnell übertragen werden, wie sie das Netz erhält. Also kommen sie bei der Senke höchstens in der Geschwindigkeit an, mit der die Quelle arbeitet.
- Sie Senke ist der Voraussetzung nach aber leistungsfähiger.

Wenn eine der beiden obengenannten Voraussetzungen nicht zutrifft, sind ohne Flußkontrolle Störungen der Kommunikation zu erwarten. Offensichtlich können Flußkontrollprobleme auf sehr unterschiedliche Ursachen zurückgehen. Jedoch lassen sich die beiden folgenden Ebenen unterscheiden:

- Die Problemfälle (1) > (2) oder (2) > (3) haben lokalen Charakter; zu ihrer Vermeidung werden lokale Flußkontrollmaßnahmen eingesetzt.
- Der Fall (1) > (3) repräsentiert ein Mißverhältnis zwischen den kommunizierenden Endteilnehmern, das auch möglichst zwischen diesen durch eine Flußkontrolle mit End-zu-End-Charakter gelöst werden sollte (z. B. durch eine Flußkontrolle im verwendeten Transportprotokoll).

Ein allgemeines, weithin anwendbares Modell für die Flußkontrolle läßt sich wie folgt skizzieren:

- Zwischen Quelle und Senke werden Nachrichtenteile oder -blöcke verschickt. In umgekehrter Richtung gewährt die Senke der Quelle einen passenden **Kredit** *(credit)*. Dieser Kredit ist nach oben begrenzt durch den bei der Senke maximal zur Verfügung stehenden Speicherplatz für die Daten aus dieser Quelle.
- Ein Kredit der Höhe N von der Senke an die Quelle berechtigt die Senke zur Übertragung von N weiteren Blöcken.
- Die Quelle „konsumiert" ihren Kredit durch Versand von Blöcken. Sie kann so lange senden, wie ihr Kredit noch positiv ist. Falls also die Senke nach Gewährung des Kredits N hinfort schweigt, kann die Quelle nur N weitere Blöcke ans Netz übergeben. Danach darf sie nicht weitersenden: Nach „Verzehr" des gewährten Kredits muß sie erst auf einen neuen Kredit warten.

Wenn die Senke nur Speicherplatz für gerade einen Block zur Verfügung hat, so reicht ihr Kredit gegenüber der Quelle auch nur für jeweils einen (weiteren) Block: Blockübertragung und neuer Kredit wechseln sich streng sequentiell ab. Im allgemeinen jedoch wird das Kreditlimit größer sein, um eine flexiblere Anpassung an kurzfristige Geschwindigkeitsschwankungen bei der Quelle, im Netz und bei der Senke zu ermöglichen. Man bezeichnet die Größe W des rückwärts vergebenen Kredits auch als **Flußkontrollfenster** *(flow-control window)*.

Die Modulo-Zählweise der Blöcke und das darin gerade „geöffnete Fenster" werden häufig wie in Abb. 3-24 dargestellt:

- Die maximal mögliche Fensteröffnung ist gegeben durch die Größe des für die Blockzählung verwendeten Nummernkreises. Im Beispiel ist dies 8.
- Die aktuell vorhandene Fensteröffnung ist schraffiert eingezeichnet; in Abb. 3-24 beträgt die Fenstergröße 3. Im Laufe der Übertragung bewegt sich die Fensteröffnung im Uhrzeigersinn durch den Nummernkreis.

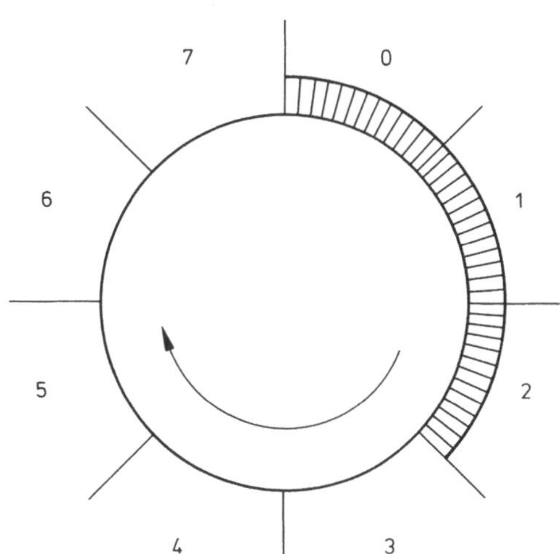

Abb. 3-24. Veranschaulichung des Fenstermechanismus: Größe des Nummernkreises ist 8, das Fenster hat die Größe 3

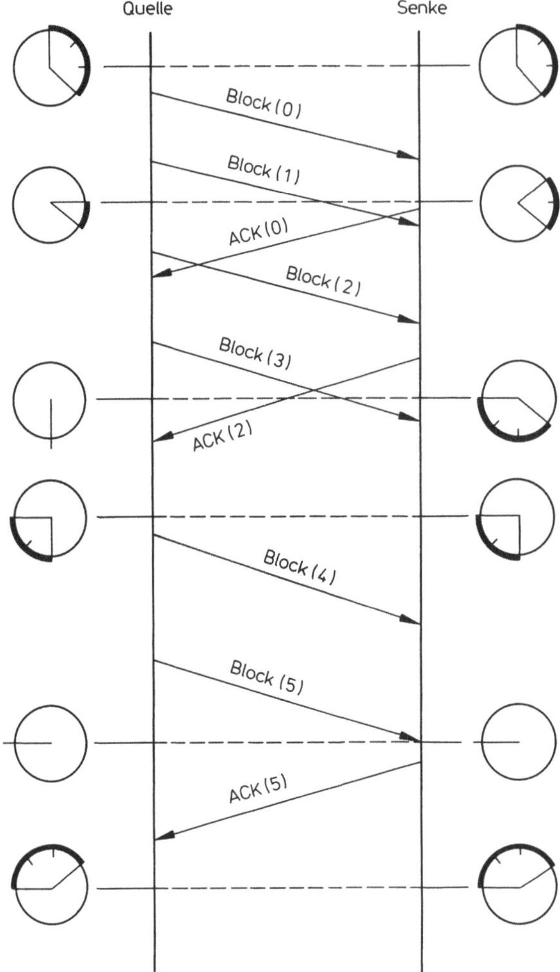

Abb. 3-25. Beispiel für die Fensterrotation bei Sender und Empfänger im Laufe einer Übertragung (Fenstergröße = 3)

- Diese Bewegung des Fensters durch den Nummernraum wird als **Fensterrotation** bezeichnet.

In Abb. 3-25 ist das Zusammenspiel der Fensterrotation bei Sender und Empfänger für die Fenstergröße 3 anhand eines Ausschnitts einer Übertragung skizziert. Es ist zu erkennen, daß die Vergabe eines weiteren Kredits von der Senke an die Quelle nicht in Einzelschritten erfolgen muß. Ein Kredit ACK(N) bedeutet, daß bei der Fenstergröße 3 die Blöcke $N+1$, $N+2$ und $N+3$ gesendet werden dürfen. Bei Beginn der Übertragung ist das Flußkontrollfenster ganz geöffnet; im Beispiel dürften also die Blöcke 0, 1 und 2 ohne zwischenzeitliche Quittierung durch die Senke übertragen werden.

Die beabsichtigte Geschwindigkeitsanpassung zwischen unterschiedlich leistungsfähigen Kommunikationspartnern kann ihren Zweck nur erfüllen, wenn die Fen-

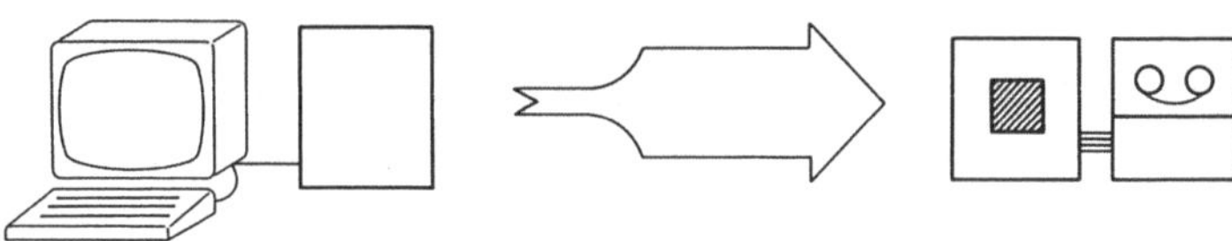

a) Langsame Quelle (Terminal) - schnelle Senke (DVA): w = ∞, 1 Puffer ausreichend

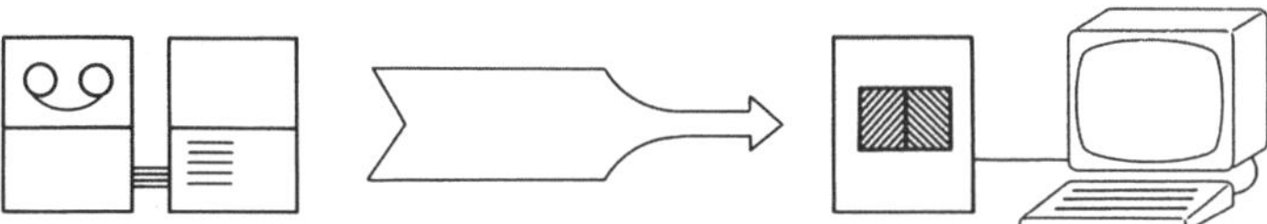

b) Schnelle Quelle (DVA) - langsame Senke (Terminal): w = 1, 1 bis 2 Puffer ausreichend

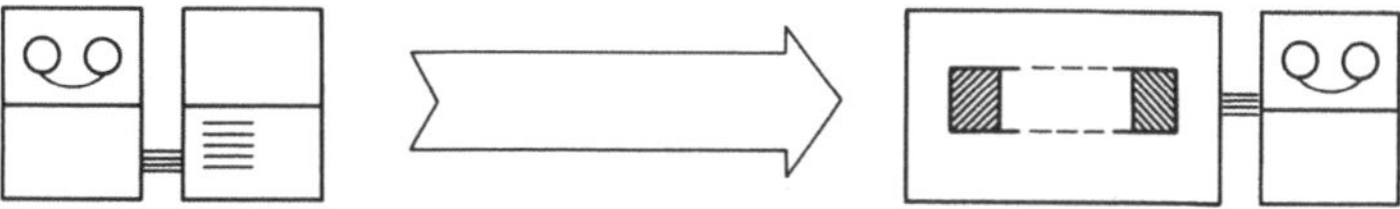

c) Balanciertes Verhältnis, z. B. zwischen zwei Rechnern: $2 \leqslant w \leqslant 7$, so viele Puffer wie w erforderlich

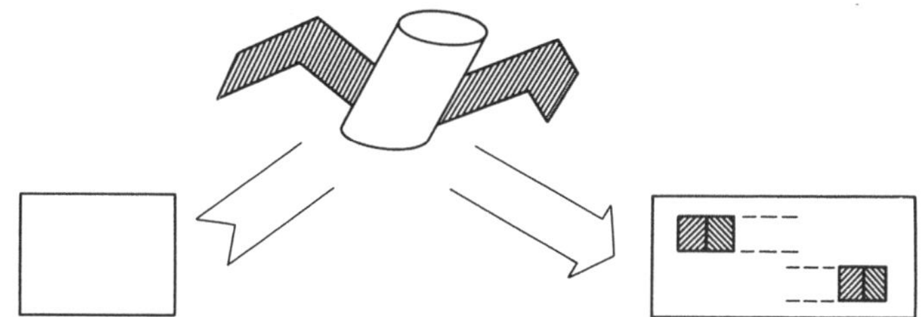

d) Übertragung über einen Nachrichtensatelliten: Z. B. $16 \leqslant w \leqslant 127$, so viele Puffer wie w notwendig

Abb. 3-26 a-d. Beispiele für den Zusammenhang zwischen unterschiedlich leistungsfähigen Partnern, der Fenstergröße und der Anzahl zu reservierenden Puffer bei der Senke

stergröße keine netzeinheitliche Konstante ist, sondern wenn unterschiedliche Paare von Teilnehmern jeweils das für sie geeignete Flußkontrollfenster vereinbaren können. Eine solche Vereinbarung wird als **Verhandlung** *(negotiation)* bezeichnet.

Dazu ist erforderlich, daß mindestens beim Beginn einer Kommunikation, im Falle eines verbindungsorientierten Netzes also beim Aufbau einer Verbindung, dynamisch ein Flußkontrollfenster verabredet werden kann.

Wenn es wünschenswert erscheint, daß die Kommunikationspartner während einer Kommunikation das vereinbarte Fenster verändern können, so erfordert dies natürlich eine weitergehendere Dynamik aller beteiligten Systeme: der Quelle, des Netzes und der Senke.

Außer von der Leistungscharakteristik der beteiligten Partner hängt die Festlegung eines Flußkontrollfensters auch von der bei den kooperierenden Partnern zur Verfügung stehenden Speicherkapazität ab. Statt von Speicherkapazität spricht man auch von **Pufferkapazität:** Der Speicher bei Vermittlungs- und Übertragungssystemen ist zur Vereinfachung der Speicherverwaltung üblicherweise in Stücke fester Länge fragmentiert ist. Diese Speichersegmente werden als **Puffer** *(buffer)* bezeichnet.

In Abb. 3.26 sind einige Beispiele für den Zusammenhang zwischen unterschiedlicher Leistungsfähigkeit der Kommunikationspartner, Festsetzung der Fenstergröße, Reservierung von Puffern bei Quelle und Senke sowie der Art des resultierenden Rückstaus skizziert *(window-buffer-management):*

- In Abb. 3-26(a) ist kein Rückstau erforderlich; das Flußkontrollfenster ist beliebig weit geöffnet. Die schnelle Senke braucht nur einen Puffer, da sie dessen Inhalt längst gelesen hat, bevor die nächste Nachricht eintrifft.
- Der umgekehrte Fall ist in Abb. 3-26(b) beschrieben. Die langsame Senke staut die schnelle Quelle über ein kleines Flußkontrollfenster zurück und diktiert damit das Tempo der Übertragung.
- Ein ausgewogenes Leistungsverhältnis zwischen beiden Kommunikationspartnern ist in Abb. 3-26(c) skizziert.
- Abbildung 3-26(d) zeigt das Beispiel einer Übertragung über einen zwischengeschalteten Satelliten. Zur Ausnutzung von dessen Übertragungskapazität ist das Fenster relativ groß gewählt. (Bei diesem Beispiel tritt aber ein neues Problem auf: Wenn das Fenster sehr groß gewählt wird, muß im Falle eines Fehlers vielleicht sehr viel wiederholt werden; wird das Fenster kleiner festgesetzt, dann kann die Übertragungskapazität des Satelliten nur teilweise genutzt werden. Deshalb gibt es für die Satellitenkommunikation andere Vorschläge für Flußkontrollverfahren; vgl. Spaniol 1983.)

Die Kredite verlaufen in der gleichen Richtung wie die zur Absicherung gegen Fehler notwendigen Quittungen von der Senke zur Quelle, d. h. entgegen der eigentlichen Übertragungsrichtung (vgl. Abb. 3-27(a) und (b)). Diese Tatsache wird üblicherweise so ausgenutzt, daß beide Funktionen in einer einzigen Art von Rückmeldung zusammengefaßt werden, die als Quittung bezeichnet wird (vgl. Abb. 3-27(c)).

Dies führt zu dem Nebeneffekt, daß das gemeinsame Flußkontroll- und Quittungsfenster nicht mehr ganz göffnet werden, d. h. gleichzeitig den gesamten Sequenznummernvorrat umfassen darf. Der Widerspruch entsteht dadurch, daß Quittungen eine Reaktion auf eine erfolgreiche Übertragung darstellen, während die Kreditvergabe vor einer Übertragung erfolgen muß. Dies sei am Beispiel eines kombinierten Flußkontroll- und Quittungsfensters der Größe 8 erläutert:

- Bei einer Sequenznummernzählung modulo-8 wäre ein Flußkontrollfenster der Größe 8 möglich.
- Bei vollständiger Öffnung des Fensters könnten aber nicht mehr in allen Situationen Quittungen eindeutig zugeordnet werden:
  - Bei einer Fenstergröße 8 kann die Quelle 8 Blöcke mit den Sequenznummern 0, 1, ... , 7 übertragen, ohne eine Quittung oder einen neuen Kredit zu empfangen.

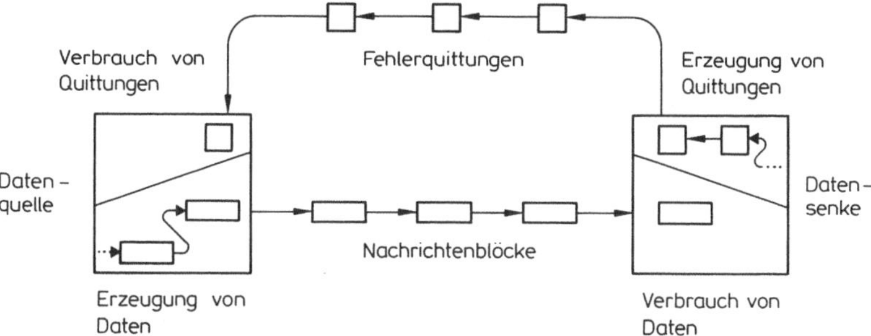

a) Übertragung von Daten und Quittungen in entgegengesetzter Richtung

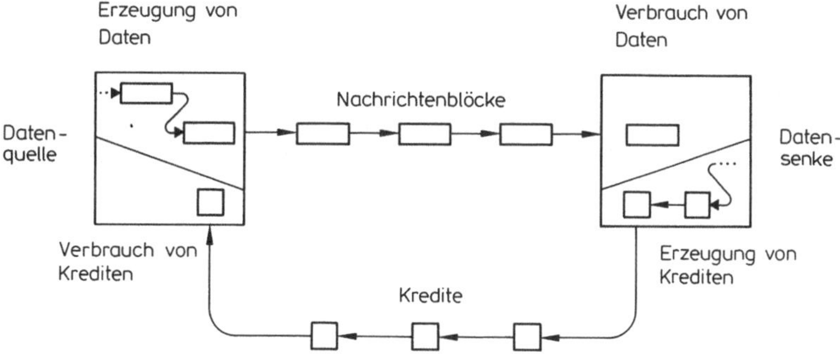

b) Übertragung von Daten und Krediten in entgegengesetzter Richtung

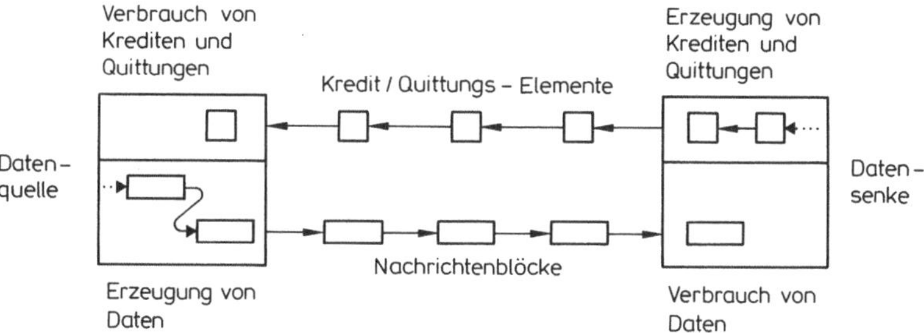

c) Zusammenfassung von Krediten und Quittungen in einem Steuerungselement in Gegenrichtung zu den übertragenen Daten

Abb. 3-27 a–c. Übertragung von Fehlerquittungen und Krediten entgegen der Übertragungsrichtung der Datenblöcke

- Wenn danach eine Quittung mit der Sequenznummer 0 eintrifft, so ist dies nach der Beschreibung am Ende von 3.5.6 die Laufnummer des nächsten erwarteten Blocks.
- Dies kann bedeuten, daß der erste Block fehlerhaft empfangen wurde und erneut übertragen werden soll.
- Oder es kann damit gemeint sein, daß alle 8 übertragenen Blöcke positiv quit-

tiert werden und somit auch das Flußkontrollfenster wieder ganz geöffnet werden soll.

Im Rahmen der Empfehlung X.25 wird deshalb die Einschränkung getroffen, daß die Öffnung des Flußkontrollfensters maximal 7 betragen darf.

Die Kombination der Fehlerquittierung und Vergabe von Krediten in einer einzigen Form von Quittungen sollte nicht dazu verführen, beide logisch sehr unterschiedlichen Funktionen zu vermengen. Insbesondere bei der Definition der entsprechenden Übertragungsprotokolle müssen die beiden getrennten Zielsetzungen, die mit einem Quittungsmechanismus realisiert werden können, wieder voneinander separiert werden.

Am deutlichsten ist dies daran zu erkennen, daß es sich bei der Übertragung der Kredite vom Empfänger zurück zum Sender um eine neue, eigenständige Kommunikation handelt, die im Prinzip in gleicher Weise wie die Hauptrichtung gegen Fehler und Verluste abgesichert werden muß:

- Das Eintreffen eines Kredits beim Sender muß von diesem quittiert werden. Um dafür nicht erneut wertvolle Übertragungskapazität belegen zu müssen, wird das Eintreffen des nächsten Datenblocks bei der Senke von dieser als Quittung für den abgeschickten Kredit interpretiert.

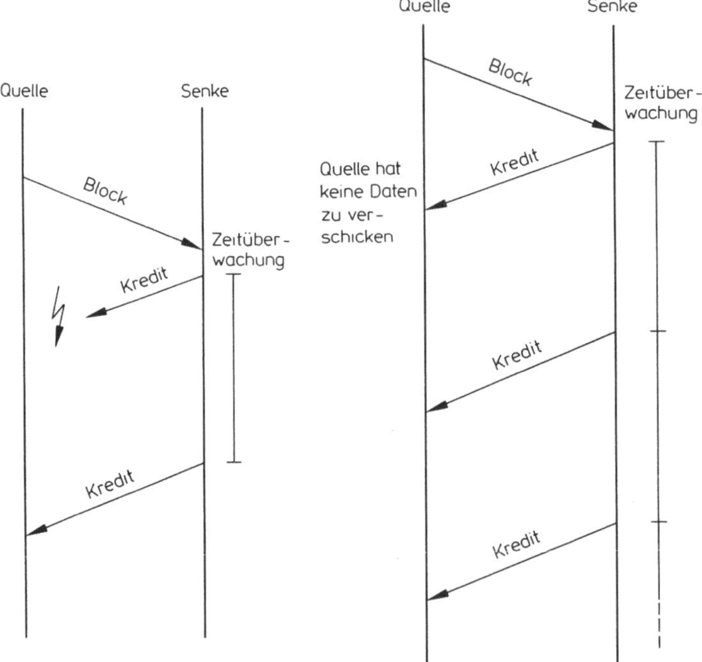

a) Zeitüberwachung der Kreditübertragung gegen Verlust von Krediten

b) Periodische Wiederholung eines Kredits, wenn die Quelle gerade keine Daten zu übertragen hat

Abb. 3-28 a, b. Zeitüberwachung für die Kreditübertragung

- Dieses Verfahren führt bei einem Flußkontrollfenster größer als 1 beim Verlust einer Kreditübertragung zu keiner Verzögerung, solange noch weitere Datenblöcke zu übertragen sind.
- Für den Fall, daß gerade keine Blöcke zu übertragen sind, muß die Senke beim Versand ihrer Quittungen eine Zeitüberwachung starten. Wenn innerhalb der festgesetzten Zeitspanne nach Abschicken eines Kredits nicht ein neuer Datenblock vom Sender eintrifft, wird der Verlust des Kredits angenommen und dieser erneut verschickt (vgl. Abb. 3-28(a)). Dieses Verfahren führt zu einem periodischen Versand des gleichen Kredits, falls die Quelle gerade keine Daten zu übertragen hat (vgl. Abb. 3-28(b)).

Soweit möglich, wird die Kreditübertragung für die Flußkontrolle in gleicher Weise durchgeführt wie schon für die Fehlerquittungen beschrieben: Die rückwärts fließenden Quittungen werden Nachrichtenblöcken beigepackt, die ohnehin in Gegenrichtung zu übertragen sind (vgl. *piggy packing* in 3.5.6). Dieses Modell ist natürlich nur bei einem Duplexbetrieb anwendbar, wenn zum Zeitpunkt der Kreditgewährung auch aktuell gerade Daten in der benötigten Übertragungsrichtung versandt werden sollen. Wenn dies nicht der Fall ist, müssen die Kredite in eigenständigen Nachrichten zur Quelle zurückgeschickt werden; dies ist dann aber auch kein großer Verlust, weil zu einem solchen Zeitpunkt die für die betrachtete Kommunikation reservierte Übertragungskapazität ohnehin brachliegt (vgl. Abb. 3-28(b)). Ein solcher Duplexverkehr mit der Übertragung von Daten, Quittungen und Krediten in jeweils beiden Richtungen ist erheblich komplizierter und kaum noch sinnvoll in einer Zeichnung der bisher verwendeten Form zu veranschaulichen.

3.7 Gestaltung von Teilnehmeranschlüssen

In den bisherigen Abschnitten dieses Kapitels wurden nur Funktionen beschrieben, die in unmittelbarem Zusammenhang mit den beiden zentralen Aufgaben eines Rechnernetzes, der Vermittlung und Übertragung, stehen. Nachfolgend werden einige zusätzliche Dienstleistungen beschrieben, die darüber hinaus von einem Netz geboten werden können, bzw. aus Sicht der Teilnehmer wünschenswert sind. In der Regel handelt es sich dabei um Funktionen, deren Inanspruchnahme beim Netzbetreiber beantragt werden muß. Die DBP faßt derartige Dienstleistungen unter dem Begriff **Leistungsmerkmale** zusammen. Die technische Realisierung einer solchen Zusatzleistung geschieht dadurch, daß der Netzbetreiber von der Netzzentrale (vgl. 4.4) aus entsprechende anschlußbezogene Initialisierungen vornimmt oder Prüfungen und Kontrollen einschaltet.

Im folgenden wird kein spezifisches Netz oder Netzprodukt in seinen Eigenschaften beschrieben. Es ist auch unwichtig, ob es ein konkretes Netz gibt, das gleichzeitig alle diese zusätzlichen Dienste seinen Benutzern anbietet. Aufgeführt werden solche Funktionen, die auf der Basis der Hard- und Software heute gebräuchlicher digitaler Netzknoten von einem Rechnernetz angeboten werden können.

Die in den folgenden Abschnitten beschrieben Dienstleistungen sind:

- geschaltete und feste Verbindungen (3.7.1),
- Direktruf und Kurzwahl (3.7.2),
- geschlossene Benutzergruppen (3.7.3),
- aktiver oder passiver Anschluß (3.7.4),
- Prioritätsklassen (3.7.5) und
- individuelles Netzanschlußprofil (3.7.6).

3.7.1 Geschaltete und feste Verbindungen

Bei der bisherigen Darstellung war immer unterstellt worden, daß Teilnehmer eines Netzes zeitlich nacheinander oder auch parallel mit jeweils wechselnden Partnern kommunizieren können wollen. Dies ist die allgemeine Problemstellung, die demzufolge auch von einem Rechnernetz zu lösen ist.

Es gibt aber viele Installationsbeispiele, bei denen eine so freizügige Kommunikation nicht benötigt und deshalb auch gar nicht gewünscht wird: Man denke etwa an die Kommunikation zwischen einer abgesetzten Stapelstation eines Rechners oder an ein Terminal, das ausschließlich dazu verwendet wird, die Dienste eines bestimmten Anwendungssystems auf einem einzigen Rechner für entfernte Benutzer bereitzustellen.

Waren in der Vergangenheit derart statische Kommunikationsbeziehungen eher die Regel, so geht die Tendenz heute klar dahin, die Vielfalt von Kommunikationsmöglichkeiten, die moderne Rechnernetze bieten, stärker zu nutzen. Dennoch wird es immer spezielle Fälle geben, bei denen von einem Anschluß aus Daten jeweils nur mit genau einem statisch festliegenden Partner ausgetauscht werden sollen.

In vielen verbindungsorientierten Vermittlungsnetzen werden aus diesem Grund neben **Wählverbindungen** auch sogenannte **Festverbindungen** unterstützt. Dabei verzichten zwei Teilnehmer also auf die vom Netz angebotene Vermittlungsfunktion: Die beiden Anschlüsse werden über ein Wählnetz fest verbunden.

Bei verbindungslosen Netzen macht eine derartige Unterscheidung keinen Sinn: Es werden in jedem Fall nur einzelne Datagramme an das Netz übergeben. Ob es zwischen aufeinanderfolgenden Datagrammen irgendwelche logischen Beziehungen gibt, ist für das Netz nicht sichtbar. Insbesondere könnte das Netz von dem Wissen, daß alle Datagramme von einem Teilnehmer immer demselben Partner zuzustellen sind, vermutlich auch gar keinen Gebrauch machen.

Bei einem verbindungsorientierten Netz ist die Situation grundlegend unterschiedlich: Wenn dem Netz bei der Einrichtung eines Anschlusses mitgeteilt wird, daß dieser ausschließlich für die Kommunikation mit einem festen Partner genutzt werden soll, dann kann netzintern die dafür notwendige Verbindung permanent bereitgestellt werden. Dies wird im allgemeinen einige Betriebsmittel binden, z. B. Nachrichtenpuffer in den betroffenen Netzknoten. Deshalb erheben Netzbetreiber für eine Festverbindung meist laufende Zusatzgebühren. Der daraus resultierende Vorteil für die fest verbundenen Teilnehmer liegt jedoch darin, daß der bei Wählverbindungen vor jedem Datenaustausch notwendige Verbindungsaufbau und die dafür erforderliche Zeit eingespart werden. Ähnlich wie bei einem verbindungslosen Netz können auf einer Festverbindung also aus der Sicht der verbundenen Teilnehmer spontan Daten übertragen werden.

Insbesondere bei den heute eingesetzten Paketnetzen werden den Teilnehmern üblicherweise diese beiden Verbindungsarten angeboten. Da die über ein Paketnetz einzurichtenden Verbindungen virtuell genannt werden (vgl. 2.5), bezeichnet man bei Paketnetzen

- eine Wählverbindung als **geschaltete virtuelle Verbindung** *(switched virtual circuit,* SVC*)*,
- eine Festverbindung als **permanente virtuelle Verbindung** *(permanent virtual circuit,* PVC*)*.

3.7.2 Direktruf und Kurzwahl

Die von Netzbetreibern erhobenen Zusatzgebühren für Festverbindungen können erheblich sein; sie gehen darauf zurück, daß die dafür netzintern notwendige Bindung von Betriebsmitteln permanent besteht. Für Anwendungen mit ähnlich statischen oder sehr eingeschränkten Kommunikationsbeziehungen wie in 3.7.1 beschrieben werden von Netzbetreibern deshalb zum Teil kostengünstigere Varianten angeboten.

Der **Direktruf** ist eine Alternative zu einer Festverbindung. Dabei wird mit dem Netzbetreiber vereinbart, daß ein Teilnehmer X immer nur Daten mit einem festen anderen Teilnehmer Y austauschen will. Die Adresse dieses Partners Y wird in dem Netzknoten gespeichert, in dem die Anschlußleitung von X endet. Wenn X aktuell kommunizieren möchte, so reicht ein kurzes Signal an den Netzknoten aus, damit dieser die verabredete Verbindung zu Y aufbauen kann.

Im Unterschied zur Festverbindung muß beim Direktruf also jeweils die Verbindungsaufbauzeit abgewartet werden. Entwickelt wurde diese Technik für den Anschluß von wenig intelligenten, nicht frei programmierbaren Endgeräten wie z. B. Stapelstationen oder Terminals älterer Bauart. Der Vorteil für den Teilnehmer X liegt darin, daß er in seinem Gerät nicht die Netzadresse seines Partners speichern muß und daß sein Gerät den Teil der Netzrandschnittstelle, der sich auf die Wählmöglichkeit bezieht, nicht beherrschen können muß.

Die **Kurzwahl** stellt eine geringfügige Erweiterung der Direktrufmöglichkeit dar: Statt der einen, festen Partneradresse wird für den Teilnehmer X eine kleine Anzahl von potentiellen Kommunikationspartnern mit dem Netzbetreiber vereinbart; in der Regel handelt es sich dabei um 8, 16, 32 etc. Netzadressen. Nachdem X dem Netz signalisiert hat, daß eine Verbindung aufgebaut werden soll, müssen nur einige wenige Bits zusätzlich übertragen werden, um eine Auswahl unter den im Netzknoten gespeicherten Adressen in Langform zu treffen. Anschließend baut der Netzknoten die gewünschte Verbindung wie beim Direktruf auf.

3.7.3 Geschlossene Benutzergruppen

Im Zusammenhang mit der Bereitstellung freizügigerer Kommunikationsmöglichkeiten über ein offenes Netz wird der Schutz vor unerwünschten und unerlaubten Zugriffen zu einem gravierenden Problem (vgl. auch 4.3.1). Wenn für bestimmte Teilnehmer einerseits die vollen Wählmöglichkeiten eines Vermittlungsnetzes nicht notwendig sind und diese sich auf der anderen Seite gegenüber fremden Zugriffen schützen wollen, so kann dazu ein Netz Unterstützung bieten: Ein kleiner Kreis von Netzteilnehmern (eine Untermenge aller Teilnehmer) wird dem Netz gegenüber als **geschlossene Benutzergruppe** *(closed user group)* bekanntgemacht. Das Netz verwendet die Kenntnis dieser Liste von ausschließlich untereinander kommunikationswilligen Partnern dazu, Verbindung mit anderen Netzteilnehmern nicht zuzulassen.

Logisch entspricht die Einrichtung einer geschlossenen Benutzergruppe der Etablierung eines Separatnetzes: Mit den übrigen Teilnehmern des Netzes, in dessen Rahmen dieses Unternetz technisch realisiert wird, gibt es keine Kommunikationsmöglichkeiten.

Für viele Anwendungen wie z.B. im Bankbereich *(electronic funds transfer,* EFT*)*, bei sicherheitsempfindlichen oder gar militärischen Anwendungen wird ein solcher Schutz nicht ausreichend sein und durch entsprechende Kontrollen auf höheren Ebenen in der Sitzungs- oder Anwendungsschicht ergänzt werden. Die über geschlossene Benutzergruppen mögliche Abschirmung eines Teilnehmerkreises stellt aber den aus der Sicht eines Netzes möglichen Beitrag für eine höhere Zugriffssicherheit im Rahmen eines offenen Systems dar.

3.7.4 Aktiver oder passiver Anschluß

Beim Aufbau einer Kommunikationsbeziehung zwischen zwei Netzteilnehmern ist zu unterscheiden zwischen dem aktiv werdenden **initiativen Teilnehmer,** d.h. dem **Anrufer,** auf der einen Seite und dem passiven **gerufenen** oder **angerufenen Teilnehmer** auf der anderen Seite. Diese Unterscheidung bezieht sich nur auf den Übergang von der Phase der Nichtkommunikation zur Kommunikationssituation; dadurch ist in keiner Weise festgelegt, wie anschließend Daten übertragen werden: Es kann ein Austausch in beiden Richtungen erfolgen, oder die Daten können im wesentlichen nur in einer der beiden Richtungen fließen.

Interessant ist diese Unterscheidung zwischen Initiative und Reaktion bei der Aufnahme der Kommunikation im Falle von Anwendungsprozessen, bei deren Anschluß an ein Netz feststeht, daß nur sehr einseitige Kommunikationsbeziehungen gewünscht sind. Dabei kann es sich um rein passive Auskunftsdienste wie z.B. Datum, Uhrzeit, Anfragen zum Teilnehmerverzeichnis etc. handeln. Auf der anderen Seite sind auch Anwendungen denkbar, die alle ihre Kommunikationsbeziehungen immer initiativ selbst aufbauen, von außen also gar nicht erreichbar zu sein brauchen.

Man bezeichnet eine derart eingeschränkte Nutzung eines Anschlusses als **Zugangsbeschränkung** oder **Zugangsrestriktion.**

Wenn dem Netz für jeden einzelnen Teilnehmeranschluß bekannt ist, ob dieser nur passiv von außen zugänglich sein soll oder immer nur selbst initiativ werden will, dann kann es vor Beginn der Kommunikation zwischen einem rufenden Teilnehmer X und einem gerufenen Teilnehmer Y überprüfen,

- ob X als rein passiver Teilnehmer, oder
- ob Y als rein aktiver Teilnehmer

angemeldet ist. Wenn eine von beiden Bedingungen erfüllt ist, weist das Netz den Übertragungswunsch (hoffentlich mit einer entsprechenden Fehlermeldung an X) zurück.

Die beschriebenen Zugangsrestriktionen können nicht nur für Einzelanschlüsse, sondern - wenn die Möglichkeit zur Einrichtung geschlossener Benutzergruppen besteht - auch für separate Teilnetze vereinbart werden. Dies bedeutet, daß alle Teilnehmer der Benutzergruppe auch von außen angerufen werden können oder daß sie selbst mit allen Netzteilnehmern Verbindungen aufbauen können. Logisch stellt dies eine einseitige Öffnung der Geschlossenheit einer solchen Benutzergruppe dar.

3.7.5 Prioritätsklassen

Angesichts der Vielfalt unterschiedlicher Teilnehmer und Anwendungen, die von einem Rechnernetz gleichzeitig unterstützt werden sollen, ist zu erwarten, daß diese in der Regel auch hinsichtlich der Dringlichkeit ihrer Übertragungswünsche stark differieren:

- Zwei Rechenzentren, die nachts zu Sicherungszwecken gegenseitig ihre Datenbestände austauschen, werden für diese Datenübertragung keine hohen Anforderungen hinsichtlich der Durchsatzrate oder geringer Transportzeiten haben.
- Eine Realzeitanwendung zur Steuerung des Erdgasflusses in einem Pipelinesystem in Abhängigkeit vom aktuellen Verbrauch wird dagegen sehr wohl kalkulierte, maximale Beförderungszeiten des Netzes voraussetzen müssen, weil ansonsten diese Aufgabe nicht korrekt erfüllbar ist.

Ein Netzbetreiber oder ein Netzprodukt kann diesen unterschiedlichen Benutzeranforderungen dadurch Rechnung tragen, daß am Netzrand unterschiedliche **Prioritätsklassen** angeboten werden. Die Zuordnung einer bestimmten Priorität erfolgt entweder statisch für jeden Anschluß im Rahmen des Vertrages zwischen dem Netzbetreiber und den Teilnehmern oder dynamisch für die einzelnen übergebenen Nachrichten. Durch entsprechende Tarife kann der Netzbetreiber verhindern, daß es im gesamten Netz nur noch Nachrichten der höchsten Prioritätsklasse gibt.

In Normalsituationen wird ein Netz bemüht sein, die Daten aller Teilnehmer möglichst schnell zuzustellen. Eine unterschiedliche Prioritätszuordnung hat vor allem in Last- und Stausituationen (vgl. 4.2) Auswirkungen:

- Eine anschlußorientierte, statische Prioritätsregelung kann dazu führen, daß in staugefährdeten Situationen Übertragungswünsche von Netzteilnehmern mit niedrigerer Priorität abgelehnt werden, während von Teilnehmern mit höherer Anschlußpriorität noch Daten (Verbindungsaufbauwünsche, Datagramme) entgegengenommen werden.
- Bei einer übertragungsorientierten Prioritätsregelung werden den einzelnen zu übertragenden Benutzerdatenblöcken unterschiedliche Prioritäten zugeordnet, die bewirken, daß Daten mit einer höheren Priorität im Schnitt schneller übermittelt werden als solche mit geringerer Priorität.

Beide beschriebenen Formen der Prioritätssteuerung können unabhängig voneinander oder in starrer Koppelung bei konkreten Netzen angewendet werden. Z. B. kann die Übertragungspriorität statisch an einen Anschluß gekoppelt sein, so daß alle Datenblöcke eines Anschlusses mit Priorität p auch für die Übertragung mit dieser Priorität p ausgezeichnet werden. Nachteilig an einer solchen starren Kopplung ist, daß der Teilnehmer immer den Preis für die vorrangige Beförderung zahlen muß, obwohl er vermutlich bei gewissen Daten überhaupt keinen Wert auf bevorzugte Behandlung legt.

3.7.6 Individuelles Netzanschlußprofil

Um der Vielfalt unterschiedlicher anschließbarer Benutzer und Geräte gerecht werden zu können, muß ein Rechnernetz die Möglichkeit bieten, daß jeder Teilnehmer die für ihn optimal geeigneten Anschlußparameter aus einer breiten Palette von Wahlmöglichkeiten frei zusammenstellen kann. Die Summe dieser Festlegungen wird zusammenfassend als **Netzanschlußprofil** eines Teilnehmers bezeichnet. Dieses Anschlußprofil bildet auch das technische Rückgrat des Vertrages zwischen Netzbetreiber und -teilnehmer, falls ein solcher formell abgeschlossen wird.

Im Anschlußprofil sind also alle bisher erwähnten qualitativen und quantitativen Eigenschaften eines Netzanschlusses zusammengefaßt:

- **Zugangsprotokoll:** Zwischen einem Netz und den angeschlossenen Teilnehmern muß festgelegt sein, wie die Verständigung zwischen beiden erfolgt. Die zu vereinbarenden Absprachen beziehen sich z. B. auf die Art und Weise, wie ein Teilnehmer dem Netz einen Verbindungswunsch übermittelt, wie die Adresse des gewünschten Kommunikationspartners anzugeben ist, die Festlegung bzw. Veränderung des Flußkontrollfensters, die Anzeige einer kurzfristigen Nichtempfangsbereitschaft, die Unterschreitung einer zuvor vereinbarten Durchsatzklasse etc. In einem solchen Zugangsprotokoll sind Festlegungen über einen Teil oder alle Dienstleistungen der ISO-Ebenen 1 bis 4 zu treffen. Üblicherweise bietet ein Netz in allen seinen Knoten nicht nur ein solches Protokoll, sondern mehrere zur Auswahl an. Die Festlegung des auf einem spezifischen Anschluß verabredeten Protokolls ist somit ein zentrales Charakteristikum eines jeden Anschlusses.
- **Leitungsgeschwindigkeit:** Sie bestimmt die Geschwindigkeit, mit der auf der Anschlußleitung zwischen dem Netzknoten und der Teilnehmerinstallation übertragen wird. Je nach Leistungsfähigkeit und Verwendung des anzuschließenden Ge-

räts, z.B. langsamer Drucker, Bildschirmstation, DVA etc., sowie der Art des verbindenden Netzes (Fernnetz oder lokales Netz) können die Anschlußgeschwindigkeiten über einen Bereich von ca. 50 Bit/s bis hin zu einigen hundert KBit/s variieren.

- **Festlegung einer Netzadresse:** Unabhängig vom konkret verwendeten Namensraum und der Adressierungsart muß jedem Netzanschluß mindestens eine Netzadresse zugeordnet werden. Dabei ist auch festzulegen, ob und in welchem Umfang - eingebettet in die entsprechend notwendigen Protokollregelungen - eine Multiplexmöglichkeit vorgesehen ist.
- **Zugehörigkeit zu geschlossenen Benutzergruppen:** Für jeden Anschluß muß festgelegt sein, ob er einer oder auch mehreren geschlossenen Benutzergruppen angehört, damit das Netz bei jedem Verbindungsaufbau die in 3.7.3 beschriebene Überprüfung vornehmen kann.
- **Zugangsrestriktionen:** Ähnlich wie die Zugehörigkeit zu geschlossenen Benutzergruppen gehört auch eine möglicherweise verabredete Zugangsbeschränkung (vgl. 3.7.4) zum individuellen Profil eines jeden Netzanschlusses.
- **Anschlußpriorität:** Unabhängig davon, welche Konsequenzen sich im Einzelfall aus der Wahl einer bestimmten Prioritätsklasse ergeben, gehört die verabredete Priorität zum Anschlußprofil, wenn die Prioritätszuordnung statisch an die einzelnen Teilnehmeranschlüsse gebunden ist.

Netzabhängig können weitere Merkmale zum Profil eines jeden Anschlusses gehören.

3.8 Test- und Fehlersuchunterstützung für Teilnehmer

Mit der fortschreitenden Herauslösung allgemeiner Netzdienstleistungen und deren Bereitstellung in Form von standardisierten Schnittstellen am Netzrand wurden diese Teilnehmerschnittstellen zunehmend komplexer. In früheren Zeiten war die Einhaltung einer Anschlußnorm im wesentlichen eine Frage der zu verwendenden Stecker: Die Beschaltung der einzelnen Pole - auch **Pinbelegung** genannt - war leicht mit einem Meßgerät überprüfbar.

Insbesondere bei speichervermittelten Systemen bestehen solche Schnittstellenfestlegungen aus komplexen Spezifikationen, deren jeweilige Implementierungen im Rahmen von Qualitätssicherungsmaßnahmen überprüft werden müssen. Dazu sind vor allem umfangreiche Tests notwendig.

Rechnernetze sollten deshalb Dienstleistungen zur Unterstützung beim Test, bei der Suche und Korrektur von Fehlern *(test and debug)* für ihre Teilnehmer anbieten. Diese Unterstützung bezieht sich natürlich nur auf den Test der Netzanschlußgeräte und deren Ein-/Ausgang zum Netz und nicht etwa auf eine allgemeine Testhilfe für Software jeglicher Art.

Für die konkrete Auswahl und Realisierung von Testfunktionen stehen die beiden folgenden Zielsetzungen im Vordergrund :

- Ein Betreiber eines Netzes muß sicherstellen, daß potentielle Fehler in den Anschlußeinrichtungen einzelner Teilnehmer sich nicht zu Lasten anderer Teilnehmer und deren Kommunikation auswirken können. Diese Maxime ist einerseits bei der Implementierung der Netzknoten zu beachten. Auf der anderen Seite verlangen Netzbetreiber in der Regel, daß neu anzuschließende Endgeräte im Rahmen eines **Zulassungsverfahrens** entsprechende Tests bestehen müssen, bevor sie ans Netz angeschlossen werden dürfen.
- Die Hard- und Software einer Anschlußeinrichtung auf seiten eines Teilnehmers kann losgelöst vom Netz nicht vollständig getestet werden. Es sind dabei im allgemeinen viele Realzeitbedingungen zu erfüllen, die nur sehr aufwendig oder gar nicht simuliert werden können. Zur Unterstützung der Suche nach den oft sehr subtilen Fehlern in Protokollimplementierungen sollte ein Netz ein standardisiertes Angebot von Test- und Debug-Funktionen anbieten. Deren Gebrauch durch einen Teilnehmer darf die parallel stattfindende produktive Nutzung der Netzdienste durch andere Teilnehmer jedoch nicht beeinträchtigen.

Der eigentliche Zulassungstest für ein Gerät wird vom Betreiber selbst, möglicherweise auf einem isolierten Knoten vorgenommen. Aber auch im Rahmen des produktiven Netzbetriebs sollte den Teilnehmern ein Minimalsatz von Testunterstützungsfunktionen geboten werden. Die folgenden Funktionen haben sich dabei im Ergebnis der bisherigen Erfahrungen als hilfreich erwiesen:

- Echo (3.8.1),
- Trace (3.8.2),
- Müllhalde (3.8.3),
- erzwungene Wegewahl (3.8.4),
- Verkehrserzeugung (3.8.5) und
- Zugang zur Anschlußstatistik (3.8.6).

3.8.1 Echo

Diese Funktion erlaubt einem Teilnehmer, das Zusammenspiel seines eigenen Anschlusses mit dem Netz in folgender Weise zu erproben: Eine beliebige Nachricht wird an die ausgezeichnete Netzadresse **Echo** geschickt. (Für diese und alle weiteren Funktionen in diesem Abschnitt ist der Vorteil einer logischen Adressierung unmittelbar einsichtig; vgl. 3.2.1.)

Das Netz spiegelt die erhaltene Nachricht und stellt sie dem Absender unverändert wieder zu (vgl. Abb. 3-29). Der Teilnehmer kann bei Erhalt der zurückgelieferten Nachricht überprüfen, welche Nachricht das Netz von ihm tatsächlich erhalten hat und ob diese übereinstimmt mit der, die er ursprünglich übergeben hat oder übergeben wollte.

Für den Teilnehmer ist es zunächst unerheblich, wie das Netz eine derartige Dienstleistung erbringt. Zwei maximal unterschiedliche Implementierungsarten sind folgende:

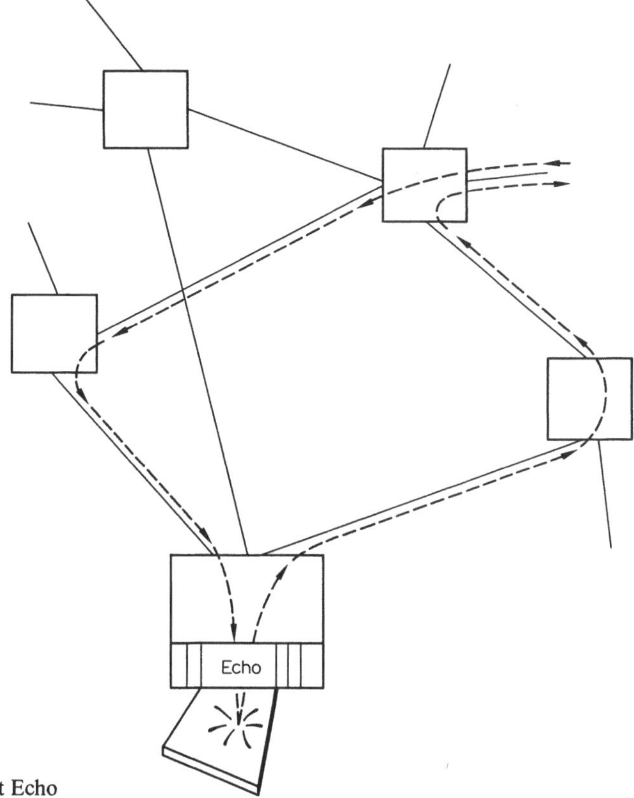

Abb. 3-29. Netzausschnitt mit Echo

- Es gibt eine wohldefinierte Stelle im Netz, wo ein solcher Echoprozeß angesiedelt ist. Diese Realisierung wird in Abb. 3-29 unterstellt. In diesem Fall kann die resultierende Laufzeit bis zum Empfang der gespiegelten Nachricht gleichzeitig als Indikator für die aktuelle Netzauslastung ausgewertet werden.
- In jedem Netzknoten gibt es eine entsprechende Spiegelungsfunktion. Bei dieser Realisierung entsteht durch das Echo keine zusätzliche Netzbelastung.

3.8.2 Trace

Ein **Trace** erlaubt die Verfolgung des Weges einer Nachricht durch das Netz. (*Trace* heißt soviel wie Spur oder Weg). Wie in Abb. 3-30 veranschaulicht, wird dabei eine Momentaufnahme bzw. ein Schnappschuß der Nachricht in jedem Knoten aufgenommen. Es sind dabei im Detail eine ganze Reihe unterschiedlicher Realisierungen oder Kombinationen von ihnen denkbar:

- Die Nachricht kann in voller Länge, d.h. mit Kontroll- und Steuerinformation sowie den nachfolgenden Benutzerdaten, kopiert und zusammen mit einer Kennung des Knotens an den Absender zurückgeschickt werden.

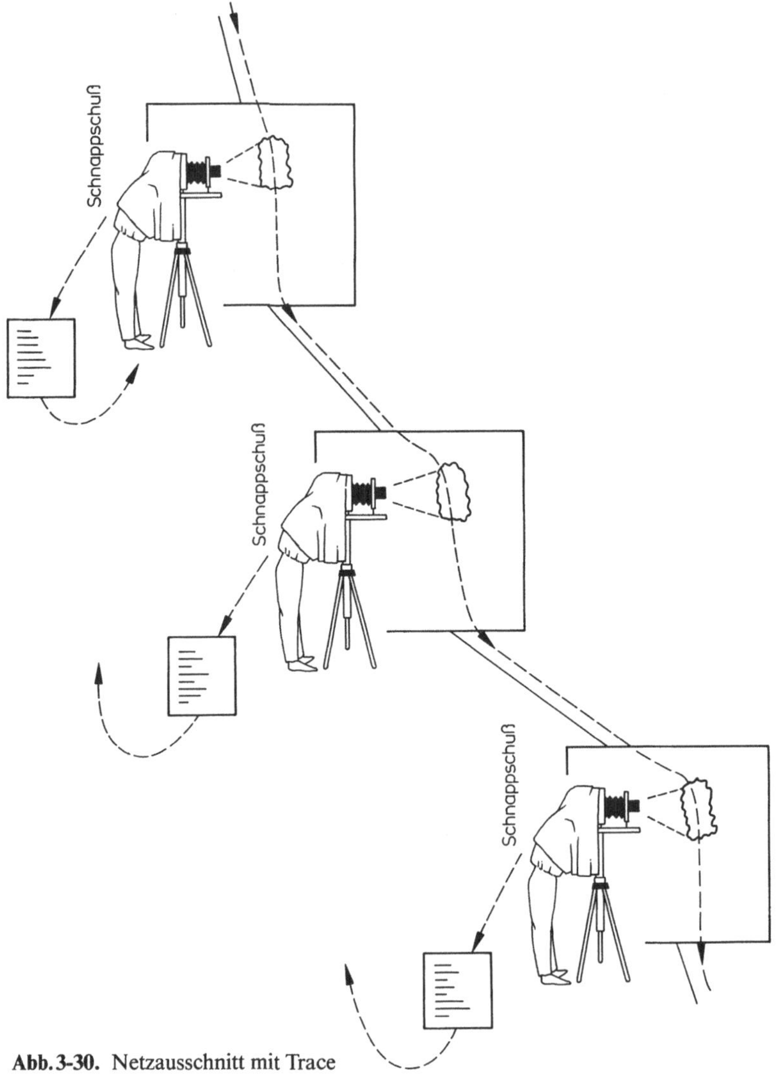

Abb. 3-30. Netzausschnitt mit Trace

- Normalerweise ist man bei einem Trace nicht an den abgesandten Daten interessiert. Diese sollten bei einem korrekt funktionierenden Netz während des Transports ohnehin nicht verändert werden. Von Interesse sind jedoch dynamische Informationen über den aktuellen Weg der Nachricht durch das Netz sowie den jeweiligen Zustand der involvierten Knoten.
- Eine sehr komfortable Trace-Funktion könnte den Teilnehmern sogar die Möglichkeit bieten, beim Aufruf zu spezifizieren, welche Information in allen erreichten Knoten festgehalten werden soll. Dies können z. B. Angaben über die aktuelle Länge der Warteschlangen, über die Nachrichten verschiedener Priorität in diesen, über die Anzahl von Übertragungswiederholungen auf dem aktuellen Streckenabschnitt etc. sein.

- Statt die interessierende Information jeweils einzeln zu verschicken, kann diese auch einfach hinten an die Nachricht angefügt werden, so daß bei der Ankunft beim Adressaten die Nachricht ihre Trace-Information unmittelbar enthält.

3.8.3 Müllhalde

Es kann bei komplexen Rechnernetzen leicht vorkommen, daß Nachrichten vernichtet werden müssen. Die Gründe dafür sind vielfältig und gehen nicht notwendigerweise auf Fehlfunktionen des Netzes zurück. So kann bei drohenden oder schon eingetretenen Stausituationen die gezielte Vernichtung von Daten die einzige Möglichkeit sein, das Netz wieder in einen funktionsfähigen Zustand zu versetzen (vgl. 4.2). Andere denkbare Ursachen sind

- die Nichtzustellbarkeit von Nachrichten,
- die Erkennung einer duplizierten Nachricht oder
- die Überschreitung einer netzabhängigen Zeitschranke (im Bereich von einigen Sekunden), die als obere Grenze für die Transportzeit bei korrekter Zustellung angesehen wird.

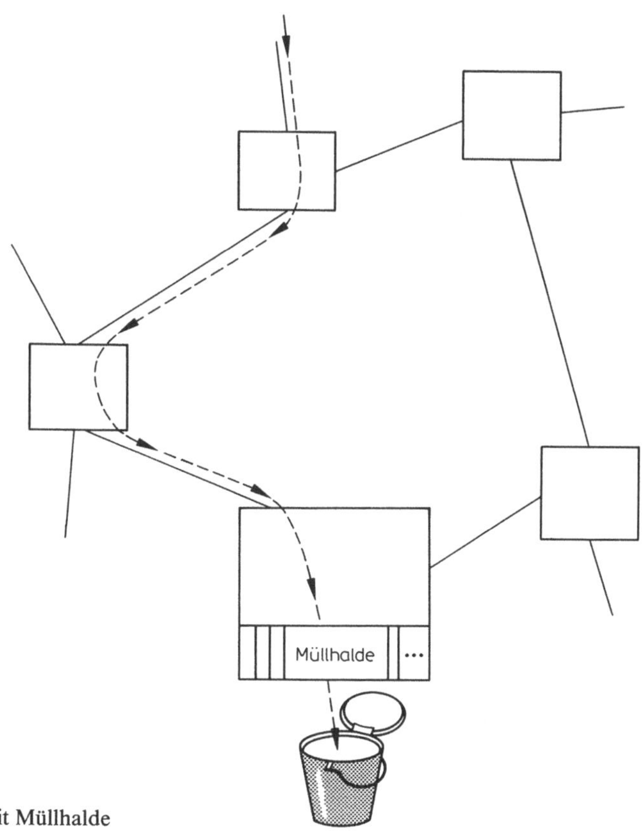

Abb. 3-31. Netzausschnitt mit Müllhalde

Eine notwendig gewordene Vernichtung von Daten sollte nicht klammheimlich, sondern offen, an einem bekannten Ort und in wohldefinierter Weise vorgenommen werden - ähnlich wie man sich seines privaten Mülls auch nicht durch nächtliche Ablagerung in einer öffentlichen Grünanlage, sondern tagsüber bei der Müllkippe entledigt (vgl. Abb. 3-31).

Ein solcher Prozeß zur planmäßigen Vernichtung von Daten in einem Netz wird hier in freier Eindeutschung **Müllhalde** genannt. (Im Amerikanischen spricht man von *drop*-Funktion; *drop* bedeutet etwa „wegwerfen".) Für eine spätere Fehlersuche ist eine Archivierung der weggeworfenen Daten von Vorteil.

Die Existenz einer solchen nicht nur netzintern, sondern auch den Teilnehmern bekannten Müllhalde kann von diesen z. B. bei einem Lasttest des eigenen Anschlusses genutzt werden: Wenn experimentell ermittelt werden soll, bis zu welcher Überlast noch korrekt Daten ans Netz übergeben werden können, bietet sich die Müllhalde als geeigneter Adressat für die dabei zu übertragenden Daten an.

Auch bei der Realisierung einer Müllhalde stellt sich die oben für das Echo (vgl. 3.8.1) beschriebene Alternative: Sie kann zentral an einer Stelle für das gesamte Netz oder dezentral in jedem Knoten realisiert werden. Für eine Fehler- und Statistikauswertung des produzierten Mülls ist eine zentrale Sammlung sicher vorteilhaft. In Abb. 3-31 ist eine zentrale Müllhalde skizziert. Eine Auflösung von Stausituationen erfordert aber eine lokale Reaktion (vgl. 4.2). Eine mögliche Kombination beider Varianten könnte so aussehen, daß jeder Knoten seine eigene Müllhalde enthält; der dort dezentral zwischengelagerte Müll kann in verkehrsarmen Zeiten an einen zentralen Endlagerort im Netz transportiert werden.

3.8.4 Erzwungene Wegewahl

Die Wahl eines geeigneten Weges zur Befriedigung einer Kommunikationsanforderung ist die zentrale Aufgabe eines jeden Vermittlungssystems (vgl. 1.2). Im Normalfall weiß ein Teilnehmer am Netzrand nicht, wie sein Kommunikationswunsch vermittelt wird: Dynamisch hat ein Teilnehmer keine Kenntnis des Weges, auf dem aktuell seine Daten übermittelt werden (vgl. 1.3). Dies sollte und wird ihm auch gleichgültig sein, solange er nicht Grund hat, den Leistungen des Netzes zu mißtrauen.

Die Dienstleistung **erzwungene Wegewahl** *(forced routing* oder *source routing)* ermöglicht es einem Teilnehmer, den netzinternen Algorithmus zur Wegewahl außer Kraft zu setzen und dem Netz explizit vorzuschreiben, welchen Weg seine Nachricht nehmen soll. Voraussetzung dafür ist natürlich, daß ein solcher Teilnehmer die Topologie des Netzes und die netzinterne Benennung, d. h. die Adressen der einzelnen Knoten kennt.

Realisieren läßt sich diese Funktion z. B. in der Form, daß

- es eine für das Netz global festgelegte und allen Knoten bekannte Form der Wegewahl gibt und
- in einem speziellen Datagramm oder Paket eine Beschreibung der gewünschten Route im Netz als Benutzerdaten angegeben werden kann.

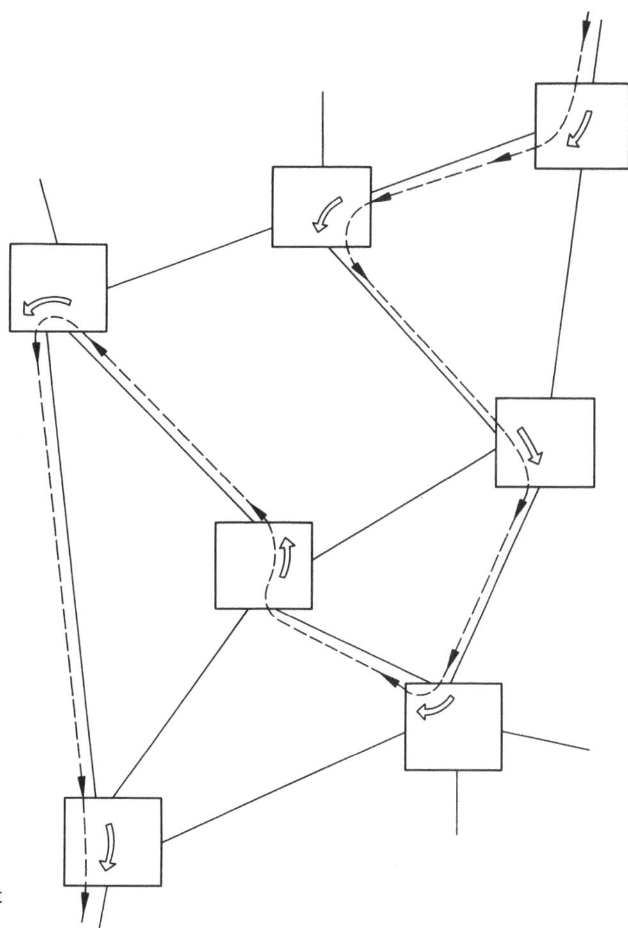

Abb. 3-32. Netzausschnitt mit erzwungener Wegelenkung

In Auswertung dieser Wegeanweisung kann jeder Netzknoten ein solches Paket in die angegebene Richtung weiterschicken (vgl. Abb. 3-32).

Betreiber von Netzen, also insbesondere auch die DBP, nehmen normalerweise den Standpunkt ein, daß sich die Teilnehmer eines Netzes mit einer *black-box*-Sicht des Netzes zu begnügen haben. Sowohl die Kenntnis der Netztopologie wie auch die der Namen oder Adressen von Netzknoten gehören zu den Details der internen Realisierung eines Netzes, die somit den Teilnehmern nicht bekannt sind. Beide Angaben sind im Rahmen der erzwungenen Wegewahl aber notwendig, um einen bestimmten Weg vorschreiben zu können. Es ist also vorstellbar, daß in einem konkreten Netz eine derartige Dienstleistung zwar implementiert ist, daß sie aber nicht den Teilnehmern zur Verfügung steht, sondern nur vom Netzbetreiber für eigene Testarbeiten verwendet wird (vgl. aktive Kontrolle in 4.4.1).

3.8.5 Verkehrserzeugung

Zu Testzwecken kann es wünschenswert sein, gezielt einzelne Teile eines Netzes belasten, d. h. Verkehr erzeugen zu können. Dieser Verkehr kann z. B.

- eine Anschlußleitung eines Teilnehmers,
- eine Kommunikationsstrecke zwischen zwei Teilnehmern, also z. B. eine logische Verbindung, oder
- eine Verbindungsstrecke zwischen zwei Knoten

belasten. Die **Verkehrserzeugung** *(traffic generator)* ist eine Netzdienstleistung, die für derartige Zwecke einen Datenverkehr wählbarer Intensität erzeugt und gleichzeitig dafür sorgt, daß dieser auch tatsächlich über die zu belastenden Teile des Netzes geführt wird.

Es ist anzunehmen, daß jeder Teilnehmer an einem Rechnernetz auch selbst in der Lage ist, irgendwelche weder personenbezogenen noch sonst schutzwürdigen Daten zu vervielfältigen und als Rohmaterial für einen Lasttest zu verwenden. Demgegenüber weist eine Netzdienstleistung zur Verkehrserzeugung einige Vorteile auf:

- Der einzelne Teilnehmer braucht sich seine Testdaten für einen solchen Lasttest nicht erst mühsam zu erzeugen. Ein Verkehrsgenerator im Netz liefert solche Daten bei jedem Aufruf in gleicher Folge. Für die Wiederholung von Tests und einen Vergleich von altem und neuem Ergebnis (Regressionstest) sind dann keine zusätzlichen Vorkehrungen auf seiten des Teilnehmers erforderlich.
- Die Auswirkungen eines Aufrufs dieser Funktion durch unterschiedliche Teilnehmer können unmittelbar verglichen werden, weil die ursprünglich erzeugten Quelldaten identisch sind.
- Abgesehen von seiner eigenen Anschlußleitung liegt es im allgemeinen außerhalb der Möglichkeiten eines Teilnehmers, gezielt bestimmte Teile des Netzes zu belasten. Zu diesem Zweck muß das Netz selbst entsprechende Funktionen anbieten.

Für die Realisierung einer Dienstleistung zur Verkehrserzeugung bieten sich die gleichen Alternativen, wie schon für einige der oben beschriebenen Testunterstützungsfunktionen: Es ist denkbar, daß in jedem Netzknoten ein entsprechender Prozeß anwählbar ist oder daß ein solcher Dienst an zentraler Stelle einmal angeboten wird. Eine dezentrale Realisierung bietet sich an, wenn die einzige den Teilnehmern angebotene Form der Verkehrserzeugung darin besteht, daß sie sich vom Netz Daten an die eigene Adresse schicken lassen können.

Eine Verkehrsbelastung von beliebigen Teilen des Netzes durch einzelne Teilnehmer setzt eine gewisse Netztransparenz für die Teilnehmer voraus (vgl. den entsprechenden Hinweis bei der erzwungenen Wegewahl in 3.8.4). Es kann also vorkommen, daß eine solche gezielte Belastung einzelner Knoten und Strecken im Netz nicht für die Teilnehmer, sondern nur als interne Mess- und Testfunktion für den Netzbetreiber zur Verfügung steht (vgl. 4.4.1).

3.8.6 Zugang zur Anschlußstatistik

Bei einem Rechnernetz ist in der Regel die Erfassung einer Vielzahl statistischer Daten von Interesse. Hierzu zählen insbesondere netzglobale Verkehrsstatistiken, die für einen Netzbetreiber wichtige Planungsunterlagen für den Netzausbau liefern können (vgl. 4.4.1). Im folgenden ist nicht von solchen globalen Verkehrsdaten die Rede, sondern von der Erfassung und der Erreichbarkeit anschlußbezogener Statistiken. Die meisten Netze und Netzprodukte umfassen Softwarekomponenten, die derartige Statistiken anlegen und auswerten. Insbesondere bei allen öffentlichen Netzen müssen solche Funktionen integriert sein, weil die **Anschlußstatistik** die Grundlage für die Gebührenabrechnung bildet.
Die netzinterne Führung einer teilnehmerbezogenen Statistik zum Zweck der Erstellung einer monatlichen Gebührenabrechnung nützt einem Teilnehmer aber noch nicht viel. Eine zusätzliche Netzdienstleistung wird daraus erst dann, wenn diese Anschlußstatistik auch dem Teilnehmer zum Lesen offensteht. Dazu muß gesichert sein, daß die für einen Teilnehmer zugreifbare Information tatsächlich beschränkt ist auf seine eigenen Nutz- und Verkehrsdaten. Zum anderen müssen sich die bereitgestellten Daten auf die dem Teilnehmer bekannte und vertraute Abstraktionsebene beziehen. Netzinterne Verwaltungsinformation, wie z. B. eine Zuordnung physikalischer Leitungen o. ä., sollte vor dem Benutzer verborgen bleiben.

Zwei unterschiedliche Nutzungsrichtungen dieser größeren Netztransparenz liegen auf der Hand:

- Ein Vergleich der für die Gebührenberechnung wichtigen Zählerstände vor und nach einer Kommunikation erlaubt eine genaue Kalkulation der jeweils entstandenen Kosten. Dies kann zu einer betriebsinternen Kostenrechnung verwendet werden, wenn ein Netzanschluß für die Kommunikationsbedürfnisse unterschiedlicher Abteilungen eines Betriebs (Kostenstellen) eingesetzt wird. Eine solche Kostenerfassung kann natürlich unmittelbar als Netzdienstleistung angeboten werden; z. B. in der Form, daß nach Abschluß einer Kommunikation die dabei angefallenen Kosten vom Netz abgefragt werden können.
- Die Anschlußstatistik kann über eine Abrechnungsunterstützung hinaus auch wertvolle technische Information, insbesondere Hinweise im Rahmen von Test- und Fehlerlokalisierungsarbeiten liefern. Z. B. ist die Anzahl von Blockwiederholungen aufgrund einer fehlerhaften Übertragung, die Überprüfung der Netzdurchsatzwerte o. ä. fundiert nur auf Basis einer geeigneten Anschlußstatistik zu ermitteln.

Welche Daten sind im Rahmen einer Anschlußstatistik zu erfassen? Die Daten, die bei der Gebührenberechnung auszuwerten sind, legt der Betreiber des Netzes fest. Sie hängen ab von dessen Abrechnungsgepflogenheiten und der Art des Netzes. Dazu zählen - bezogen auf den jeweiligen Abrechnungszeitraum - z. B.

- die Anzahl der realisierten Kommunikationsbeziehungen (bei einem verbindungsorientierten Netz also die Anzahl der erfolgreich aufgebauten Verbindungen),
- die Menge der übertragenen Daten oder

- die Nutzungszeit, d.h. die Zeit, während der eine nutzbare Kommunikationsbeziehung bestand.

Die Auslastung eines Netzes unterliegt in ihrer Verteilung über einen Tag, eine Woche, einen Monat oder gar ein Jahr in der Regel sehr starken Schwankungen. Im Interesse einer gleichmäßigeren Auslastung versuchen Netzbetreiber meist, über entsprechende Gebührenanreize die verkehrsschwachen Zeiten durch Verbilligungen attraktiv zu machen. (Der „Mondscheintarif" beim Telefon ist auch nur eine Erscheinungsform dieser Verkaufsstrategie.) In einem solchen Fall sind die aufgeführten Daten jeweils noch getrennt für die unterschiedlichen Tarifzeiträume zu erfassen.

Welche Daten für die Gebührenabrechnung relevant sind, ist jedem Netzteilnehmer bekannt; sie könnten also bei Bedarf auch in den Endgeräten, d.h. von den Teilnehmern selbst, erfaßt werden. Einfacher ist es natürlich, wenn eine netzinterne Funktion nicht jeweils auf seiten der Teilnehmer zusätzlich implementiert werden muß. Darüber hinaus entstehen jedoch auch anschlußbezogene Statistikdaten, die teils nicht gebührenrelevant sind, teils von einem Teilnehmer gar nicht erfaßt werden können wie z.B.

- die durchschnittliche Transportzeit im Inneren des Netzes,
- die Anzahl der erfolglosen Versuche von anderen Netzteilnehmern, den eigenen Anschluß zu erreichen, oder
- die Aufzeichnung der Partner bei allen erfolgreichen Kommunikationsbeziehungen zusammen mit der Angabe, von wem die Initiative dazu ausgegangen ist. (Üblicherweise wird in der Gebührenstatistik nur der Teil der Gesamtkommunikation erfaßt, den der Teilnehmer initiativ selbst verursacht hat.)

Das zentrale Problem bei allen Statistiken besteht normalerweise darin, aus der Flut statistischer Rohdaten die gerade interessierende Information herauszufiltern. Zu diesem Zweck werden statistische Rohdaten oft schon am Ort ihrer Erfassung verdichtet und in einer bereits stark reduzierten Form abgelegt, bzw. für eine Speicherung verschickt. Dabei kann es vorkommen, daß gerade die Informationen von Interesse wären, die bei dieser Datenverdichtung verlorengehen.

Der Komfort und Nutzen, den eine Anschlußstatistik für einen Teilnehmer hat, hängt also auch davon ab,

- ob, bzw. in welchen Grenzen der Teilnehmer selbst festlegen kann, welche statistischen Rohdaten für ihn erfaßt werden sollen,
- welche Datenverdichtungen auf Basis der erfaßten Rohdaten möglich sind und in welchem Umfang der Teilnehmer diese Reduzierung selbst definieren kann,
- in welcher äußeren Form dem Teilnehmer die Ergebnisse dieser Statistikerfassung und -aufbereitung angeboten werden (Tabellen, Balkendiagramme, Graphiken etc.).

4 Verwaltung und Betrieb eines Rechnernetzes

Die Darstellung der Dienstleistungen eines Rechnernetzes in Kapitel 3 erfolgte aus der Sicht eines Netzteilnehmers, d. h. in weitgehender Beschränkung auf eine reine *black-box*-Sicht des Netzes. Im folgenden Kapitel wird demgegenüber ein Standortwechsel vollzogen: Es werden netzinterne, technische und betriebliche Problemstellungen entwickelt, die das eingesetzte Netzprodukt und der Netzbetreiber zu lösen haben. Die Teilnehmer eines Netzes werden von den entsprechenden Entscheidungen des Netzbetreibers, bzw. von den Eigenschaften des von ihm verwendeten Herstellerprodukts nur indirekt betroffen: Wenn das Netz aufgrund schlechter oder gar falscher interner Regelungen die zugesagte Vermittlungs- und Transportleistung nur unzureichend oder teilweise gar nicht mehr erbringen kann, so sind davon natürlich auch die Teilnehmer am Netzrand direkt betroffen. Jedoch stehen ihnen im Rahmen ihrer Netzrandschnittstelle normalerweise keine Funktionen zur Verfügung, um die Ursachen solcher Störungen lokalisieren oder beheben zu können. Die Teilnehmer können nur gemeinsam beim Betreiber auf Abhilfe drängen.

Nachfolgend werden also „interne" Probleme einer Netzverwaltung beschrieben. Auch hier geht es nicht darum, ein konkretes Netz oder Herstellerprodukt zu beschreiben. Der Schwerpunkt liegt darauf, jeweils die allgemeine Problemstellung und entsprechende Lösungskonzepte vorzustellen.

Ein einzelner Teilnehmer braucht die entsprechenden internen Regelungen und Verfahren in „seinem" Netz nicht im Detail zu kennen und kann dennoch zu seinem Nutzen und zu seiner Zufriedenheit die angebotenen Netzdienstleistungen in Anspruch nehmen. Trotzdem ist die Kenntnis der anschließend beschriebenen Probleme auch für einen „normalen" Teilnehmer von Vorteil:

- Fast alle netzinternen Regelungen haben auch gewisse Auswirkungen an der Teilnehmerschnittstelle und müssen in diesem Umfang jedem Teilnehmer bekannt sein; d. h. er muß mit ihrem Auftreten rechnen und im Rahmen des Protokolls reagieren können.
- Grundlegende Kenntnisse der netzintern auftretenden Probleme sowie der diesbezüglichen Lösungsstrategien sind Voraussetzung für ein tieferes Verständnis der entsprechenden Signale am Netzrand. Ein solches Wissen erlaubt insbesondere in Fehler- und Ausnahmesituationen eine präzise Einschätzung der noch verbliebenen (Reaktions-) Möglichkeiten. (Man kann z. B. auch Autofahren ohne jede Kenntnis vom Aufbau eines Kraftfahrzeugs. Aber im allgemeinen wird man materialschonender und besser fahren, wenn man über prinzipielle Kenntnisse

der Funktionsweise sowie des Zusammenspiels von Vergaser, Zündung, Motor, Getriebe etc. verfügt.)

Dieses Kapitel enthält keine erschöpfende Darstellung aller Probleme einer Netzverwaltung. In den einzelnen Abschnitten werden

- die Vermittlung, bzw. Wegelenkung (4.1),
- die Stauvermeidung (4.2),
- die Zuverlässigkeit und Sicherheit (4.3) sowie
- der Betrieb eines Rechnernetzes (4.4)

behandelt. Es fehlt z. B. eine Darstellung der Problematik von **Netzkopplungen** *(gateway)*. Vor allem durch die Herausbildung unterschiedlicher Typen lokaler Netze (vgl. 5.5.2), die untereinander und mit Fernnetzen verbunden werden müssen, bilden Arbeiten mit dem Ziel einer Kopplung verschiedenartiger Netztypen einen aktuellen Entwicklungsschwerpunkt der Datenkommunikation (vgl. zu diesem Thema z. B. Beauchamp 1979, Danthine 1982 und Benhamin u. Estrin 1983).

4.1 Vermittlung, Wegelenkung

Eine **Vermittlung** *(switching)*, **Wegelenkung** *(routing)* oder ein **Routingverfahren** ist prinzipiell bei allen Netzen Voraussetzung dafür, daß ein Teilnehmer - im einfachsten Fall sequentiell nacheinander - mit jeweils anderen Teilnehmern kommunizieren kann. Die anschließende Darstellung des Vermittlungsproblems und entsprechender Lösungsstrategien ist in folgender Weise untergliedert:

- In 4.1.1 werden einige Spezialfälle beschrieben, bei denen durch Einschränkungen der Netztopologie das Wegelenkungsproblem vereinfacht werden kann.
- In 4.1.2 wird das Vermittlungsproblem in voller Allgemeinheit vorgestellt. Anforderungen an Routingverfahren werden formuliert und gegeneinandergestellt.
- 4.1.3 enthält übersichtsartig eine grobe Klassifikation von Wegelenkungsverfahren.
- In 4.1.4 werden einfache Routingverfahren beschrieben.
- In 4.1.5 werden abschließend eine ganze Reihe komplexerer Routingverfahren kurz vorgestellt und in ihren jeweiligen Vor- und Nachteilen diskutiert.

Auch wenn mit der Entstehung von Datagramm- und Paketnetzen die Überlegungen und Forschungsarbeiten zur Optimierung von Wegelenkungsverfahren intensiviert wurden - das Problem ist nicht erst im Zusammenhang mit dem Aufbau von Rechnernetzen entstanden: In allen großen Telefonnetzen wurden nach und nach Routingverfahren integriert, die eine weitgehend dynamische Anpassung des Netzes an die Wünsche, bzw. Aufträge seiner Benutzer erlauben. Bei verbindungsorientierten Netzen, z. B. dem analogen Telefonnetz oder auch digitalen Paketnetzen, ist eine Wegeentscheidung nur einmal beim Aufbau der Verbindung zu treffen. Bei verbindungslosen Netzen für eine Punkt-zu-Punkt-Kommunikation dagegen ist für jedes übergebene Datagramm eine neue Routenwahl vorzunehmen.

4.1.1 Vereinfachte Wegelenkung für spezielle Topologien

Im folgenden wird an einigen Beispielen demonstriert, wie durch geeignete Einschränkungen der Netztopologie das Wegelenkungsproblem drastisch vereinfacht werden kann oder gar vollständig entfällt. Obwohl diese Beispiele zur allgemeinen Lösung der Vermittlungsproblematik wenig beitragen, werden sie hier vorangestellt, weil es sich dabei um teilweise sehr weit verbreitete Netztopologien handelt.

Stern. Sternförmige Netze (vgl. Abb. 4-1(a)) bildeten lange Zeit die einzige beherrschbare Netztopologie. Sternförmige Terminalnetze standen am Beginn der Entwicklung der meisten Herstellernetze (vgl. 6.1.2).

Charakteristisch für diese Topologie ist, daß die Teilnehmer in den Sternzacken über keine eigene (Vermittlungs-) Intelligenz verfügen müssen. Jede Verbindung zu einem anderen Teilnehmer läuft über den Mittelpunkt des Sterns. Dieser besteht aus einem entsprechend leistungsfähigen Rechner: In der Regel bietet dieser nicht nur Vermittlungsdienste, sondern kontrolliert zentral alle Aktivitäten der angeschlossenen Teilnehmer.

Das Vermittlungsproblem reduziert sich bei einem Stern darauf, daß der zentrale Rechner

- bei eingehenden Vermittlungswünschen (Datagrammen, Nachrichten, Verbindungsaufbauanforderungen etc.) den gewünschten Adressaten erkennt,
- die entsprechende Verbindungsleitung auswählt und
- den Vermittlungswunsch ausführt, sofern dies gerade möglich ist.

Die charakteristische starke Zentralisierung dieser Topologie ermöglicht das skizzierte einfache Vermittlungsverfahren. Sie stellt aber andererseits auch den größten Nachteil von sternförmigen Netzen dar: Bei Ausfall des zentralen Knotens ist keinerlei Kommunikation mehr möglich!

Vollständige Vernetzung. Wenn jeder Teilnehmer mit jedem anderen durch eine direkte Leitung verbunden ist, wird die Vermittlung als Netzfunktion überflüssig: Die zu übertragenden Nachrichten können auf der entsprechenden Verbindung unmittelbar verschickt werden.

Bereits an dem sehr kleinen Beipiel aus Abb. 4-1(b) ist zu erkennen, daß bei einer vollständigen Vernetzung die notwendige Anzahl von Verbindungen in Abhängigkeit von der Zahl der angeschlossenen Teilnehmer rasch ansteigt: Für ein Netz mit n Teilnehmern benötigt man bei einer vollständigen Vernetzung

$$\sum_{i=1}^{n-1} i = (1+2+3+\ldots+ n-1) = (n-1)*n/2$$

Verbindungen, da bei der Erweiterung eines vollständigen Netzes mit n Teilnehmern um einen weiteren genau n zusätzliche Verbindungen notwendig werden, um die Vollständigkeit zu erhalten.

Es gibt Anwendungsbeispiele, in denen eine solche vollständige Vernetzung erforderlich ist, um Vermittlungszeiten einzusparen. Man denke etwa an eine Prozeßautomatisierung zur Steuerung einer Walzstraße, bei der vom Produktionsprozeß vorgegebene Realzeitbedingungen unbedingt eingehalten werden müssen. Im allgemeinen jedoch ist es meistens nicht notwendig, daß jeder Teilnehmer gleichzeitig mit einer beliebigen Anzahl anderer kommunizieren können muß. Eine vollständige Vernetzung ist allein unter Kostenaspekten nur in Ausnahmefällen denkbar: Wegen der vielen, bei allen Teilnehmern benötigten Leitungsanschlüsse wie auch wegen der großen Zahl von Leitungen ist ein vollständiges Netz nur in Spezialfällen, bei kleinen Entfernungen und auch dann nur für eine sehr beschränkte Anzahl von Teilnehmern effektiv realisierbar.

Bus. Busartige Verbindungen sind das technische Rückgrat einer wichtigen Klasse von lokalen Netzen (vgl. 5.2.2). Bei Fernnetzen ist diese Art der Netztopologie nicht anwendbar. Die Vermittlung bei einem busförmigen Netz (vgl. Abb. 4-1(c)) wird in Analogie zur Übertragung auf dem Bus eines Rechnersystems gelöst: Jede Nachricht erreicht über den Bus physikalisch alle angeschlossenen Teilnehmer. Diese sind intelligent genug, um sich anhand der in jeder Nachricht enthaltenen Adresse aus dem Datenstrom auf dem Bus nur das auszusuchen, was für sie selbst bestimmt ist.

Unmittelbare Konsequenz dieser Architektur ist die Forderung nach einer sehr hohen Übertragungskapazität auf dem zentralen Bus, da dieser sonst leicht zu einem Flaschenhals für den Verkehr zwischen den angeschlossenen Stationen wird.

Ein Wegelenkungsalgorithmus ist überflüssig: Es sind keine Entscheidungen über Wegealternativen zu fällen, da jede Nachricht über den einen Bus zu seinem Empfänger und gleichzeitig zu allen anderen Teilnehmern transportiert wird.

Dafür stellt sich hier aber ein neues Problem: Es können nicht gleichzeitig mehrere Nachrichten auf einem Bus transportiert werden. Ursprünglich wurden Bussysteme nur zur Erledigung der Ein-/Ausgabeoperationen im Auftrag und unter Kontrolle eines zentralen Prozessors eingesetzt. Wenn an einen Bus aber gleichberechtigte, räumlich verteilte Stationen angeschlossen werden, so ist eine Synchronisation zur Vergabe des Senderechts zwischen allen Teilnehmerstationen notwendig. Unterschiedliche Lösungsstrategien für dieses Problem werden in 5.4 vorgestellt.

Ring. Bei einem ringförmigen Zusammenschluß aller Teilnehmer eines Netzes (vgl. Abb. 4-1(d)) ist im einfachsten Fall auch keine Wegeentscheidung notwendig: Wenn der Datentransport im Ring einseitig ist, d. h. immer in der gleichen Richtung erfolgt (im Uhrzeigersinn oder gegenläufig), dann schickt jeder Teilnehmer alle seine Nachrichten nur auf der einen Ausgangsleitung ab. Die Folge der auf dem Ring weiterzuleitenden Nachrichten wird von jedem angeschlossenen Teilnehmer auf an ihn adressierte Daten durchsucht; diese können daraufhin entnommen und/oder quittiert werden (vgl. 5.2.3).

Ein gravierender Nachteil dieses sehr einfachen Konzepts liegt darin, daß beim Ausfall eines Teilnehmers oder einer Verbindungsstrecke durchschnittlich die Hälfte aller potentiellen Transportwünsche nicht mehr erfüllt werden kann.

Eine naheliegende Verbesserung dieser Störungsanfälligkeit besteht darin, den Nachrichtentransport im Ring in beiden Richtungen zu ermöglichen. Dann kann

- abhängig von einer Routingentscheidung jeweils der kürzere Weg zum Adressaten gewählt werden,
- aus Sicherheitsgründen jede Nachricht in beiden Richtungen verschickt werden.

Um den Ausfall eines Teilnehmers oder einer Verbindungsstrecke in seinen Auswirkungen auf das unvermeidliche Minimum einschränken zu können, muß

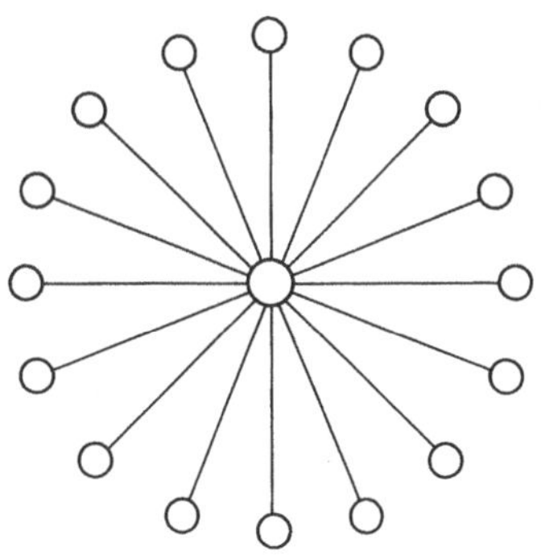

a) Stern

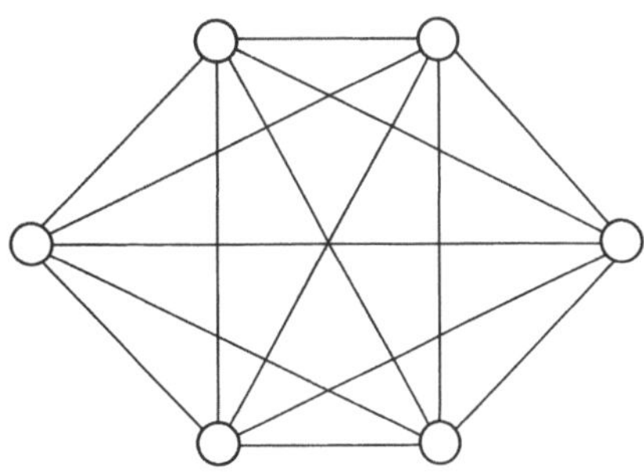

b) Vollständige Vernetzung

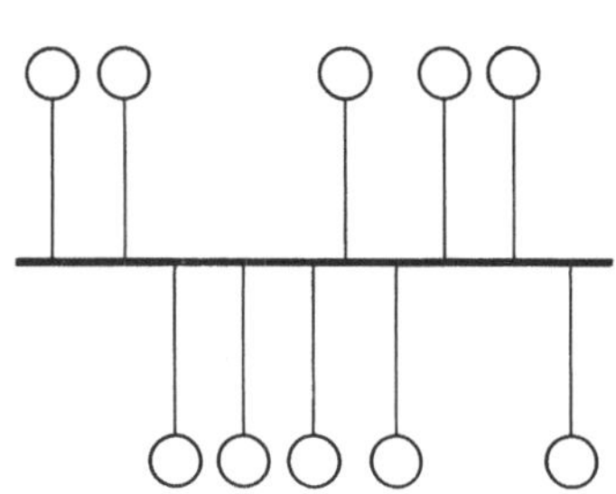

c) Bus

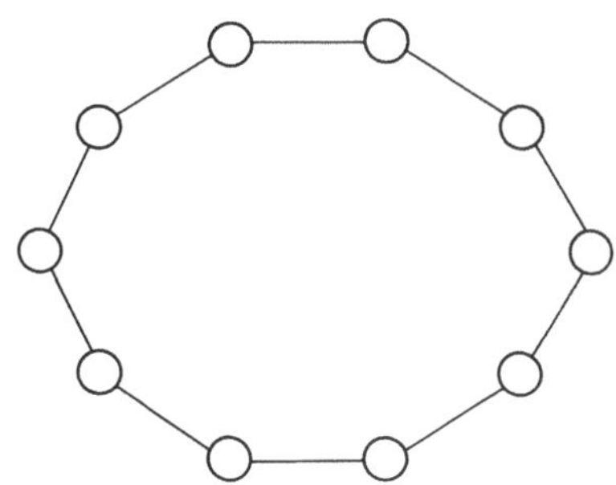

d) Ring

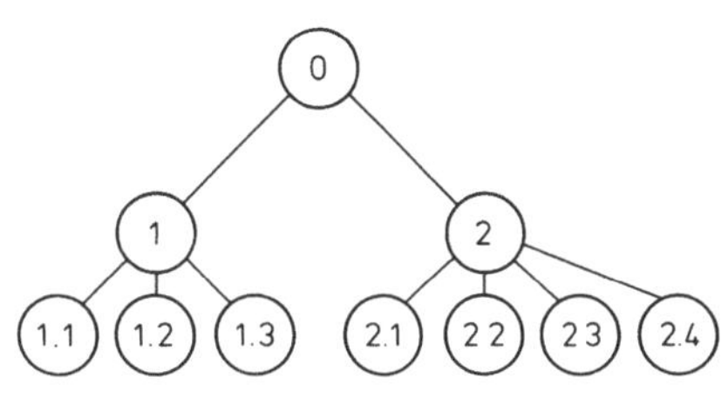

e) Baum

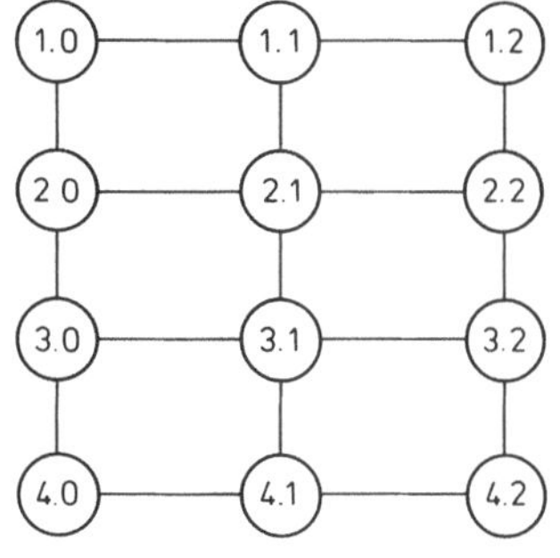

f) Matrix

Abb. 4-1 a–f. Ausgezeichnete Netztopologien, die zu sehr einfachen Wegelenkungsalgorithmen führen

- im ersten Fall die zu treffende Richtungsentscheidung dynamisch von Ausfallsituationen beeinflußbar sein,
- im zweiten Fall jeder Adressat beim Eintreffen einer Nachricht in der Lage sein zu erkennen, ob es sich dabei um eine neue Übertragung oder das Duplikat einer schon vorher, auf dem schnelleren Weg, erhaltenen Nachricht handelt (vgl. 3.6.2).

Baum. Bei einer baumförmigen Knotenanordnung und einer entsprechenden Knotenbenennung (vgl. Abb. 4-1(e)) kann bei einer Wegewahl die Tatsache genutzt werden, daß es zwischen je zwei Knoten des Baums genau einen Verbindungsweg gibt. Bei einer Benennung der Knoten wie in Abb. 4-1(e) oder einer logisch äquivalenten können Vermittlungsentscheidungen lokal in jedem Zwischenknoten allein anhand der Empfängeradresse getroffen werden.

Matrix. Ähnlich wie bei einer baumförmigen Anordnung kann auch bei einer matrixartigen Topologie (vgl. Abb. 4-2(f)) aus dem Namen des Adressaten alle notwendige Information für eine lokal zu treffende Wegeentscheidung abgeleitet werden: Mit Ausnahme von unmittelbar benachbarten Knoten gibt es zwischen Sender und Empfänger jeweils mehrere gleich lange Wege, von denen einer ausgewählt werden kann. In die Entscheidung kann zusätzliche, lokal verfügbare Information über diese Alternativwege einbezogen werden

4.1.2 Anforderungen an Wegelenkungsverfahren

Die zunächst rein militärisch motivierte Entwicklung der Speichervermittlungstechnik verfolgte als primäres Ziel eine Erhöhung der Zuverlässigkeit und Verfügbarkeit von Übertragungsdiensten (vgl. 6.1.4) bei möglichst gleichzeitiger Verbilligung (vgl. 6.2). Aus diesen globalen Zielen bei der Entwicklung der Pakettechnik resultieren unmittelbar die folgenden Anforderungen an Wegelenkungsverfahren:

- Einschränkende Voraussetzungen an die Netztopologie sind nicht akzeptabel. Bei Planung und Inbetriebnahme eines Netzes mögen gewisse Einschränkungen noch durchsetzbar erscheinen; die späteren Wachstumstendenzen und -notwendigkeiten werden aber von so vielen Faktoren beeinflußt, daß die resultierenden Entwicklungswünsche im allgemeinen nicht mehr in einen früher fixierten, restriktiven Rahmen passen.
- Die angestrebte höhere Ausfallsicherheit von Paketnetzen sowie die gewünschte Verbilligung der Datenübertragung wird umso weitgehender einzulösen sein, je flexibler und sensibler die Wegelenkung auf Ereignisse wie Leitungs- und Knotenausfall, Stausituationen etc. adäquat reagiert.
- Ein allgemeines Routingzentrum im Netz oder in Teilnetzen, das für die Einrichtung oder gar während der gesamten Dauer einer Kommunikationsbeziehung benötigt wird, stellt einen Flaschenhals dar und ist allein schon unter dem Aspekt der Ausfallsicherheit problematisch. (Zum Beispiel trägt SNA noch heute schwer an diesem Erbe seiner zentralistischen Vergangenheit!)

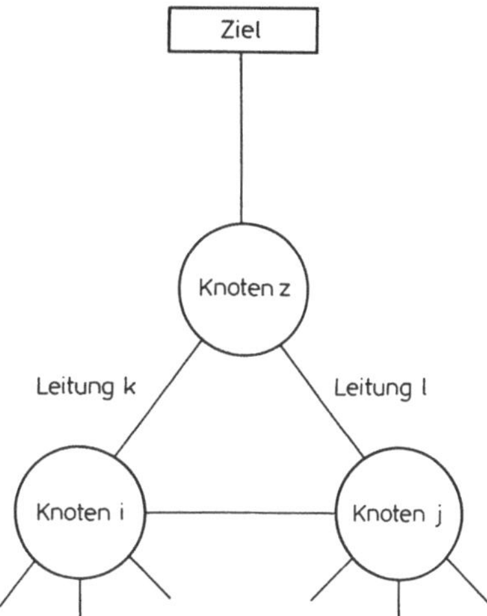

Abb. 4-2. Skizze eines Netzausschnitts zur korrekten Zustellung von Datagrammen an einen erreichbaren Zielknoten

Diese Aufzählung enthält eine Zusammenstellung einiger Randbedingungen für den Entwurf von Wegelenkungsalgorithmen. Sie liefert aber noch keine Kriterien, um z. B. die Qualität zweier Routingverfahren vergleichen zu können. Dazu müssen möglichst quantitativ nachprüfbare Anforderungen aufgestellt werden, so daß auch experimentell gemessen werden kann, inwieweit unterschiedliche Verfahren den formulierten Zielen gerecht werden.

Die folgende Diskussion von unverzichtbaren, bzw. wünschenswerten Anforderungen an Wegelenkungsverfahren soll belegen, daß allein schon die Formulierung derartiger Zielsetzungen eine schwierige, höchst widersprüchliche Aufgabe darstellt.

Schon die selbstverständlich erscheinende Forderung nach Korrektheit erweist sich bei näherem Hinsehen als nicht trivial: Was soll unter der Korrektheit eines Routingverfahrens verstanden werden?

Eine notwendige Bedingung ist sicherlich: Jede zustellbare Nachricht soll durch ein Wegelenkungsverfahren dem Adressaten auch tatsächlich zugestellt werden. Dabei meint die Voraussetzung der Zustellbarkeit, daß es mindestens eine intakte Netzverbindung zwischen Quelle und Ziel der Nachricht geben muß. Durch diese Einschränkung werden Fälle ausgeschlossen, wo durch Leitungs- oder Knotenfehler Teile des Netzes nicht mehr erreichbar sind.

Selbst diese scheinbar defensiv formulierte, auch nur notwendige Bedingung kann von Routingalgorithmen in komplexen Netzen unter den geforderten Realzeitbedingungen kaum erfüllt werden: Wenn z. B. in Abb. 4-2 ein Datagramm dem Zielknoten z zugestellt werden soll und periodisch alternierend die beiden möglichen Zuleitungen k und l ausfallen, so kann es leicht vorkommen, daß dieses Datagramm in gleicher Periode zwischen den Knoten i und j hin und her geschickt wird und sein Ziel nicht erreicht.

Allgemein können nur Wahrscheinlichkeitsaussagen etwa folgender Art gemacht werden: X% aller zustellbaren Nachrichten werden korrekt abgeliefert.

Natürlich soll ein Wegelenkungsverfahren Nachrichten nicht nur korrekt zustellen, sondern es soll die dazu notwendigen Entscheidungen auch in optimaler Weise treffen. Was könnten aber dabei anwendbare Optimierungskriterien sein?

Aus Sicht der Teilnehmer ist sicher neben der korrekten Übertragung ihrer Daten die Minimierung der End-zu-End-Transportzeit das wichtigste Optimierungskriterium. Die Transportzeit einer Nachricht auf unterschiedlichen Wegen zum gleichen Ziel wird aber von so vielen Faktoren beeinflußt (vgl. 3.4), daß es nicht möglich ist, sie für Routingentscheidungen in allen Knoten auszuwerten:

- Die dazu notwendigen Berechnungen sind bei relevanten Netzen viel zu umfangreich, als daß sie bei jeder Wegeentscheidung ausgeführt werden könnten.
- Die Speicherung der dazu erforderlichen netzweiten Daten setzte einen entsprechenden Knotenausbau voraus und führte zu einer Verteuerung aller Netzknoten.
- Der für die Aktualisierung dieser Netzdaten erforderliche, unproduktive Datentransport führte zu einer erheblichen Belastung des Netzes.
- Zusätzlich besteht das prinzipielle Problem, daß der Zustand von Warteschlangen und Leitungen sich im allgemeinen so schnell ändert, daß entsprechende Angaben zum Zeitpunkt des Eintreffens in einem entfernten Knoten bereits wieder veraltet sein können.

Unter der Voraussetzung einer gleichen Übertragungskapazität für alle Knoten/Knoten-Verbindungen wird häufig als Maß für die Verzögerung die Anzahl der Zwischenknoten auf der jeweiligen End-zu-End-Verbindung von einem Teilnehmer zum anderen genommen. Auch dabei handelt es sich nicht um eine vollkommen statische Zuordnung: Z. B. kann sich durch Knoten- oder Leitungsausfälle auch diese Größe ändern. Derartige Fehler sollten aber nur selten auftreten, so daß sie unter Optimierungsaspekten entweder vernachlässigbar sind oder in diesen Fällen auch ein zusätzlicher, netzinterner Datenaustausch tolerierbar erscheint.

Aus Sicht des Netzbetreibers ist ein anderes denkbares Optimierungskriterium für die Wegelenkung eine Maximierung des Netzdurchsatzes, d.h. die Maximierung der Menge aller vom Netz akzeptierten und bei den Adressaten zugestellten Nachrichten.

Ein Routingverfahren muß robust sein. In der üblichen Bedeutung von Softwarerobustheit besagt diese Forderung zunächst, daß der Algorithmus unter möglichst geringen Einschränkungen (im nicht erreichbaren Idealfall: unter allen Umständen) seine Aufgabe erfüllt.

In der Praxis ist die Einsatzumgebung eines Wegelenkungsalgorithmus im Rahmen eines großen Netzes nie stabil: Neue Teilnehmeranschlüsse werden eingerichtet, alte verändert oder abgebaut; Netzknoten oder Leitungen zu ihnen fallen aus oder melden sich nach entsprechender Instandsetzung wieder zurück; die angeschlossenen Teilnehmer haben aus der Sicht des Netzes ein nicht vorhersehbares Verhalten; schließlich weist das Netz selbst eine gewisse Dynamik auf: Neue Knoten werden in Betrieb genommen, alte stillgelegt, Knotenverbindungen neu eingerichtet oder verändert.

Und unter allen diesen Umständen soll ein Routingalgorithmus stabil arbeiten und schnell richtige sowie optimale Entscheidungen treffen - ein in voller Allgemeinheit kaum lösbares Problem!

Ein Beispiel für einander widersprechende Anforderungen sind die harmlos klingende Forderung nach fairer, gleicher Behandlung aller Teilnehmer und die oben erwähnte Maximierung des Netzdurchsatzes. Man stelle sich zu diesem Zweck eine Netzkonfiguration wie in Abb. 4-3 vor:

- Über die Verbindung zwischen Netzknoten 1 und 2 werde gerade eine Datenbank von A nach B übertragen. Diese ist umfangreich genug, um die Kapazität der Leitung zwischen 1 und 2 für einige Zeit zu belegen.
- Wenn zwischenzeitlich von X nach Y eine kurze Anfrage übertragen werden soll und dazu ebenfalls die eine, bereits ausgelastete Strecke zwischen 1 und 2 benötigt wird, liegt ein Konflikt vor:
- Aus Netzsicht wäre es am einfachsten, zunächst den Massendatentransport von A nach B abzuschließen und sich erst dann wieder um einschlägige Wünsche anderer Teilnehmer zu kümmern.
- Aus der Sicht von X und Y wird eine derartige „Optimierung" vermutlich keine Zustimmung finden, weil auch sie ihre Kommunikationswünsche umgehend erfüllt sehen möchten.
- Sehr zugespitzt kann sich der beschriebene Konflikt stellen, wenn Netzbetreiber und Teilnehmer unterschiedliche juristische Personen sind: Der Betreiber nimmt während der Zeit der Übertragung von A nach B maximale Gebühren ein. Bei welcher Wartezeit vermutet er die Schmerzgrenze bei den Teilnehmern X und Y?

Bei dem beschriebenen Widerspruch handelt es sich nur um ein Beispiel. Bei den unten skizzierten Routingverfahren treten weitere Fälle derartiger, einander aus-

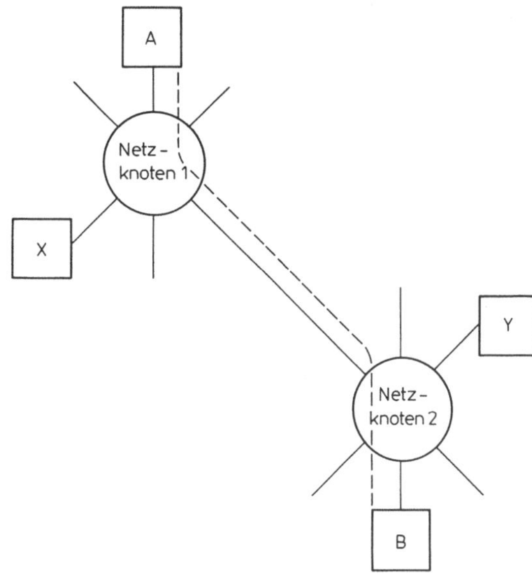

Abb. 4-3. Skizze eines Netzausschnitts zum Konflikt zwischen Fairneß und Optimalität

schließender, aber gleichermaßen erstrebenswerter Zielsetzungen auf. Festzuhalten bleibt, daß die Anforderungen an Wegelenkungsverfahren so vielschichtig, schwer fixierbar und widersprüchlich sind, daß eine Bewertung und der Vergleich unterschiedlicher Algorithmen derzeit in allgemeiner Form nicht möglich sind. Die künftige Entwicklung wird zeigen, ob es gelingt, allgemeingültige Kriterien und damit auch Bewertungsverfahren für solche Vermittlungstechniken zu entwickeln.

4.1.3 Klassifikation von Routingstrategien

Routingverfahren können grob unterteilt werden in einerseits **statische** oder **nichtadaptive** und andererseits **dynamische** oder **adaptive** Strategien. (Die Originalbezeichnungen sind identisch; Adaption bedeutet etwa „Anpassung“ - hier also an veränderte Netzsituationen.)

Nichtadaptive Verfahren. Eine nichtadaptive Wegelenkung liegt vor, wenn Routingentscheidungen statisch, im allgemeinen per Generierung entsprechender Wegelenkungstabellen, vorgegeben werden. Bei der Aufstellung solcher Tabellen können unter anderem berücksichtigt werden:

- die Zahl und Lage der Netzknoten,
- die zwischen diesen vorhandenen Leitungen sowie deren möglicherweise unterschiedliche Kapazität,
- Annahmen oder Kenntnisse über den zu erwartenden Datenfluß, d.h. die Lage der Quellen und Senken sowie die Mengen der jeweils zwischen diesen zu transportierenden Daten, und
- unterschiedliche Prioritäten für die Netzteilnehmer.

Die Bezeichnung statisch, bzw. nichtadaptiv geht darauf zurück, daß in die Wegeentscheidung nur statische Information über das Netz einbezogen wird. Der zum Zeitpunkt der Wegeentscheidung im Netz aktuell herrschende Zustand, wie z.B. der Ausfall eines Knotens oder eine vielleicht nur kurzfristige, vorübergehende Überlastung einer bestimmten Leitung, wird vom Routingalgorithmus nicht berücksichtigt: Die Wegelenkung paßt sich nicht selbständig den Veränderungen der Netzsituation an.

Beispiele für nichtadaptive Routingverfahren werden in 4.1.4 beschrieben.

Adaptive Verfahren. Eine adaptive Wegelenkung liegt vor, wenn in die zu treffenden Routingentscheidungen zusätzlich zu den oben genannten, statisch bekannten Kriterien aktuelle Kenntnisse über den Zustand des Netzes eingehen. In diesem Zusammenhang sind unter anderem folgende Fakten relevant:

- der Ausfall von Leitungen und Netzknoten,
- die Kenntnis entsprechender alternativer Wege unter Umgehung betroffener Netzregionen,

- der aktuelle Auslastungsgrad von Leitungen und
- die Länge der Warteschlangen vor den einzelnen Ausgangsleitungen in den Netzknoten.

Logische Voraussetzung für die Berücksichtigung solcher Faktoren ist natürlich, daß die entsprechenden Daten erfaßt und dorthin transportiert werden, wo sie für Routingentscheidungen verwendet werden sollen.

Beispiele für adaptive Routingverfahren werden in 4.1.5 beschrieben.

Um die teuere Übertragungskapazität des Netzes nur zu einem möglichst geringen Teil für Zwecke der Netzverwaltung verwenden zu müssen, liegt es nahe, einfache Adaptionsverfahren zu entwickeln, die keinen oder doch nur einen sehr geringen Datentransport verursachen. Realisieren läßt sich dieses Ziel z. B. dadurch, daß allein lokale Informationen in die Wegeentscheidungen einbezogen werden. Entsprechend wird bei adaptierenden Verfahren die folgende Unterscheidung getroffen:

- **Lokale Adaption** *(isolated adaptive routing):* Dabei wird nur die in jedem Knoten lokal verfügbare Information im Rahmen des Routingverfahrens ausgewertet. Sie umfaßt: den Zustand der bei diesem Knoten endenden Leitungen, die Länge der jeweiligen Warteschlangen vor diesen Leitungen, die Kenntnis des Ausfalls von Nachbarknoten etc.
- **Globale Adaption** *(distributed adaptive routing):* Dabei kann prinzipiell jede Kenntnis über den globalen Zustand des Netzes bei der Vermittlung genutzt werden. Die Verbreitung der auszuwertenden Information im Netz bindet einen Teil der Übertragungskapazität für unproduktive Zwecke. Daneben ist zu berücksichtigen, daß die Information über den Zustand in einem weitentfernten Teil des Netzes zum Zeitpunkt ihres Empfangs bereits veraltet sein kann.

Bei den heute verfügbaren Netzprodukten und existierenden Netzen werden überwiegend rein statische Wegelenkungsverfahren eingesetzt. Teils wird eine statische Informationsbasis zumindest mit lokal erfaßten Adaptionsdaten kombiniert. Eine globale Adaption ist in produktiven Netzen nur selten, bzw. nur in sehr eingeschränkter Form zu finden.

4.1.4 Einfache Routingverfahren

In der Folge werden einige einfache Wegelenkungsverfahren beschrieben. Es handelt sich dabei zum Teil um sehr primitive Verfahren, die hier nicht wegen ihrer praktischen Bedeutung in realen Netzen aufgeführt sind. Von Interesse sind diese Verfahren,

- weil an diesen Primitivstrategien grundlegende Techniken demonstriert werden, die bei komplexeren Verfahren in modifizierter Form erneut auftreten, und
- weil sie Vergleichskandidaten sind, an denen die Qualität von komplizierteren Strategien auch quantitativ gemessen werden kann.

Zufallssteuerung. Das Prinzip der Zufallssteuerung *(random routing)* ist sehr einfach:

- Für jedes - bei einem Knoten eingehende - Datagramm wird zunächst geprüft, ob es an seinem Zielknoten angekommen ist, d.h. ob die Zieladresse ein an diesen Knoten angeschlossener Teilnehmer ist.
- Falls ja, wird das Datagramm diesem zugestellt.
- Falls nein, wählt der Knoten zufällig einen seiner Nachbarknoten aus und schickt das Datagramm dorthin weiter.

Im Ergebnis einer solchen zufallsgesteuerten Wegelenkung können für einzelne Datagramme beliebige Zyklen oder Zickzackwege im Netz resultieren. Es lassen sich unmittelbar einige Modifikationen dieser Zufallssteuerung angeben, die eine stärkere Zielorientierung ermöglichen:

- Bei der zufälligen Auswahl des weiteren Weges wird die Verbindung ausgeschlossen, auf dem das Datagramm den Knoten erreicht hat. Dadurch wird der mit gewisser Wahrscheinlichkeit mögliche Effekt vermieden, daß ein Datagramm zwischen zwei Nachbarknoten einige Male hin und her geschickt wird (Ping-Pong-Effekt).
- Anstelle einer rein zufälligen Auswahl des Weiterwegs können die Datagramme reihum, in fester Reihenfolge auf alle Knotenverbindungen verteilt werden. Dadurch ist eher eine Gleichverteilung der Datagramme gewährleistet, Stausituationen werden unwahrscheinlicher.
- Um ein beliebig langes „Umherirren" einzelner Nachrichtenteile im Netz zu vermeiden, werden alle Datagramme mit einem **Knotenzähler** *(hop counter)* ausgestattet: Dessen Wert wird anfangs mit einer netzabhängigen Konstante initialisiert; in jedem erreichten Knoten wird der Zähler um Eins heruntergezählt; wenn er Null erreicht, kann das Datagramm vernichtet werden.

Der Vorteil der Zufallssteuerung liegt in ihrer großen Einfachheit und der Robustheit des Verfahrens, das zweifellos auch sehr kompakt realisiert werden kann. Offensichtlich erreichen Pakete bei einer solchen Zufallssteuerung ihr Ziel nur mit einer gewissen Wahrscheinlichkeit, die - abhängig von der Netztopologie - deutlich kleiner als 1 ist. Das Verfahren ist insgesamt nur von theoretischem Interesse und aus Gründen der Vollständigkeit hier aufgeführt.

Überflutung. Das in gewisser Hinsicht der Zufallssteuerung entgegengesetzte Verfahren ist die Überflutung *(flooding):*

- Jedes bei einem Knoten eingehende Datagramm wird vervielfältigt und auf allen Verbindungswegen weitergeleitet, solange es noch nicht bei seinem Zielknoten angekommen ist.
- Natürlich kann dabei der Weg ausgelassen werden, auf dem es eingegangen ist, weil der Knoten an dessen Ende vorher schon Duplikate auf allen seinen Knotenverbindungen verschickt hat.

Der Hauptnachteil des Verfahrens, der schon in seiner Benennung anklingt, liegt in der enormen „Flut“ von Paketen, die dabei erzeugt werden. Um diese Flut nicht ohne Grenzen anschwellen zu lassen, wird es immer kombiniert mit den bei der Zufallssteuerung bereits eingeführten Knotenzählern. Diese können als Anfangswert entweder die maximale Weglänge im gesamten Netz erhalten oder - abhängig von Quelle, Ziel und Netztopolgie - mit der Minimalzahl von Zwischenknoten für diese Kommunikationsbeziehung initialisiert werden. (Letztere Möglichkeit setzt entsprechende Kenntnisse in allen Netzknoten voraus!)

Trotz seiner Primitivität hat das Überflutungsverfahren einige bemerkenswerte positive Eigenschaften und ist sogar von gewissem praktischen Interesse:

- Ein gravierender Vorteil des Verfahrens liegt darin, daß mindestens ein Paket den Adressaten auf dem kürzesten und/oder schnellsten Weg erreicht.

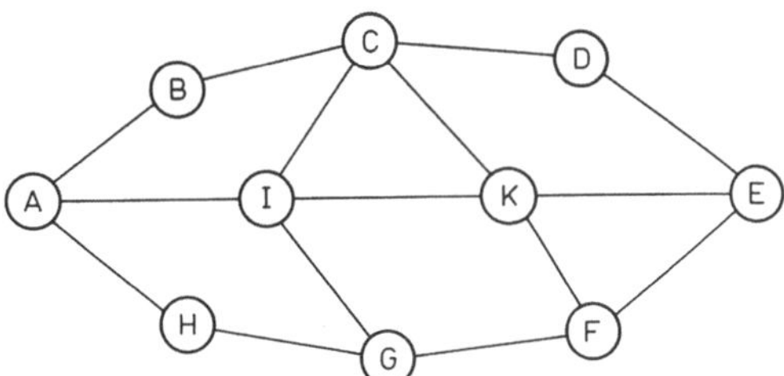

a) Skizze eines Beispielnetzes

Zielknoten	nächster Knoten
A	B
B	B
D	D
E	D
F	K
G	I
H	I
I	I
K	K

b) Wegetabelle für Knoten C

Zielknoten	1. Wahl nächster Knoten	2. Wahl nächster Knoten	3 Wahl nächster Knoten
B	B	I	H
C	B	I	H
D	B	I	H
E	I	B	H
F	I	H	B
G	H	I	B
H	H	I	B
I	I	H	B
K	I	B	H

c) Wegetabelle für Knoten A mit Alternativwegen

	1. Wahl		2. Wahl		3. Wahl	
	Wichtungsfaktor	nächster Knoten	Wichtungsfaktor	nächster Knoten	Wichtungsfaktor	nächster Knoten
A	0,45	B	0,45	I	0,10	K
B	0,66	B	0,25	I	0,09	K
D	0,66	D	0,25	K	0,09	I
E	0,45	D	0,45	K	0,10	I
F	0,60	K	0,20	D	0,20	I
G	0,60	I	0,20	B	0,20	K
H	0,40	B	0,40	I	0,20	K
I	0,70	I	0,25	K	0,05	B
K	0,70	K	0,25	I	0,05	D

d) Wegetabelle für Knoten C mit gewichteten Alternativen

Abb. 4-4 a–d. Netzbeispiel zur Wegelenkung mithilfe von Wegetabellen

- Abgesehen von dem Mehraufwand, der in den einzelnen Knoten durch die Vervielfältigung der Datagramme entsteht, kann es also kein „besseres" Routingverfahren geben. Aus diesem Grund bietet sich die Überflutung als Bezugsverfahren für den Vergleich und die Bewertung von Wegelenkungsverfahren an.
- Das Verfahren ist konzeptionell sehr einfach und enorm robust. Selbst sehr rasche Veränderungen der Netztopologie beeinträchtigen seine Funktion nicht. Speziell diese Eigenschaft macht die Überflutung zu einem hervorragenden Kandidaten für militärische Einsatzfälle.

Statische Wegetabellen. Der Einsatz von **Wegetabellen, Wegtafeln** oder **Wegelenkungstabellen** *(routing table)* für Routingentscheidungen wird in Abb. 4-4 demonstriert:

- In jedem Netzknoten existiert eine Wegetabelle, die für alle möglichen Zielknoten den Nachbarknoten angibt, zu dem ein dorthin zu beförderndes Datagramm weiterzuleiten ist. Für das Netz aus Abb. 4-4(a) ist eine denkbare Wegtabelle für Knoten C in Abb. 4-4(b) wiedergegeben.
- Um eine gleichmäßige Auslastung des Netzes zu gewährleisten, kann das Verfahren so modifiziert werden, daß der Verkehr zu einem bestimmten Zielknoten entsprechend einer gewünschten Gewichtung auf unterschiedliche Wegalternativen aufgeteilt wird. Die Wegetabelle wird also so erweitert, daß Wegalternativen in zusätzlichen Spalten der Tabelle untergebracht werden, unter denen zufallsgesteuert gewichtet ausgewählt werden kann.
- In Abb. 4-4(d) ist eine solche Erweiterung der Wegetabelle aus Abb. 4-4(b) vorgenommen. Die Entscheidung über die Weiterleitung eines Datagramms verläuft dabei in folgenden Schritten:
  - Der gewünschte Zielknoten liefert die Auswahl der entsprechenden Tabellenzeile.
  - Ein Zufallszahlengenerator erzeugt eine Zufallszahl y zwischen 0 und 1.
  - Anhand des Werts von y wird die Entscheidung zwischen den Wegalternativen getroffen: Ein Datagramm mit dem Zielknoten F wird z. B.
    - für $0{,}00 \leq y < 0{,}60$ nach K,
    - für $0{,}60 \leq y < 0{,}80$ nach D und
    - für $0{,}80 \leq y \leq 1{,}00$ nach I

    weitergeleitet.

Es ist ersichtlich, wie bei der Festlegung der Gewichtungsfaktoren die Lage der Knoten, eine eventuell unterschiedliche Leistungsfähigkeit einzelner Knotenverbindungen und andere statische Kenntnisse des Netzverkehrs berücksichtigt werden können.

Derartige statische Wegetabellen werden in vielen Netzen verwendet. Das Verfahren ist konzeptionell einfach: Es erfordert keine langwierigen Berechnungen für eine Wegentscheidung, sondern nur eine effizient implementierbare Tabellensuche. Statisch bekannte oder angenommene Gegebenheiten können bei der Aufstellung der Tabellen berücksichtigt werden. Bei Veränderungen der Netztopologie müssen entsprechende Strategien entwickelt werden, um konsistent auf die neu in Betrieb zu nehmenden Tabellen umzuschalten - ein Problem, das bei permanent in Betrieb befindlichen Netzen besonderer Berücksichtigung bedarf (vgl. 4.4.1).

Der zentrale Nachteil bei der Verwendung statischer Wegetabellen liegt darin, daß sie sich dynamisch nicht auf neue Netzsituationen einstellen. Entsprechend erweiterte Einsatzmöglichkeiten von Wegetabellen werden unter anderem im folgenden Abschnitt dargestellt.

4.1.5 Komplexe Routingverfahren

Im folgenden werden eine Reihe von Adaptionsverfahren skizziert. Wie in 4.1.3 beschrieben, zeichnen sich adaptive Routingverfahren dadurch aus, daß Information über den aktuellen Netzzustand in Wegentscheidungen einbezogen wird. In der Regel wird dabei eine statische Netzbeschreibung mit dynamischer Zustandsinformation kombiniert. Nachfolgend liegt der Schwerpunkt auf der Darstellung der eigentlichen Adaption; eine Gesamtdarstellung adaptierender Routingverfahren, d.h. insbesondere von Bewertungsfunktionen, nach denen statische und dynamische Information zusammengesetzt und gewichtet werden, ist nicht bezweckt.

Dynamisch veränderliche Wegetabellen. Das oben beschriebene Wegelenkungsverfahren mit Hilfe von statischen Wegetabellen läßt sich ohne viel Mühe so erweitern, daß eine - zumindest lokale - Adaption ermöglicht wird. Ein einfaches Beispiel dafür ist in Abb. 4-4(c) enthalten. Diese Tabelle kann für Routingentscheidungen im Knoten A in folgender Weise verwendet werden:

- Der gewünschte Zielknoten steuert die Auswahl der Tabellenzeile.
- Im Normalfall wird als nächster Knoten der Nachbarknoten der 1. Wahl ausgesucht.
- Wenn der in der ersten Spalte angegebene nächste Knoten ausgefallen oder die Leitung dorthin verstopft ist, wird der Knoten der 2. Wahl genommen.

Wie in Abb. 4-4(c) bereits angedeutet, können auch weitere Alternativen vorgesehen sein. Eine Kombination der für die Tabelle in Abb. 4-4(d) beschriebenen statischen Verkehrsverteilung mit der hier erfolgten Einbeziehung des lokal vorhandenen Wissens über den Ausfall von Nachbarknoten oder der Leitungen dorthin ist leicht vorstellbar. Desgleichen können zusätzlich Kenntnisse über den Auslastungsgrad der Leitungen, die Länge der Warteschlangen vor den Ausgängen u. ä. in ein derartiges, auf Wegetabellen basierendes Adaptionsverfahren einbezogen werden.

Im SITA-Netz (vgl. 6.1.5) wird ein solches Verfahren eingesetzt (vgl. Brandt und Chretien 1972): Jeder Knoten enthält neben der Wegetabelle für den Normalfall eine ganze Reihe von Alternativtabellen: Immer wenn eine wichtige Netzkomponente (Knoten, Leitung) ausgefallen ist, wird die entsprechende Ersatzwegetafel verwendet. Der Ausfall einer solchen Komponente wird von einem der Nachbarn bemerkt und allen anderen Knoten mitgeteilt, so daß anschließend eine veränderte Wegelenkung erfolgt. Problematisch ist bei dieser Lösung, daß die Anzahl der zu speichernden alternativen Wegetafeln mit wachsender Netzgröße sehr schnell ansteigt; dies gilt umso mehr, falls der Ausfall mehrerer Komponenten ebenfalls berücksichtigt werden soll.

Rückwärtslernen. Die zentrale Idee bei der Strategie des Rückwärtslernens *(backward learning)* liegt darin, daß jeder Knoten aus dem bisherigen Weg der von ihm weiterzuleitenden Datagramme Information ableiten kann, die bei ihm ein in etwa aktuelles Abbild des Netzes entstehen lassen.

Die einfachste Realisierungsmöglichkeit besteht darin, daß alle Datagramme neben der Adresse des Quellknotens einen Knotenzähler enthalten. Der Knotenzähler wird in jedem beim Transport passierten Knoten um 1 erhöht. Diese Information kann von allen Knoten in folgender Weise ausgewertet werden:

- Ein eingehendes Paket, dessen Knotenzähler den Wert 1 hat, stammt von dem Nachbarknoten am anderen Ende der Verbindungsstrecke, auf der das Paket eingegangen ist.
- Durch Speicherung aller Quellknoten, des Abstands zu ihnen und der entsprechenden Knotenverbindung „lernt" jeder Knoten nach und nach das gesamte Netz kennen.
- Sobald ein Datagramm eintrifft, dessen Knotenzähler einen geringeren Wert hat als für seinen Absender bisher eingetragen, wird diese Verbesserung anstelle der alten Verbindung gespeichert.

Das Verfahren funktioniert nach einer Einschwingphase sehr gut, um Verbesserungen allmählich zu registrieren. Selbst ein Ausbau des Netzes (neue Knoten, neue Knotenverbindungen) ist auf diese Weise „erlernbar". Leider hat das Verfahren in der beschriebenen Form einen ganz gravierenden Nachteil: Verschlechterungen in der Netztopologie werden nicht registriert! Insbesondere der Ausfall von Knoten oder Leitungen wird nicht „gelernt", da entsprechend umgeleitete Datagramme mit einem höheren Knotenzählerwert eintreffen und somit keine Veränderung der lokalen Netzsicht eines Knotens bewirken: Die Knoten erkennen nur „gute" Nachrichten, die zu einem schnelleren Transport führen als bisher bekannt.

Es gibt einige Ansätze, um diesen Nachteil auszugleichen. Eine sehr einfache Strategie besteht darin, daß jeder Knoten von Zeit zu Zeit all sein bisheriges Wissen vergessen muß und gänzlich neu beginnt, die Netztopologie zu erlernen. Bei einem anderen Vorschlag wird die lokale Adaption des Rückwärtslernens mit der globalen Information in einer Routingzentrale des Netzes kombiniert (vgl. Delta-Routing in Rudin 1976 und Simon u. Danet 1979).

Das Heiße-Kartoffel-Verfahren. Das Verfahren mit diesem sehr bildhaften Namen basiert auf dem Konzept, daß jeder Knoten die weiterzuleitenden Datagramme als „heiße Kartoffeln" ansieht, die er so schnell wie irgend möglich wieder loszuwerden versucht. (Der etwas lange Name ist eine direkte Übersetzung der Originalbezeichnung *hot potatoe routing.*) In der krassesten Ausprägung läßt sich dies so realisieren, daß jeder Knoten ein weiterzuleitendes Datagramm in die kürzeste Ausgabewarteschlange vor einer seiner Verbindungsleitungen einreiht - unabhängig davon, zu welchem Knoten diese Leitung gerade führt.

Da dieses Verfahren zu beliebigen Umwegen für einzelne Datagramme führen kann, wird in der Regel die folgende Strategie mit einer stärkeren Zielorientierung eingesetzt:

- Für jeden Zielknoten sind alle oder auch nur einige Ausgangsleitungen linear geordnet bewertet. Diese Bewertung kann auf der Basis von Wegetabellen erfolgen (vgl. die Bewertung unterschiedlicher Wegealternativen in Abb. 4-4(c)); sie kann aber z. B. auch auf dem bisherigen Resultat eines Rückwärtslernens basieren.
- Die aktuelle Auswahl unter den verschiedenen, mehr oder weniger direkt zum gewünschten Ziel führenden Wegalternativen erfolgt nach dem Heiße-Kartoffel-Verfahren: Die statische Bewertung der Ausgangsleitungen wird kombiniert mit einer Gewichtung der aktuellen Warteschlangen vor den relevanten Ausgängen.
- Auf der Basis beider Komponenten wird jeweils die Routingentscheidung getroffen.

Das Heiße-Kartoffel-Verfahren bringt für den einzelnen Teilnehmer die Gefahr mit sich, daß die lokale Minimierung der Knotenverweilzeiten zu einer Verlängerung der netzglobalen Transportzeit führen kann. Ein noch viel ernsterer Nachteil dieses Verfahren liegt darin, daß Lastsituationen nahezu zwangsläufig zu Blockaden des gesamten Netzes führen: Es werden selbst dann noch Datagramme entgegengenommen, wenn der direkte Weg zum Ziel bereits verstopft ist!

In Jolly u. Adams 1978 werden gute Simulationsergebnisse mit der folgenden Verfeinerung des Heiße-Kartoffel-Verfahrens berichtet:

- Für jede Ausgangsleitung wird eine maximale Länge der Ausgabewarteschlange festgelegt. Nach Erreichen dieses Grenzwerts wird für diese Verbindung kein Datagramm mehr angenommen.
- Beim vorletzten Knoten dürfen keine Umwege mehr begonnen werden; notfalls müssen Datagramme dort so lange zwischengespeichert werden, bis die direkte Leitung zum Zielknoten wieder frei wird.

Globale Adaption. Eine globale Adaption, d. h. die Einbeziehung der relevanten Information über den Zustand des gesamten Netzwerks in Wegentscheidungen, setzt entweder eine Routingzentrale im Netz voraus (vgl. die nachfolgend beschriebene zentrale Adaption), oder diese Information muß nach und nach unter den Netzknoten verbreitet werden.

Eine im ARPA-Netz (vgl. 6.1.5) schon früh entwickelte Technik sieht vor, daß in regelmäßigen Abständen (im Takt von ca. 0,7 s) zwischen benachbarten Knoten Tabellen mit Transportzeiten zu allen Zielknoten ausgetauscht werden. Auf der Basis der so erhaltenen Information kann jeder Knoten dann seine eigene Transportzeittabelle aktualisieren.

Dieses Verfahren wird in Abb. 4-5 anhand eines Ausschnitts aus einem größeren Netzwerk demonstriert:

- Der Netzausschnitt ist in Abb. 4-5(a) skizziert.
- Der Knoten D steht über drei Leitungen mit den Nachbarknoten A, C und E in Kontakt.
- In Abb. 4-5(b) sind Transportzeittabellen beschrieben, die von A, C und E an D geschickt werden. Die eingetragenen Werte sind als Transportzeiten in ms zu lesen.

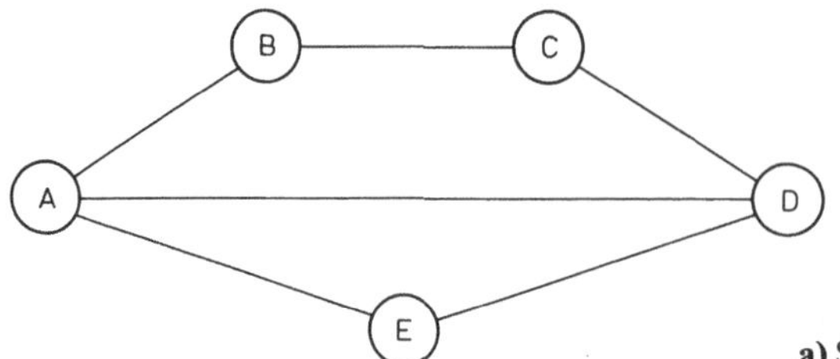

a) Skizze eines Netzes oder Netzausschnitts

Zielknoten \ von Knoten	A	C	E
A	-	49	10
B	9	30	26
C	52	-	24
D	21	11	12
E	12	24	-

b) Beispiele für bei D eingehende Transportzeittabellen der Nachbarknoten

Zielknoten	Transportzeit	über Knoten
A	26	A
B	51	C
C	16	C
E	8	E

c) Alte Tabelle bei D

Zielknoten	Transportzeit	über Knoten
A	18	E
B	27	A
C	16	C
E	8	E

d) Neue Tabelle bei D

Abb. 4-5 a–d. Demonstration eines globalen Adaptionsverfahrens zur Wegelenkung

- Die Transportzeittabelle in D (vgl. Abb. 4-5(c)) kann daraufhin unter Nutzung des aktuellen Wissens aus den eingetroffenen Tabellen neu berechnet werden (vgl. Abb. 4-5(d)).
- Für das Beispiel des Zielknotens A ergibt sich in Abb. 4-5(d) eine Transportzeit von 18 ms, weil
  - der Transport von D nach E entsprechend 4-5(c) 8 ms dauert,
  - der Transport von E nach A entsprechend der in D neu eingegangenen Tabelle 10 ms dauert,
  - beide Verzögerungen sich nur zu 18 ms summieren, im Gegensatz zu den 26 ms bei direkter Übertragung von D nach A entsprechend 4-5(c).

Der erste Nachteil dieses oder eines vergleichbaren Verfahrens (vgl. z. B. RCNET - Technische Beschreibung 1979) ist darin zu sehen, daß für den Austausch der Verzögerungszeiten zwischen Nachbarknoten ein Teil der Netzkapazität unproduktiv für die interne Verwaltung des Netzes verwendet wird. Diese Konsequenz ist aber bei allen nicht ausschließlich lokalen Adaptionsverfahren unvermeidlich und kann quantitativ nur im konkreten Fall den dadurch erzielbaren Vorteilen gegenübergestellt werden.

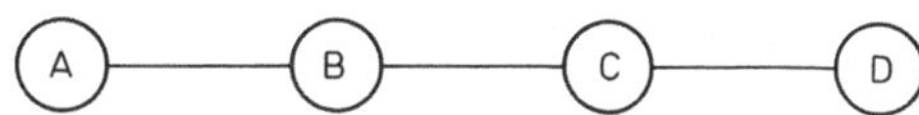

a) Betrachteter Netzausschnitt

in Knoten	B	über Knoten	C	über Knoten	D	über Knoten
⋮	⋮	⋮	⋮	⋮	⋮	⋮
zu Knoten A	1	A	2	B	3	C
⋮	⋮	⋮	⋮	⋮	⋮	⋮

b) Ausschnitt aus den Wegetabellen zum Zeitpunkt t

in Knoten	B	über Knoten	C	über Knoten	D	über Knoten
⋮	⋮	⋮	⋮	⋮	⋮	⋮
zu Knoten A	3	C	4	D	3	C
⋮	⋮	⋮	⋮	⋮	⋮	⋮

c) Ausschnitt aus den Wegetabellen zum Zeitpunkt t + p

Abb. 4-6 a–c. Beispiel für die langsame Ausbreitung von schlechten Nachrichten bei adaptiven Verfahren und resultierende Fehlentscheidungen

Ein gravierendes dem Verfahren innewohnendes Problem liegt darin, daß auch diese Wegelenkungsstrategie auf positive Nachrichten sehr direkt und prompt reagiert - eine adäquate Reaktion auf Verschlechterungen im Netz aber nur verzögert erfolgt. (Dieses Phänomen war bereits beim Rückwärtslernen aufgetreten.) In Abb. 4-6 wird diese Eigenschaft an einem Beispiel demonstriert:

- Es zeigt als Randfall oder Ausschnitt eines vermaschten Netzes eine lineare Folge von vier Knoten (Abb. 4-6(a)).
- Zur Vereinfachung sei angenommen, daß der Austausch der Wegetabellen im gesamten Netz einheitlich getaktet mit einer Periode p erfolgt.
- In Abb. 4-6(b) sind für einen Zeitpunkt t jeweils die Ausschnitte der Wegetabellen in den Knoten B, C und D wiedergegeben, die den Weg zu A beschreiben. Die Zeiteinheit der eingesetzten Verzögerungszeiten ist unerheblich; die Anfangswerte entsprechen gerade der Anzahl von Zwischenknoten bis zum Ziel.
- Es sei angenommen, daß im Verlaufe der Taktperiode nach t ein so erheblicher Verkehr zwischen B und A entsteht, daß die Verzögerungszeit auf 5 gesetzt werden muß. Nach dem nächsten allgemeinen Austausch der Verzögerungstabellen zum Zeitpunkt t + p ergibt sich die in Abb. 4-6(c) wiedergegebene paradoxe Situation:
  - Knoten B weiß, daß der von ihm aus direkte und einzige Weg zu A 5 Zeiteinheiten dauert.

- Aus der von C erhaltenen Verzögerungstabelle lernt B, daß es von C einen Weg zu A mit nur 2 Zeiteinheiten Verzögerung gibt; also zieht B die Konsequenz, daß es besser ist, die Pakete über C zu A zu schicken.
- Einem ähnlichen Irrtum unterliegt C: Dieser Knoten erfährt die Verlangsamung des Weges nach A über B auf 5 Zeiteinheiten aus der Verzögerungstabelle, die ihm von B geschickt wird. Gleichzeitig meldet D nur eine Verzögerung von 3 Einheiten zum Knoten A. Also verschickt C ab sofort seine Pakete nach A über den Knoten D.

An diesem Beispiel ist deutlich zu erkennen, daß die schrittweise Verbreitung der Kenntis über die Verschlechterung des bislang besten Weges nur sehr langsam wieder zu einem stabilen Zustand führt. In der Zwischenzeit werden die Pakete für A in chaotischer Weise zwischen den vier Knoten hin und her geschickt.

Ein Ansatz, das geschilderte Problem zu lösen, besteht darin, eine Verschlechterung des bisher besten Weges nicht unmittelbar zum Anlaß zu nehmen, nach Alternativwegen zu suchen, sondern diese Verschlechterung zu übernehmen und so lange zu warten, bis sich die entsprechende Kenntnis in der gesamten Nachbarschaft verbreitet hat. Ein solches Verfahren würde die in Abb. 4-6 beschriebene Fehlreaktion verhindern. Zentrales Problem bei dieser Lösung ist natürlich eine adäquate Fixierung der Wartezeit *(hold down time,* vgl. MacQuillan 1974 und Naylor 1975*)*.

Das anhand von Abb. 4-6 beschriebene Problem entsteht letztlich dadurch, daß die einzelnen Knoten keine Kenntnis von der globalen Topologie des Netzes haben; insbesondere weiß der Knoten B in Abb. 4-6(c) nicht, daß der von C gemeldete Weg zu A über ihn selbst verläuft. Es liegt also nahe, diese Schwierigkeit dadurch zu umgehen, daß die einzelnen Knoten doch mit einer zumindest rudimentären Kenntnis der Netztopologie ausgestattet werden. Dadurch handelt man sich jedoch andere Probleme ein:

- Die lokal benötigten Daten über die Netztopologie müssen wie die Wegetabellen oder als Teil von ihnen bei Inbetriebnahme eines Knotens geladen werden.
- Die Kenntnis der Netztopologie muß durch entsprechende Nachrichten im Netz aktuell gehalten werden.
- Damit steht dieser Lösungsansatz im Widerspruch zu den oben zitierten globalen Zielen von Wegelenkungsverfahren: Entscheidungen sollen möglichst lokal getroffen werden können, um den Datentransport für die interne Netzverwaltung zu minimieren.

Hier wird die Diskussion derartiger Modifikationen nicht fortgeführt. Der interessierte Leser sei verwiesen auf z. B. Fultz 1972, Frank et al. 1972, Chu 1978, Segall 1979 sowie die Beschreibung des seit 1979 im ARPA-Netz eingesetzten Routingverfahrens in MacQuillan et al. 1980.

Zentrale Wegelenkung. Die bisher vorgestellten, adaptiven Wegelenkungsverfahren belegen bereits hinreichend, daß die inhärent widersprüchlichen Zielsetzungen von Routingverfahren keine einfachen und vor allem auch keine offensichtlich besten Lösungen gestatten. Es liegt also nahe, einen grundlegend verschiedenen Ansatz zu versuchen: Die Problematik, daß die in jedem Knoten vorhandene Information über den Netzzustand nur sehr bruchstückhaft und eventuell nicht mehr auf dem neuesten Stand sein kann, läßt sich am einfachsten bei einer zentralen Wegelenkung vermeiden.

Eine **Routingzentrale** *(routing control center,* RCC*)* besteht aus einem zusätzlichen Rechner oder einer entsprechenden Erweiterung eines Netzknotens. Ein solches Wegelenkungszentrum sollte sich tatsächlich an zentraler Stelle im Netz befinden, damit es von allen Knoten aus möglichst gleich schnell erreichbar ist. Die Knoten melden dem Routingzentrum entweder in periodischen Abständen oder nur bei wichtigen Veränderungen die bei ihnen lokal entstehende, für Wegentscheidungen relevante Information.

Die Vorteile eines zentralen Routingzentrums liegen nach der bisherigen Diskussion auf der Hand:

- Wegelenkungsentscheidungen werden zentral in Auswertung aller verfügbaren, globalen Netzinformation getroffen; sie können nach festzulegenden Kriterien netzglobal optimiert werden. Die Gefahr, daß eine lokale Optimierung im Widerspruch zu globalen Zielsetzungen getroffen wird, kann mit Sicherheit vermieden werden.
- Den meisten lokalisierten Routingverfahren liegen Annahmen oder Erfahrungen über zu erwartende und zu bewältigende Netzsituationen zugrunde, die aus pragmatischen Gründen nur einen Teil der theoretisch möglichen Fälle abdecken. Bei zentraler Steuerung wird ohne Verlust an Effizienz für einen weitergehenden Teil der möglichen Fälle noch eine adäquate Reaktion erfolgen können.
- Der Preis für die Hard- und Software eines zentralen Routingzentrums entsteht nur einmal, bzw. zweimal, wenn der notwendige Ersatzrechner gleich mitkalkuliert wird (vgl. 4.3.2). Mit Ausnahme von Mininetzen mit nur zwei bis drei Knoten dürfte der Preis für separate Routingzentren niedriger liegen als der Ausbau jedes Netzknotens für die Realisierung von dezentralen Routingverfahren.

Auf der anderen Seite stehen die folgenden Nachteile oder zu lösenden Probleme:

- Die Wege für die relevante Information über das Netz vom Erfassungsort zum Routingzentrum können lang sein. Die Transportzeit zur Wegelenkungszentrale ist im Vergleich zu den Zeitspannen, in denen sich radikale Veränderungen der Verkehrssituation ergeben können, nicht vernachlässigbar. Das Problem der schnellen Überalterung von Netzdaten stellt sich bei einem Routingzentrum aber noch schärfer als bei verteilter Wegelenkung. Gemildert werden kann dieses Problem durch eine geeignete Netztopologie, z. B. durch die Forderung, daß jeder Knoten direkt mit der Wegelenkungszentrale verbunden sein soll.
- Die Kommunikation zwischen den Knoten und einem Routingzentrum bindet einen Teil der Transportkapazität für unproduktive Verwaltungszwecke. Wie das Verhältnis zwischen dieser Kommunikation und den Kommunikationsanforderungen bei stärker lokalisierten Routingverfahren ist (z. B. beim Austausch von Verzögerungstabellen zwischen benachbarten Knoten), kann allgemein nicht abgeschätzt werden. Nachteilig für das zentrale Verfahren ist bei diesem Vergleich aber, daß dabei eher statistische Rohdaten übertragen werden, die in der Regel immer umfangreicher sind als z. B. eine Tabelle, die aus einem lokal erfolgten Verdichtungslauf resultiert.

- Wenn es aus geographischen und Kostengründen nicht möglich ist, jeden Knoten über eine direkte Leitung mit der Routingzentrale zu verbinden, entstehen einige zusätzliche Schwierigkeiten:
  - Die Knoten und Verbindungen in der Nähe des Zentrums werden durch den dort zusammenfließenden Verkehr wesentlich stärker belastet als die im übrigen Netz.
  - Ein Knoten- oder Leitungsausfall, der einen Teil des Netzes vom Zentrum abtrennt, hat bei einem zentralisierten Routingverfahren erheblich fatalere Konsequenzen als bei lokalen Routingverfahren.
  - Falls die Routingzentrale von Zeit zu Zeit den Knoten aktuelle Information für deren Wegentscheidungen übermittelt (z.B. erneuerte Wegetabellen), dann kommen diese neuen Tafeln bei entfernten Knoten später an als bei den nahegelegenen. Für die Übergangszeit besteht also die Gefahr einer inkonsistenten Wegelenkung im Netz.
- Die Routingzentrale selbst stellt naturgemäß einen gefährlichen Engpaß für die korrekte Funktion des Netzes dar. Zur Sicherung gegen Ausfälle dieses Rechners wird deshalb meist ein zweiter vorgesehen, der im Fehlerfall die Funktion der Zentrale übernehmen kann. Dazu ist also in jedem Fall ein zweiter, eventuell umfangreicher Rechner erforderlich.
- Zwischen den potentiellen Zentralen muß in Realzeit koordiniert werden, wer gerade aktiv die Zentrumsfunktion ausübt. Wenn beide Rechner, z.B. aus Gründen einer höheren Ausfallsicherheit (Leitungsfehler, Stromausfall etc.), nicht am selben Ort aufgestellt sind, entsteht durch diese Abstimmung *(arbitration)* erneut ein unproduktiver Datenverkehr im Netz.

Die bisher beschriebenen Vor- und Nachteile beziehen sich generell auf die Einführung einer für die Produktion notwendigen, zentralen Instanz in ein Netz. Für die Nutzung einer solchen Netzzentrale zu Routingzwecken gibt es unterschiedliche Verfahren, von denen hier nur zwei kurz angedeutet seien:

- Eine adaptive Veränderung von Wegetabellen ist oben in verschiedenen Varianten vorgestellt worden. Natürlich kann diese Aufgabe von einem Routingzentrum unter Einbeziehung aller dort bekannten, aktuellen Netzparameter besser vorgenommen werden als lokal in jedem Knoten. Je umfangreicher die dazu erforderlichen Berechnungen sind, desto mehr werden die Netzknoten entlastet, wenn diese Funktion von einem zentralen Rechner übernommen wird.
- Die weitestgehende Zentralisierung von Routingentscheidungen liegt vor, wenn allein die Routingzentrale Wegentscheidungen trifft. Vorstellbar ist ein solches Konzept nur bei verbindungsorientierten Netzen, denn es wäre wohl kaum sinnvoll, vor der Weiterleitung eines jeden Datagramms erst eine Anfrage an die Routingzentrale zu schicken und deren Antwort abzuwarten. Viele kommerzielle Netze und Netzprodukte arbeiten heute (immer noch?) auf Basis derartig weitgehend zentralisierter Verfahren. (Beispiele dafür sind in Ahuja 1979 und Rajaraman 1978 beschrieben.)

Hierarchisches Routing. Bei größeren Netzen mit Tausenden von Teilnehmern können Wegetabellen, insbesondere wenn jeweils noch mehrere Alternativwege festgelegt sind, eine erhebliche Größe erlangen. Dies ist aus mehreren Gründen nachteilig:

- Wegetabellen sind zur Verkürzung der Zugriffszeiten speicherresident zu halten. Mit steigender Größe der Wegetabellen wird also auch ein zunehmend größerer Speicherausbau in allen Knoten erforderlich.
- In den Wegetabellen muß nach der Zeile des Zielknotens gesucht werden. Bei kürzeren Listen läßt sich eine Suche schneller durchführen als bei Tabellen mit vielen Zeilen.
- Wenn zugunsten irgendeines Adaptionsverfahrens Routingtabellen zwischen Knoten und/oder einer Routingzentrale ausgetauscht werden, hängt die dazu notwendige Transportkapazität ausschließlich von der Größe dieser Tabellen ab.

In der Praxis sind derartig große Netze nur zu beherrschen, wenn sie in logisch disjunkte Teilnetze zerlegt und diese hierarchisch gekoppelt werden: Das Gesamtnetz wird durch Einführung einer oder mehrerer Hierarchieebenen untergliedert; es zerfällt dann z. B. in Regionen, diese sind zusammengesetzt aus Zonen, welche wiederum bestehen aus Knotenansammlungen etc. Im Zusammenhang mit der Strukturierung von Adreßräumen wurde eine solche Hierarchisierung bereits vorgestellt (vgl. 3.2.2).

Eine derartige hierarchische Zusammenfassung wird auch dadurch nahegelegt, daß die Kommunikationswahrscheinlichkeit zwischen verschiedenen Netzteilnehmern nicht gleichverteilt ist: Ähnlich wie beim Telefonnetz gibt es auch bei der Datenübertragung einen überwiegenden Anteil an lokaler Kommunikation; nur ein geringer Teil der Kommunikationsbeziehungen verbindet weit entfernte Teilnehmer über ein großes Netz hinweg.

Unter Routingaspekten stellt ein hierarchisches Netz keine besonderen Anforderungen: Auf jeder Hierarchieebene muß es ein Wegelenkungsverfahren geben. Ob diese gleich oder unterschiedlich sind, ist dabei unwesentlich. Die Einteilung eines konkreten Netzes in ein Anzahl von Teilnetzen und eine Entscheidung, welche Anzahl hierarchischer Ebenen darüber zu errichten ist, stellt dagegen im allgemeinen ein sehr gravierendes Problem dar. Es gibt dazu wissenschaftliche Untersuchungen, in denen dieses Optimierungsproblem akademisch gelöst ist (vgl. Kamoun und Kleinrock 1979). In der Praxis handelt es sich dabei um zentrale Managemententscheidungen beim Aufbau eines Rechnernetzes, bei denen neben technischen Erwägungen auch die gegenwärtige geographische Verteilung der Anschlüsse (Rechner und Terminals), die absehbaren Wachstumstendenzen und vieles mehr zu berücksichtigen sind. Exakte Optimierungsverfahren sind dabei wegen der Vielzahl kombinatorischer Möglichkeiten nicht mehr einsetzbar; eine Rechnerunterstützung für derartige Entscheidungen ist nur durch Approximationsverfahren des Operations Research möglich (vgl. z. B. Neumann 1975).

4.2 Stausituationen und Blockierungen

Speichervermittelte Netze erlauben eine ökonomischere Datenübertragung als leitungsvermittelte Systeme, da sie einen flexibleren Einsatz der Netzbetriebsmittel zur Erfüllung der Übertragungswünsche der Teilnehmer ermöglichen. Der zentrale

Ansatzpunkt zur Realisierung dieser Verbilligung ist die Ausnutzung der Beobachtung, daß die Kommunikation zwischen Teilnehmern eines Rechnernetzes sehr häufig einen unstetigen Verlauf nimmt: Lange Kommunikationspausen werden unterbrochen von Perioden, in denen sehr viele Daten möglichst ohne Verzug übertragen werden sollen. (Im Englischen wird für einen Verkehr mit dieser Charakteristik der Begriff *burst traffic* verwendet.)

Die Konzeption von Speichervermittlungssystemen, die eine flexiblere Betriebsmittelzuordnung als die Leitungsvermittlung erlauben, geht also letztlich zurück auf die Nutzung statistischer Gesetzmäßigkeiten (vgl. 6.2.2). Schon daraus folgt, daß mit einer bestimmten, hoffentlich sehr geringen Wahrscheinlichkeit Stausituationen entstehen können: Wenn alle Netzteilnehmer nahezu gleichzeitig dem Transportsystem lange Paketfolgen übergeben wollen, dann muß dies zwangsläufig zu Problemen führen bei einem Netzkonzept, das aus Kostengründen nur kalkuliert und ausgelegt ist für den sich durchschnittlich ergebenden Verkehr.

Aber auch bereits lokal im Inneren eines Knotens oder zwischen zwei durch eine Leitung verbundenen Knoten kann es zu gegenseitigen Blockierungen kommen, wenn dagegen keine besonderen Vorkehrungen getroffen sind.

Der vorliegende Abschnitt ist dem Problem der Steuerkennung und -reaktion gewidmet und in folgender Weise unterteilt:

- In 4.2.1 wird die Problemstellung bei der Staukontrolle beschrieben.
- In 4.2.2 werden einige Strategien zur Staukontrolle und Vermeidung von Blockierungen vorgestellt.

4.2.1 Problemstellung bei der Staukontrolle

Die allgemeine Problemstellung einer **Stauerkennung** und **Stauvermeidung** *(congestion control)* ist jedem motorisierten Verkehrsteilnehmer bekannt: Ein modernes Straßenverkehrssystem dient dazu, einer großen, d. h. statistisch relevanten Menge von individuellen Verkehrsteilnehmern die Möglichkeit zu geben, sich von den jeweiligen Startpunkten aus zu den gewünschten Zielen zu bewegen. Ein solches Verkehrssystem läßt sich mit einem Speichervermittlungssystem vergleichen: Die Verkehrsteilnehmer entsprechen den Paketen oder Datagrammen, die Netzknoten sind die Straßenkreuzungen oder Abzweigungen, bei denen über den Weiterweg zu entscheiden ist. Im Rahmen dieses Vergleichs ergeben sich auch für die Stauproblematik einige Parallelen:

- Eine in charakteristischer Weise falsche Verkehrslenkung mit fataler Vorfahrtsregelung (Prioritätssteuerung) ist in Abb. 4-7(a) beschrieben: Wenn bei einem Kreisverkehr die einmündenden Fahrzeuge Vorfahrt haben, dann tendiert der Kreisel bei anwachsendem Verkehrsaufkommen dazu, „sich vollzufressen": Der Abfluß der im Kreisel befindlichen Fahrzeuge wird behindert, während der Zufluß noch weiterer Fahrzeuge durch die heute gültige Vorfahrtsregelung weiterhin begünstigt wird.
- Wenn an einem beliebigen Punkt eines Verkehrsweges eine Behinderung oder Blockade z. B. durch einen Verkehrsunfall entsteht, dann breitet sich der dadurch

bedingte Stau entsprechend den Verkehrsregeln, d. h. gemäß der Vorfahrtsregelung aus. In Abb. 4-7(b) ist dies für den Fall einer Rechts-vor-links-Regelung angedeutet.

Ganz ähnliche Phänomene treten bei Rechnernetzen auf, wenn das System zunehmend belastet wird, d. h. dem Transportsystem eine steigende Anzahl zu befördernder Datagramme/Pakete von den aktiven Benutzern übergeben wird und keine besonderen Vorkehrungen gegen Stausituationen getroffen sind. Abbildung 4-8 beschreibt die Entwicklung der beiden zentralen Netzparameter, der Übertragungszeit sowie des Durchsatzes, bei einem unregulierten Netz in Abhängigkeit von der Netzlast:

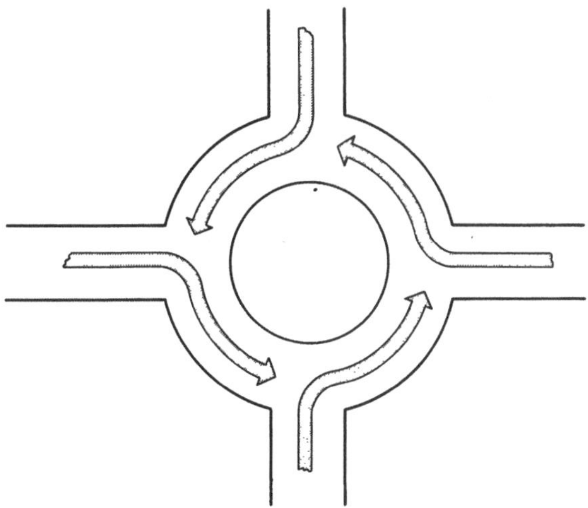

a) Beispiel einer zur Verstopfung tendierenden Verkehrssteuerung

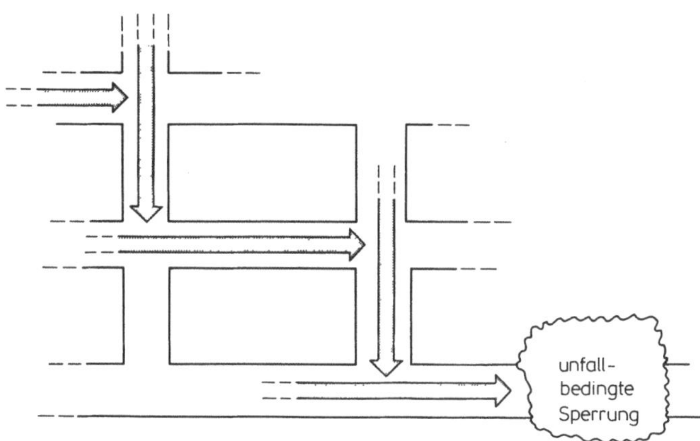

b) Ausbreitung einer Stausituation in einem System von Straßenkreuzungen mit „Rechts-vor links"-Steuerung

Abb. 4-7 a, b. Beispiele für Stausituationen aus dem Straßenverkehr

- Abbildung 4-8(a) enthält die resultierende Übertragungszeit in Abhängigkeit von der Zahl der dem Netz übergebenen Datenpakete oder Datagramme. Es ergibt sich das zu erwartende Resultat einer schnell ansteigenden Transportzeit.
- In Abb. 4-8(b) ist die Rate der abgelieferten Pakete in Abhängigkeit von der Anzahl der vom Netz akzeptierten Pakete aufgetragen. Und hierbei ergibt sich eine für alle Netze charakteristische, aber dennoch überraschende Abhängigkeit:
  - Im Niederlastbereich steigt die Anzahl der abgelieferten Pakete in etwa proportional zur Zahl der dem Netz übergebenen an.
  - Bei Annäherung an die maximale Netzkapazität gibt es ein Maximum; man spricht bei einem Netz in diesem Fall von **Sättigung** *(saturation).*
  - Bei weiterer Steigerung der Netzlast kommt es zu einem Umschlag: Die Zahl der pro Zeiteinheit abgelieferten Pakete steigt nicht weiter an; sie sinkt sogar rasch wieder ab. Es herrscht eine **Stausituation,** auch **Verstopfung** *(congestion)* genannt.
- Dieses Phänomen steht im Widerspruch zu den Erwartungen - deckt sich aber mit unseren Erfahrungen als Verkehrsteilnehmer: Oberhalb einer bestimmten Last herrscht *stop-and-go* oder gänzlich ruhender Verkehr.
- In Ergänzung zu diesem ernüchternden Tatbestand ist in Abb. 4-8(c) in ein identisches Koordinatensystem eingetragen, was einerseits ein theoretisch optimales Verhalten wäre und was an realistisch wünschbarer Abhängigkeit zwischen zu befördernden und abgelieferten Paketen durch eine entsprechende Stauregulierung angestrebt wird.

In 3.6 wurde das Problem der Flußkontrolle behandelt und darauf hingewiesen, daß in der Vergangenheit nicht immer klar zwischen Flußkontrolle und Stauvermeidung unterschieden worden ist. Hier läßt sich nun auch der logische Zusammenhang darstellen: Die Flußkontrolle ist ein lokal und begrenzt wirkender Mechanismus, der verhindern soll, daß es zu Überflutungs- und Stausituationen zwischen zwei Kommunikationsinstanzen (zwei Knoten, zwei Endteilnehmern) oder auf einer Verbindung zwischen ihnen (auf einer Leitung, einer logischen Verbindung etc.) kommt.

Andererseits reicht eine überall eingerichtete und auch funktionierende Flußkontrolle im allgemeinen noch nicht aus, um netzglobal Stausituationen zu vermeiden. Die Flußkontrolle allein sichert eine Stauvermeidung erst dann, wenn bei der Eröffnung einer neuen Kommunikationsbeziehung zwischen zwei Teilnehmern (z. B. bei der Etablierung einer logischen Verbindung) für diesen Zweck exklusiv ausreichende Betriebsmittel reserviert werden. Dies könnte bei einer logischen Verbindung mit einem Flußkontrollfenster der Größe N z. B. dadurch geschehen, daß

- in jedem beteiligten Knoten
- für beide Übertragungsrichtungen
- N Nachrichtenpuffer

exklusiv für diese Verbindung reserviert würden. Logisch entspräche eine solche Betriebsmittelzuordnung genau dem Verfahren bei der Leitungsvermittlung. Wenn aber keine so starre Zuordnung von Betriebsmitteln erfolgt, dann kann es, trotz lokaler Flußregulierung, dadurch zu Stausituationen kommen, daß alle aktiven Teilnehmer des Netzes oder auch nur die an einen Netzknoten angeschlossenen End-

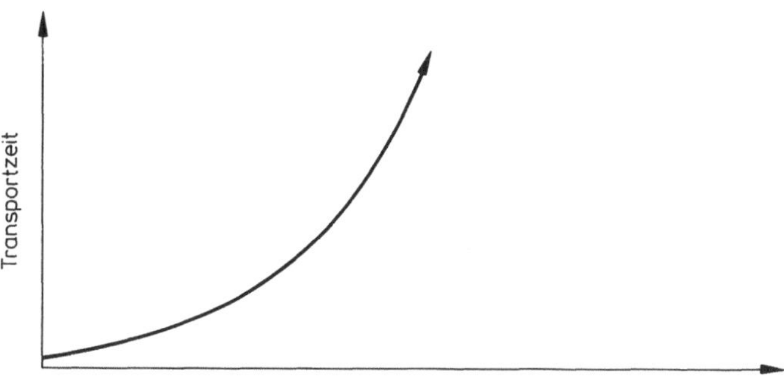

a) Verweildauer der Pakete im Netz in Abhängigkeit von der Netzlast

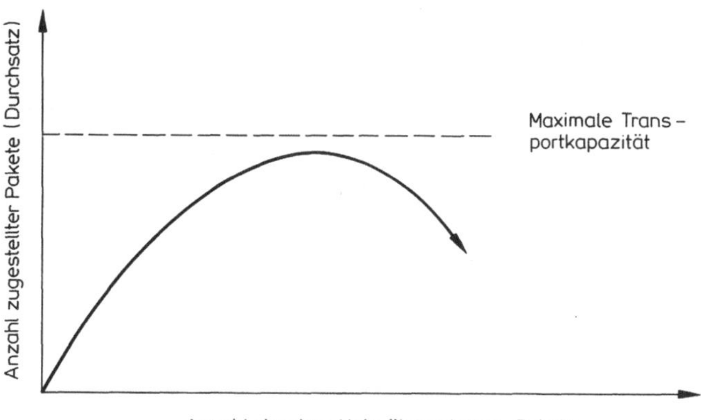

b) Netzdurchsatz in Abhängigkeit von der Netzlast ohne Stauregulierung

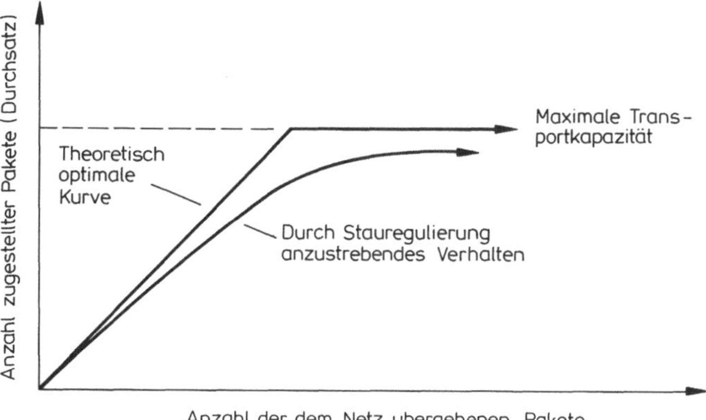

c) Theoretisch optimales und realistisch anzustrebendes Stauverhalten eines Netzes

Abb. 4-8 a-c. Abhängigkeit von Transportzeit und Durchsatz von der Netzlast

teilnehmer nahezu gleichzeitig dem Netz größere Datenmengen übergeben wollen. Neben einer zweifellos notwendigen Flußkontrolle sind also zusätzliche Regulierungen erforderlich, um globale Stausituationen oder auch nur lokale Verstopfungen in einem Netz zu erkennen und adäquat darauf reagieren zu können.

Die Entwicklung von Staukontrollstrategien wird dadurch besonders erschwert, daß bereits die Erkennung und noch mehr die Auflösung von Stausituationen netzglobale Aufgabenstellungen sind, deren Lokalisierung zunächst nicht möglich ist.

Eine zweifellos notwendige Bedingung der Stauvermeidung besteht darin, daß die Gesamtzahl der vom Netz akzeptierten, aber noch nicht vom Empfänger quittierten Pakete/Datagramme nicht größer sein darf als die gesamte Pufferkapazität des Netzes. Diese Bedingung hilft aber aus zwei Gründen bei der Suche nach Lösungen für das Stauproblem nicht weiter:

- Auch wenn diese globale Bedingung immer eingehalten wird, können lokal dennoch Überlastungen einzelner Knoten oder Netzregionen auftreten.
- Die Zahl der in jedem Augenblick gerade beförderten Pakete/Datagramme ist unbekannt. Selbst wenn man versuchen wollte, darüber an beliebiger Stelle des Netzes Buch zu führen, so wäre eine solche Buchführung faktisch immer veraltet. (Bezüglich globaler Routinginformation existiert das gleiche Problem; vgl. 4.1.3.)

Die Anforderungen an eine Staukontrolle sind unmittelbar zu formulieren:

- Sowohl globale wie auch lokale Stausituationen sollen auf der Basis möglichst aktueller Informationen zuverlässig erkannt und durch geeignete Gegenstrategien gedämpft werden.
- Auf Stausituationen sollte nicht erst dann reagiert werden, wenn mangels freiem Pufferplatz nur noch eine Datenvernichtung möglich ist. Wünschenswert ist eine frühzeitige Erkennung der sich anbahnenden Gefahr, um abgestuft reagieren zu können, solange noch ein entsprechender Spielraum besteht.
- Die Reaktion auf die Erkennung einer Stausituation darf nicht darin bestehen, diese zu verstärken, z. B. durch Erzeugung eines sehr heftigen Datenverkehrs in der ohnehin staugefährdeten Netzregion. Das erste Ziel muß darin bestehen, die Ursache der drohenden Verstopfung zu ermitteln und dafür zu sorgen, daß die Quelle der nicht mehr zu bewältigenden Datenlast in ihrer Aktivität gebremst wird.
- Natürlich gelten auch für eine Staureaktion die allgemeinen Ziele eines Netzentwurfs weiter, wie z. B. eine möglichst geringe Verweilzeit der Nachrichten im Netz oder ein weitgehend verlustfreier Datentransport.

4.2.2 Strategien zur Stauvermeidung

Im folgenden Abschnitt werden einige der in der Vergangenheit entwickelten Staukontrollverfahren dargestellt.

Vernichtung von Paketen. Aus Gründen der Vollständigkeit wird diese Art der „Stauregulierung“ kurz diskutiert, obwohl sie natürlich in eklatanter Weise gegen die allgemeinen Ziele für Entwurf und Realisierung eines Netzes verstößt.

In der primitivsten Form gibt es überhaupt keine Stauvorkehrungen; es ist möglich, daß ein einziger oder wenige Teilnehmer mit entsprechenden Übertragungsanforderungen alle Puffer eines Knotens belegen können; jedes danach ankommende Paket/Datagramm wird unquittiert vernichtet:

- Wenn das Transportsystem einen verbindungslosen Dienst anbietet, d.h. es werden Datagramme weggeworfen, sind keine weiteren Vorkehrungen erforderlich: Die Erkennung des Datenverlusts und eine eventuelle Neuübertragung ist in die Verantwortung und das Belieben der kommunizierenden Teilnehmer gestellt.
- Wenn das Transportsystem einen verbindungsorientierten Dienst realisiert, dann ist das unquittiert vernichtete Paket noch anderswo im Transportsystem gespeichert (in der Regel im Knoten am anderen Ende der Eingangsleitung, über die das weggeworfene Paket empfangen wurde). Es wird nach kurzer Zeit erneut übertragen und erst nach mehrmaligen, erfolglosen Übertragungsversuchen wird vermutlich abgebrochen und die Quelle dieser Daten benachrichtigt, daß augenblicklich ihrem Übertragungswunsch nicht entsprochen werden kann.
- Falls im verstopften Knoten eine lokale Müllhalde existiert (vgl. 3.8.3), kann diese zur Archivierung der vernichteten Daten benutzt werden. Eine entfernte Müllhalde kann in der Regel nicht angesteuert werden, weil dadurch in einer ohnehin verstopften Netzregion zusätzlicher Verkehr erzeugt würde.

Eine solche Strategie führt natürlich dazu, daß selbst Pakete/Datagramme, die Quittungen enthalten und somit im verstopften Knoten zur Freigabe von Puffern führen würden, vernichtet werden. Eine etwas intelligentere Verfahrensweise besteht also darin, reine Quittungspakete normal zu verarbeiten und Datenpakete vor der Vernichtung nach beigepackten Quittungen zu durchsuchen (vgl. das in 3.5.6 beschriebene *piggy-packing*). Voraussetzung dafür ist, daß pro Eingangsleitung mindestens ein Puffer reserviert wird, der für eine solche Inspektion genutzt werden kann. Dieser Ansatz leitet aber bereits zu den Stauvermeidungsstrategien im folgenden Abschnitt über, die auf bestimmten Pufferzuordnungen zu Ein- und Ausgangsleitungen beruhen.

Reservierung von Puffern. Eine große Klasse von Staukontrollen basiert darauf, daß die Zuordnung von Nachrichtenpuffern zu den Ausgangsleitungen nicht beliebig, d.h. nach Anforderung, sondern nach einer bestimmten Strategie erfolgt. All diesen Verfahren liegt die zentrale Idee zugrunde, daß eine Stausituation dann vermieden werden kann, wenn gewährleistet ist, daß Pakete mindestens so schnell abfließen wie sie aufgenommen werden. Dazu ist es sicherlich notwendig, daß eine Obergrenze festgelegt wird, bis zu der maximal neue Pakete angenommen werden; alle übrigen Puffer müssen für den Abfluß der bereits akzeptierten und vielleicht schon ein gutes Stück im Netz transportierten Pakete reserviert werden (vgl. *input buffer limit* in Raubold u. Haenle 1976).

Ein einfaches Beispiel für diese Art der Regulierung ist in Abb. 4-9 beschrieben. Wenn keine Staukontrolle vorgenommen wird, kann es leicht vorkommen, daß sich z.B. eine Überlastung eines Knotens entlang den Hauptverbindungslinien schnell

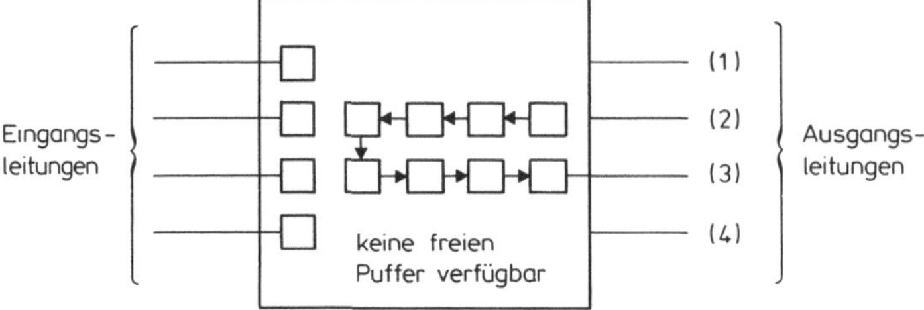

a) Monopolisierung aller Puffer durch die überlastete oder gestörte Leitung 3

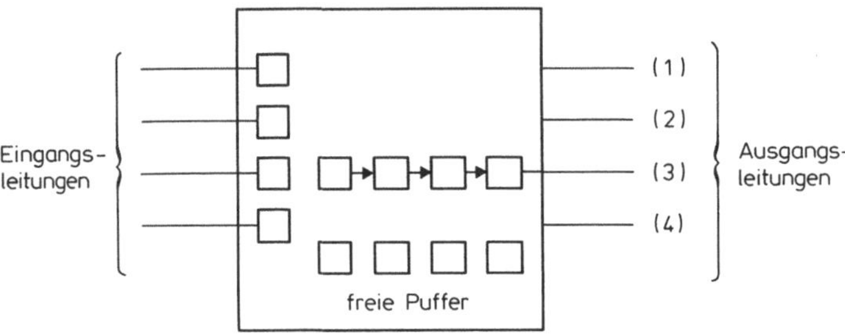

b) Ergebnis der Situation aus (a), wenn jede Ausgabewarteschlangen maximal 4 Puffer umfassen darf

Abb. 4-9 a, b. Beispiel für eine Aufteilung der Puffer auf die Ausgangsleitungen mit und ohne Regulierung

im Netz ausbreitet (vgl. Abb. 4-7(b)). Abbildung 4-9(a) enthält eine schematische Darstellung eines Netzknotens in einer solchen Situation:

- In diesem Knoten stehen insgesamt 12 Puffer zur Verfügung.
- Davon sind entsprechend den oben beschriebenen Überlegungen 4 fest für die Eingangsleitungen reserviert.
- Die verbleibenden 8 Puffer sind alle zu einer Warteschlange vor der gestörten oder überlasteten Ausgangsleitung 3 verknüpft.

Eingehende Pakete, die auf den Ausgangsleitungen 1, 2 oder 4 weiterbefördert werden sollen, können nicht zugestellt werden, obwohl auf diesen kein Verkehr herrscht.

Der Knotendurchsatz wird also erhöht, wenn solche Situationen dadurch verhindert werden, daß eine Obergrenze für die Warteschlangenlänge vor jeder Ausgangsleitung festgesetzt wird. Eine exakte Optimierung des Durchsatzes ist eine Funktion des durchschnittlichen Verkehrs auf allen Leitungen, die bei einem Knoten beginnen oder enden. Eine dynamische Anpassung an die aktuelle Situation ist aufgrund der zu erwartenden sehr schnellen Veränderungen dieses Verkehrs wenig erfolgversprechend.

In Irland 1978 wird für diese Aufteilung die folgende Faustformel abgeleitet:

- Es sei p die Anzahl der Puffer eines Knotens und
- a die Anzahl der Ausgangsleitungen dieses Knotens.

- Man wähle als Obergrenze für die Warteschlangenlänge vor jeder Ausgangsleitung $p/\sqrt{a}$.

In Abb. 4-9(b) ist die Situation aus Abb. 4-9(a) unter Beachtung dieser oberen Schranke von $p/\sqrt{a} = 4$ wiedergegeben.

Im ARPA-Netz wird eine ähnliche Methode verwendet, bei der neben einer solchen Obergrenze jeder Ausgangsleitung zugleich eine Mindestanzahl von Puffern zugeordnet wird (vgl. Kamoun 1976).

Eine derartige Beschränkung der Länge von Warteschlangen kann im allgemeinen natürlich nicht verhindern, daß noch Pakete empfangen werden, die auf einer Ausgangsleitung weiterzuleiten wären, deren Warteschlange bereits voll ist. Es kann sich also immer noch die Notwendigkeit der Vernichtung von Paketen ergeben. Eine Verminderung des dadurch entstehenden Verlusts ist dadurch zu erzielen, daß jeweils das Paket vernichtet wird, das erst den kürzesten Weg hinter sich hat: Dessen erneute Übertragung führt zum geringsten Aufwand im Transportsystem (vgl. Kamoun 1979, Lam u. Reiser 1977 und Schwartz u. Saad 1979).

Isarithmische Staukontrolle. Dabei handelt es sich um eines der ältesten Verfahren zur Stauregulierung. Es wurde im Rahmen der Arbeiten am NPL in Großbritannien entwickelt (vgl. 6.1.4). Ausgangspunkt ist die Bestimmung einer netzglobalen Obergrenze für die Anzahl der Pakete oder Datagramme, die gleichzeitig befördert werden können. Die **isarithmische Stauregulierung** *(isarithmic control;* vgl. Davies 1972, Price 1974, Price 1979*)* verhindert die Annahme von zu vielen Paketen/Datagrammen dezentral durch folgendes Verfahren:

- Es gibt genau so viele „Fahrkarten" *(permits)* im Netz, wie durch die statisch bestimmte Obergrenze der gleichzeitig zu befördernden Pakete/Datagramme festgelegt ist.
- Jedes Paket/Datagramm eines Teilnehmers wird nur dann vom Netz angenommen, wenn es im entsprechenden Quellknoten noch mindestens eine freie Fahrkarte gibt.
- Ein neu akzeptiertes Paket/Datagramm belegt jeweils eine dieser freien Fahrkarten und führt sie bei seinem Transit durch das Transportsystem als belegt mit sich.
- Im Zielknoten wird die belegte Fahrkarte nach Ablieferung des Pakets/Datagramms an den Adressaten wieder frei und kann für die Beförderung neuer Nachrichten verwendet werden.

Die zunächst sehr hübsche Idee der isarithmischen Kontrolle liegt in der dezentral realisierten Beschränkung der maximal zugelassenen Nachrichten im Netz, die nicht einmal einen zusätzlichen Datentransport erfordert. Es ergeben sich jedoch folgende Probleme bei dieser Art der „Paketzählung":

- Die isarithmische Kontrolle gewährleistet nur eine globale Beschränkung der Last. Lokale Überlastungen einzelner Knoten oder Netzregionen können dennoch auftreten.
- Das so weit beschriebene Verfahren funktioniert nur bei einem symmetrischen Datenaustausch. Ansonsten wird es mit Notwendigkeit dazu kommen, daß bei

einigen Quellknoten keine Fahrkarten mehr verfügbar sind, während bei anderen Knoten lokal nicht benötigte Fahrkarten gestapelt sind.

- Da eine solche Symmetrieannahme unrealistisch ist, wird pro Knoten eine Obergrenze von freien Fahrkarten festgelegt und werden überzählige Fahrkarten an andere Knoten verschickt, die (vielleicht) Bedarf an freien Fahrkarten haben. Es entsteht also auch bei dieser Art der Netzregulierung ein Transportbedarf.
- Die Qualität des Verfahrens hängt nahezu ausschließlich davon ab, inwieweit die eingesetzte Strategie zur Verteilung freier Fahrkarten sicherstellt, daß den Kommunikationsbedürfnissen der Teilnehmer ohne größere Wartezeiten auf Fahrkarten entsprochen werden kann.
- Ein letztes Problem ist darin zu sehen, daß verlorengehende Fahrkarten die Gesamtleistung des Netzes herabsetzen, da es kein einfaches Verfahren gibt, während des Betriebs die Anzahl der im Netz vorhandenen Fahrkarten zu zählen.

Kanallastbegrenzung. Dieses Verfahren geht aus von der Überlegung, daß die originäre Ursache für Verstopfungen in der Regel in überlasteten Leitungen liegt; die mangelnde Speicherkapazität in den angrenzenden Knoten ist bereits eine Folge dieser Ursache. Das Verfahren läßt sich wie folgt skizzieren (vgl. Pouzin 1975):

- Jeder Knoten überwacht zyklisch die Auslastung der von ihm ausgehenden Übertragungsleitungen.
- Wenn dabei eine Überschreitung eines festgelegten Schwellwerts (von z.B. 70% der Kanalkapazität) erkannt wird, verschickt der Knoten an den oder die Verursacher der drohenden Überlastung eine entsprechende Warnung *(choke packet).* Die Adressen der verantwortlichen Teilnehmer liegen in Form der Absenderadressen der sich aufstauenden Pakete vor.
- Die so verwarnten Teilnehmer sind verpflichtet, für eine verabredete Periode ihre Datenerzeugung zu drosseln, d.h. weniger Pakete pro Zeiteinheit dem Netz zu übergeben.
- Innerhalb dieser Drosselungsperiode werden weitere eingehende Verwarnungen ignoriert, da mit großer Wahrscheinlichkeit auch noch andere Knoten die sich anbahnende Verstopfung erkannt haben.
- Nach Ablauf der Drosselungsperiode beginnt der verwarnte Teilnehmer, seine Datenerzeugung wieder langsam zu beschleunigen - muß dabei aber auf eventuell erneut eingehende Verwarnungen wieder verabredungsgemäß reagieren.
- Wenn die Leitungsauslastung auch nach Verschickung entsprechender Verwarnungen bei einem Knoten weiter ansteigt, dann muß dieser weitergehende Maßnahmen ergreifen: Er kann z.B. die Überlastung bei seiner Wegewahl berücksichtigen, er kann Pakete für diese Leitung vernichten etc. (Derartig harte Sanktionen sind allein schon deshalb erforderlich, um die Befolgung der verabredeten Drosselung der Datenerzeugung seitens der verwarnten Teilnehmer wahrscheinlicher zu machen.)

Nachteilig an diesem Verfahren ist sicherlich, daß bei einer drohenden Verstopfung zusätzlicher Datenverkehr ensteht. Die Wirksamkeit des Verfahrens hängt von einer guten Abstimmung der erwähnten Parameter aufeinander ab (Festlegung der Lastschwellwerte, Bestimmung der Periode verlangsamten Verkehrs etc.).

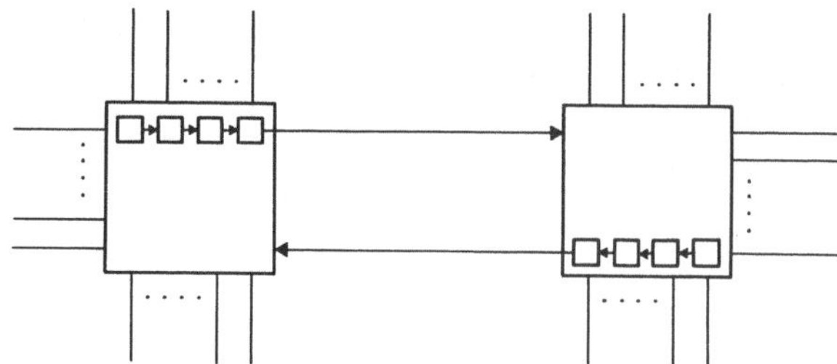

a) Direkte Blockierung zweier Nachbarknoten

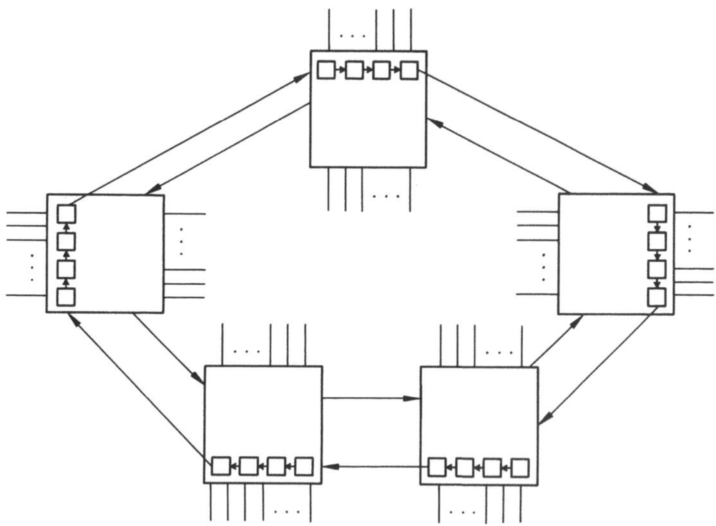

b) Indirekte Blockierung über einen Zyklus von fünf Knoten

Abb. 4-10 a, b. Beispiele für Blockierungen in einem Netz

Verbesserungen des Verfahrens sehen vor, die Verwarnungen an stauverursachende Teilnehmer möglichst bereits lokal von deren Anschlußknoten erteilen zu lassen. Dies könnte dadurch erreicht werden, daß Wegewahl und Staukontrolle logisch aneinander gekoppelt werden und somit auch die Information über drohende oder eingetretene Stausituationen zusammen mit der Routinginformation unter den Netzknoten verbreitet wird.

Blockierung. Ein mit der Stauvermeidung eng zusammenhängendes, aber dennoch separat untersuchbares Problem ist die Vermeidung oder Erkennung von **Blockierungen** *(lockup)*. Abbildung 4-10(a) zeigt ein einfaches Beispiel für eine direkte Blokkierung *(direct store and forward lockup)* zwischen zwei benachbarten Knoten:

- Jeder der beiden Knoten hat 5 Puffer zur Verfügung.
- Die gegenläufigen Übertragungsrichtungen der normalerweise einen Leitung zwischen den Knoten sind getrennt dargestellt.

- In beiden Knoten sind alle Puffer durch Nachrichten belegt, die zum jeweils anderen transportiert werden sollen.
- Da für den Empfang einer Nachricht ein unbelegter Puffer notwendig ist, blockieren sich beide Knoten gegenseitig.

Das dahinterliegende, generelle Problem ist natürlich nicht beschränkt auf den Fall zweier unmittelbar benachbarter Knoten. Dann wäre das Problem lokal erkennbar und auch durch eine geeignete Verständigung zwischen den betroffenen Nachbarn lösbar. Eine Blockierung kann sich auch über einen beliebig großen Zyklus im Netz ergeben *(indirect store and forward lockup).* Eine solche Situation ist in Abb. 4-10(b) skizziert.

Eine einfache Lösung zur Verhinderung einer direkten Blockierung ergibt sich dadurch, daß über eine entsprechende Pufferverwaltung eine Monopolisierung der Puffer verhindert wird (vgl. die oben beschriebene Staukontrolle durch die Reservierung von Puffern). Für die Erkennung und sogar die Vermeidung von indirekten Blockierungen ist in Merlin u. Schweitzer 1980 eine vollständige Lösung angegeben.

4.3 Zuverlässigkeit und Sicherheit

Jeder Nutzer oder Betreiber eines technischen Systems wird naturgemäß daran interessiert sein, daß dieses möglichst zuverlässig und sicher seine Dienste erbringt. Bei einem so komplexen Hardware/Software-Verbund wie einem Datenübertragungsnetz ist es jedoch bei weitem nicht selbstverständlich, was im einzelnen unter diesen Anforderungen zu verstehen ist.

Die nachfolgende Ausführungen sind der Zuverlässigkeit und Sicherheit von Rechnernetzen gewidmet:

- In 4.3.1 wird diskutiert, was unter Zuverlässigkeit und Sicherheit eines Rechnernetzes zu verstehen ist.
- 4.3.2 enthält eine Gegenüberstellung unterschiedlicher Architekturmodelle für Knotenrechner unter dem Aspekt der Ausfallsicherheit.
- In 4.3.3 wird anhand eines konkreten Beispiels die Verfügbarkeit eines End-zu-End-Netzdienstes berechnet.

4.3.1 Problemstellung und Definitionen

Ein beliebiger Teilnehmer eines Netzes wird die ihm angebotenen Vermittlungs- und Übertragungsleistungen so lange als zuverlässig ansehen, wie die von ihm gewünschten Kommunikationspartner erreichbar sind und er seine Kommunikation in erforderlicher Qualität durchführen kann. In der Regel ist für einen einzelnen Teilnehmer aber nur ein kleiner Teil aller potentiell anwählbaren Partner von Interesse. Auch wenn die Kommunikation mit diesen ohne Unterbrechung möglich ist, sagt dies über die Zuverlässigkeit des Gesamtnetzes noch nicht allzuviel aus.

Für den Netzbetreiber stellt sich das Problem in globaler Form: Er muß Wert darauf legen, daß die Dienstleistungen des Netzes allen Teilnehmern mit hoher Zuverlässigkeit angeboten werden, selbst wenn diese aktuell davon gerade keinen Gebrauch machen. Dies bedeutet, daß ohne Einschränkung alle Netzkomponenten (Knoten, Leitungen etc.), die für die Erbringung der vertraglich fixierten Netzdienstleistungen erforderlich sind, möglichst unterbrechungsfrei funktionieren müssen.

Leider sind aber auch elektronische Rechenanlagen nicht fehlerfrei. Auch wenn in der Regel Programmierer oder „EDV-Leute“ diese Tatsache verdrängen oder nicht wahrhaben wollen, so ist es dennoch ein unumstößlicher Erfahrungswert, daß auch die modernsten EDV-Anlagen Fehler enthalten können; von einer gewissen Komplexität und Größe an aufwärts arbeiten sogar mit Sicherheit alle Rechenanlagen bzw. die darauf ausgeführten Anwendungsprogramme, teilweise oder in Randfällen fehlerhaft. Die Ursachen dafür liegen

- in Hardwarefehlern: Diese Fehlerquelle hat zwar im Verlaufe der rasanten Hardwareentwicklung der vergangenen Jahre an Gewicht verloren; doch es gibt nach wie vor Störungen bei mechanischen Komponenten (vor allem Platten- und Diskettenlaufwerken, Bandstationen), aber auch bei elektronischen Bauteilen (Speicher, Prozessoren). Durch die Höchstintegration moderner Bauelemente sind sogar neue Fehlerquellen entstanden: Z.B. kann die Funktion miniaturisierter Schaltkreise durch atmosphärische Strahlung beeinflußt werden.
- in Softwarefehlern: Diese reichen von klar lokalisierbaren Programmierfehlern bis in die Grauzone von unvollständig erfaßten oder fixierten Systemanforderungen, die außerhalb oder am Rande der Standardfunktionen häufig zu unerwarteten bis zufälligen Systemreaktionen führen.

Es ist eine gute Tradition in den klassichen Ingenieurwissenschaften, die Wahrscheinlichkeit bzw. Existenz von Fehlern anzuerkennen und in die Planung von Systemen mit einzubeziehen. Speziell bei der Softwareproduktion ist ein solches Herangehen noch nicht sehr weit verbreitet: Oft werden Bedienungsfehler, mögliche Fehlfunktionen des Programms selbst sowie der unterliegenden Systembasis bei der Softwareproduktion nicht ausreichend berücksichtigt. Wenn aber Fehler in einem komplexen technischen System vorkommen können und andererseits die Systemfunktionen möglichst ohne Unterbrechung erbracht werden sollen, dann muß dieser Tatsache bei Entwurf und Realisierung eines solchen Systems speziell Rechnung getragen werden. Die sehr zuverlässig funktionierenden Telefon- und Telexnetze sind beeindruckende Beispiele dafür, daß selbst auf der Basis einer heute veralteten, elektromechanischen Technologie eine sehr große Ausfallsicherheit erzielbar ist.

Die im folgenden beschriebenen Konsequenzen, Definitionen und Konstruktionsprinzipien tragen also der Tatsache Rechnung, daß die Einzelkomponenten eines Netzes durchaus fehleranfällig sind. Generelles Ziel ist es jedoch, die insgesamt resultierende Fehlerwahrscheinlichkeit eines Netzes zu verkleinern, obwohl es aus solchen fehlerbehafteten Einzelkomponenten aufgebaut ist.

Quantitative Fixierung der Fehlerwahrscheinlichkeit. Die einzelnen Komponenten eines Netzes sollen möglichst ohne Unterbrechung korrekt funktionieren. Bei einem einzelnen Knoten oder einer Leitung ist meist noch relativ klar fixierbar, was eine solche korrekte Funktionsweise im Einzelfall umfaßt; in der Regel ist auch unmittelbar prüfbar, ob im gegebenen Zusammenhang die versprochene Funktion noch erbracht wird. Im Rahmen von Verträgen z. B. wird die Zuverlässigkeit eines Systems oder Subsystems quantitativ meist in Form einer Prozentangabe fixiert:

Eine **Zuverlässigkeit** *(reliability)* oder **Verfügbarkeit** *(availability)* von h% eines Systems X bedeutet dabei, daß die Komponente X während h% der zugesagten Funktionszeit ihre Leistung störungsfrei erbringt.

Bei modernen Netzknoten werden teilweise Zuverlässigkeiten von 99,9% und mehr gefordert (vgl. Blome 85). Dies bedeutet, daß bei ununterbrochenem Betrieb (24 Stunden pro Tag, an 30 Tagen im Monat, während 12 Monaten im Jahr) im Laufe eines Jahres eine fehlerbedingte Ausfallzeit von weniger als 10 Stunden vorkommen darf.

Da ein derartig langer Beobachtungszeitraum unpraktikabel ist und von einem Lieferanten normalerweise auch nicht als Abnahmefrist akzeptiert werden kann, ist in der Praxis noch eine andere Maßeinheit für die Ausfallsicherheit gebräuchlich: Das **mittlere Fehlerintervall** *(mean time between failure,* MTBF*)* ist die durchschnittliche Länge der Periode, während der ein System korrekt funktioniert.

Da auch diese Angabe statistischer Natur ist, könnte sie ebenfalls nur in einem relativ langen Beobachtungszeitraum experimentell überprüft werden. In der Praxis werden deshalb häufig Verträge so gestaltet, daß

- der Auftragnehmer (z. B. der Hersteller der Systeme oder der Lieferant eines *turnkey*-Systems) nach Lieferung nur eine Teilzahlung erhält,
- der Lieferant seine Anlagen installiert, eigene Systemtests durchführt und danach die Konfiguration zur Abnahme durch den Kunden bereitstellt,
- der Auftraggeber während einer vertraglich fixierten Zeit das gelieferte System in der Produktion oder durch spezielle Testverfahren prüft und erst danach der volle Kaufpreis fällig wird.

Im Rahmen eines solchen Abnahmeverfahrens wird oft vereinbart, daß ein System seine korrekte Funktion über einen längeren Zeitraum ohne Störungen nachweisen muß. Dieser Zeitraum sollte also im Interesse des Lieferanten höchstens so groß sein wie die von ihm errechnete oder empirisch ermittelte MTBF des gelieferten Systems. Beim Auftreten von Fehlern in dieser Periode ist üblicherweise eine kostenlose Nachbesserung (Gewährleistung) durch den Auftragnehmer vorgesehen. Nach Beseitigung von relevanten Fehlern beginnt häufig das gesamte Abnahmeverfahren gänzlich von vorn.

Mittlere Reparaturdauer. Die oben definierte Zuverlässigkeit beschreibt den zeitlichen Anteil, während dessen ein System die spezifizierte Leistung erbringt. Die MTBF legt die durchschnittliche Dauer zwischen zwei Fehlerfällen fest. Um beide Angaben aufeinander umrechnen zu können, ist eine Fixierung, bzw. eine Abschätzung der Reparaturzeit notwendig: Die **mittlere Reparaturdauer** *(mean time to repair,* MTTR*)* ist die Zeitspanne, in der durchschnittlich ein gemeldeter Fehler behoben werden kann.

Dieser Zeitraum ist natürlich von einer ganzen Reihe von technischen bis hin zu betrieblichen Parametern abhängig:

- Die Behebung eines Fehler setzt logisch voraus, daß ein Fehlverhalten aufgetreten und auch bemerkt worden ist: Aufgrund der komplexen Zusammenhänge und der Vielzahl von Einflußfaktoren in großen Netzen ist es in der Regel nicht selbstverständlich, daß ein auftretender Fehler auch als solcher gleich eindeutig erkennbar oder gar reproduzierbar wäre.
- Die Zeit zur Lokalisierung eines erkannten Fehlverhaltens und zur Behebung des zugrundeliegenden Fehlers hängt außer von der technischen Qualität des Systems (Untergliederung des Systems, Modularität, Testbarkeit etc.) auch von der Art der Ersatzteilhaltung, der Qualifikation des Wartungspersonals und anderen betrieblichen Bedingungen ab.

Sicherheit. Bei ungenauem Sprachgebrauch wird die Sicherheit eines Rechnernetzes häufig mit dessen Zuverlässigkeit gleichgesetzt. Doch selbst wenn dies nicht der Fall ist, werden unter der Sicherheit eines Rechnernetzes - abhängig vom Interesse desjenigen, der diese Anforderung erhebt - zum Teil ganz unterschiedliche Qualitäten verstanden.

Die Forderung nach **Sicherheit** *(security)* ist ursprünglich entstanden als Anforderung an Betriebssysteme: Die Benutzer oder Teilnehmer eines Betriebssystems erwarten von einem solchen Programm, daß es seine Aufgabe mit großer Sicherheit wahrnimmt. Dazu gehört unter anderem:

- Jeder angenommene Auftrag sollte auch nach einer angemessenen Zeit bearbeitet sein und nicht irgendwo „verhungern". Dies setzt voraus, daß die **Betriebsmittelzuteilung** einheitlich und nach einer allen Benutzern bekannten Strategie erfolgt.
- Die Sicherheit eines Mehrbenutzersystems erfordert den **Schutz** *(protection)* jedes Teilnehmers vor allen anderen, insbesondere vor deren Fehlern.
- Ein zentraler Aspekt der Sicherheit eines Systems betrifft den **Datenschutz:** In juristischer Hinsicht und in der öffentlichen Diskussion wird dieser Begriff eingeschränkt nur in bezug auf personenbezogene Daten verwendet. In technischer Hinsicht ist darunter allgemeiner zu verstehen, daß der einzelne Benutzer und alle seine Daten vor einem zufälligen oder gezielten Zugriff anderer zu schützen sind *(privacy).*

In der bisherigen Darstellung sind schon an verschiedenen Stellen die entsprechenden Probleme bei Rechnernetzen und zugehörige Lösungsansätze dargestellt worden (vgl. 3.5, 3.7, 4.1.2 und 4.2).

Ein weiterer, bisher nicht diskutierter Sicherheitsaspekt, dem bei Rechnernetzen erhöhte Bedeutung zukommt, ist der Schutz vor „Abhörmaßnahmen". Dieses Problem ist bei Netzen besonders brisant, weil die zu transportierenden Nachrichten

Hunderte bis Tausende von Kilometern über Leitungen oder Funklinien übertragen werden; allein aufgrund dieser technischen Realisierung ist dabei naturgemäß keine vollkommene Sicherheit gegen ein „Mithören“ von interessierter Seite möglich.

Die zu diesem Zweck entwickelte Technik ist die **Verschlüsselung** *(encryption)* aller zu übertragenden Nachrichten. Naturgemäß sind militärische Anwender die wichtigsten Förderer und Nutznießer derartiger Techniken. Dies ist keine neuzeitliche Errungenschaft: Es gibt eine Jahrtausende alte Tradition von Systemen zur Nachrichtenverschlüsselung, die für primär militärische Zwecke entwickelt worden sind. Auch eine der ersten voll einsatzfähigen elektronischen Rechenanlagen wurde in den Jahren 1939-42 in Großbritannien für die Entschlüsselung des Funkcodes der Deutschen Wehrmacht im Zweiten Weltkrieg entwickelt und mit Erfolg eingesetzt.

Außerhalb des wenig transparenten militärischen Bereichs werden Verschlüsselungstechniken bei Rechnernetzen kaum eingesetzt. Dies liegt zum Teil daran, daß die entsprechenden Forschungs- und Entwicklungsarbeiten größtenteils als militärische Auftragsforschung erfolgen und entsprechenden Geheimhaltungsklauseln unterliegen. Ein normaler Teilnehmer eines öffentlichen oder privaten Netzes könnte eine Verschlüsselung meist nur so vornehmen, daß er auf seiner Anschlußleitung ein Zusatzgerät einfügt. Solche Geräte sind am Markt erhältlich, jedoch ist ihr Einsatz mit ähnlichen Nachteilen verbunden wie in 3.3.2 für private Multiplexeinrichtungen beschrieben:

- Sie sind in der Regel sehr teuer.
- Bei ihrem Einsatz geht die Offenheit des Netzes verloren, da sie nur im paarweisen Zusammenspiel mit einem entsprechenden Gerät identischer Bauweise, d. h. vom gleichen Hersteller, einsetzbar sind.

Die Integration von Verschlüsselungsdienstleistungen in ein offenes System ist aktuell noch ein Forschungsthema. Eine einführende Darstellung in Probleme und Lösungsstrategien der **Kryptologie** - dies ist der Name des Fachgebiets, das sich mit Ver- und Entschlüsselungstheorien beschäftigt - ist den beiden Übersichtsartikeln Bauer 1982 und Beth 1982 zu entnehmen.

4.3.2 Architektur von Knotenrechnern

Netze und damit auch Datenübertragungsnetze sind typischerweise Systeme, die ohne Betriebsunterbrechung möglichst „rund um die Uhr“ funktionieren sollen. Jeder Telefonbenutzer betrachtet es vermutlich als nahezu selbstverständlich, daß ihm dieses Kommunikationsmedium Tag und Nacht, jahraus, jahrein im Prinzip unterbrechungsfrei zur Verfügung steht. Auf der anderen Seite akzeptieren es die meisten Benutzer einer Rechenanlage als ähnlich selbstverständlich und ohne Verwunderung, daß EDV-Anlagen in periodischen Abständen „gewartet“ werden müssen und deshalb für einen halben Tag oder wenigstens einige Stunden nicht zur Verfügung stehen.

Weder bei einem Datenübertragungsnetz noch gar bei der digitalen Sprachvermittlung und -übertragung sind regelmäßige Betriebsunterbrechungen akzeptabel: Die Maßstäbe für die Verfügbarkeitsanforderungen werden dabei nicht durch kommerzielle Rechnersysteme gesetzt, sondern gerade durch die mit extrem hoher Zuverlässigkeit arbeitenden mechanischen oder elektromechanischen Vermittlungsknoten traditioneller Telefonnetze.

Vor diesem Hintergrund ist eine möglichst hohe Verfügbarkeit immer auch ein wesentliches Ziel beim Entwurf von digitalen Netzknoten. Im folgenden werden einige typische Knotenarchitekturen skizziert, die zur technischen Realisierung dieses zentralen Entwurfsziels entwickelt worden sind. Ausgangspunkt aller Lösungen ist die naheliegende Einsicht, daß der Fehleranfälligkeit von Systemen dadurch Rechnung zu tragen ist, daß alle ausfallgefährdeten Teile oder Subsysteme mehrfach bereitgestellt werden. Diese „Technik" wird vor allem bei Fernmeldesystemen eingesetzt; auf ihr basieren die dort erzielten Zuverlässigkeitswerte. Unterschiedlich ist bei den im folgenden beschriebenen Architekturen nur die Art und Weise, in der Primär- und Sekundär-, bzw. Ersatzsysteme gekoppelt sind.

Kalter Ersatzrechner. Dies ist das älteste Verfahren, eine EDV-Anlage „ausfallsicherer" zu machen: Neben dem betreffenden Rechner wird eine zweite, identische Anlage aufgestellt, die zur Überbrückung von Ausfallzeiten der Primäranlage dient: Sobald eine wesentliche Funktionsstörung auftritt, wird der zweite Rechner eingeschaltet und kann nach kurzer Anlaufzeit die produktive Funktion der gestörten Anlage übernehmen. Das Ersatzsystem *(back-up)* steht also im Normalfall nicht „unter Strom"; in Analogie zu dem im Störungsfall notwendigen Kaltstart wird die gesamte Konfiguration hier als kalter Ersatzrechner *(cold stand-by)* bezeichnet.

Das Verfahren hat den großen Vorteil, daß es keinerlei Anforderungen an das Rechnersystem stellt - es ist immer anwendbar. Dagegen weist es eine Reihe gravierender Nachteile auf:

- Der erste und offensichtliche Nachteil liegt in der daraus resultierenden Verdoppelung der Kosten. Gemildert werden kann dieser Kostennachteil dann, wenn das Ersatzsystem für andere betriebliche Probleme genutzt werden kann, solange das Primärsystem ordnungsgemäß funktioniert.
- Prinzipiell ist gegen das Verfahren einzuwenden, daß die dadurch erzielte höhere Verfügbarkeit nicht aus einer Verlängerung des Fehlerintervalls (MTBF), sondern aus der Minimierung der Reparaturdauer (MTTR) resultiert. Wenn ein komplettes Ersatzteillager in Form eines zweiten Rechners neben jeder produktiven Anlage aufgebaut wird, gehen Zeiten der Fehlerlokalisierung in der Hardware und der Ersatzteilbeschaffung nicht zu Lasten der Verfügbarkeit.
- Die Umschaltung vom Primär- auf das Ersatzsystem und der umgekehrte Prozeß nach Ausführung der Reparatur erfolgen in der Regel von Hand, d.h. die gewünschte höhere Ausfallsicherheit wird nur dann erreicht, wenn entsprechendes Bedienungspersonal jederzeit verfügbar ist, um die eventuell notwendig werdende Umschaltung vornehmen zu können. Dieser Nachteil kann dadurch abgemildert werden, daß über entsprechende Zusatzeinrichtungen eine solche Umschaltung für alle Knoten eines Netzes von einer zentralen Stelle aus vorgenommen werden kann (vgl. die Aufgaben eines Netzkontrollzentrums in 4.4.1).

Heißer Ersatzrechner. Eine geringfügige Verbesserung gegenüber einem kalten Ersatzrechner besteht darin, diesen für seinen möglichen Einsatz „vorzuwärmen“: Ein heißer Ersatzrechner *(hot stand-by)* befindet sich in ständiger Betriebsbereitschaft neben dem produktiven System. Die erzielbare Verbesserung besteht darin, daß die Zeit zum Hochfahren des Ersatzsystems einschließlich des Ladens der benötigten Software im Fehlerfall eingespart werden kann. Dabei kann es sich um Zeiten von einigen Sekunden bis hin zu wenigen Minuten handeln.

Bezahlt wird diese Zeitersparnis mit dem höheren Energieverbrauch, den das Ausfallsystem permanent verursacht, sowie dem Verlust der oben geschilderten Möglichkeit, den Ersatzrechner für andere Zwecke zu nutzen, solange das Primärsystem ordnungsgemäß arbeitet.

Die Strategien des kalten oder heißen Ersatzes eines Systems sind historisch in der Regel im nachhinein bei Anlagen verwendet worden, bei deren Entwurf das Ziel der Ausfallsicherheit noch keine oder keine große Rolle gespielt hatte. Sie stellen also typische Beispiele für meist vergebliche Versuche dar, einem fertigen System im nachhinein zusätzliche Eigenschaften aufzupfropfen. Zwei Beispiele für die dabei entstehenden Probleme seien angeführt:

- Wenn schon ein zweiter Rechner neben dem ersten in Betriebsbereitschaft gehalten wird, dann liegt die Idee nahe, die Umschaltung zwischen Primär- und Ersatzrechner programmgesteuert vorzunehmen. Dazu ist „nur“ erforderlich, daß eine Überwachungssoftware im Ersatzsystem erkennt, daß das produktive System fehlerhaft arbeitet. Eine solche Diagnose- und Überwachungsfunktion ist aber im nachhinein kaum mehr in ein existierendes Softwareprodukt einzufügen.
- Die wesentliche Aufgabe eines Knotenrechners besteht darin, die angeschlossenen Leitungen zu bedienen und die darauf eingehenden Nachrichten, Pakete, Datagramme etc. korrekt und schnell weiterzuleiten. Relevante Entwurfsentscheidungen einer Knotenarchitektur beziehen sich demzufolge auf die Integration der Leitungsanschlüsse in den Rechner. Bei der Ersetzung eines Knotenrechners durch einen kalten oder heißen Ersatzrechner müssen natürlich auch alle Leitungen des Primärsystems übernommen werden. Insbesondere bei einer programmgesteuerten Ersetzung eines fehlerhaften Rechners sind also wiederum zusätzliche, aus einem Programm heraus ansteuerbare elektronische Schalter für die Übernahme der Leitungen vom ersten auf den zweiten Rechner erforderlich.

Ungeachtet der entstehenden hohen Kosten werden in der Praxis heute noch kalte und heiße Ersatzrechner eingesetzt. Für viele Anlagen ist dies die einzige Möglichkeit, Wartungszeiten eines kommerziellen Systems ohne lange Betriebsunterbrechung zu überbrücken.

Überwachung über das Netz. Ein Rechnernetz umfaßt in der Regel mehr als einen Netzknoten; prinzipiell ist es also vorstellbar, daß diese Knotenprozessoren sich gegenseitig überwachen, um die bei den oben geschilderten Ersetzungsstrategien notwendig resultierende Verdoppelung der Hardwarekosten zu vermeiden. Eine solche Überwachung kann zentral von einem Netzzentrum aus erfolgen (wer überwacht dann aber dieses?) oder dezentral so vorgenommen werden, daß jeder Knoten von einem oder allen Nachbarn überwacht wird. In der Praxis vorkommende Verfahren sind:

- Der Ausfall eines Nachbarknotens kann dadurch erkannt werden, daß verabredet ist, daß Nachbarknoten sich in bestimmter Weise ihr gegenseitiges „Wohlbefinden" in periodischen Abständen signalisieren müssen. Das Ausbleiben einer entsprechenden Gesundmeldung wird als Knotenausfall interpretiert. Diese Methode verursacht einen zusätzlichen Datentransport.
- Um diesen zu vermeiden, kann man auch darauf vertrauen, daß mit eventuell einiger Verzögerung auch im Normalbetrieb ein Knotenausfall erkennbar ist: Wenn ein Nachbarknoten auf eine festgelegte Anzahl von Übertragungsversuchen weder durch eine positive noch eine negative Quittung (vgl. 3.5.6) reagiert, wird sein Ausfall angenommen. Durch diese Kopplung an die normale Übertragungsfunktion entsteht kein zusätzliches Übertragungsvolumen für die Erkennung eines Knotenausfalls.
- Der Nachbar, der einen solchen Defekt bemerkt, kann geeignet reagieren:
  - Im einfachsten Fall wird nur eine im Netz vorhandene, zentrale Instanz benachrichtigt, welche die notwendigen Reparaturmaßnahmen veranlaßt oder durchführt (vgl. 4.4.1).
  - Eine andere Möglichkeit besteht darin, daß der intakte Nachbar selbst ein Neuladen des defekten Knotens veranlaßt. Dies setzt voraus, daß beim gestörten Knoten die nachzuladende Software auf einem permanenten Speicher abgelegt ist oder daß der Nachbar eine Kopie seiner eigenen Programme überträgt.
- Jede Art von Nachlademöglichkeit *(reload facility)* ist an die Voraussetzung gebunden, daß eine minimale Übertragungsfähigkeit selbst dann noch gewährleistet ist, wenn andere Knotenfunktionen nicht mehr oder noch nicht verfügbar sind. Realisiert werden kann diese Anforderung z. B. in der Form, daß ein sehr simples, d. h. wenig komplexes und deshalb mit geringer Fehlerwahrscheinlichkeit robust implementierbares Übertragungsverfahren als Teil des Betriebssystemkerns implementiert ist. In der Regel handelt es sich dabei nicht um das im Normalbetrieb eingesetzte Verfahren, sondern z. B. um eine langsame, asynchrone Übertragung (vgl. 3.1.2).

Eine solche Nachlademöglichkeit ist ein typisches Beispiel für ein in der Informatik häufig vorkommendes, sogenanntes *bootstrap*-Verfahren. (Ein *bootstrap* ist in wörtlicher Übersetzung ein Schnürsenkel.) Dabei geht es immer darum, eine bestimmte Rechnerfunktion unter Nutzung eben dieser Funktion (erstmalig) zu realisieren. Die bildhafte Bezeichnung des Verfahrens geht darauf zurück, daß eine Teilfunktion, d. h. ein „Schnürsenkel", angeboten wird, mit deren Hilfe die Gesamtfunktion automatisch etabliert werden kann.

Derartige Verfahren werden z. B. eingesetzt

- beim Einschalten eines Rechners - über eine Hardwareroutine wird ein kleiner Kern des Betriebssystems geladen, der dann die notwendigen Initialisierungsaktionen selbständig ausführt;
- bei der Portierung von Übersetzern - dabei wird ein in einer Programmierspra-

che X geschriebener Übersetzer für die Sprache X unter Verwendung dieses Programms auf einen anderen Rechner übertragen.

Konzeption ausfallsicherer Netzknoten. Etwa seit Anfang der 70er Jahre sind Forschungsergebnisse bereitgestellt und Konzepte entwickelt worden, die es erlauben, (nahezu) ausfallsichere Systeme zu entwerfen. Dies Konzept der Ausfallsicherheit hat sich als tragfähig genug erwiesen, einer neugegründeten Herstellerfirma zu weltweitem Erfolg auch im kommerziellen Bereich zu verhelfen (vgl. Schicker 1983). Inzwischen werden auf ähnlichen Ideen basierende Rechner auch von anderen Herstellern realisiert. Im folgenden wird skizziert, welche Konsequenzen sich bei der Übertragung dieses Konzepts der Ausfallsicherheit auf die Architektur von Vermittlungs- und Übertragungseinrichtungen ergeben:

- Alle für die Funktion eines Knotens wesentlichen Komponenten müssen mehrfach enthalten sein, und zwar so, daß mit möglichst geringer Betriebsunterbrechung auf das entsprechende Ersatzsystem umgeschaltet werden kann.
- Mechanische Komponenten (Platten, Disketten, Bänder) als häufigste Quellen von Fehlern sollten für die Erbringung der Normalfunktionen eines Netzknotens möglichst gar nicht erforderlich sein. Wegen der langen Zugriffszeiten auf solche externen Speicher bewirkt eine derartige Entwurfsmaxime auch eine Beschleunigung der Knotenfunktionen, d.h. eine Steigerung des Knotendurchsatzes.
- Um die durch eine Verdoppelung der wesentlichen Komponenten unvermeidliche Verteuerung erträglicher zu gestalten, arbeiten im Normalbetrieb, d.h. solange keine Störung auftritt, die mindestens paarweise vorhandenen Einzelkomponenten produktiv parallel nebeneinander.
- Die korrekte Funktionsweise aller Einzelkomponenten muß jeweils von einer geeigneten anderen, d.h. von dieser Komponente unabhängigen, Kontrollinstanz überwacht werden. Hierdurch entsteht während des Normalbetriebs eine gewisse Last; solche knoteninternen Überwachungsfunktionen sind jedoch erheblich schneller und preiswerter als eine Kontrolle über ein Netz.
- Die Fehlfunktion eines Subsystems wird von der entsprechenden Kontrollinstanz erkannt. Diese noch korrekt funktionierende Einheit veranlaßt, daß das fehlerhafte Teilsystem isoliert, d.h. seine Funktion vom vorhandenen Parallelsystem übernommen wird.
- Auftretende Einzelfehler führen also niemals zu totalen Systemausfällen, sondern nur zu einer zeitweiligen, nämlich bis zur Behebung des Schadens, verminderten Leistungsfähigkeit des Gesamtsystems.

Der Fortschritt gegenüber den oben beschriebenen Ersatzrechnerstrategien liegt in

- der Verringerung von Ausfallzeiten: Wenn die Kommunikation zwischen zwei einander überwachenden Prozessoren über den zentralen Bus eines Knotens erfolgt, geschieht sowohl die Fehlererkennung wie auch die resultierende Reaktion erheblich schneller als über einen manuellen Eingriff oder eine Fernleitung.
- der erzielbaren Verbilligung: Wenn ein solches System, ausgehend von einem kleinen Kern, genügend modular ausbaufähig ist, stellt die Anschaffung der jeweiligen Ersatzkomponenten einen Teil der Erweiterungsinvestitionen des Net-

zes dar. Mit Ausnahme der Kosten für die gegenseitige Überwachung der Parallelsysteme verursacht die höhere Ausfallsicherheit keine zusätzlichen unproduktiven Kosten.
- der Integration der Fehlerkontrolle in den Hard- und Softwareentwurf eines solchen Systems: Für die Kontrolle der korrekten Funktionsweise jeder Komponente müssen deren Normalfunktion sowie die Kriterien für die Feststellung eines Fehlverhaltens präzise definiert werden und algorithmisch überprüfbar sein. Dies setzt einen disziplinierteren Entwurf als meist üblich voraus. Zusätzlich kann ein auftretendes Fehlverhalten genau protokolliert und für die Fehlersuche ausgewertet werden (vgl. Parnas u. Würges 1976).

Die eingangs zitierte prinzipielle Fehleranfälligkeit von DV-Systemen ist auch durch eine derartige Rechnerarchitektur nicht aus der Welt zu schaffen: Z. B. können auch zwei doppelt vorhandene Komponenten gemeinsam ausfallen. Jedoch kann durch einen solchen Knotenentwurf die Wahrscheinlichkeit eines Funktionsausfalls erheblich gesenkt werden.

Konkretes Beispiel einer modernen Knotenarchitektur. Im folgenden wird die Architektur eines modernen Paketvermittlungsknotens skizziert, der gemäß den obigen Prinzipien entworfen wurde (vgl. ERIPAX-Werbebroschüre 1983). Die kleinste für sich arbeitsfähige Vermittlungseinrichtung, im folgenden auch kurz **Modul** genannt, besteht aus einer dreistufigen Hierarchie, welche die unten beschriebene funktionale Aufteilung realisiert (vgl. Abb. 4-11(a)).

Die Leitungen zu angeschlossenen Teilnehmern oder anderen Knoten enden jeweils bei einem **Leitungsprozessor** *(line controller)* oder **Leitungstreiber** *(line driver)*:

- Durch dessen Leistungsfähigkeit wird die maximale Kapazität der anschließbaren Leitungen festgelegt. Sie liegt bei Einsatz marktüblicher Prozessoren bei etwa 48.000 oder 64.000 Bit/s.
- Für die Teilnehmeranschlüsse werden in der Regel Leitungen geringerer Leistung benötigt. Zu diesem Zweck läßt sich die maximale Übertragungskapazität in die jeweils benötigten Anteile aufspalten. Bei einer Gesamtleistung von 48.000 Bit/s könnten dies z. B. fünf mal 9.600 Bit/s sein.
- Eine Schranke für die Anzahl der anschließbaren Leitungen ergibt sich dabei meist weniger durch die Prozessorleistung als durch physikalische Beschränkungen: Ein Leitungsprozessor befindet sich in der Regel auf einer relativ kleinen Platine, auf der nur wenige Leitungsanschlüsse, z. B. in Form von V. 24-Steckern (vgl. 6.1.5), Platz haben.
- Zu den Aufgaben eines solchen Leitungsprozessors gehört meist die Realisierung der benötigten Übertragungsprozedur (z. B. BSC oder HDLC; vgl. 3.1.3). Dabei findet man häufig die Einschränkung, daß alle an einen Leitungsprozessor angeschlossenen Leitungen mit demselben Protokoll arbeiten müssen. Mehr Flexibilität und in der Regel auch geringere Kosten ergeben sich jedoch ohne eine derartige Einschränkung.

Die Zusammenfassung aller angeschlossenenen Leitungsprozessoren und der dahinterliegenden Leitungen in einem, hier **Anschlußeinheit** genannten Rahmen hat folgende Gründe:

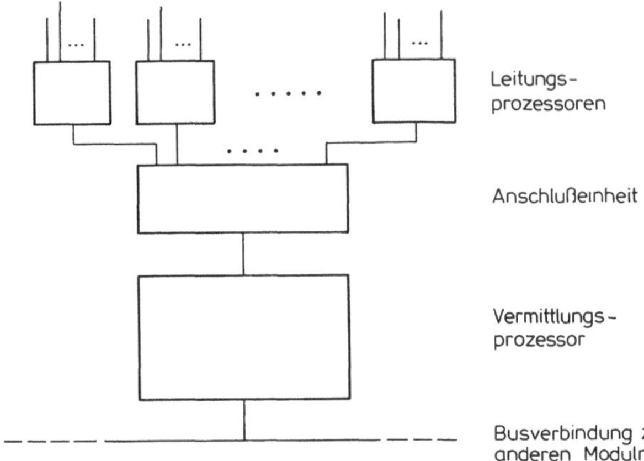

a) Prozessorhierarchie eines Vermittlungsmoduls

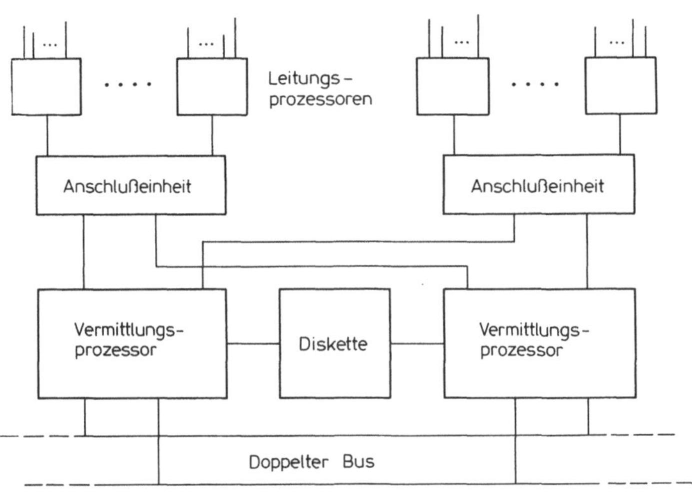

b) Paar von Vermittlungsmoduln, die einander im Fehlerfall ersetzen

Abb. 4-11 a, b. Schemadarstellung des Aufbaus von Vermittlungsknoten

- Diese Zusammenfassung entspricht dem physikalischen Gehäuse, in das die oben beschriebenen Platinen mit den Leitungsprozessoren eingeschoben oder eingehängt werden.
- Eine lokale Verbindung z. B. zwischen zwei Teilnehmern an unterschiedlichen Leitungsprozessoren kann, zumindest nach Herstellung dieser Verbindung, allein im Rahmen einer Anschlußeinheit abgewickelt werden. Der Vermittlungsprozessor (siehe unten) bleibt dadurch für andere Aufgaben frei.
- Die Anschlußeinheit liefert den Ansatzpunkt, bei dem im Falle eines Fehlers eines Vermittlungsprozessors die dort angeschlossenen Leitungen übernommen werden können. (Dieser Vorgang wird weiter unten beschrieben.)

Der **Vermittlungsprozessor** ist die zentrale Vermittlungsintelligenz des gesamten Moduls: Dort werden z. B. die Algorithmen zur Wegelenkung, Stauvermeidung etc. ausgeführt. Für die Kommunikation mit anderen derartigen Moduln im gleichen Knoten ist der Vermittlungsprozessor an einen zentralen Bus angeschlossen.

Zur Realisierung der oben entwickelten Anforderungen nach hoher Ausfallsicherheit werden nun jeweils Paare von solchen Vermittlungsmoduln zusammengeschlossen (vgl. Abb. 4-11(b)):

- Das zentrale Bussystem, das eine ganze Reihe derartiger Modulpaare verbindet (meist können 8, 16 etc. solcher Einheiten gekoppelt werden), ist doppelt ausgelegt. Jeder einzelne Bus sollte allein leistungsfähig genug sein, um in etwa die gesamte interne Kommunikation in einem Knoten bewältigen zu können.
- Beim Ausfall eines Vermittlungsprozessors können die von ihm betriebenen Leitungen in Form der gesamten Anschlußeinheit auf den Nachbarprozessor umgelegt, bzw. von diesem übernommen werden.
- Im Falle einer solchen Übernahme durch den Nachbarmodul muß dieser sich als erstes die Anschlußcharakteristika (vgl. 3.7.6) der von ihm neu zu bedienenden Leitungen verschaffen. Diese Information ist auf der von beiden Moduln erreichbaren Diskette abgelegt.

Die Auswirkungen eines Fehlers in einem Vermittlungsprozessor sind also in folgender Weise eingrenzbar:

- Ein zum Zeitpunkt des Fehlers nicht aktiver, aber an den fehlerhaften Vermittlungsprozessor angeschlossener Teilnehmer bemerkt diesen Fehler gar nicht:
- Nach Abschluß der Übernahme durch den anderen Prozessor steht ihm sein Anschluß funktional wieder uneingeschränkt zur Verfügung.
- Abhängig von der aktuellen Verkehrssituation kann es bis zur Wiederinbetriebnahme des ausgefallenen Vermittlungsprozessors zu Stausituationen kommen.
- Daten, die sich zum Fehlerzeitpunkt gerade im Transport befinden (z. B. in einer Warteschlange im Arbeitsspeicher des ausgefallenen Vermittlungsprozessors), gehen verloren.
- Geschaltete Verbindungen werden aufgelöst und die betroffenen Teilnehmer müssen einen erneuten Verbindungsaufbau veranlassen, wenn die Kommunikation fortgesetzt werden soll. Eine Wiedereinrichtung durch den Netzknoten hätte zur Vorausetzung, daß auf einem Hintergrundspeicher über alle Verbindungen Buch geführt wird; darauf wird aus Effizienzgründen jedoch meist verzichtet.
- Permanente Verbindungen sind anschlußbezogen auf der Diskette verzeichnet; sie können also nach Übernahme der Anschlußeinheit durch den neuen Vermittlungsprozessor wieder eingerichtet werden.

Um im laufenden Betrieb kontinuierlich die korrekte Funktionsweise eines Vermittlungsprozessors überwachen zu können, sind im Rahmen des Knotenentwurfs die folgenden Vorkehrungen getroffen:

- Unter den im allgemeinen sehr vielen Moduln eines Knotens gibt es einen ausgezeichneten Modul, den Master *(supervisor, watch-dog)*, der alle anderen überwacht.

- Dies geschieht so, daß jeder korrekt arbeitende Modul in vorgeschriebenen Intervallen den Master in einer festgelegten Form über seinen intakten Zustand informieren muß.

Sobald der Master das Ausbleiben eines erwarteten Signals bemerkt, unterstellt er eine Fehlfunktion des entsprechenden Vermittlungsprozessors. Im Rahmen seiner Kontrollaufgaben muß in einem solchen Fall der Master aktiv werden:

- Er veranlaßt die Umschaltung der an diesen Prozessor angeschlossenen Leitungen auf den zugehörigen Zwillingsprozessor und die Bedienung der unterbrochenen Leitungen durch den noch aktiven Prozessor dieses Paars.
- Anschließend kann der Master den stillgelegten Prozessor einer Hardwareprüfung unterziehen und, falls dabei kein Fehler entdeckt wird, ein eventuelles Neuladen der Software von der Diskette veranlassen.
- Wenn auch eine nachfolgende Funktionsprüfung positiv verläuft, ist der Defekt behoben und die gesamte Umschaltaktion wird wieder rückgängig gemacht.
- Falls bei den beschriebenen Überprüfungen Fehler auftreten, bleibt keine andere Möglichkeit mehr, als einen Alarm mit einer entsprechenden Fehlermeldung für die Netzüberwachung zu erzeugen (vgl. die passive Überwachung des Netzes in 4.5.1).

Damit die Überwachungsfunktion des Masters in die Ausfallsicherheit mit eingeschlossen ist,

- muß in jedem Netzknoten auch der Mastermodul doppelt vorhanden sein - diese sind zu einem Masterpaar zusammengefaßt -,
- müssen beide Moduln des Masterpaares mit der entsprechenden Überwachungssoftware ausgerüstet sein,
- muß die Überwachungssoftware zusätzlich ein Abstimmungsverfahren *(arbitration method)* enthalten, das verhindert, daß beide Master sich gleichzeitig als aktive Überwacher des jeweils anderen sehen. Ohne eine solche Koordination könnte zwischen beiden ein „Kampf" darum entstehen, wer wohl der „Stärkere" ist.

4.3.3 Beispiel für eine Verfügbarkeitsberechnung

Abschließend wird anhand eines realistischen Beispiels demonstriert, wie sich die resultierende Gesamtverfügbarkeit einer DÜ-Dienstleistung quantitativ berechnen läßt, wenn die Zuverlässigkeit der involvierten Einzelkomponenten bekannt ist. Der Einfachheit halber wird die Berechnung aus der Sicht eines Teilnehmers und am Beispiel einer festen Verkehrsbeziehung vorgenommen.

Es sei also vorausgesetzt, daß zwei Teilnehmer, Host A (DVA) und Host B (Terminal), über ein Netz kommunizieren wollen. Erste Voraussetzung für die Berechnung der Zuverlässigkeit dieses Dienstes ist die Kenntnis der Netztopologie, bzw. des für die Kommunikation zwischen A und B relevanten Teils. Dieser Netzausschnitt ist in Abb. 4-12(a) wiedergegeben:

- Im Normalfall verläuft die Kommunikation zwischen A und B neben den jeweiligen Anschlußknoten von A und B über einen dazwischenliegenden Netzknoten.

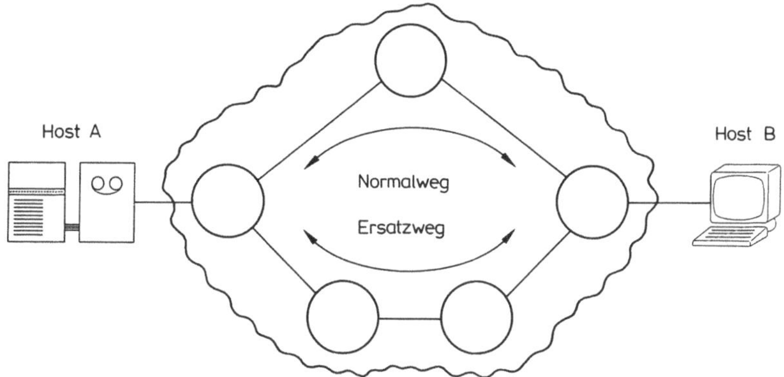

a) Netz- und Anschlußkonfiguration

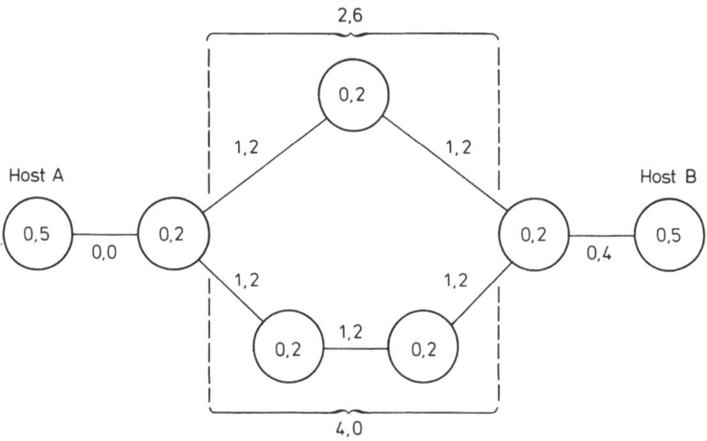

b) Nicht-Verfügbarkeitswerte für die beteiligten Komponenten

Abb. 4-12 a, b. Beispielsberechnung einer Gesamtverfügbarkeit

- Falls diese Verbindung wegen Ausfall dieses Knotens oder einer benötigten Verbindungsstrecke nicht benutzbar ist, steht ein Ersatzweg über zwei zwischengeschaltete Netzknoten zur Verfügung.

In Abb. 4-12(b) sind für die beteiligten Komponenten quantitative Verfügbarkeitswerte eingetragen. Zugunsten einer besseren Lesbarkeit und um die folgende Rechnung zu vereinfachen, fixieren diese Prozentangaben die Ausfallwahrscheinlichkeit, d. h. die Zeiten der Nichtverfügbarkeit der für die Kommunikation notwendigen Subsysteme. Als Komplement zu 100 lassen sich diese leicht auf die Verfügbarkeit umrechnen und umgekehrt. Dabei sind folgende Werte angenommen:

- Die Nichtverfügbarkeit der Netzknoten beträgt 0,2%, die der Knotenverbindungen ist mit 1,5% angesetzt.
- Die Anschlußleitung von Host A (DVA) sei ausfallsicher: Möglicherweise ist die-

ser Rechner unmittelbar neben seinem Anschlußknoten installiert, so daß zwischen beiden eine praktisch störungsfreie Kanal- oder Buskopplung besteht.

- Der Anschluß zu Host B (Terminal-Anschlußleitung) besitzt eine Ausfallwahrscheinlichkeit von 0,4%. Dabei kann es sich z. B. um eine Telefonleitung von einigen -zig Kilometern Länge über mehrere Vermittlungsstellen handeln, die gewissen Störungen unterliegt.
- Die Ausfallwahrscheinlichkeit der DVA und des Terminals ist mit 0,5% angesetzt - ein Wert, der für reale Geräte sehr optimistisch sein dürfte.

Die insgesamt resultierende Ausfallwahrscheinlichkeit für die Kommunikationsstrecke zwischen A und B wird in folgender Weise ermittelt:

- Einige Komponenten sind unerläßlich für diese Kommunikation, da keine Alternative existiert. Ihre Ausfallwahrscheinlichkeiten addieren sich (Serienschaltung). Im Beispiel sind dies die beiden Teilnehmersysteme, die jeweiligen Anschlußleitungen und die Netzknoten, bei denen diese Anschlüsse enden.
- Wenn Alternativen existieren, ergibt sich die resultierende Ausfallwahrscheinlichkeit als das Produkt der Unverfügbarkeiten der einzelnen Alternativen (Parallelschaltung).

Der Normalweg ohne die beiden Randknoten besitzt demzufolge eine Ausfallwahrscheinlichkeit von 2,6%, der Ersatzweg von 4,0 %. Daraus resultiert für die Verbindung im Inneren des Netzes eine Ausfallwahrscheinlichkeit von

$$(2{,}6/100) * (4{,}0/100) = 0{,}104/100, \text{ d.h. } 0{,}1\%$$

Die resultierende globale Ausfallwahrscheinlichkeit für die Kommunikationsmöglichkeit zwischen A und B ergibt sich somit zu 1,9%; oder anders ausgedrückt: Für die DÜ-Anwendung, die der Rechner A für einen Benutzer des über das Netz angeschlossenen Terminals B erbringt, errechnet sich eine Verfügbarkeit von 98,1% auf Basis der angenommenen Zuverlässigkeitswerte der Einzelkomponenten.

Eine Interpretation dieses numerischen Ergebnisses führt zu folgenden Schlußfolgerungen:

- Die Verfügbarkeit einer netzinternen Verbindung ist sehr hoch. Obwohl in obiger Berechnung nur ein Parallelweg untersucht wurde, ist das Netzinnere mit einer Ausfallwahrscheinlichkeit von 0,1% praktisch bereits ausfallsicher.
- Die Tatsache, daß beide Teilnehmer an genau einen Netzknoten angeschlossen sind, läßt deren Nichtverfügbarkeit additiv in die Berechnung eingehen (0,4%). Ein Mehrfachanschluß ließe diesen Faktor ebenfalls praktisch verschwinden.
- Wichtigstes Ergebnis der Beispielrechnung ist die Tatsache, daß die insgesamt resultierende Nichtverfügbarkeit zum größten Teil zurückgeht auf die Ausfallwahrscheinlichkeit der beiden Endgeräte sowie der dorthin führenden Anschlußleitungen (1,4%). Dieses Ergebnis wiegt um so schwerer, als die oben getroffenen Annahmen und eingesetzten Verfügbarkeitswerte der Endgeräte eher zu optimistisch sind.

4.4 Betrieb eines Rechnernetzes

Jeder größere Rechner wird normalerweise von einer sogenannten **Rechnerbetriebsgruppe** (bestehend aus Programmierern, Systemprogrammierern, Operateuren etc.) in Betrieb gehalten und gewartet. In ähnlicher Weise sind der Betrieb und die Entwicklung eines Netzes realistisch nur unter der Verantwortung eines entsprechenden Teams von Netz- und DÜ-Fachleuten vorstellbar. Die zu einem Rechnernetz gehörenden Netzknoten sind ebenfalls kleinere oder größere DV-Anlagen. Für deren Betrieb sind also auch vergleichbare Probleme zu lösen, wie sie sich für jede Rechnerbetriebsgruppe stellen: An- und Abschalten der Systeme, Lokalisierung und Beseitigung auftretender Fehler, Anpassung neuer und Pflege vorhandener Software etc. Jedoch stellen sich diese Betriebsprobleme bei einem Rechnernetz teils in modifizierter Form, teils unter erschwerenden Randbedingungen:

- Es handelt sich nicht um einen, sondern um eine Vielzahl von Rechnern, die an geographisch weit voneinander entfernten Orten aufgestellt sein können.
- Die Dienstleistungen eines Rechnernetzes sollen den Teilnehmern in der Regel ohne Unterbrechung zur Verfügung stehen.
- In technischer Hinsicht handelt es sich bei Rechnernetzen um Realzeitsysteme mit einem extrem hohen Parallelitätsgrad, die in ihrer Komplexität oft isolierte Rechenzentren übertreffen.

Im folgenden werden die sich daraus ergebenden betrieblichen Probleme sowie Möglichkeiten zu deren Lösung beschrieben:

- In 4.4.1 sind die betrieblichen Funktionen beschrieben, die zur Inbetriebnahme und Wartung eines Netzes notwendig sind.
- In 4.4.2 ist dargestellt, welche technischen Einrichtungen für einen Netzbetrieb notwendig bzw. vorteilhaft sind und welche qualitativen Anforderungen an die Benutzerschnittstelle für den Netzbetrieb zu richten sind.
- In 4.4.3 werden die Alternativen eines zentralen bzw. dezentralen Netzbetriebs einander gegenübergestellt.

4.4.1 Funktionen beim Betrieb eines Rechnernetzes

Die zentralen Betriebsfunktionen eines im bedienten Betrieb arbeitenden Rechners oder Rechenzentrums sind meist nur über eine Bedienerkonsole *(operator console)* ansprechbar (z. B. das Einschalten, bzw. „Hochfahren„ und entsprechend die Abschaltung der Anlage). Durch einen eingeschränkten Zugang zum Rechnerraum ist ein gewisser Schutz gegen den unberechtigten Zugriff auf solche Funktionen gewährleistet. Andere privilegierte Betriebsfunktionen sind softwaremäßig durch Geheimwörter *(password)* gegen Mißbrauch abgesichert.

In ähnlicher Weise stehen auch für den Betrieb eines Rechnernetzes zusätzliche Hardwareeinrichtungen (vgl. 4.4.2) sowie auf dieser Basis realisierte Softwarefunktionen zur Verfügung. Diese nachfolgend beschriebenen Funktionen werden zusammengefaßt auch als **Netzadministration** *(network administration)* oder **Netzver-**

waltung *(network management)* bezeichnet. Leider ist die Verwendung dieser Begriffe nicht einheitlich: Teilweise werden alle nicht unmittelbar auf den Transport von Teilnehmerdaten bezogenen Funktionen der Netzverwaltung zugerechnet; damit wären auch solche in allen Netzknoten realisierten Funktionen wie z. B. die Wegelenkung (vgl. 4.4.1) und Staukontrolle (vgl. 4.4.2) Teil der Netzadministration. Um Mißverständnisse zu vermeiden, wird im folgenden deshalb die Bezeichnung **Netzbetrieb** verwendet, wenn solche unproduktiven Funktionen gemeint sind,

- die über eine entsprechende Schnittstelle dem Bedienungs- und Wartungspersonal zur Verfügung stehen,
- deren Benutzung gewisse Privilegien voraussetzt und
- auf die normale Netzteilnehmer keinen Zugriff haben.

Die für den Netzbetrieb erforderlichen Hardwareeinrichtungen sowie die zugehörigen Programme werden zusammengefaßt auch als **Netzzentrum, Netzkontrollzentrum** oder **Netzleitstelle** *(network center,* NC; *network control center,* NCC*)* bezeichnet. Die im folgenden zu beschreibenden Funktionen des Netzzentrums zerfallen in

- Dienstleistungen, die lokal vom Netzkontrollzentrum erbracht werden und
- Funktionen, die ausschließlich oder vor allem über das Netzzentrum aufrufbar sind, zu deren Realisierung jedoch ein entsprechendes Zusammenspiel zwischen dem Netzzentrum und einigen oder allen Knoten, d. h. insbesondere ein unproduktiver Datentransport erforderlich ist (z. B. Übertragung von dezentral erfaßten, statistischen Daten an das Netzzentrum für die Berechnung und Ausgabe einer netzweiten Betriebsstatistik).

Im folgenden werden die einzelnen Aufgabenkomplexe beschrieben, für welche die Netzleitstelle Unterstützung bieten muß.

Netzdatenbasis. Die konkrete Auslegung eines Rechnernetzes wird durch eine Vielzahl technischer Parameter beschrieben. Diese statische Netzbeschreibung umfaßt unter anderem

- Anzahl, geographische Lage, netzinterne Adresse, Typ und genaue Konfiguration der einzelnen Netzknoten, d. h. die Anzahl der Prozessoren sowie eine eventuelle Zuordnung, welches Teilsystem im Fehlerfall durch welches andere zu ersetzen ist;
- Anzahl, Verlauf und Leistungsfähigkeit der einzelnen Knotenverbindungen (Fernleitungen) sowie die knoteninterne Abbildung von physikalischen Anschlüssen auf die angeschlossenen Fern- und Teilnehmerleitungen;
- Adressen sowie Profil der einzelnen Teilnehmeranschlüsse (vgl. 3.7.6), d. h. deren Geschwindigkeit, das verwendete Leitungsprotokoll etc.

Alle diese Daten zusammengenommen beschreiben die **statische Konfiguration** des Netzes. Die Summe der entsprechenden Daten wird auch als die **Netzdatenbasis** bezeichnet.

Es ist leicht vorstellbar, daß bei größeren Netzen diese Datensammlung einen erheblichen Umfang annehmen kann. Wegen ihrer Größe, zum Zweck einer maschinellen Bearbeitung und aus Sicherheitsgründen sollte die Netzdatenbasis auf einem permanten Speicher, in der Regel auf einer Magnetplatte, in der Netzzentrale verfügbar sein.

Diese Datenbasis muß gewissen Konsistenzanforderungen genügen: Z. B. erfordert die Festlegung einer Knotenverbindung zwischen zwei Knoten A und B, daß bei der Konfigurationsbeschreibung beider Knoten in konsistenter Weise jeweils mindestens ein physikalischer Anschluß auf die beschriebene Knotenverbindung abgebildet wird. Für die Gewährleistung oder Überprüfung derartiger Konsistenzbedingungen, insbesondere bei Erweiterungen/Veränderungen des Netzes, sollte in der Netzzentrale maschinelle Unterstützung geboten werden. Realisiert werden kann dies durch entsprechende Operationen (Programme) auf der Netzdatenbasis und/oder den Einsatz einer geeigneten Datenbank zur Speicherung und Manipulation der Netzdaten.

Inbetriebnahme, Veränderungen, Erweiterungen des Netzes. Die Inbetriebnahme, das „Hochfahren" eines Netzes ist ein komplexer Vorgang, bei dem unter anderem die folgenden Einzelaufgaben zu realisieren sind:

- Initialisierung der Netzdatenbasis mit allen erforderlichen Angaben über Knoten, Leitungen und Teilnehmer;
- Verarbeitung dieser Daten, z. B. zur Berechnung entsprechender Wegelenkungstabellen für alle Knoten, Erzeugung der jeweiligen Knotensoftware;
- Transport der vorbereiteten Programme und Daten an den jeweiligen Einsatzort, d. h. den Netzknoten, für den diese zusammengestellt worden sind.

Konkrete Netze oder Netzprodukte unterscheiden sich sehr stark hinsichtlich der Qualität und des Komforts, mit dem derartige Betriebsvorbereitungen angeboten werden (vgl. 4.4.2, Betreiberschnittstelle). Logisch sind die dabei notwendigen Teilschritte für eine erstmalige Inbetriebnahme die gleichen wie bei einer Wiederinbetriebnahme nach einer Veränderung des Netzes. Man bezeichnet diesen gesamten Prozeß auch als **Netzgenerierung.** Dies suggeriert, daß es sich dabei um einen durch entsprechende Generierungsprogramme weitgehend automatisch ablaufenden Prozeß handelt; bei realen Netzen ist diese Vorstellung oft eher Wunsch denn Realität.

Natürlich wäre es denkbar, eine wie auch immer entstandene Knotensoftware zunächst auf einem geeigneten physikalischen Datenträger zwischenzuspeichern. Hierzu können entsprechende Bauelemente, eine Diskette oder ein Band verwendet werden. Ein solcher Datenträger kann traditionell, d. h. per Post oder Auto, an den Aufstellungsort des betreffenden Knotens transportiert werden. Eine technisch elegantere Lösung dieses Verteilungsproblems besteht darin, die Transportfähigkeit des Netzes selbst dazu zu nutzen, derartige Daten zu verteilen. Viele Netze bieten zur Betriebsvereinfachung eine Lademöglichkeit über das Netz *(down line loading).* In den einzelnen Netzknoten ist bei einem solchen Verfahren wiederum eine *bootstrap*-Technik notwendig, um die neue Knotensoftware in Betrieb zu nehmen (vgl. 4.3.2).

Beim Aufbau eines Netzes ist eine solche zentral angestoßene Inbetriebnahme nicht vollständig zu realisieren; da für den Aufbau der Knoten und den Anschluß der

Knotenverbindungen und Teilnehmerleitungen ohnehin „vor Ort" gearbeitet werden muß, ist dies auch kein Nachteil.

Von zentraler Bedeutung dagegen ist es für den Betreiber eines Netzes, wie weitgehend er Wartungs- und Pflegeaktivitäten von einem Netzzentrum aus unter ausschließlicher Nutzung der Transportmöglichkeiten des Netzes vornehmen kann. Im folgenden werden einige Alternativen dafür anhand des Problems der Inbetriebnahme neuer Knotensoftware vorgestellt, die sich im wesentlichen durch den Umfang der resultierenden Betriebsunterbrechungen unterscheiden:

- Wenn die Netzknoten jeweils mit einem Hintergrundspeicher ausgestattet sind, können neue Versionen der Knotensoftware oder z. B. auch neue Wegetabellen während des normalen Netzbetriebs ohne jede Betriebsunterbrechung zunächst auf diesem lokalen Speicher abgelegt werden. Erst wenn alle Knoten diese Übertragung positiv quittiert haben, wird auf ein Signal der Netzleitstelle hin der Betrieb bei allen Knoten kurzfristig unterbrochen und ein lokales Nachladen ausgeführt. Nach einer solchen Unterbrechung von einigen Sekunden kann der produktive Betrieb wieder aufgenommen werden.
- Eine sehr elegante, wenn auch mit technischen Restriktionen verbundene Variante besteht darin, bei der Weiterentwicklung der Software eine Verträglichkeit aufeinanderfolgender Versionen *(upward compatibility)* einzuhalten: Wenn eine solche Verträglichkeit realisiert werden kann, können die einzelnen Knoten zeitlich entkoppelt nach und nach mit den neuen Programmen ausgestattet werden. Durch die Kompatibilität der alten mit den neuen Programmen entsteht keine netzglobale Betriebsunterbrechung, sondern es gibt nur beim Umschalten der einzelnen Knoten kurzzeitige lokale Unterbrechungen.
- In vielen realen Netzprodukten ist dieses Problem weit weniger elegant gelöst: Nach aufwendigen, rechenintensiven Generierungsläufen in der Netzzentrale ist zwar ein Nachladen der Netzknoten von zentraler Stelle aus möglich - jedoch können währenddessen keine Teilnehmerdaten zugestellt werden. Die resultierenden Betriebsunterbrechungen können erheblich sein; abhängig von der Anzahl der Netzknoten, dem Umfang der zu ladenden Software sowie der Geschwindigkeit der Verbindungen zwischen dem Netzzentrum und allen Knoten kann dadurch der produktive Netzbetrieb für einige Stunden unterbrochen werden. Aus betriebswirtschaftlichen Gründen kann in solchen Fällen ein traditioneller Transport doch die vorteilhaftere Lösung sein.

In jedem Fall wird der Netzbetreiber bestrebt sein, Betriebsunterbrechungen, deren konkreten Zeitpunkt er frei bestimmen kann, in betriebsschwache Zeiten zu legen, so daß die resultierenden Betriebseinschränkungen für die Teilnehmer eher tolerierbar sind. Diese Strategie hilft natürlich dann nicht weiter, wenn ein identisches Nachladeverfahren auch im Fehlerfall angewendet wird. Denn der Zeitpunkt des Auftretens von Fehlern ist nicht vorhersehbar; diese treten üblicherweise zuerst und am häufigsten während der Spitzenbelastungszeit auf, so daß dann sehr viele Teilnehmer von nachladebedingten Betriebseinschränkungen betroffen sind.

Passive Überwachung des Netzes. Mit passiver Überwachung ist gemeint, daß die Netzleitstelle als nichtinitiativer Kommunikationspartner, d. h. als Adressat für alle dynamische Verwaltungsinformation über das Netz zur Verfügung steht: Das Netzzentrum fungiert als universelle Senke für Meldungen über den Netzzustand; Absender derartiger Zustandsberichte sind die Netzknoten oder deren Einzelkomponenten.

Die bei der Netzzentrale eingehenden Nachrichten zerfallen in zwei Klassen, die sich in ihrem Charakter sowie den resultierenden Folgeaktivitäten deutlich unterscheiden: Das Netzzentrum empfängt **Alarmmeldungen** und **Zustandsberichte:**

- Alarme weisen in der Regel auf den Ausfall irgendwelcher Netzdienstleistungen oder -komponenten hin. Sie werden erst dann erzeugt, wenn die vorgesehenen „Reparatur"-Versuche des Netzes fehlgeschlagen sind (z. B. das Nachladen eines Knotens von einem Hintergrundspeicher oder durch einen benachbarten Knoten; vgl. 4.3.2). Unabhängig vom erzeugten Alarm und parallel dazu sollte das Netz autonom bereits versuchen, die negativen Auswirkungen eines solchen Fehlers möglichst einzugrenzen (z. B. durch eine entsprechend adaptierte Wegelenkung; vgl. 4.1.5).
- Eine Alarmmeldung kann nur dann beim Netzzentrum eingehen, wenn
  - der entstandene Fehler von einer benachbarten, noch funktionsfähigen Komponente entdeckt wird und
  - es zwischen dieser und der Netzleitstelle noch einen intakten Übertragungsweg gibt.

  Das Betriebspersonal in der Netzleitstelle wird durch geeignete Prüfungen über das Netz versuchen, die Fehlerquelle so präzise wie möglich einzugrenzen, bevor ein Entstörtrupp auf Reisen geschickt wird. Wenn z. B. ein Knoten einen Leitungsausfall berichtet, wird man von der Netzzentrale aus eine Überprüfung dieser Leitung durch den Netzknoten am anderen Ende vornehmen, um sicherzustellen, daß der Alarm nicht auf eine Fehlfunktion des Knotens zurückgeht, der ursprünglich als erster diesen Alarm gemeldet hat.
- Alarmmeldungen erfordern in der Regel Folgeaktivitäten des Betriebspersonals. Die dazu bereitstehenden Funktionen sind im folgenden Abschnitt „Aktive Kontrolle" im einzelnen beschrieben. Allgemein sind als Reaktion auf einen Alarm folgende Maßnahmen zu treffen:
  - Vordringlich ist die am obigen Beispiel schon beschriebene Fehlerlokalisierung.
  - Als nächstes wird man durch geeignete Ersatzschaltungen versuchen, die Auswirkungen dieses Fehlers einzugrenzen.
  - Längerfristig wird in der Regel die Ursache eines Alarms aber erst durch Reparatur oder Baugruppenaustausch beseitigt werden können.

Alarme bilden also die Schnittstelle zwischen der Administrationssoftware des Netzes und dem Wartungs- und Reparaturpersonal.

- Für die übrigen beim Netzzentrum eingehenden Zustandsberichte stellt die Netzleitstelle zunächst nur eine passive, zentrale Sammelstelle dar. Unmittelbare Konsequenz ist die Forderung nach ausreichendem Hintergrundspeicher, um alle eingehenden Meldungen ablegen zu können. Ihr Inhalt besteht vor allem aus statistischen Berichten; daneben können auch Meldungen mit dem Charakter von Warnungen und andere Hinweise vorkommen.
- Sowohl der Zeitpunkt für die Übertragung derartiger Nachrichten wie auch für die Auswertung aller zentral gesammelten Daten kann, im Unterschied zu

Alarmmeldungen, innerhalb einer größeren Zeitspanne frei gewählt werden. Auch für die Übertragung derartiger Verwaltungsinformation wird man deshalb in verkehrsschwache Zeiten ausweichen.

Aktive Kontrolle: Unterstützung für Test und Fehlersuche. Das Netzzentrum bietet in umfassender Form Unterstützung für jede Art von Test und Fehlersuche. Zu diesem Zweck muß die Netzleitstelle technisch weitreichende Eingriffe erlauben: Im Prinzip sollte es möglich sein, alle im Normalfall autonom vom Netz zu vollziehenden Einzelentscheidungen und -aktionen auch von der Netzzentrale aus anzustoßen und unter Kontrolle eines Benutzers im Netzkontrollzentrum ablaufen zu lassen. Es handelt sich dabei um eine **aktive Kontrolle,** weil in der Regel

- Ergebnisse von netzinternen Vorgänge und Entscheidungen nicht an die Netzzentrale gemeldet werden (Ausnahmen sind die oben aufgeführten Alarmmeldungen) und
- die im folgenden beschriebenen Testverfahren von einem Netz nicht selbsttätig durchgeführt werden.

Erst auf entsprechende Initiative des Betriebspersonals hin werden die interessierenden Daten erfaßt, die gewünschten Aktionen ausgeführt sowie die resultierenden Ergebnisse zurückgeliefert.

In 3.8 wurden bereits einige Testfunktionen beschrieben, die auch den Teilnehmern am Netzrand zur Verfügung gestellt werden können. Die dabei notwendigen Einschränkungen (Beschränkung auf die Daten des jeweiligen Teilnehmers und Ausgabe der Testergebnisse auf einer adäquaten Abstraktionsebene) können und müssen für die Testarbeiten des Netzbetreibers wegfallen:

- Für einen Netzbetreiber sind primär nicht die Anforderungen einzelner Teilnehmer von Interesse, sondern gerade die aus der Summe aller Teilnehmerwünsche und deren realem Verhalten resultierende Situation im Netz.
- Für den Netzbetreiber reicht die Palette der relevanten Information von der abstraktesten Ebene, z. B. einer sehr groben Übersichtsstatistik über die Netzauslastung während eines längeren Zeitraums, bis zu elementaren physikalischen Messungen, z. B. des Eingangspegels einer Anschlußleitung.

Im folgenden werden einige typische Funktionen aufgezählt, die für Test- und Fehlersuchaufgaben im Rahmen des Netzbetriebs vorteilhaft sind und die von konkreten Netzprodukten meist in der einen oder anderen Auswahl geboten werden:

- **Leitungstest:** In- und Außerbetriebnahme (Aktivieren und Deaktivieren) von Leitungen, Bildung von Schleifen und gezielte Belastung zur schrittweisen Überprüfung von Anschlüssen, Leitungsabschnitten und Streckenfolgen.
- **Knotentest:** Ein- und Ausschalten von Netzknoten, Neuladen, interne Umschaltung zwischen redundanten Komponenten eines Netzknotens, Abholen eines Speicherabzugs *(dump)* über das Netz, Lokalisierung einer fehlerhaften Komponente (Anstoß entsprechender Hardware- und Softwaretestroutinen sowie Übertragung ihrer Ergebnisse).

- **Überprüfung der Netzfunktionen:** Aufbau, Unterbrechung, Abbau von Kommunikationsbeziehungen, z. B. von virtuellen Verbindungen zwischen Teilnehmern, Nutzung des normalen Wegelenkungsalgorithmus oder Erzwingen eines bestimmten Weges (vgl. 3.8.4), gezielte Lasterzeugung für einzelne Netzkomponenten (vgl. 3.8.5) und Bericht über die Reaktionen.
- **Testunterstützung durch die Betriebsstatistik:** Auswahl von zu erfassenden statistischen Daten und Rückübertragung der Resultate, z. B. über Knotenauslastung, Länge der Warteschlangen vor den Ausgängen, Anzahl von Blockwiederholungen auf einzelnen Leitungen etc.

Neben der Unterstützung der Testarbeiten durch den Netzbetreiber kann die Netzleitstelle auch den Teilnehmern Testunterstützung bieten: Das Netzzentrum ist häufig der Netzknoten, auf dem der Betreiber den Zulassungstest für neu anzuschließende Endgeräte vornimmt (vgl. 3.8). Die dazu vorgeschriebenen Testverfahren sollten von den Entwicklern entsprechender Geräte auch über das Netz abrufbar sein.

Zusätzlich kann sich natürlich jeder Teilnehmer an den Netzbetreiber wenden und um Testunterstützung durch die Netzzentrale bitten, wenn er selbst technisch oder personell nicht in der Lage ist, bei ihm vielleicht nur sporadisch auftretende Fehler zu lokalisieren. Dabei profitiert ein solcher Teilnehmer vermutlich vom Fachwissen des Bedienungspersonals sowie von den weitgehenden technischen Eingriffs- und Kontrollmöglichkeiten im Netzzentrum.

Netzstatistik und -ausbauplanung. Die statistische Erfassung des Netzgeschehens ist für den Netzbetreiber von vitalem Interesse. Dabei können und müssen Statistikdaten auf sehr unterschiedlichen Ebenen erfaßt werden: Das Spektrum reicht von der Betriebsstatistik für eine einzelne Komponente, z. B. einen Leitungsabschnitt oder einen Knotenprozessor, bis hin zu einer netzglobalen Verkehrsstatistik, die eine vorausschauende Ausbauplanung des Netzes ermöglicht. Eine punktuelle Statistik einer einzelnen Komponente kann wertvolle Hinweise bei der Suche von Fehlern liefern; derartige Daten werden aber vermutlich auch nur zeitweilig für ausgewählte Komponenten erfaßt. Eine netzglobale Statistik dagegen muß im Grunde permanent geführt werden, um entstehende Schwachstellen und Engpässe nicht nach ihrem Auftreten in größter Eile beseitigen zu müssen, sondern im Idealfall gar nicht erst entstehen zu lassen.

Die für jede Statistik zu klärenden Fragen lauten:

- Welche Daten sind von Interesse?
- Wo entstehen diese Daten originär, und wo können sie am einfachsten erfaßt werden?
- Wo und auf welche Weise erfolgt die Auswertung bzw. eine Verdichtung der gesammelten statistischen Rohdaten? Falls die Auswertung der gesammelten Daten nicht am Erfassungsort geschieht, ist zusätzlich zu klären, wie die Rohdaten an den Auswertungsort gelangen.

Zu der sehr großen Anzahl von Betriebsparametern, die in einem Netz permanent oder zeitweilig von Interesse sein können, zählen vor allem:

- **Teilnehmerdaten:** Für eine teilnehmerbezogene Gebühren- oder Kostenrechnung müssen die Verkehrswerte jedes Teilnehmeranschlusses erfaßt und gespeichert werden (vgl. 3.8.6).
- **Knotendaten:** Voraussetzung für eine verkehrsorientierte Ausbauplanung der Netzknoten ist eine Erfassung ihrer durchschnittlichen sowie maximalen Auslastung (CPU-Last, Speicherbedarf, Anschlußbelegung etc.).
- **Leitungsdaten:** Zur frühzeitigen Erkennung von Leitungsengpässen ist eine Überwachung ihrer Kapazitätsauslastung sowie ihrer Qualität erforderlich.

Im allgemeinen ist es nicht möglich, alle diese Daten permanent zu erfassen und auszuwerten. Üblicherweise beschränkt man sich darauf, in unterschiedlichen Lastsituationen Stichproben zu nehmen und deren Ergebnisse zu extrapolieren. In Ergänzung dazu sollte es über entsprechende Funktionen der Netzzentrale auch möglich sein, die Daten speziell interessierender Einzelkomponenten für eine festzulegende Zeitspanne vollständig zu erfassen.

Der Entstehungsort der meisten dieser Daten sind die geographisch weit verstreuten Netzknoten. Die Erfassung dieser Daten ist also auch nur „vor Ort" in den Netzknoten möglich. Eine unmittelbare Übertragung aller erfaßten statistischen Rohdaten zur Netzzentrale verbietet sich aufgrund der daraus resultierenden Netzbelastung. Ausnahmen von dieser Regel, z.B. bei der Statistikauswertung zur Testunterstützung, sollten möglich sein. Trotz der dezentralen Entstehung der Daten, ist es natürlich anzustreben, auf die Statistikresultate möglichst von einem Ort aus, naheliegenderweise dem Netzkontrollzentrum, zugreifen zu können. Für eine globale Netzstatistik müssen die Daten dort ohnehin zusammengeführt werden. Um die dabei drohende unproduktive Netzbelastung zu minimieren oder erträglicher zu gestalten, werden zwei, auch kombiniert auftretende Strategien angewandt:

- Die erfaßten Statistikdaten werden vor der Übertragung verdichtet. Voraussetzung dafür ist eine ausreichende Verarbeitungskapazität der Netzknoten, um eine solche Statistikauswertung neben den weiterhin notwendigen Vermittlungs- und Übertragungsfunktionen durchführen zu können.
- Die Übertragung der ermittelten Daten zur Netzzentrale - seien es die unbearbeiteten Erfassungsdaten oder die Ergebnisse von dezentralen Auswertungsläufen - erfolgt in verkehrsschwachen Zeiten, in denen die Kapazität des Netzes weitgehend brachliegt.

Beide Strategien haben zur Voraussetzung, daß die Netzknoten über genug Speicherkapazität verfügen, um die erfaßten Statistikdaten für eine ausreichende Zeit zwischenspeichern zu können.
Soweit es sich dabei um Daten handelt, die für Abrechnungszwecke relevant sind, wird der Netzbetreiber Wert darauf legen, daß diese ausfallsicher gespeichert werden. Diese Anforderung kann dadurch erfüllt werden, daß jeder Knoten mit einem permanenten Speicher ausgestattet ist. Eine andere oder zusätzliche Präventivmaßnahme, die bei Netzknoten oft getroffen wird, besteht darin, jeden Knoten mit einer Serie von Batterien auszurüsten, die kurzfristig eine Überbrückung eines Stromausfalls erlaubt oder zumindest den Arbeitsspeicherinhalt für einige Zeit erhält.

Netzsimulation. Wie beschrieben, liefert die Auswertung der globalen Verkehrsstatistik eine Analyse der bereits vorhandenen oder der drohenden Engpässe im Netz. Im Normalfall kann derartigen Engpässen mit unterschiedlichen Maßnahmen begegnet werden. Wenn z. B. die Kapazität einer bestimmten Leitung nicht mehr ausreicht,

- kann sie durch eine Leitung größerer Kapaziät ersetzt werden,
- kann eine Parallelleitung verlegt oder gemietet werden oder
- können Zusatzleitungen zwischen bisher nicht verbundenen Netzknoten eingerichtet werden, die für Entlastung sorgen.

Eine entsprechende Entscheidung hängt oft von verschiedenen Randbedingungen (Lieferfristen, Kosten etc.) ab. Sie hat jedoch gleichzeitig Auswirkungen auf andere Netzeigenschaften. Im diskutierten Beispiel kann neben der Übertragungskapazität z. B. auch die Verfügbarkeit durch eine eventuelle stärkere Vernetzung der Knoten verbessert werden.

Um zwischen derartigen Alternativen in Abwägung aller Einflußgrößen optimal wählen zu können, ist es von Vorteil, wenn in der Netzleitstelle eine Simulation des Netzes möglich ist, um die unterschiedlichen Alternativen in ihren Auswirkungen sicherer abschätzen zu können. Aufgrund des Umfangs und der Komplexität von Simulationssystemen ist dazu eine entsprechende Verarbeitungskapazität des Netzzentrums notwendig.

4.4.2 Netzkontrollzentrum und Benutzerschnittstelle

Zur Realisierung der im vorigen Abschnitt beschriebenen Dienstleistungen des Netzkontrollzentrums sind dort zusätzliche Hard- und Softwareeinrichtungen notwendig:

- Bei kleinen Netzen, wo aus Kostengründen ein weiterer Rechner nicht in Frage kommt, kann die Netzleitstelle aus einem speziellen Programmpaket sowie zusätzlichen Ein-/Ausgabegeräten bestehen, um die ein „normaler" Netzknoten erweitert wird.
- Bei größeren Netzen wird es sich dabei um einen eigenen, speziell für diese Aufgabe ausgelegten Rechner handeln.

Beide Konzeptionen unterscheiden sich zunächst nur hinsichtlich der Kopplung der Netzkontrollfunktionen an einen Netzknoten: Ausführung auf dem gleichen Prozessor, bzw. Kanal- oder Buskopplung zwischen unterschiedlichen Prozessoren oder Anbindung über eine leistungsfähige Leitung an einen oder mehrere Netzknoten.

Je nach der Größe des Netzes und den genauen Aufgaben der Netzleitstelle im Rahmen des vorliegenden Netzwerks resultieren unterschiedliche Anforderungen an die Geräteausstattung des Netzkontrollzentrums. Im folgenden werden die notwendigen oder wünschenswerten Komponenten eines Netzzentrums und ihre Aufgaben jeweils kurz vorgestellt.

Massendatenspeicher. Zur Speicherung der Netzdatenbasis (vgl. 4.4.1) ist ein entsprechender Massenspeicher notwendig. Als technische Realisierung kommen Bandgeräte, Kassetten, Disketten oder Platten in Frage. Die Auswahl unter diesen Geräten erfolgt in Abhängigkeit vom Volumen der abzulegenden Daten sowie insbesondere von den betrieblichen Anforderungen hinsichtlich der Zugriffszeiten auf diese Daten.

Neben der Speicherung der Netzkonfiguration kann ein Massenspeicher des Netzzentrums auch zur ausfallsicheren Ablage von Statistikdaten, insbesondere von Teilnehmerdaten für eine Gebührenabrechnung verwendet werden.

Bedienerkonsole. Dabei handelt es sich um ein primitives Ein-/Ausgabegerät, das etwa die Charakteristik einer, an einen Rechner angeschlossenen Schreibmaschine hat. Solche Bedienerkonsolen, auch Konsolblattschreiber genannt, gehören zur Grundausstattung der meisten Rechner und werden in der Regel genutzt, um die Anlage zu starten sowie Alarmmeldungen auszugeben. (Die Charakterisierung des Benutzers als des „Bedieners" der Anlage drückt eine hoffentlich überwundene Sicht der Mensch-Maschine-Schnittstelle aus!)

Auch heute noch ist es weithin üblich, daß der Betriebssystemkern eines Rechnersystems eine solche primitive, meist zeichenorientierte, asynchrone Schnittstelle enthält. Dies gilt besonders auch für die Netzknoten eines Kommunikationssystems, bei denen über eine solche Schnittstelle die wichtigsten Daten auch lokal ausgegeben und Systemfunktionen angestoßen werden können (vgl. 4.4.3).

Bildschirmgeräte und Drucker. Die Netzzentrale ist in der Regel mit einer Reihe von interaktiven Bildschirmen ausgestattet. Diese Bildschirme bilden die Arbeitsplätze für das Betriebspersonal. Über sie können alle oben beschriebenen Dienstleistungen des Netzzentrums aufgerufen werden.

Zur Ausgabe der in der Netzzentrale gespeicherten Information (Konfigurationsbeschreibung, Netzstatistik etc.) ist ein Netzzentrum mit einem oder mehreren Druckern ausgestattet.

Die konkret vorhandene Geräteausstattung der Netzzentrale stellt eine wichtige Randbedingung für einen ökonomischen und gleichzeitig reibungslosen Betrieb eines Netzes dar. Der Charakter der Betriebsschnittstelle und damit auch die Qualität der Arbeitsplätze für das Betriebspersonal in der Netzzentrale werden jedoch primär durch ergonomische Aspekte, d.h. durch die Qualität der bereitgestellten Mensch-Maschine-Schnittstelle bestimmt.

Hardwareergonomie. Als Ergebnis gewerkschaftlicher Forderungen im Zusammenhang mit der Einführung von Bildschirmarbeitsplätzen wurden Qualitätsanforderungen für Bildschirme fixiert. Diese betreffen die Gestaltung von Tastaturen, die Bestimmung von Höchstgrenzen für zulässige Strahlungswerte, Anforderungen an Helligkeit, Kontrast, Spiegelungsfreiheit, Darstellungsarten und anderes für Bildschirme. Die entsprechenden Anforderungen sind in einschlägigen Normen für die Bundesrepublik fixiert worden. Inzwischen bieten auch amerikanische Hersteller in der Regel Geräte an, die den dort formulierten Ansprüchen genügen.

Für Drucker gilt ähnliches: In den letzten Jahren sind von den meisten Herstellern Drucker entwickelt worden, deren Druckqualität mindestens der einer guten Schreibmaschine entspricht.

Bei Einsatz entsprechender Investitionen ist es heute also kein Problem, weitgehende Anforderungen der Hardwareergonomie im Rahmen einer konkreten Installation zu erfüllen.

Softwarequalität. Es gibt sehr viele, teils widersprüchliche Qualitätsanforderungen für Softwareprodukte (Korrektheit, Wartbarkeit, Effizienz etc.). Von Interesse sind hier nur die Eigenschaften der Netzkontrollsoftware, die den Charakter der Betriebsschnittstelle mitbestimmen und die bei konkreten Netzen in ganz unterschiedlicher Form und Qualität anzutreffen sind. In Analogie zur Hardware wird dieser Aspekt der Mensch-Maschine-Schnittstelle auch als **Softwareergonomie** bezeichnet.

Die Konfigurationsdaten eines Netzes sollten an der Betreiberschnittstelle nicht in der Form auftreten, wie sie netzintern übertragen werden. Die Beschreibung einer Netzkonfiguration unter Verwendung von physikalischen Netzadressen entspricht etwa einer Oktal- oder Hexadezimaldarstellung von Programmen, einer bekanntermaßen für menschliche Benutzer sehr ungeeigneten und fehleranfälligen Darstellungsform. Zu fordern ist dagegen, mit Netzdaten im Rahmen der Betreiberschnittstelle auf der logischen Ebene umgehen zu können, die der Vorstellung des Benutzers entspricht, also z. B. über symbolische Namen (vgl. 3.2.1) und/oder graphische Darstellungen.

Wie in 4.4.1 bei der Netzdatenbasis bereits erläutert, muß die Beschreibung einer Netzkonfiguration gewissen Konsistenzbedingungen genügen. Es ist zu fordern, daß derartige, algorithmisch überprüfbare Konsistenz- und Vollständigkeitsbedingungen durch die Programme in der Netzzentrale effektiv gesichert werden. Bei realen Netzen ist dies häufig nicht der Fall. Die Folge ist, daß sich z. B. ein Eingabefehler bei der Beschreibung der Netzkonfiguration erst während des Betriebs als Fehlfunktion bemerkbar macht und durch vielleicht zeitaufwendige und mit Betriebseinschränkungen zu bezahlender Testarbeit lokalisiert und behoben werden muß.

Für die konkrete Ausgestaltung der Betriebsschnittstelle lassen sich natürlich beliebige weitere Wünsche formulieren. Um die Phantasie des Lesers anzuregen, seien hier nur zwei gegensätzliche Möglichkeiten zur Ausgabe eines Netzalarms skizziert:

- Bei vielen realen Netzen löst eine Alarmmeldung ein akustisches Signal aus, mit dem das Betriebspersonal der Netzleitstelle auf die jüngste Ausgabezeile auf der Bedienerkonsole hingewiesen wird. Die Meldung selbst mag dann etwa lauten:

  „.... trunk line 0A6F failed to reconnect .... “

- Ein in der Netzzentrale eingehender Alarm führt auf allen aktiven Terminals zu einem entsprechenden Hinweis im Kommunikationsbereich des Bildschirms.

(Ein gerade editierender Benutzer hat also noch die Chance, seine Eingaben zu retten, und wird nicht zwangsweise in einen anderen Zustand versetzt.)

- Auf einem speziellen Farbbildschirm zur Netzüberwachung *(network monitor)* erscheint eine Übersichtsskizze des Netzes mit einer deutlichen Markierung der Netzregion, in welcher der Fehler aufgetreten ist.
- In Schritten zunehmender Detaillierung kann sich der Benutzer die genaue Fehlerursache anzeigen lassen *(zooming)*.
- Auf seinen Wunsch hin kann er sich Vorschläge unterbreiten lassen, was zur Begrenzung des drohenden oder bereits eingetretenen Schadens kurzfristig und zur prinzipiellen Behebung des Fehlers langfristig zu tun ist.

Der Arbeitsalltag des Betriebspersonals der meisten heute in Betrieb befindlichen Netze wird eher durch die erste Fehlermeldung charakterisiert. Dennoch stellt die zweite Alternative keine reine Phantasie dar; es gibt Netzprodukte, bei denen als Zusatzausrüstung für die Netzzentrale derartige Funktionen verfügbar sind.

4.4.3 Stellung der Netzzentrale

Aus der obigen Beschreibung der Funktionen einer Netzzentrale ergeben sich unmittelbar die folgenden Konsequenzen für die **logische Stellung** des Netzzentrums:

- Beim Entwurf eines Netzes sollten die produktiven Funktionen eines Netzes (Vermittlung, Übertragung) strikt von den betrieblichen Funktionen getrennt werden.
- Dies ist allein schon deshalb notwendig, weil die Normalfunktionen vom Netz autonom erbracht werden, während für die Betriebsfunktionen die Interaktion mit dem Betriebspersonal im Mittelpunkt steht.
- Außerhalb von Fehlersituationen sollte das Netz also auch ohne Netzkontrollzentrum seine Dienstleistungen erbringen: Mindestens in verkehrsschwachen Zeiten (nachts und am Wochenende) sollte ein Netz vollkommen ohne Bedienung „gefahren“ werden können.
- Auch die Ausfallsicherheit der Netzzentrale kann unter dieser Voraussetzung deutlich geringer sein als bei den „normalen“ Netzknoten.

Hinsichtlich der **topologischen Stellung** der Netzzentrale ist die Unterscheidung zwischen einem zentralen, bzw. dezentralen Netzbetrieb zu treffen. Diese beiden Möglichkeiten beziehen sich auf die Unterscheidung,

- ob es im gesamten Netz zu jedem Zeitpunkt eine einzige, aktive Netzleitstelle (mit eventueller Ausfallsicherung auf einem zweiten Rechner) gibt oder
- ob die oben beschriebenen Betriebsfunktionen ebenfalls verteilt in einer ganzen Reihe oder gar allen Knoten eines Netzes realisiert sind.

In technischer Hinsicht stehen sich diese beiden Alternativen nicht als unversöhnliche Gegensätze gegenüber: Zwischen- und Übergangslösungen sind vorstellbar und teils auch realisiert. Selbst in einem Netz mit einem zentralen Netzzentrum müssen viele Funktionen verteilt realisiert werden. Um von einem Ort aus solche

Betriebsfunktionen, wie z. B. die Einführung neuer Softwareversionen in den Netzknoten oder die zentrale In- und Außerbetriebnahme eines Netzknotens, durchführen zu können, sind entsprechende Softwarekomponenten in allen Knoten erforderlich. Derartige, für die Kommunikation mit der Netzleitstelle notwendige Softwarebausteine sind also auch bei einem zentralen Netzbetrieb verteilt in allen Knoten zu realisieren.

Eine sehr klare und eindeutige Unterscheidung zwischen zentralem und dezentralem Betrieb eines Netzes ergibt sich jedoch in organisatorischer, bzw. betrieblicher Hinsicht: Bei einem zentralen Betrieb muß nur an einem Ort, d.h. bei einem zentralen Netzzentrum und möglicherweise noch bei einer Ausweichzentrale das Betriebspersonal für das Netz vorhanden sein; bei einem dezentralen Betrieb müssen eine ganze Reihe oder gar alle Netzknoten bedient betrieben werden.

Zentraler Betrieb eines Netzes. Heute existierende Rechnernetze werden normalerweise zentral betrieben. Bei Herstellernetzen stellt dies oft eine durchaus erwünschte Konsequenz der Entstehung dieser Netze aus reinen Sternnetzen dar. Aber auch bei neueren Netzkonzeptionen wird die Möglichkeit eines zentralen Betriebs durchgängig geboten. Technisch stellt eine zentralisierte Verwaltung eines Netzes eine sicher einfachere und leichter beherrschbare Lösung dar im Vergleich zu einer sehr weitgehenden logischen und räumlichen Verteilung der Verwaltungsfunktionen.

Bei einem zentralen Netzbetrieb stellt sich zunächst die Frage, wo das eine Netzzentrum geographisch anzusiedeln ist: Wie durch den Begriff bereits angedeutet, sollte dieser zusätzliche Rechner oder entsprechend ausgebaute Knoten im Normalfall auch topologisch im Mittelpunkt eines Netzes liegen. Er sollte von allen Knoten aus möglichst direkt erreichbar sein, damit der Datenverkehr zwischen der Zentrale und allen Knoten einen möglichst geringen Teil der gesamten Übertragungskapazität des Netzes bindet.

Ein offensichtlicher, ökonomischer Vorteil eines zentralen Betriebs eines Netzes liegt darin, daß das Bedienungspersonal mit entsprechend teurer Spezialausbildung nur an einem Ort bereitgestellt zu werden braucht. Oft wird deshalb selbst ein für Ausfallsituationen erforderlicher zweiter Netzzentrumsrechner am gleichen Ort aufgestellt wie der erste. Um die gewünschte höhere Verfügbarkeit zu realisieren, muß dann natürlich der Anschluß beider Systeme an das Netz getrennt erfolgen.

Dezentraler Betrieb eines Netzes. Die oben beschriebenen Vorteile eines zentralen Betriebs wird ein Netzbetreiber nur dann aufgeben, wenn sie sich für ihn nicht einlösen lassen: Bei zunehmender Wahrscheinlichkeit für das Auftreten von Fehlern, die sich nur durch Reparaturmaßnahmen vor Ort beheben lassen, führt ein zentraler Netzbetrieb dazu, daß das Betriebspersonal einen zunehmenden Teil seiner Arbeitszeit mit Reisetätigkeit zwischen dem Ort der Netzzentrale und den Aufstellungsorten der Netzknoten verbringt.

Die Wahrscheinlichkeit solcher Fehler wird zwangsläufig mit wachsender Größe des Netzes (Anzahl von Knoten, Anzahl von Teilnehmern, Anzahl der Knotenverbindungen) zunehmen. Es wäre z. B. technisch undurchführbar, das Fernsprechnetz der DBP zentral zu betreiben – selbst wenn es bereits digitalisiert wäre. Solange dessen Knoten größtenteils mit der aktuell eingesetzten elektromechanischen Vermittlungstechnik ausgestattet sind, ist es sicher betriebswirtschaftlich vorteilhafter, das Wartungspersonal dezentral in jedem Fernmeldeamt anzusiedeln.

Heute in Betrieb befindliche Rechnernetze sind in der Regel um Größenordnungen kleiner als das Fernsprechnetz der DBP. Jedoch ist absehbar, daß in Zukunft auch immer größere Rechnernetze aufgebaut werden. Je nach Entwicklungsperspektive eines Rechnernetzes wird es für einen Betreiber also von Interesse sein, für eine Aufbauphase ein Netz rein zentral betreiben zu können. Von einer gewissen Größe an, die vermutlich erst abhängig von den anfänglichen Betriebserfahrungen bestimmt werden kann, sollte jedoch auch eine Umstellung auf einen dezentralen Betrieb möglich sein.

Eine solche Umstellung mit möglichst geringen Betriebsunterbrechungen zu realisieren, ist ein interessantes Problem, das hier in allgemeiner Form jedoch nicht diskutiert werden kann. Eine technische Voraussetzung für eine derartige Umstellung in den einzelnen Netzknoten könnte z. B. darin bestehen, daß dort „per Schalter“ einstellbar ist, ob

- die Kommunikation hinsichtlich der oben beschriebenen aktiven oder passiven Überwachung mit einer entfernten Netzzentrale zu führen ist oder
- ob dazu jeweils lokale Ein- oder Ausgaben möglich sind.

Ein solcher Schalter ist auch bei einem rein zentralen Netzbetrieb bereits sinnvoll einsetzbar: Er ermöglicht es dem Wartungspersonal, die zur Fehlerlokalisierung und zu Testzwecken erforderliche Information lokal an einem Knoten (z. B. über eine primitive Konsolschnittstelle) auszugeben. Ohne diese Möglichkeit würden derartige Daten an die Netzzentrale geschickt, von wo sich ein Reparateur dann jeweils über Telefon die Resultate schildern lassen müßte.

5 Lokale Netze

Die Herausbildung **lokaler Netze** *(local area network,* LAN*)* stellt seit einigen Jahren einen der Entwicklungsschwerpunkte der Datenkommunikation dar. Ihre Entstehung geht darauf zurück, daß

- bei größeren DV-Anwendern, bei Einzelbetrieben, Firmenniederlassungen oder in öffentlichen Verwaltungen besondere, interne Kommunikationsanforderungen bestehen,
- die üblichen Rechnernetze, als Fernnetze konzipiert, diesen Anforderungen nur unzureichend entsprechen und
- in jüngster Vergangenheit einige technische Möglichkeiten zur Realisierung einer äußerst leistungsfähigen Kommunikation speziell über kurze Entfernungen entwickelt worden sind.

Im Zentrum der bisherigen Bemühungen bei der Entwicklung lokaler Netze stand die Suche nach neuen Übertragungs- und Anschlußtechniken, die den Bedürfnissen einer internen Kommunikation entsprechen. Wie immer beim Auftreten einer neuen Problemstellung, wurde bei der Suche nach Lösungen zunächst versucht, für andere Zwecke entwickelte Technologien zu übernehmen oder anzupassen. Entsprechende „Anleihen“ für die Entwicklung lokaler Netze stammen aus der traditionellen Fernmeldetechnik, daneben aber auch aus der Rechnerarchitektur (Bussysteme) sowie der Kabelfernsehtechnologie.

Aus diesem Grund war und ist zum Teil bis heute die Diskussion um lokale Netze stark geprägt von der Gegenüberstellung alternativer Übertragungstechniken. Auch die Klassifikation lokaler Netze erfolgt weitgehend anhand von nachrichtentechnischen Kriterien, die in der bisherigen Darstellung eine geringe Rolle gespielt haben. Um den aktuellen Entwicklungsstand auf dem Gebiet der lokalen Netze darstellen zu können, sind im folgenden auch die entsprechenden Übertragungstechniken skizziert.

Aus der Tatsache, daß sich dieses Kapitel ausschließlich mit lokalen Netzen beschäftigt, sollte nicht geschlossen werden, daß die bisherigen Ausführungen für lokale Netze keine Bedeutung oder Gültigkeit hätten: Lokale Netze sind spezifische Ausprägungen von Rechnernetzen; viele der bisher beschriebenen Probleme treten auch dort auf und werden mit den geschilderten Verfahren gelöst.

Aus zwei Gründen ist das Kapitel dennoch ausschließlich den lokalen Netzen gewidmet:

- Die bisher entwickelten unterschiedlichen Konzeptionen lokaler Netze mit ihrer übertragungstechnischen Prägung sind in die vorangegangene Darstellung in diesem Buchs nicht sinnvoll einzuordnen.
- Lokale Netze bilden ein Spezialgebiet der Rechnernetzentwicklung, dessen Bedeutung in Zukunft stark zunehmen wird.

Die nachfolgenden Ausführungen gliedern sich wie folgt:

- 5.1 enthält eine Zusammenstellung von betrieblichen Randbedingungen und Zielen beim Einsatz von lokalen Netzen sowie eine Abgrenzung zwischen lokalen und Fernnetzen.
- In 5.2 werden die drei häufigsten Topologien für lokale Netze beschrieben.
- 5.3 enthält eine nachrichtentechnisch orientierte Gegenüberstellung der wichtigsten Übertragungsmedien für lokale Netz.
- In 5.4 werden die wichtigsten Zugangsverfahren beschrieben, die bei lokalen Netzen Anwendung finden.
- 5.5 befaßt sich mit der Leistungsbewertung von lokalen Netzen; deren Entwicklungsperspektive wird skizziert und einige Prototypen lokaler Netze werden charakterisiert.

5.1 Besonderheiten von lokalen Netzen

Die Besonderheiten von lokalen Netzen werden bestimmt durch die spezifischen Anforderungen, die aus den internen Kommunikationsbedürfnissen eines Betriebes resultieren. Zur Erfüllung dieser Anforderungen wurden technische Lösungen entwickelt, die sich mehr oder weniger deutlich von denen unterscheiden, die traditionell bei Fernnetzen eingesetzt werden. Diese beiden Aspekte werden anschließend beschrieben:

- 5.1.1 enthält eine Zusammenstellung der betrieblichen Anforderungen und Voraussetzungen für den Einsatz lokaler Netze.
- In 5.1.2 werden auf der Basis der resultierenden technischen Anforderungen einige Unterschiede zwischen lokalen Netzen und Fernnetzen herausgearbeitet.

5.1.1 Betriebliche Anforderungen und Voraussetzungen

In jedem Einzelfall wird es eine Vielzahl konkreter Gründe für das Bedürfnis nach einer lokalen Vernetzung geben. Naturgemäß werden diese Gründe bei z. B.

- einer geplanten Büroautomatisierung,
- einer Prozeßautomatisierung oder
- einer integrierten Produktionsplanung und Fertigungssteuerung

sehr stark voneinander abweichen, bzw. wird einzelnen Aspekten von Betrieb zu Betrieb unterschiedliches Gewicht zukommen. Die generellen Ursachen, die Rechnerkopplungen erstrebenswert machen und zur Entwicklung von Rechnernetzen allgemein geführt haben (vgl. 6.1), wirken natürlich auch als Triebkräfte bei der Entstehung von lokalen Netzen. Im folgenden werden jedoch eine Reihe besonderer Anforderungen und Randbedingungen benannt, die allgemein für die interne Kommunikation in einem Betrieb gelten und teilweise die Konzeption von lokalen Netzen entscheidend beeinflußt haben.

Geringe räumliche Ausdehnung. Die zusammenzuschließenden Endgeräte sind geographisch relativ dicht beieinander aufgestellt. Bei der Vernetzung eines Bürogebäudes kann es sich dabei um einige hundert Meter handeln; bei der Verkabelung des Geländes einer Universität oder einer sonstigen Forschungseinrichtung sind möglicherweise Entfernungen von wenigen -zig Kilometern zu überbrücken.

Dezentralisierung. Die Versorgung von Arbeitsplätzen mit DV-Dienstleistungen erfolgt zunehmend über dezentrale Arbeitsplatzrechner *(personal computer,* PC*),* die entscheidend billiger und gleichzeitig benutzerfreundlicher sind als an einen Großrechner angeschlossene Terminals. Für die Kommunikation der Benutzer untereinander müssen diese dezentralen Rechner vernetzt werden.

Anschluß unterschiedlicher Endgeräte. Im Rahmen der meisten Betriebe werden eine Reihe von technischen Systemen nebeneinander eingesetzt: elektronische Schreibmaschinen, Telefon, Textsysteme, Zeiterfassungsanlagen, Verarbeitungsrechner, Kabelfernsehanlagen etc. Die Unterschiede zwischen diesen Einzelsystemen gehen darauf zurück, daß sie für ganz unterschiedliche Aufgaben entworfen wurden. In der Regel stammen sie auch von verschiedenen Herstellern.

Es liegt auf der Hand, daß diese Einzelsysteme bei einem geeigneten Zusammenschluß über ein lokales Netz eine rationellere Nutzung gestatten. Lokale Netze müssen also so entworfen werden, daß möglichst jede Art von Endgerät angeschlossen werden kann - vorausgesetzt, daß es entsprechende Anschlußnormen gibt und diese für die jeweiligen Geräte verfügbar sind. In ihrer Position zum Netz haben alle angeschlossenen Geräte logisch die gleiche Stellung eines Teilnehmers.

Bei lokalen Netzen werden die angeschlossenen Teilnehmer bzw. die entsprechenden Endgeräte häufig als **Stationen** bezeichnet (Kurzform von *work station,* was etwa Arbeitsplatzrechner bedeutet).

Gemeinsame Nutzung von Betriebsmitteln. Dezentrale Arbeitsplatzrechner müssen zentrale Betriebsmittel gemeinsam nutzen können *(ressource sharing):* Teure Ein-/Ausgabegeräte wie z. B. Schnelldrucker, Zeichengeräte *(plotter)* oder Laserdrucker *(laser beam printer,* LBP*)* können nicht als dezentrale Peripheriegeräte an jedem Arbeitsplatz aufgestellt werden. Dort würden sie weder ausgelastet, noch wäre dies unter Kostenaspekten vertretbar. Zum anderen dürfen gewisse logische Komponenten eines Systems (Dateisysteme, Datenbanken) aus Konsistenzgründen nicht vervielfältigt werden. Beide Aspekte führen erneut zur Notwendigkeit der Vernetzung der dezentralen Arbeitsplatzrechner mit zentral aufgestellten Spezialgeräten.

Hoher Datendurchsatz. Aus den so weit skizzierten Einsatzanforderungen an lokale Netze resultieren Durchsatzraten, die deutlich über denen für Fernnetze liegen. Um nicht wegen mangelnder Leistungsfähigkeit gewisse Einsatzfälle von vornherein auszuschließen, liegen die Durchsatzraten für lokale Netze im Megabitbereich (ca. 0,1 bis 100 MBit/s). Eine derartige Kapazität steht in der Regel nicht zwei Teilnehmern für ihre Kommunikation zur Verfügung, sondern ist ein Maß für die Leistungsfähigkeit des gesamten Netzes; dieser Gesamtdurchsatz muß zwischen allen übertragungswilligen Stationen aufgeteilt werden. Dies ist etwa vergleichbar der Übertragungskapazität eines Bussystems, in die sich die angeschlossenen Prozessoren teilen müssen; nicht zufällig ist die Bustopologie eine der bei lokalen Netzen am häufigsten vorkommenden Netztopologien (vgl. 5.2.1).

Steigende Bedeutung der internen Kommunikation. Für einen kleinen Betrieb, bei dem der EDV-Einsatz sich auf ein Lagerhaltungsprogramm beschränkt, das die Geschäftsführung einsetzt, und ein Textsystem, mit dem die Sekretariate arbeiten, ist ein lokales Netz keine sinnvolle Investition. Es ist jedoch ein Erfahrungswert, daß bei steigender Betriebsgröße der Anteil der internen Kommunikation enorm zunimmt. In Abb. 5-1 sind die Ergebnisse einer statistischen Umfrage für die Büroarbeit und die dazu erforderliche Kommunikation wiedergegeben: Bei einem Betrieb mit ca. 100 Beschäftigten beträgt der Anteil der internen Kommunikation etwa 50%, ab ca. 200 Beschäftigten macht diese ungefähr 80% der Gesamtkommunikation aus (vgl. Höring et al. 1983). Dies ist der eigentliche Grund dafür, daß die teilweise er-

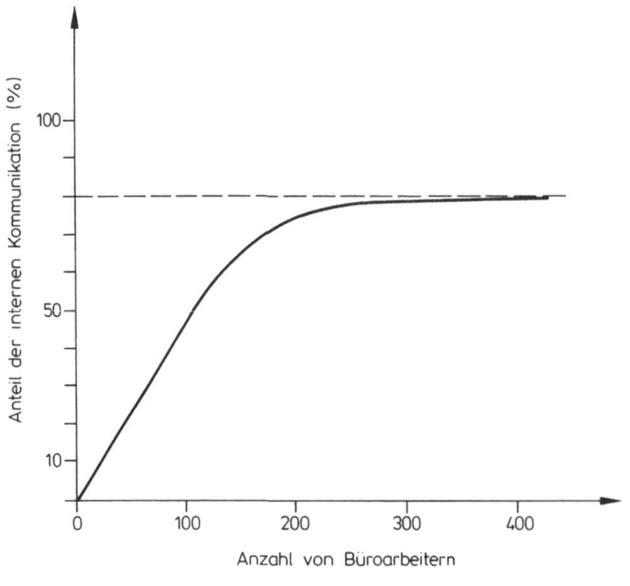

Abb. 5-1. Statistik über den Anteil der internen Kommunikation von Büroarbeit in Abhängigkeit von der Betriebsgröße

heblichen Investitionen in ein lokales Netz für einen Betrieb ökonomisch sinnvoll, wenn nicht sogar zwingend geboten sein können.

Charakter der innerbetrieblichen Kommunikation. Der oben beschriebene große Anteil der innerbetrieblichen Kommunikation bei steigender Betriebsgröße geht vor allem auch darauf zurück, daß die betriebsinterne Kommunikation überwiegend einen anderen Charakter als die nach außen gerichtete hat: Es handelt sich dabei in großem Umfang um Gruppenmitteilungen („Umläufe"), die nicht an einen Adressaten, sondern an Gruppen von Mitarbeitern z. B. eines Projekts, einer Abteilung etc. gerichtet sind. Solche Gruppenmitteilungen können zwar in eine Folge von Einzelmitteilungen aufgelöst werden - jedoch sind effizientere Realisierungen denkbar und wünschenswert (vgl. 5.1.2).

Anschlußdynamik. Die für den Aufbau eines lokalen Netzes notwendigen Investitionen sollen möglichst lange produktiv nutzbar bleiben. Bei Installation eines solchen Netzes ist es nicht möglich, alle während der Nutzungszeit zu erwartenden organisatorischen oder personellen Veränderungen bereits in die Planung einzubeziehen. Daraus resultiert die Forderung, daß technische Veränderungen des Netzes (Erweiterung, Ausbau, Anschluß neuer Geräte, Verlegung eines Terminalanschlusses, Verlängerung des Netzes in ein weiteres Gebäude etc.) möglichst einfach durchführbar sein müssen. Im Idealfall sollten dafür weder spezielle Fachkenntnisse erforderlich sein, noch dabei gravierende Unterbrechungen des laufenden Betriebs entstehen.

Unabhängigkeit von öffentlichen Übertragungsdiensten. Ein zentraler betrieblicher Unterschied zwischen Fernnetzen *(wide area network,* WAN*)* und lokalen Netzen liegt darin, daß letztere in der Regel auf Privatgelände, z. B. in einem Bürogebäude, verlegt werden können. Dies bedeutet, daß der Betreiber und Benutzer des Netzes zusammenfallen und keine gesetzlichen Einschränkungen durch das Fernmeldeanlagengesetz und das darauf basierende Fernmeldemonopol der DBP zu beachten sind. Es entstehen also keine Wartezeiten durch Engpässe auf seiten der Post; zusätzlich kann jeder Betrieb aus den auf dem Markt verfügbaren Produkten eine für ihn optimale Lösung auswählen und realisieren.

Koexistenz oder Integration vorhandener Netze. Alle Betriebe mit mehr als einer Handvoll Beschäftigter betreiben traditionell bereits ein „lokales Netz" - nämlich ein Telefonnetz. Im Normalfall besteht dieses aus einer Nebenstellenanlage, die über einige Hauptanschlüsse an das öffentliche Telefonnetz angeschlossen ist, sowie den privat verlegten Leitungen und daran angeschlossenen Hausapparaten. Diese Technik ist hochentwickelt und so weitgehend standardisiert, daß in der Regel die erforderlichen Kabelschächte und die darin verlegten Anschlußkabel bereits im Rahmen der Planung und Ausführung eines Bürogebäudes berücksichtigt werden - auch wenn noch gar nicht bekannt ist, welcher konkrete Betrieb die Räume später nutzen wird.

Eine vorhandene Telefonnebenstellenanlage *(private automatic branch exchange,* PABX, auch PBX abgekürzt*)* kann bei der Planung und Realisierung eines lokalen Netzes unterschiedlich berücksichtigt werden:

- Sie kann konzeptionell als Modell für ein zu installierendes lokales Datenübertragungsnetz betrachtet werden (vgl. 5.2.1 und 5.3.1).
- Eine andere grundlegende Entscheidung besteht darin, ob das neben der Datenübertragung natürlich weiterhin notwendige Telefon in analoger oder digitaler Form in ein lokales Netz integriert werden soll.

Für eventuell bereits vorhandene Terminalnetze einer zentralen Rechenanlage gelten ähnliche Überlegungen.

Kostenfaktoren. Ein lokales Netz ist ein System, das nach seiner Erstinstallation einen allmählichen Ausbau ohne gravierende Betriebsunterbrechungen und zusätzliche sprunghafte Kostensteigerungen gestatten soll. Die bei der Planung eines lokalen Netzes zu berücksichtigenden Kostenfaktoren sind:

- **Rechnerkosten:** Im Rahmen einer Netzplanung sind damit nicht die anzuschließenden Verarbeitungsrechner, sondern die notwendigen Vermittlungseinrichtungen gemeint. Abhängig von den Verfügbarkeitsanforderungen müssen diese eventuell auch mehrfach eingesetzt werden (vgl. 4.3.2).
- **Kabelkosten:** Bei einer Erstverkabelung sind neben den reinen Materialkosten für Kabel und Verstärkereinrichtungen eventuell auch bauliche Maßnahmen erforderlich, falls keine passenden Kabelschächte vorhanden sind.
- **Kosten für den Anschluß der Endgeräte:** Neben den Anschlußleitungen sind dazu möglicherweise entsprechende Anschlußeinrichtungen notwendig (vgl. 5.3.3).
- **Betriebskosten für das Netz:** Neben vernachlässigbaren Energiekosten sind hierbei in erster Linie Personalkosten zu nennen, die für Reparatur, Wartung und den Ausbau des Netzes entstehen (vgl. 4.4).
- **Wartungskosten:** Bei einem lokalen Netz im Rahmen eines Gebäudes und einer Organisation wird es häufig vorkommen, daß Endgeräte ihren Standort wechseln, z. B. durch den Zimmerwechsel eines Mitarbeiters und seines Terminals. Dabei sollten keine oder nur geringe Zusatzkosten für einen Neuanschluß ans Netz entstehen; eine Umkonfigurierung mit umfangreichen Änderungen von Adreßtabellen sowie damit einhergehende Unterbrechungen des laufenden Betriebs sind nicht tolerierbar.

5.1.2 Unterschiede zwischen lokalen Netzen und Fernnetzen

Es gibt im Grunde keinen prinzipiellen Unterschied zwischen einem lokalen Netz und einem Fernnetz: Bezüglich der im ersten Kapitel beschriebenen Aufgabenstellung für Rechnernetze leisten sie das gleiche. Konkret kann man sicher jedes beliebige Fernnetz (d. h. seine Vermittlungs- und Übertragungseinrichtungen) auch zur Realisierung eines lokalen Netzes heranziehen.

Andererseits ergeben sich aus den in 5.1.1 zusammengestellten betrieblichen Anforderungen die folgenden technischen Konsequenzen:

- Die erforderlichen Durchsatzraten liegen zwischen etwa 100 KBit/s und 100 MBit/s.
- Die Anzahl der anzuschließenden Stationen variiert in Abhängigkeit von der je-

weiligen Betriebsgröße über den sehr weiten Bereich von etwa einem Dutzend bis hin zu einigen tausend.

- Mithilfe eines lokalen Netzes sind nur geringe geographische Entfernungen zwischen wenigen hundert Metern und einigen -zig Kilometern zu überbrücken.
- Aufgrund der geringen Entfernungen und der Qualität der Übertragungseinrichtungen bei lokalen Netzen (neuverlegte Leitungen mit keinen oder ebenfalls neuen Verstärkern) kommt es meist zu einer sehr geringen Übertragungsfehlerrate: Ohne zusätzliche Vorkehrungen durch die angeschlossenen Stationen werden oft Restfehlerwahrscheinlichkeiten zwischen 10^{-8} und 10^{-11} erreicht.

Derartig hohe Durchsatzwerte und eine vergleichbare Fehlerstabilität sind im Rahmen von traditionellen Fernnetzen nicht realisierbar. Dies ist primär eine Folge der erheblich weiteren dabei zu überbrückenden Entfernungen: Jedes sich ausbreitende analoge Signal, also insbesondere auch elektromagnetische Impulse, unterliegen einer entfernungsabhängigen Dämpfung; mit zunehmender Entfernung steigt deshalb auch die Fehlerwahrscheinlichkeit an. Nur durch erhöhten technischen Aufwand mit entsprechenden Kostensteigerungen, z. B. durch eine Verkürzung der Abstände zwischen den Leitungsverstärkern, kann dieser Effekt kompensiert werden.

Neben diesen quantitativen Unterschieden gibt es zwei wichtige Entwurfsentscheidungen, die bei lokalen Netzen in der Regel anders getroffen werden als bei traditionellen Fernnetzen: Sie betreffen den Zugang zum Übertragungsmedium und die Charakteristik der angebotenen Netzdienste.

Zugang zum Übertragungsmedium. Die Aufgabe von Fernnetzen besteht in der Regel darin, Kommunikationsbeziehungen zwischen genau zwei Teilnehmern bereitzustellen. Diese Punkt-zu-Punkt-Verbindungen (vgl. 2.1) werden von Fernnetzen unabhängig von der zugrundeliegenden Netztopologie realisiert. Bei den meisten Herstellernetzen gibt es daneben auch sogenannte Mehrpunktverbindungen *(multipoint, party-line):* Dabei können an eine physikalische Leitung mehrere Geräte angeschlossen werden; in der Regel handelt es sich dabei um Terminals. Diese bei Fernnetzen vorkommenden Mehrpunktverbindungen stellen im Grunde Konzentratoreinrichtungen dar (vgl. 3.3.1); die angeschlossenen Stationen werden strikt zentralistisch von einem Prozessor kontrolliert. Es handelt sich dabei nicht um eine andere Art des Netzzugangs, sondern allein darum, daß zur Kosteneinsparung mehrere andernfalls notwendige Parallelleitungen durch eine einzige ersetzt werden.

Bei lokalen Netzen stellt sich die Situation anders dar: Bedingt durch den Charakter der innerbetrieblichen Kommunikation (vgl. 5.1) wie auch durch die bei der Realisierung von lokalen Netzen vornehmlich eingesetzten Übertragungsmedien (vgl. 5.3) bieten lokale Netze überwiegend einen Vielfachzugang für alle Teilnehmer. Dabei entsteht das spezifische Problem der Koordination der vielen Benutzer hinsichtlich des Gebrauchs des gemeinsamen Übertragungsmediums. Die dafür entwickelten Zugangsverfahren (vgl. 5.4) unterscheiden sich erheblich von den entsprechenden Regelungen im Rahmen der Netzrandprotokolle bei Fernnetzen.

Dienstcharakteristik. Den meisten lokalen Netzen liegt ein sehr leistungsfähiges Übertragungsmedium mit Vielfachzugang zugrunde (vgl. 5.3.2 bis 5.3.4). Dieses kann bei Verwendung eines verbindungslosen Dienstes effizienter genutzt werden als bei einem verbindungsorientierten Verfahren: Die größere Einfachheit und Robustheit von Datagrammverfahren ermöglicht einfachere und damit billigere Anschlußeinrichtungen für die eventuell große Zahl von Stationen an einem lokalen Netz. Die Angabe der vollen Absender- und Empfängeradresse in jedem Datagramm ist angesichts der großen Bandbreite des zugrundeliegenden Übertragungssystems tolerierbar.

Bei Einsatz eines verbindungsorientierten Verfahrens würde das Übertragungssystem während der gesamten Dauer einer Verbindung allein von den beiden beteiligten Station genutzt werden können. Fast alle der an ein lokales Netz anzuschließenden Geräte könnten davon aufgrund ihrer geringen Leistung gar keinen sinnvollen Gebrauch machen.

Eine spezielle Sequenzkontrolle ist bei den meisten lokalen Netzen überflüssig, da alle Übertragungen auf dem zentralen Medium sequentiell erfolgen, so daß eine Reihenfolgevertauschung von Datagrammen nicht vorkommen kann.

In lokalen Netzen werden also in der Regel Datagrammverfahren für die Übertragung eingesetzt, während bei Fernnetzen verbindungsorientierte Dienste überwiegen.

5.2 Netzwerktopologien für lokale Netze

In 4.1.1 wurden bereits einige Netzwerktopologien vorgestellt und hinsichtlich ihrer Wegelenkungseigenschaften diskutiert. Bei lokalen Netzen werden im wesentlichen drei der dort auch schon aufgeführten Topologien verwandt:

- die Sterntopologie (5.2.1),
- die Bustopologie (5.2.2) und
- die Ringtopologie (5.2.3).

5.2.1 Sterntopologie

Ein sternförmiges lokales Netz (vgl. Abb. 5-2(a)) stellt eine direkte Übertragung des Konzepts einer Telefonnebenstellenanlage auf ein Datenübertragungsnetz dar. In Anlehnung an die im amerikanischen gebräuchliche Abkürzung PBX für eine Nebenstellenanlage werden solche sternförmigen lokalen Netze auch als CBX *(computerized branch exchange)* bezeichnet. Sternförmige Topologien sind geprägt von der beherrschenden Stellung des zentralen Knotens. Jede Kommunikation verläuft über diese zentrale Instanz; bei ihrem Ausfall ist keinerlei Kommunikation mehr möglich. Bei Sternnetzen sind deshalb besondere Vorkehrungen zu treffen, um die Wahrscheinlichkeit einer Überlastung oder gar eines Ausfalls dieses Zentrums so gering wie möglich zu halten.

Wie bei traditionellen Nebenstellenanlagen handelt es sich bei sternförmigen lokalen Netzen üblicherweise um leitungsvermittelnde Einrichtungen: Auf einen entsprechenden Verbindungsaufbauwunsch hin richtet die Zentrale, wenn die adres-

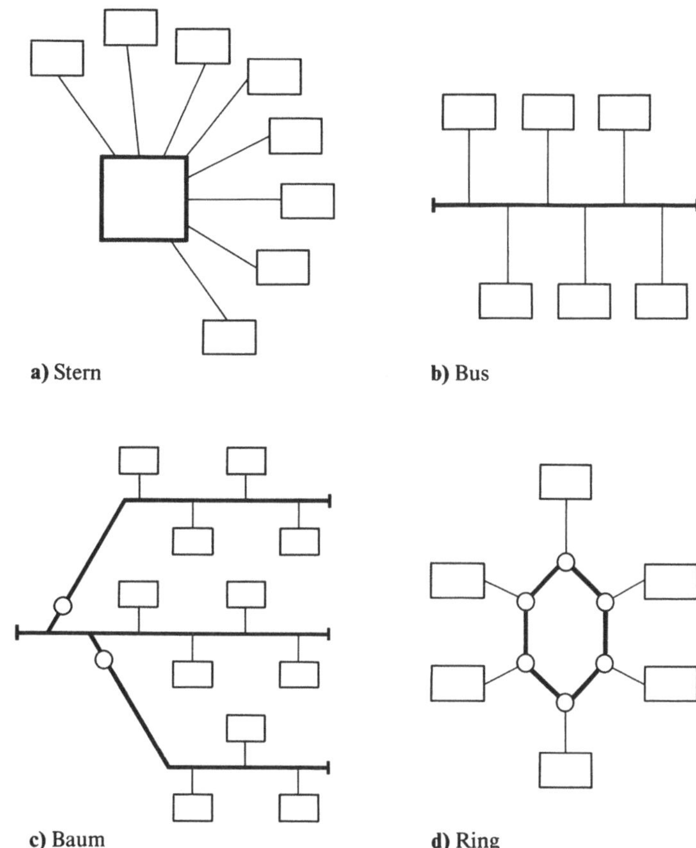

Abb. 5-2 a–d. Topologien für lokale Netze – □ repräsentieren Stationen ○ repräsentieren Koppler

sierte Gegenstelle erreichbar ist, zwischen den Kommunikationspartnern eine Punkt-zu-Punkt-Verbindung ein, welche die dadurch verbundenen Teilnehmer solange wie gewünscht exklusiv nutzen können. Abweichende Verwendungen einer Sterntopologie werden in Abb. 5-4 und Abb. 5-9 sowie in den zugehörigen Texten beschrieben.

Sternnetze sind aufgrund ihrer zentralistischen Struktur einfach zu verwalten. Der Anschluß einer weiteren Station an ein Sternnetz ist meist problemlos realisierbar. Es bedarf dazu

- eines zusätzlichen Leitungsanschlusses am zentralen Rechner sowie
- einer freien Verbindung zwischen der Zentrale und dem geplanten Aufstellungsort der neuen Station.

Falls alle Leitungsanschlüsse am Rechner belegt sind, können derartige zentrale Vermittlungssysteme in der Regel schrittweise um zusätzliche Leitungsprozessoren, Anschlußeinheiten etc. (vgl. Abb. 4-11(a)) erweitert werden. Die Erfüllung der zweiten Voraussetzung kann erhebliche Probleme mit sich bringen, wenn keine vorverlegte, zentral zusammenlaufende und für das lokale Netz nutzbare Leitungsinfrastruktur vorhanden ist.

5.2.2 Bus- oder baumförmige Topologie

In Erweiterung der in Abb. 5-2(b) dargestellten linearen Bustopologie treten bei lokalen Netzen auch baumförmige Topologien auf: Dabei werden mehrere lineare **Bussegmente** über geeignete **Buskoppler,** auch einfach **Koppler** *(repeater)* genannt, zu einem insgesamt baumförmigen Netz zusammengeschlossen (vgl. Abb. 5-2(c)).

Die Bezeichnung Bustopologie für derartige lokale Netze rührt von der in Abb. 5-2(b) skizzierten topologischen Struktur her, die einer schematischen Skizze einer Rechnerarchitektur mit einem zentralen Bus und den angeschlossenen Prozessoren ähnelt. Aber auch die zugehörige technische Realisierung weist eine wichtige Parallele auf: In beiden Fällen bietet das zentrale Kommunikationssystem einen Vielfachzugang. Da alle Teilnehmer dauernd parallel an ein gemeinsames Übertragungssystem *(broadcast medium)* gekoppelt sind,

- kann zu jedem Zeitpunkt höchstens eine Station senden und
- werden die Sendungen jeder Station von allen anderen angeschlossenen Teilnehmern nahezu gleichzeitig empfangen.

Allein aus dieser Eigenschaft ergibt sich schon, daß auf derartigen Bussystemen keine verbindungsorientierte Kommunikation erfolgen darf: Andernfalls würden zwei Teilnehmer für die Dauer ihrer Verbindung das gesamte Übertragungssystem exklusiv belegen (vgl. 5.1.2). Die Kommunikation über bus- oder baumförmige lokale Netze erfolgt also in Form von Datagrammen, welche die jeweilige Absender- und Empfängeradresse enthalten müssen:

- Jede Station bzw. die Anschlußeinrichtung eines jeden Teilnehmers hört andauernd passiv das Übertragungsmedium ab und reicht alle Datagramme mit der eigenen Adresse an die angeschlossene Station weiter.
- Über ein geeignetes Zugangsprotokoll, das von allen sendewilligen Stationen eingehalten werden muß, ist zu gewährleisten, daß zu jedem Zeitpunkt immer nur höchstens eine Station sendet (vgl. 5.4).

Der Anschluß einer weiteren Station an ein busförmiges lokales Netzes ist sehr einfach: Erforderlich ist eine Anschlußleitung zum nächstgelegenen Punkt des zentralen Bussystems, die über einen sogenannten Tapanschluß (vgl. Abb. 5-5(a)) mit dem Bus verbunden wird. Wenn dieses Buskabel in einem Schacht durch alle Etagen und Räume eines Bürogebäudes verläuft, ist ein solcher Anschluß äußerst einfach: Er setzt etwa den gleichen Sachverstand und ähnliches Werkzeug voraus wie der Anschluß eines 220 V Haushaltssteckers an ein Kabel.

Bussysteme können normalerweise nicht beliebig verlängert werden. Wenn eine oder mehrere weiter entfernte Stationen, z. B. in einem separaten Gebäude, angeschlossen werden sollen, ist es oft günstiger, dort ein separates Bussegment zu verlegen, das dann über einen Kopplungsbaustein und eine Anschlußleitung mit dem zentralen Bus verbunden wird. Als Ergebnis derartiger Erweiterungen kann schrittweise eine baumförmige Struktur wie in Abb. 5-2(c) dargestellt entstehen.

Solche Buskoppler sind keine Vermittlungseinrichtungen, sondern passive, elektronische Bausteine: Ein Koppler zwischen zwei Bussegementen A und B hat die Aufgabe, alle Signale auf dem Bus A nach einer eventuellen Verstärkung auf den Bus B weiterzuleiten und umgekehrt. Um Kollisionen eines Signals mit sich selbst zu vermeiden, darf eine solche Segmentkombination nur baumförmig aufgebaut sein, d. h. zwischen je zwei Stationen darf es nur genau eine Verbindungsstrecke geben.

Nachteilig bei allen Busverlängerungen oder -erweiterungen sind die daraus resultierenden verlängerten Signallaufzeiten zwischen den am weitesten voneinander entfernten Stationen. Diese Zeitspanne ist jedoch der ausschlaggebende Parameter bei der Berechnung des Gesamtdurchsatzes für die Busstruktur: Je größer die maximale Signallaufzeit ist, desto geringer ist der Durchsatz (vgl. 5.4.2).

5.2.3 Ringtopologie

Ein Ring besteht aus einem in sich geschlossenen Zyklus von aufeinanderfolgenden Punkt-zu-Punkt-Übertragungsabschnitten (vgl. Abb. 5-2(d)):

- Alle Nachrichten zirkulieren auf dem Ring in einer festgelegten Richtung; man bezeichnet dies als **unidirektionale Übertragung.**
- Die Verbindung der isolierten Übertragungsstrecken geschieht über geeignete **Ringkoppler** oder Wiederholungseinrichtungen, welche die eingehenden Signale auf der Ausgangsleitung weiterleiten.
- Die Stationen sind jeweils an einen dieser Koppler angeschlossen; häufig können an einen Koppler auch mehrere Stationen angeschlossen werden.
- Neben der Verstärkung und Weiterleitung der empfangenen Signale müssen die Koppler also auch Nachrichten für die angeschlossene(n) Station(en) an diese weiterleiten und umgekehrt deren Nachrichten in den Ring einspeisen.

Auch die Kopplungsbausteine zwischen den Abschnitten einer Ringleitung sind keine Netzknoten wie sie für Fernnetze in 4.3.2 beschrieben wurden. Es handelt sich dabei um Hardwareeinrichtungen, die insbesondere keine Nachrichten zwischenspeichern, sondern zusammen mit den Verbindungsleitungen ein ähnlich passives Übertragungssystem mit Vielfachzugriff realisieren, wie dies bei Bussystemen der Fall ist. Im Widerspruch zur Verwendung derselben Bezeichnung entsprechen die Koppler eines Rings jedoch den Tapanschlüssen bei der Bustopologie. Mit der dort ausgeführten Begründung werden auch bei ringförmigen lokalen Netzen Datagramme ausgetauscht.

Die logisch zentralen Ringfunktionen, die von den Kopplungselementen realisiert werden müssen, sind:

- Einspeisung von Daten,
- Empfang von Daten und
- Entnahme nicht mehr benötigter Daten aus dem Ring.

Wann genau ein Kopplungsbaustein Daten von einer der an ihn angeschlossenen Stationen in den Ring einspeisen darf, ist ähnlich wie bei Bussystemen durch ein Zugangskontrollverfahren zu regeln (vgl. 5.4). Anders als bei Bussystemen, an deren Ende die Signale einfach absorbiert werden, müssen die Daten aus einem Ring explizit entnommen werden, um zu verhindern, daß sie endlos im Ring umlaufen. Zwei unterschiedliche Strategien werden dazu verwandt:

- Ein Datagramm kann von (dem Koppler) der empfangenden Station entnommen werden.
- Ein Datagramm kann vom Absender nach einem vollständigen Umlauf im Ring wieder entnommen werden.

Das zweite Verfahren hat zwei Vorteile: Erstens erlaubt es als Nebeneffekt eine Quittierung über den korrekten Empfang der Nachricht. Zweitens kann während eines gesamten Umlaufs ohne Zusatzaufwand mehr als ein Adressat erreicht wer-

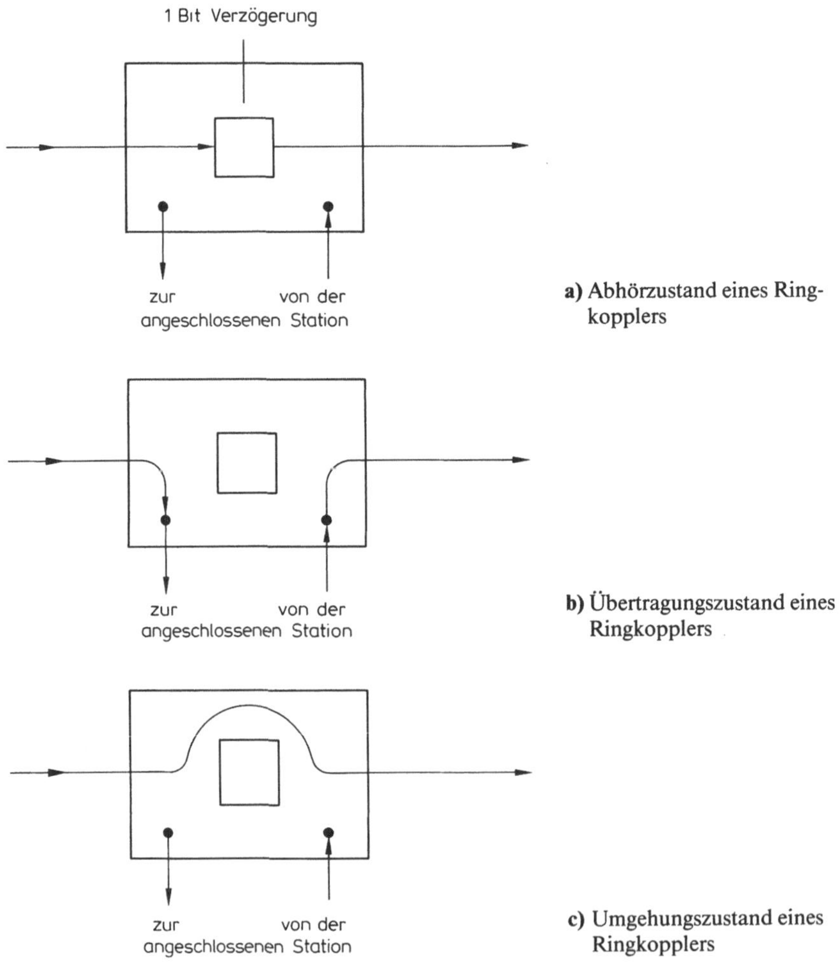

a) Abhörzustand eines Ringkopplers

b) Übertragungszustand eines Ringkopplers

c) Umgehungszustand eines Ringkopplers

Abb. 5-3 a–c. Zustände eines Ringkopplers

den; Datagramme an eine Teilmenge oder alle angeschlossenen Stationen sind also effizient zustellbar.

Die oben beschriebenen Aufgaben eines Ringkopplers können zu zwei Bereichen zusammengefaßt werden:

- Gewährleistung der korrekten Funktionsweise des Rings durch die Weiterleitung aller empfangenen Daten und
- Bereitstellung von Sende- und Empfangsmöglichkeiten für alle lokal angeschlossenen Stationen.

Diesen beiden Aufgabenbereichen entsprechen zwei wohlunterscheidbare Zustände (vgl. Abb. 5-3), die als Abhören *(listen)* und Übertragen (*transmit*) bezeichnet werden.

Abhören. Im Abhörzustand (Abb. 5-3(a)) muß jedes ankommende Bit so schnell wie möglich auf die Ausgangsleitung umgesetzt, d. h. dort weitergeschickt werden. Um die Übertragungsfunktionen des zweiten Zustands erfüllen zu können, muß die umlaufende Nachricht mindestens bitweise untersucht werden. Der minimal erforderliche Zeitverzug in einem Ringkoppler ist somit durch die Übertragungszeit eines Bits auf der Ausgangsleitung gegeben.

Übertragen. Im Übertragungszustand (Abb. 5-3(b)) muß ein Koppler empfangen und senden können. Für den Empfang sind die folgenden Funktionen notwendig:

- Der durchlaufende Bitstrom muß nach der notwendigen Kontrollinformation durchsucht werden. Dabei handelt es sich mindestens um die Adresse(n) der an diesen Ringkoppler angeschlossenen Station(en). Daraus folgt, daß Ringkoppler im Unterschied zu Buskopplern eine gewisse Kenntnis des im Ring verwendeten Datagrammformats haben müssen.
- Falls das ankommende Datagramm an eine der angeschlossenen Stationen adressiert ist, müssen die auf dem Ring weiterzuleitenden Bits gleichzeitig auf die Anschlußleitung(en) der adressierten Station(en) kopiert werden.
- Bei einigen Kontrollstrategien müssen einzelne Bits des durchlaufenden Datagramms modifiziert werden - z. B. als Bestätigung für den Absender, daß das Datagramm beim Adressaten kopiert worden ist.

Beim Senden, d. h. dem Einspeisen von Daten in den Ring, sind folgende Funktionen notwendig:

- Entsprechend dem verwendeten Zugangsverfahren muß der Koppler aktuell das Senderecht besitzen (vgl. 5.4).
- Er überträgt die von der sendewilligen Station bei ihm eingetroffenen Daten bitweise auf seine Ausgangsleitung.

Wenn während eines Sendevorgangs Daten auf der Eingangsleitung eintreffen, kann dies zwei Ursachen haben, auf die unterschiedlich reagiert werden muß:

- Es kann sich um (die ersten) Bits des von ihm gerade verschickten Datagramms handeln, d.h. die „Bitlänge“ des Rings ist kürzer als das zu versendende Datagramm. In diesem Fall müssen die eintreffenden Daten an die sendende Station zurückgeschickt werden, damit diese darin nach Quittungen suchen kann.
- Bei einigen Kontrollverfahren kann gleichzeitig mehr als ein Datagramm im Ring befördert werden. Wenn die eintreffenden Daten also den Beginn eines neuen Datagramms bilden, müssen sie für eine spätere Weiterleitung zwischengespeichert werden.

Umgehung. Die beiden beschriebenen Zustände - Abhören und Übertragen - sind ausreichend für die korrekte Funktion eines Rings. In der Praxis werden sie häufig durch einen Umgehungszustand *(bypass)* ergänzt (vgl. Abb. 5-3(c)). Die Einführung eines solchen Umgehungszustands hat den Vorteil, daß Koppler, deren angeschlossene Station(en) nicht aktiv sind, aus dem Ring genommen werden können. Die bei jedem Koppler entstehende Verzögerung entfällt damit.

Lokale Netze auf der Basis einer Ringtopologie sind störungsanfälliger als die bisher diskutierten Stern- und Busstrukturen. Die wichtigsten, auf die Ringtopologie zurückgehenden Fehlerursachen sind:

- Sobald ein Koppler oder ein Verbindungskabel zwischen diesen ausfällt, ist der gesamte Ring blockiert. Im Falle eines fehlerhaften Kopplers bietet ein Umgehungszustand eine Kurzschlußmöglichkeit, mit welcher der Ring schnell wieder in Betrieb genommen werden kann.
- Die Lokalisierung eines fehlerhaften Elements im Ring ist kompliziert. Sie erfordert das Aufsuchen aller Räumlichkeiten, in denen Kabel und Koppler untergebracht sind. (Ironisierend wird dies auch als das „Taschen-voller-Schlüssel“-Problem bezeichnet, im Original: *pockets full of keys problem.*)
- Die Maximalzahl der an einen Ring anschließbaren Stationen liegt bei einigen Hundert. Diese Grenze ist bestimmt durch die zitierten Installationsprobleme sowie die beim Anschluß eines jeden zusätzlichen Kopplers unvermeidbare Vergrößerung der Ringumlaufzeit.
- Beim Anschluß einer neuen Station ist es meist nicht einfach zu entscheiden, zwischen welchen vorhandenen Kopplern die neue Station, d.h. der dazu erforderliche neue Koppler angeschlossen werden soll: Durch Einfügung von neuen Kopplern können sich die Längen der bei den benachbarten Kopplern angeschlossenen Kabelabschnitte so entscheidend ändern, daß möglicherweise eine neue Einstellung *(tuning)* von deren Hochfrequenzbausteinen notwendig wird.
- Zur Überwindung von Fehlersituationen sind Strategien zur (Wieder-) Inbetriebnahme *(initialization and recovery)* erforderlich. Z. B. muß gewährleistet sein, daß ein durch einen temporären Übertragungsfehler verfälschtes Datagramm wieder aus dem Ring entfernt wird, obwohl sich im Zuge des Normalverhaltens dafür weder der Absender noch der Adressat verantwortlich fühlen.

Ein Teil der angesprochenen Probleme läßt sich durch eine Erweiterung der Ringarchitektur beheben oder zumindest abmildern. Dabei handelt es sich um eine Architektur, die ein bedeutender Hersteller seinen Produkten für lokale Netze zugrun-

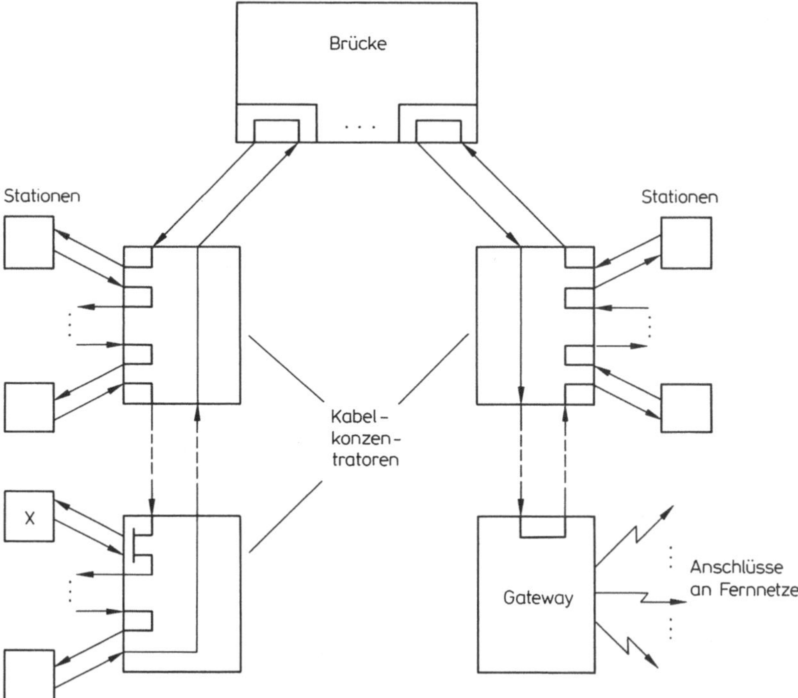

Abb. 5-4. Skizze einer Sternringarchitektur

de legen will (IBM-Tokenring oder **Sternringarchitektur).** Die Erweiterungen betreffen im wesentlichen zwei Entwurfsentscheidungen (vgl. Abb. 5-4):

- Die Kabelverbindungen zwischen allen Kopplern werden durch einen oder wenige zentrale Kabelkonzentratoren *(ring wiring concentrator)* geschleift. Als Konsequenz ist jeder Koppler über zwei Kabel mit diesem Verkabelungszentrum verbunden. Durch diesen Mehraufwand lassen sich aber die wesentlichen der oben genannten Installationsprobleme beheben: Eine Fehlersuche ist allein von dieser zentralen Stelle aus möglich; Betriebsunterbrechungen durch fehlerhafte Komponenten (Leitungen oder Koppler) können durch entsprechende Überbrückung bzw. Kurzschluß im Kabelkonzentrator begrenzt werden (vgl. Station X in Abb. 5-4).
- Zur Erhöhung der Anzahl der absolut anschließbaren Stationen können eine ganze Reihe von Einzelringen über eine zentrale Brücke *(bridge)* zusammengeschlossen werden. Um diesen zentralen Baustein nicht zum Flaschenhals werden zu lassen, sollten in den einzelnen Ringen Benutzergruppen zusammengefaßt werden, die den größten Teil ihrer Kommunikation untereinander abwickeln und einen deutlich geringeren Anteil ihrer Kommunikationsbeziehungen mit Teilnehmern in anderen, über die Brücke erreichbaren, Ringen durchführen.

Wie aus Abb. 5-4 erkennbar, stellt dieses Netzkonzept topologisch eine Mischung aus Stern- und Ringelementen dar. Eine weitergehende Beschreibung dieses lokalen Netzwerks ist in Rauch-Hindin 1982 und Bux et al. 1982 zu finden.

5.3 Übertragungsmedien

Im Laufe der Entwicklung der Fernmeldetechnik sind viele Übertragungsverfahren auf der Basis gleicher oder unterschiedlicher **Übertragungsmedien** entwickelt worden: Als Alternative zu den klassischen 2- oder 4-adrigen Kupferkabeln werden Koaxialkabel oder in jüngerer Zeit auch Richtfunkstrecken, Glasfaserkabel und Satellitenverbindungen eingesetzt.

Im Rahmen von Fernnetzen, z. B. dem Fernmeldenetz der DBP, müssen solche unterschiedlichen Übertragungsmedien und -techniken koexistieren können: Die hohe Qualität und damit die langen Nutzungszeiten von fernmeldetechnischen Ausrüstungen ermöglichen dies; die enormen Investitionen mit entsprechend langen Amortisationszeiten sowie die technische Unmöglichkeit, ein solches Netz als Ganzes zu erneuern, erzwingen dies. Für einen Netzteilnehmer ist in der Regel nicht sichtbar, über welche Übertragungsmedien seine Nachrichten im Netz transportiert werden.

Bei lokalen Netzen ist die Situation grundlegend anders: Aufgrund der geringeren Größe und zugunsten einer einheitlichen Technologie wird in der Regel nur ein Übertragungsmedium eingesetzt. Die Auswahl eines solchen Mediums hat andererseits jedoch weitreichende Konsequenzen: Wie nachfolgend ausgeführt wird, gibt es bei lokalen Netzen meist einen relativ direkten Zusammenhang zwischen dem Übertragungsmedium und der möglichen Netztopologie. Das bedeutet, daß zusammen mit der Auswahl eines bestimmten Übertragungsmediums gleichzeitig Festlegungen hinsichtlich der Anzahl, der Verteilung und der möglichen Standorte der anschließbaren Stationen zu treffen sind.

Im folgenden werden vier Übertragungsmedien im einzelnen vorgestellt:

- Verdrillte Kupferkabel (5.3.1),
- Koaxialkabel mit Basisbandtechnik (5.3.2),
- Koaxialkabel mit Breitbandtechnik (5.3.3) und
- Glasfaser oder Lichtwellenleiter (5.3.4).

5.3.1 Verdrillte Kupferkabel

Verdrillte Kupferkabel *(twisted pair wire)* sind das traditionelle Übertragungsmedium der Fernmeldetechnik. Entsprechend gut bekannt sind die physikalischen und technischen Eigenschaften dieses Mediums: Seine Handhabung wird vollständig beherrscht.

Üblicherweise werden Kupferkabel für langsame Übertragungsgeschwindigkeiten genutzt; es sind darüber aber auch Übertragungsraten bis zu einigen MBit/s möglich. Im Vergleich mit den anderen hier diskutierten Alternativen sind Kupferkabel jedoch das am wenigsten leistungsfähige Übertragungsmedium.

Kupferkabel haben den Nachteil, daß jede Art von elektromagnetischen Feldern auf sie einwirkt und in der Tendenz zu Störungen führt: Sowohl benachbarte Starkstromleitungen wie auch Kopiereffekte zwischen gemeinsam verlegten Kabeln sind häufige Ursachen von Fehlern. Um diese Effekte zu minimieren, werden Kupferadern paarweise verdrillt und können zusätzlich abgeschirmt werden. Der einer Kabelübertragung zugrundeliegende elektromagnetische Effekt kann auch dazu genutzt werden, ein Kupferkabel abzuhören, ohne die Leitung direkt zu unterbrechen.

Der größte Vorteil von Kupferkabeln liegt in ihren niedrigen Kosten und ihren guten Verlegungseigenschaften: Die Kabel können beliebig um Ecken geführt werden; in Form von Telefonleitungen sind verdrillte Kupferkabel in den meisten Bürogebäuden bereits vorverlegt. Geräteanschlüsse stellen kein technisches Problem dar: Es gibt einschlägige Normen; die meisten Geräte sind mit entsprechenden Normanschlüssen ausgestattet lieferbar.

Die Anzahl der anschließbaren Geräte wird bei der Verwendung von Kupferkabeln nicht durch die Eigenschaften dieses Übertragungsmediums limitiert: Alle Telefonnetze wurden historisch auf dieser Basis errichtet und verbinden heute Millionen von Fernsprechapparaten. Für ein lokales Netz auf Basis von Kupferkabeln gehen Begrenzungen bezüglich der Maximalzahl anschließbarer Stationen also ausschließlich auf entsprechende Beschränkungen in den verwendeten Vermittlungs- und Übertragungseinrichtungen zurück.

5.3.2 Koaxialkabel mit Basisbandtechnik

Physikalisches Rückgrat eines solchen lokalen Netzes ist ein Koaxialkabel; meist wird die im Vergleich zum gebräuchlichen Fernsehantennenkabel dünnere und leichter verlegbare 50 Ohm Variante verwendet. Bei der **Basisbandtechnik** *(baseband)* wird das gesamte, genutzte Frequenzspektrum für die Übertragung der digitalen Signale eines einzigen, leistungsfähigen Kanals verwendet. Die Übertragung dieser Signale erfolgt **bidirektional:** Jedes Signal breitet sich - unabhängig von der Ursprungsstation und deren Anschlußposition am Kabel - mit konstanter Geschwindigkeit in beiden Richtungen bis zu den Kabelenden aus, wo es durch den jeweiligen Wellenwiderstand absorbiert wird (vgl. die graphische Notation der Kabelabschlüsse in Abb. 5-2(b) und 5-2(c)). Die Aufteilung der verfügbaren Übertragungskapazität dieses einen Kanals unter die darum konkurrierenden, übertragungswilligen Stationen muß durch geeignete Zugangsverfahren geregelt werden (vgl. 5.4).

Die Ausbreitung der digitalen Signale in einem Koaxialkabel unterliegt einer Dämpfung. Die erzielbare Gesamtlänge des Kabels hängt umgekehrt proportional von der gewünschten Übertragungsgeschwindigkeit ab: Bei einer Kabellänge von ca. 500 m ergibt sich ein Durchsatz von etwa 10 MBit/s. Müssen größere Entfernungen überbrückt werden, so ist der Zusammenschluß mehrere Kabelsegmente über Kopplungseinrichtungen möglich (vgl. Abb. 5-2(c)). Wie in 5.2.2 begründet, können dabei maximal baumförmige Netzstrukturen aufgebaut werden.

Der Anschluß einzelner Stationen erfolgt über Sende-/Empfangseinrichtungen, für die das Kunstwort **Transceiver** (als Zusammenziehung von *transmitter* für Sender

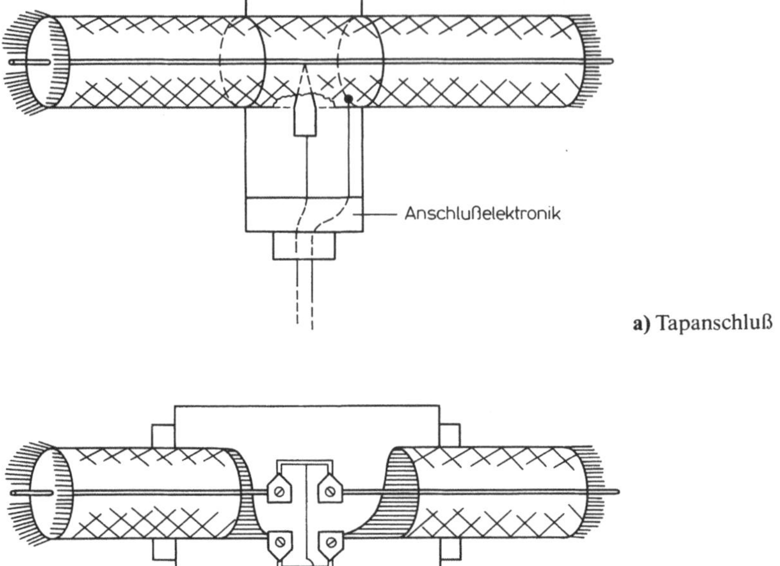

Abb. 5-5 a, b. Anschlußmöglichkeiten an ein Koaxkabel

und *receiver* für Empfänger) verwendet wird. Es gibt zwei unterschiedliche Techniken für den Anschluß eines solchen Transceivers an ein Koaxialkabel:

- **Tapanschluß** (vgl. Abb. 5-5(a)): Dabei wird punktuell ein Teil der Außenabschirmung des Kabels entfernt, um ohne Kurzschluß einen Dorn einbohren zu können, der die Verbindung zum zentralen Leiter des Kabels herstellt. Die Bezeichnung *tap* bedeutet im Englischen soviel wie Abzweigung, bildlich auch Wasserhahn.
- **Schraubanschluß** (vgl. Abb. 5-5(b)): Dabei wird das Koaxialkabel an jeder Anschlußstelle unterbrochen; das gesamte Netz besteht also bei n angeschlossenen Stationen aus n+1 Teilstücken. An jedem Anschlußpunkt muß eine Koaxialkupplung der beiden Teilstücke hergestellt und gleichzeitig eine Anzapfung beider Pole herausgeführt werden.

Die Transceiverelektronik ist meist unmittelbar beim Kabelanschluß untergebracht; auf der zur Station weiterführenden Leitung wird in der Regel mit weit geringerer Geschwindigkeit übertragen als auf dem Koaxialkabel. Der Schraubanschluß ist das elektrisch sicherere Verfahren. Nachteilig daran ist, daß bei jedem neuen Anschluß eine kurzfristige Betriebsunterbrechung auftritt. Tapanschlüsse können während des laufenden Betriebs angebracht und entfernt werden. Die dabei notwendige Anzapfung des Zentralleiters führt allerdings auch zu geringfügigen elektrischen Störungen. Um diese zu minimieren, wird üblicherweise empfohlen,

- einen Sicherheitsabstand von etwa 2,50 m zwischen Stationsanschlußpunkten einzuhalten,
- als Entfernung zwischen Stationsanschlußpunkten nur Vielfache dieses Sicherheitsabstandes zu wählen und
- höchstens wenige 100 Stationen anzuschließen.

Bei einer Kabellänge von 500 m und dem oben angegebenen Abstand der Stationsanschlußpunkte von 2,50 m können also maximal 200 Stationen angeschlossen werden.

5.3.3 Koaxialkabel mit Breitbandtechnik

Bei der Breitbandübertragung *(broadband)* wird eine Technik genutzt, die ursprünglich für das Kabelfernsehen *(cable television,* CATV*)* entwickelt wurde. Die Bezeichnung **Breitband** rührt daher, daß das gesamte technisch beherrschbare Frequenzspektrum für die Übertragung genutzt wird. (Heute sind dies Bereiche bis ca. 450 MHz.) Dadurch liegt die Übertragungskapazität eines Breitbandmediums in der Größenordnung von 300 MBit/s bei einseitiger Übertragung und 150 MBit/s bei zweiseitigem Verkehr (Begründung folgt unten!).

Diese höhere Kanalkapazität wird durch die Aufteilung des gesamten Frequenzspektrums in parallel nebeneinander nutzbare Frequenzbänder erreicht. Breitbandsysteme sind also typische Repräsentanten eines Frequenzmultiplexverfahrens (vgl. 3.3.1). Unterschiedliche Endgeräte können über ein Breitbandsystem gleichzeitig kommunizieren, wenn sie verschiedene Subkanäle nutzen.

Die Anzahl der an ein Breitbandübertragungssystem anschließbaren Endgeräte hängt sehr stark von deren Übertragungscharakteristik ab. Wenn aus Gründen der Vergleichbarkeit mit den oben genannten Zahlen nur Stationen betrachtet werden, die auch an ein Basisbandsystem anschließbar sind, so liegt die Maximalzahl der an ein Breitbandsystem anzuschließenden Stationen bei einigen tausend.

Bei Einsatz entsprechender Verstärker sind mit einem Breitbandsystem auch größere Entfernungen, etwa im Bereich von einigen -zig Kilometern, überbrückbar.

Der Vollständigkeit halber sei hier erwähnt, daß die Breitbandübertragung auch die technologische Basis für eine weitere, spezielle Variante von lokalen Netzen bildet: die **lokalen Hochleistungsnetze** *(high speed local networks,* HSLN, teils auch als *back end networks* bezeichnet*)*. Derartige lokale Netze werden eingesetzt, wenn sehr schnelle Verbindungen zwischen mehreren eng zusammen aufgestellten Rechenanlagen notwendig sind. Oft werden über solche Hochgeschwindigkeitsleitungen nur zwei Rechner zusammengeschlossen; möglich sind jedoch auch Vernetzungen von mehreren Anlagen z. B. zur Realisierung eines Last- oder Ausfallverbunds zwischen den verschiedenen DV-Anlagen eines Rechenzentrums. Extrem hohe Bandbreiten von 50 MBit/s und mehr sind dabei über kurze Entfernungen von wenigen -zig Metern realisierbar.

Die größere Leistungsfähigkeit von Breitbandsystemen erfordert natürlich auch einen entsprechend höheren technischen Aufwand. Belegt wird dieser, auch zu höheren Kosten führende, Aufwand im folgenden beispielhaft durch drei unten näher ausgeführte Aspekte:

- Der Anschluß der einzelnen Stationen kann nicht direkt erfolgen, sondern nur über Modems.
- Die Übertragung in Breitbandsystemen erfolgt einseitig, d.h. auf jedem Kanal nur in einer Richtung.
- Ein Breitbandsystem ist technisch sehr komplex und erfordert in seiner Planung und Unterhaltung qualifizierte Hochfrequenztechniker.

Die Aufteilung eines Frequenzbandes in einzelne Teilbänder, auf denen unabhängig voneinander Information (z.B. digitale Daten, Sprache, Musik oder Fernsehbilder in analoger Form) übermittelt werden kann, ist ein in der Hochfrequenztechnik (Rundfunk, Fernsehen) häufig anzutreffendes Verfahren. Dabei wird in jedem Fall auf eine Trägerfrequenz die eigentlich zu übertragende Information aufgeprägt (moduliert). Bei der Breitbandtechnologie handelt es sich also um eine analoge Übertragungstechnik, bei der ein Anschluß nur über eine zusätzliche technische Einrichtung, ein sog. **Modem,** erfolgen kann. (Der Begriff Modem ist ein Kunstwort, das als Zusammenfassung von *Modulator/Demodulator* entstanden ist.)

Ein solches Modem hat die Aufgabe,

- alle Frequenzen mit Ausnahme des gewünschten Teilbandes auszublenden,
- beim Senden die Aufprägung (Modulation) der zu übertragenden Information auf diesen Subkanal vorzunehmen und
- umgekehrt die von einem Sender aufgeprägte Information beim Empfang wieder zurückzugewinnen (Demodulation).

Mit Ausnahme von sehr kurzen Übertragungsstrecken erfordern Breitbandsysteme in bestimmten Abständen Verstärkereinrichtungen: Der Dämpfungsfaktor von Wellen nimmt mit steigender Frequenz zu! Es ist technisch nicht möglich, analoge Signale aus einer Richtung zu empfangen und in beiden Richtungen verstärkt wieder abzustrahlen. Aus diesem Grunde erfolgt die Ausbreitung der Signale in einem Breitbandsystem **unidirektional,** d.h. richtungsorientiert. Zur Bereitstellung eines Duplexverkehrs bedarf es also eines separaten Hin- und Rückkanals, deren Verstärkung in entgegengesetzter Richtung verläuft.

Es gibt zwei eingeführte Techniken zur Realisierung der erforderlichen Hin- und Rückkanäle (vgl. Abb. 5-6):

- Unterschiedliche Übertragungskanäle eines Breitbandkabels, die also notwendigerweise auf verschiedenen Frequenzen liegen, werden für die Hin- und Rückrichtung belegt (vgl. Abb. 5-6(a)). Es ist eine **Kopfstation** erforderlich, in der die Information aus dem Sendekanal empfangen, verstärkt und nach einer Frequenzumsetzung auf dem Empfangskanal wieder verschickt wird. Im Resultat dieser Technik steht den angeschlossenen Geräten effektiv nur die halbe Übertragungskapazität, d.h. ca. 150 MBit/s zur Verfügung.
- Die **Dualkabeltechnik** erfordert zwei separate Koaxialkabel, von denen eines zum Senden und das andere zum Empfang auf demselben Kanal verwendet

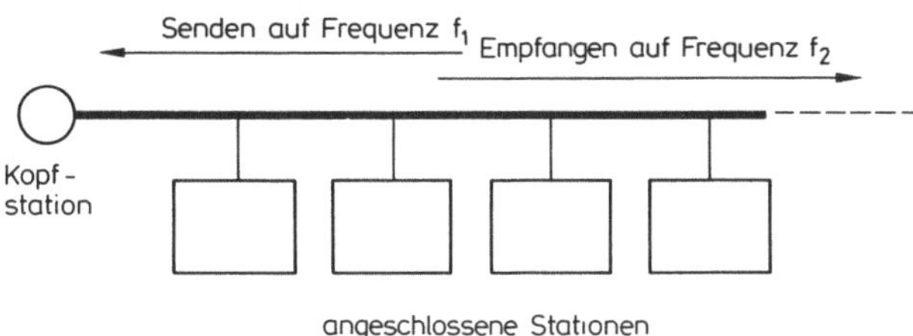

a) Nutzung verschiedener Frequenzbänder zur Realisierung eines Duplexverkehrs

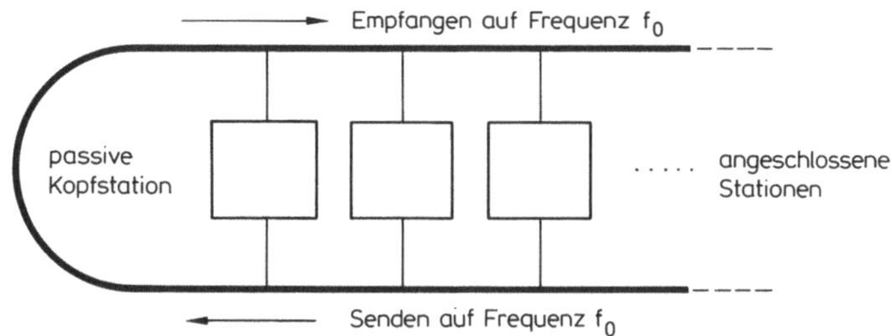

b) Dualkabeltechnik

Abb. 5-6 a, b. Breitbandübertragung

wird; jede Station muß also an beide Kabel mit jeweils einem Modem angeschlossen sein (vgl. Abb. 5-6(b)). Der Zusammenschluß beider Kabel erfolgt ebenfalls in einer Kopfstation, die aber im Unterschied zum obigen Fall rein passiv sein kann. Im einfachsten Fall besteht sie aus der physikalischen Verbindung des Sende- und Empfangskabels. Die Übertragungskapazität eines Dualkabelsystems über zwei Kabel ist erwartungsgemäß doppelt so groß wie beim oben beschriebenen Einsatz nur eines Koaxialkabels.

Die Aufteilung der Frequenzbänder auf die unterschiedlichen Nutzungs- oder Kommunikationsarten wird in der Regel vom Hersteller des Systems vorgegeben. Das gesamte nutzbare Frequenzspektrum (ca. 10 bis 350 MHz oder mehr) wird in unterschiedlich breite Teilbänder zerlegt, die jeweils für spezielle Zwecke genutzt werden. Abbildung 5-7 zeigt ein Beispiel für die Frequenzaufteilung eines Breitbandsystems (in Anlehung an das System WangNet):

- Über das untere Interconnect-Band werden festgeschaltete Kanäle *(dedicated lines)* mit einer maximalen Kapazität von 64 KBit/s realisiert.
- Das obere Interconnect-Band bietet geschaltete Übertragungskanäle mit einer Leistung bis zu 9.600 Bit/s an.
- Das Utility-Band enthält sieben Fernseh- oder Videokanäle für den Anschluß marktüblicher Kameras und Bildschirme.
- Das Packet-Service-Band realisiert ein für die Bürokommunikation vorgesehenes, separates lokales Netz mit einer Übertragungskapazität von 12 MBit/s.

Für die Übertragung eines Fernseh- oder Videoprogramms wird ein Bereich von 6 MHz belegt; bei der Verwendung für eine digitale Datenübertragung sind etwa 0,25 bis 1,00 Bit/s pro Hertz übermittelbar.

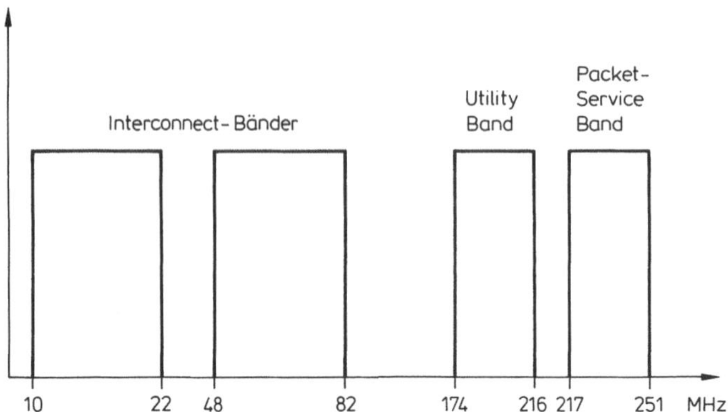

Abb. 5-7. Mögliche Aufteilung der Frequenzbänder in einem Breitbandsystem

Bei der Entscheidung für ein Breitbandsystem wird sich ein Anwender normalerweise noch nicht sehr weitgehend hinsichtlich der Nutzungsart, der Zuteilung der Frequenzbänder auf spezielle Anwendungen etc. festlegen wollen. Bei der Anschaffung der notwendigen Modems ist aber die Wahl zwischen Festfrequenzmodems *(fixed frequency modem,* FFM*)* und variablen Frequenzmodems *(frequency agile modem,* FAM*)* zu treffen. Festfrequenzmodems sind deutlich billiger; insbesondere für Geschwindigkeiten ab 56 KBit/s aufwärts steigen die Kosten für variable Frequenzmodems drastisch an. Zusätzlich ist für eine variable Frequenzzuteilung ein Frequenzzuteilungssystem für die Kanalverwaltung, d.h. ein Rechner erforderlich.

Die erhöhte technische Komplexität von Breitbandsystemen im Vergleich zu Basisbandsystemen sei an einem abschließenden Beispiel belegt. Bei einer wichtigen Klasse von Zugangskontrollverfahren für Einkanalsysteme (z.B. CSMA/CD, vgl. 5.4.2) wird nicht verhindert, daß gleichzeitig mehrere Stationen eine Übertragung beginnen. Derartige Kollisionen müssen erkannt und geeignet behoben werden. Wenn aber ein Kanal eines Breitbandsystems für die Realisierung eines entsprechenden Netzes verwendet wird (vgl. die oben angegebene Belegung des Packet-Service-Bands), entstehen dabei besondere Probleme. Die Erkennung solcher Konfliktsituationen ist bei Breitbandsystemen ungleich schwieriger als bei Basisbandsystemen:

- Im Basisband wird ein einfacher Bitstrom übertragen; eine Kollision ist an den daraus resultierenden Abweichungen von der Codierungsvorschrift erkennbar.
- Bei Breitbandsystemen führen derartige Kollisionen zu Überlagerungen der modulierten Signale, die nur sehr kompliziert und mit größerer Fehlerwahrscheinlichkeit erkennbar sind.

5.3.4 Lichtwellenleiter

Glasfaserkabel oder **Lichtwellenleiter** *(optical fibre)* sind das jüngste der hier vorgestellten Übertragungsmedien; entsprechend geringe Erfahrungen liegen mit lokalen oder anderen Netzen auf Basis von Glasfasern bisher vor. Die Verwendung von Lichtwellenleitern als Übertragungsmedium im Rahmen von Rechnernetzen basiert auf folgendem Konzept (vgl. Abb. 5-8(a)):

- Die zu übertragenden elektrischen Signale werden über einen **elektrooptischen Wandler** in Lichtsignale umgesetzt.
- Die entstandenen Lichtsignale werden über ein geeignetes Glasfaserkabel übertragen.
- An dessen Ende erfolgt die Rückgewinnung der ursprünglichen elektrischen Signale über einen **optoelektrischen Wandler** .

Auch bei Lichtwellenleitern erfolgt die Ausbreitung der übertragenen Signale unidirektional. Ähnlich wie bei einem Breitbandsystem können aber unterschiedliche Frequenzbereiche unabhängig voneinander, also z. B. auch für einen Gegenverkehr, genutzt werden. Die großen Vorteile des gesamten Verfahrens liegen in den Übertragungseigenschaften der Glasfaserkabel, insbesondere bei der Überwindung großer Entfernungen:

- Es entstehen geringere Verzerrungen als bei der elektromagnetischen Übertragung.
- Die Ausbreitung der Lichtwellen erfolgt mit geringeren Verlusten; es müssen also weniger Verstärkereinrichtungen eingesetzt werden als bei traditionellen Übertragungsverfahren.
- Es gibt keine gegenseitige Beeinflussung zwischen nebeneinander verlegten Kabeln. Ebenso treten keine Störungen durch elektromagnetische Felder auf.
- Glasfaserkabel sind bei gleicher Leistungsfähigkeit dünner, leichter und damit besser verlegbar als herkömmliche Kupfer- oder Koaxialkabel.

Für die elektrooptische Umwandlung der Signale werden Elektroluminiszenzdioden *(light emitting diode,* LED*)* oder die leistungsstärkeren Laserdioden verwendet. Die Rückwandlung erfolgt z. B. über Fotodioden. Die bisher entwickelten Umwandler sind für sehr breitbandige Analogsignale weniger geeignet: Mit der verfügbaren Technik können über eine Glasfaser etwa 2 bis 4 Fernsehprogramme in Analogform übertragen werden. Die Kapazität eines Koaxialkabels dagegen reicht für mehr als 30 solcher Programme aus. Für die digitale Signalübertragung dagegen sind sowohl die Wandler wie auch die Lichtwellenleiter hervorragend geeignet.

Als Maßeinheit für die Leistungsfähigkeit eines Lichtwellenleiters verwendet man das Produkt aus übertragbarer Bandbreite und der Reichweite, die ohne Verstärkung und Aufbereitung der Signale überbrückt werden kann. Diese Kenngröße ist in etwa eine Kabelkonstante: Schmalbandigere Signale können ohne Zwischenverstärkung über größere Entfernungen übertragen werden. Über eine Glasfaser mit 80 MHzkm können also z. B.

- Signale mit 80 MHz Bandbreite über eine Reichweite von 1 km oder
- Signale mit 40 MHz Bandbreite über 2 km ohne Zusatzeinrichtungen übermittelt werden.

a) Prinzipieller Aufbau einer Lichtwellenübertragung

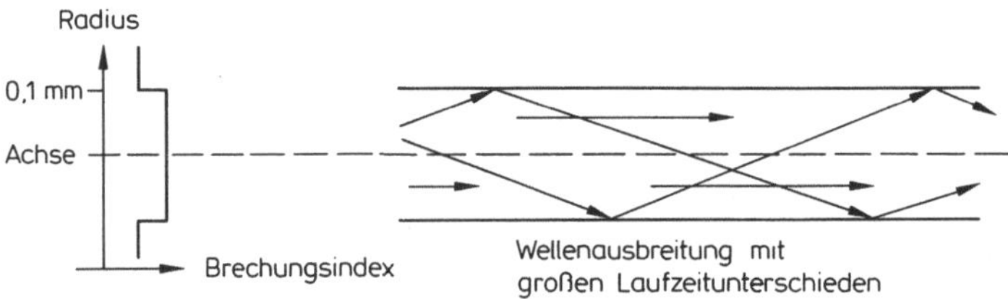

b) Wellenausbreitung bei Kernmantelfasern

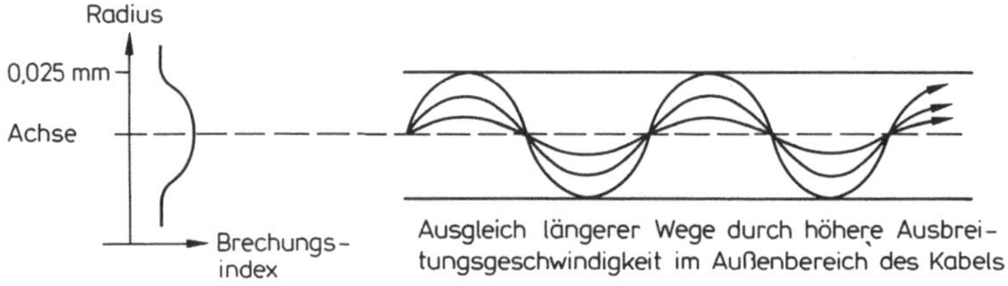

c) Wellenausbreitung bei Gradientenfasern

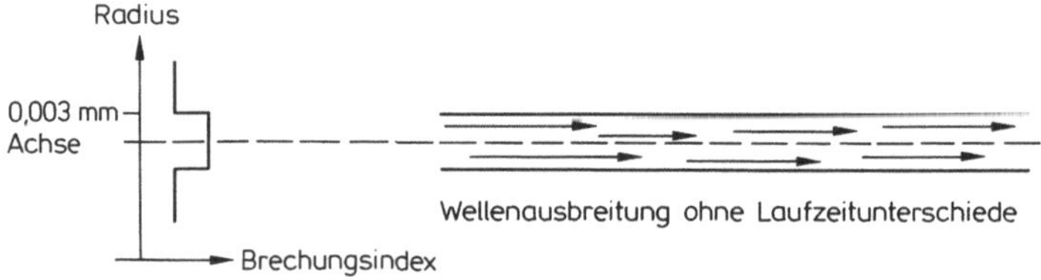

d) Wellenausbreitung bei einwelligen Fasern

Abb. 5-8 a-d. Aufbau einer Lichtwellenübertragung und Wellenausbreitung bei verschiedenen Glasfaserkabeln

Bei den Glasfaserkabeln für die eigentlichen Übertragungsstrecken sind drei, in ihrer Charakteristik unterschiedliche Typen entwickelt worden:

- **Kernmantelfasern** (Multimode-Lichtwellenleiter mit Stufenprofil): Dieses Kabel besteht in seinem Kern aus einer Glasfaser mit einem Durchmesser zwischen 0,1 und 0,4 mm aus einheitlichem Material mit konstantem Brechungsindex. An der Grenzfläche zwischen Kern und Mantel wird das Licht reflektiert (vgl. Abb. 5-8(b)). Im Vergleich zum direkten, axialen Strahlengang verlängert sich der Weg und damit auch die Laufzeit dieser reflektierten Wellen. Abhängig vom Impulsabstand und den Brechungseigenschaften des verwendeten Glasmaterials wird das Signal bei längerer Laufzeit immer unschärfer, bis es schließlich überhaupt nicht mehr ausgewertet werden kann. Das Bandbreite/Reichweite-Produkt bei diesen Kabeln liegt unter 100 MHzkm.

- **Gradientenfasern** (Multimode-Lichtwellenleiter mit Gradientenprofil): Die für das Stufenprofil oben beschriebene Fehlerquelle wird beim Gradientenprofil dadurch vermieden, daß der etwa 0,05 mm dünne Glaskern aus nicht einheitlichem Glasmaterial besteht, dessen Brechungsindex nach außen hin abnimmt. Dadurch steigt die Ausbreitungsgeschwindigkeit des Lichts im Glaskern nach außen hin und führt somit zu einer Kompensation des längeren Weges von reflektierten Wellen (vgl. Abb. 5-8(c)). Das Bandbreite/Reichweite-Produkt liegt für diese Fasern bei etwa 1 GHzkm.
- **Einwellige Fasern** (Monomode-Lichtwellenleiter): Bei diesen Glasfasern wird das Reflektionsproblem dadurch gelöst, daß der Durchmesser des Glaskerns so klein ist (weniger als 0,001 mm), daß das Licht nur auf geradem Weg durch das Kabel traversieren kann. Damit entstehen keine Laufzeitunterschiede; die Ausbreitung wird nur durch die minimale Streuung der Lichtwellenlänge beim Senden limitiert (vgl. Abb. 5-8(d)). Mit einwelligen Fasern lassen sich Bandbreite/Reichweite-Produkte erzielen, die oberhalb von 10 GHzkm liegen.

Der Durchmesser eines Glasfaserkabels mit Verstärkungsfäden beträgt ca. 2,5 mm; bei der Zusammenfassung mehrerer Kabel mit mechanischen Verstärkungen und Schutzhüllen entstehen Kabel mit einem Durchmesser von ca. 6 mm. Da Lichtwellenleiter auch ein relativ geringes Gewicht aufweisen, lassen sie sich einfach verlegen. Ähnlich wie bei Koaxialkabeln dürfen kabelabhängige, minimale Krümmungsradien nicht unterschritten werden, weil andernfalls erhöhte Verluste durch Abstrahlung aufträten.

Derartige Abstrahlungseffekte können genutzt werden, um Anschlüsse an Glasfasern ohne mechanische Verletzung des Kabels zu konstruieren. Andererseits folgt daraus, daß auch Lichtwellenleiter nicht abhörsicher sind; das Anzapfen einer Leitung ist jedoch nicht so einfach wie bei einem Übertragungsmedium auf elektromagnetischer Basis.

Im Vergleich zu den anderen beschriebenen Übertragungsmedien sind die Stationsanschlüsse bei Lichtwellenleitern ein Problem. Glasfaserkabel sind hervorragend geeignet, um sehr leistungsfähige Punkt-zu-Punkt-Verbindungen zu realisieren. Die Informationsübertragung zwischen vielen Anschlußpunkten mit wechselnden Verkehrsbeziehungen, wie sie in einem lokalen Netz vorherrschen, ist auf Glasfaserbasis nicht einfach zu realisieren. Dies liegt an der Empfindlichkeit der Lichtwellenleiter in bezug auf Energieverluste und optische Reflektionen beim Anschluß einzelner Stationen.

Für Kernmantel- und Gradientenfasern sind Verbindungs- und Anschlußeinrichtungen (Glasfaserspleiße und Stecker) kommerziell verfügbar. Bei einwelligen Fasern bereitet die Anschlußtechnik wegen des extrem geringen Durchmessers der Kabelseele aktuell noch große Probleme.

Die Anzahl der anschließbaren Stationen bei einem lokalen Netz auf Basis von Lichtwellenleitern liegt bei der aktuellen technischen Entwicklung bei einigen -zig Geräten.

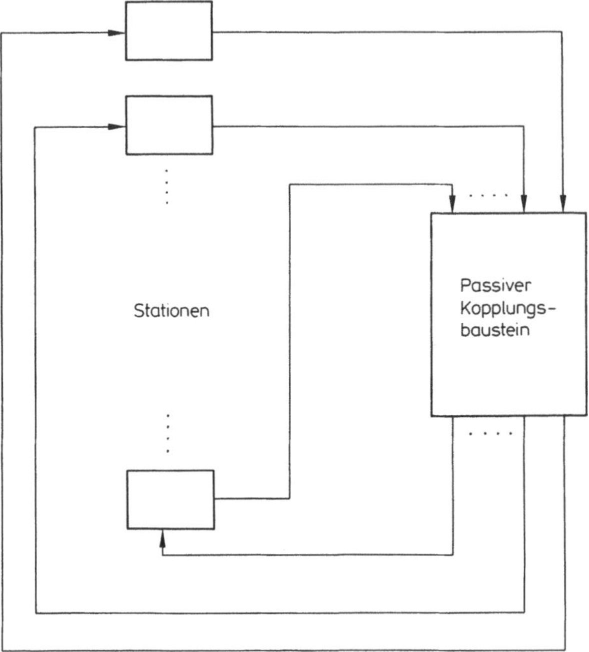

Abb. 5-9. Entwurf eines Glas fasersternnetzes mit einem zentralen, passiven Kopplungsbaustein

Von den in 5.2 beschriebenen Topologien bietet sich deshalb der Ring beim Einsatz von Lichtwellenleitern an: Ein Ring setzt sich zusammen aus einer Reihe hintereinandergeschalteter Punkt-zu-Punkt-Verbindungen, die stückweise in Glasfasertechnik realisiert werden können. In Rawson und Metcalfe 1978 und Freedman 1983 wird ein Konzept für die Realisierung eines Sternnetzes mit Hilfe von Lichtwellenleitern vorgeschlagen (vgl. Abb. 5-9): Jede Station ist über einen Sende- und Empfangsleiter mit der zentralen Kopplungseinrichtung verbunden. Deren Funktion beschränkt sich darauf, die auf einem beliebigen Lichtleiter eingehenden Signale an alle angeschlossenen Stationen weiterzuleiten.

5.4 Zugangsverfahren

Die Notwendigkeit einer **Zugangsregulierung, Zugangskontrolle** oder eines **Zugangsprotokolls** *(access control* oder *medium access control,* MAC*)* bei paralleler Nutzung eines gemeinsamen Übertragungsmediums durch viele Stationen wurde bereits in 5.1.2 abgeleitet. Es gibt für dieses Problem eine sehr große, sich noch erweiternde Vielfalt von technischen Lösungsvorschlägen

- Nach einer übersichtsartigen Klassifikation von Zugangsverfahren werden einige wichtige, repräsentative Zugangskontrollverfahren beschrieben:

- das CSMA/CD-Verfahren (5.4.2),
- der Tokenbus (5.4.3),
- der Tokenring (5.4.4),
- die Registereinfügung (5.4.5) und
- der Slotring (5.4.6).

5.4.1 Klassifikation von Zugangsverfahren

Die prinzipielle Aufgabe einer Zugangskontrolle besteht darin, ein nur einmal verfügbares Betriebsmittel auf die zahlreichen darum konkurrierenden Teilnehmer (effizient, gerecht etc.) aufzuteilen. Zugangsverfahren haben also die gleiche Zielsetzung wie die in 3.3 beschriebenen Konzentratoren und Multiplexeinrichtungen; im Unterschied zu diesen sind Zugangsverfahren jedoch verteilt zu realisieren. In Abb. 5-10 werden die fünf anschließend genauer beschriebenen Zugangsverfahren in ein Klassifikationsschema eingeordnet. Im folgenden wird kurz die gesamte Hierarchie beschrieben.

- Der gesamte Baum klassifiziert Multiplex- und Konzentrationsverfahren. In 3.3 sind entsprechend ihrer historischen Entstehung diese Verfahren leicht unterschiedlich definiert worden. Abbildung 5-10 umfaßt die in 3.3 beschriebenen Frequenz- und statische Zeitmultiplexverfahren. Wie ersichtlich, arbeiten die Zugangsverfahren für lokale Netze jedoch alle mit einer stärker dynamischen zeitlichen Zuordnung des Übertragungsmediums an die sendewilligen Teilnehmer. Alle im folgenden zu beschreibenden Zugangskontrollen zählen zu den statistischen Multiplexverfahren. Daraus ergibt sich, daß Angaben über Durchsatz und Übertragungszeiten nur noch als Wahrscheinlichkeitsaussagen getroffen werden können (vgl. 6.2.2).
- Der Unterschied zwischen Frequenz- und Zeitmultiplex ist der in 3.3 beschriebene: Beim Frequenzmultiplex werden konkurrierende Übertragungsanforderungen auf separaten Frequenzbändern erfüllt (vgl. Abb. 5-6(a)). Ein Zeitmultiplexverfahren liegt immer dann vor, wenn unterschiedliche Teilnehmeranforderungen nach einer weiter zu präzisierenden Strategie zeitlich nacheinander, also sequentiell erfüllt werden.
- Die Zuteilung der Zeitscheiben an die einzelnen Konkurrenten kann statisch oder dynamisch erfolgen. Als statisch werden Verfahren bezeichnet, bei denen für jeden aktiven Teilnehmer ein fester Bruchteil der Übertragungskapazität reserviert wird. In zentralistischen, verbindungsorientierten CBX-Systemen ist eine solche Strategie oft anzutreffen. Dynamische Verfahren bezwecken eine bessere Anpassung der Zuteilungsstrategie an die im Verlaufe der Zeit sich ändernden Anforderungen der aktiven Benutzer. In der Literatur werden anstelle des Begriffspaars statisch/dynamisch teils auch die Bezeichnungen synchron/asynchron verwendet.
- Bei einer dynamischen Zuteilung des Übertragungsmediums ist zu unterscheiden zwischen zufallsgesteuerten und deterministisch regulierten Verfahren. Zu ersteren zählt das bekannteste Zugangsverfahren für bus- oder baumförmige lokale Netze, CSMA/CD, sowie für Ringnetze die Registereinfügung und das Slotver-

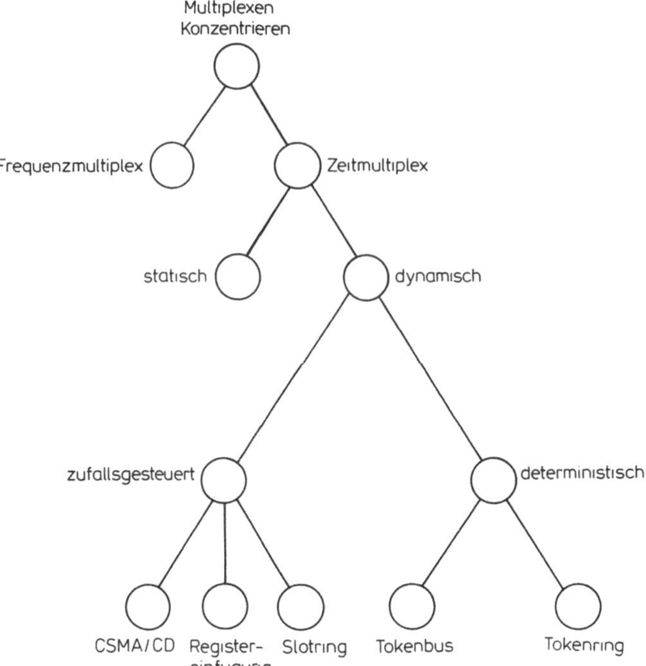

Abb. 5-10. Klassifikationsschema für Zugangsverfahren von lokalen Netzen

fahren. Die wichtigsten Beispiele für regulierte Zugangskontrollen sind Tokenverfahren, z. B. Tokenbus und Tokenring.

Alle erwähnten Zugangsverfahren werden nachfolgend näher beschrieben.

5.4.2 CSMA/CD

Das CSMA/CD *(carrier sense multiple access/collision detection)* Zugangsverfahren ist das wohl bekannteste Zugangsprotokoll aus einer ganzen Familie, an deren Anfang das vielzitierte ALOHA-Netz der Universität von Hawaii stand. Bei diesem Projekt wurden die einzelnen Abteilungen der Staatsuniversität des Inselstaats über Funk vernetzt. Die im folgenden beschriebene Zugangskontrolle wurde für das ETHERNET der Firma Xerox entwickelt (vgl. Metcalfe u. Boggs 1976) und wird heute in vielen bus- oder baumförmigen lokalen Netzen verwendet.

Die Bezeichung des Verfahrens charakterisiert den Vielfachzugang aller aktiven Stationen *(multiple access)* sowie die Tatsache, daß diese das gemeinsame Übertragungsmedium permanent abhören *(carrier sense)*. Dies ist erforderlich, um zu verhindern, daß der spontane Sendebeginn einer Station eine laufende Übertragung einer anderen zerstört. Über das Abhören des Mediums erfahren sendewillige Stationen also, ob das Übertragungssystem unbelegt ist oder wann es wieder frei wird.

Sowohl bei freiem Medium wie auch nach Abschluß einer erfolgreichen Übertragung kann es zu **Kollisionen** kommen, weil mehrere Stationen quasisimultan eine

Übertragung beginnen. Diese Situation wird auch als **Wettbewerb** *(contention)* um das Übertragungsmedium bezeichnet. Eine derartige Kollision wird durch das Abhören des Übertragungssystems vor dem Senden nicht verhindert, weil die Signale eine bestimmte Ausbreitungszeit haben: Wenn eine Station am einen Ende des Bussystems zum Zeitpunkt t_0 eine Übertragung beginnt, so benötigen die Signale eine Ausbreitungszeit von t bis zur letzten Station am anderen Ende des Koaxialkabels. Wenn diese am weitesten entfernte Station innerhalb der Zeitspanne $t_0+t-\delta$ $(0<\delta\leq t)$ mit ihrer Sendung beginnt, so verhalten sich beide protokollgemäß, und dennoch kommt es zu einer Kollision.

Um eine solche gestörte Übertragung möglichst frühzeitig zu entdecken und den resultierenden Verlust an Übertragungskapazität einzuschränken, hören alle Stationen auch während der eigenen Übertragung das Medium ab. Mit Hilfe dieser *(collision detection,* d.h. Kollisionsentdeckungs-*)* Strategie werden Kollisionen frühzeitig bemerkt; die Übertragung wird von allen beteiligten Stationen abgebrochen und das Übertragungssystem kann insgesamt effizienter genutzt werden.

Aus der allen zufallsgesteuerten Zugangsverfahren innewohnenden Kollisionsproblematik ergeben sich einige weitreichende Konsequenzen:

- Kollisionen müssen eindeutig erkennbar sein. Bei einem Basisbandsystem sind kollidierende Signale daran erkennbar, daß die resultierenden Impulse eine festliegende obere Grenze übersteigen, die maximal von einem Transceiver erzeugt werden darf. Elektromagnetische Impulse unterliegen im Zuge ihrer Ausbreitung einer Dämpfung. Damit die Überlagerung zweier bereits abgeschwächter Signale noch eindeutig als Kollision erkennbar bleibt, darf die Dämpfung eine bestimmte Grenze nicht übersteigen. Hier liegt einer der Gründe dafür, warum bei Basisbandsystemen eine relativ geringe maximale Länge (z.B. 500 m) für das verwendete Koaxialkabel festgesetzt wird.
- Aufgetretene Kollisionen müssen von allen Stationen erkannt werden. Im obigen Beispiel für das Auftreten einer Kollision treffen die zerstörten Signale *(jam)* erst nach einer Zeitspanne von $2t-\delta$ bei der ersten Station ein. Damit möglichst alle beteiligten Stationen eine eingetretene Kollision selbst erkennen können, ergibt sich daraus die Forderung nach einer Mindestlänge für alle übertragenen Nachrichten. Diese hängt von der maximalen Signallaufzeit im Medium ab und ist damit ein anderer, begrenzender Faktor für die Länge des verwendbaren Kabels. (Als zusätzliche Sicherung wird die minimale Datagrammlänge so gewählt, daß sie größer ist als die maximale Länge gestörter Signale.) Darüber hinaus ist beim CSMA/CD-Verfahren vorgeschrieben, daß Stationen, die eine Kollision erkennen, ein besonderes *(jamming)* Signal aussenden.

Maßstab für die Effizienz eines Zugangsverfahrens ist der Kapazitätsanteil des Übertragungsmediums, der produktiv genutzt werden kann. Gemindert wird dieser Anteil beim CSMA/CD-Verfahren insbesondere durch das Auftreten von Kollisionen. Die Wahrscheinlichkeit, mit der Kollisionen vorkommen, nachdem Stationen das Medium unbelegt gefunden und ihre Übertragung begonnen haben, hängt von der Verkehrscharakteristik der angeschlossenen Stationen ab. Mit steigender Verkehrslast wird die Wahrscheinlichkeit quasisimultaner Übertragungsversuche zunehmen; ansonsten kann darüber allgemein keine Aussage gemacht werden.

Die Wahrscheinlichkeit von Kollisionen nach dem Ende einer Übertragung dagegen ist regulierbar. Je länger eine Übertragung dauert, desto wahrscheinlicher werden in dieser Zeit eine oder mehrere Stationen „sendewillig". Es gibt unterschiedliche Strategien, wie sich diese anschließend verhalten:

- Die einfachste Reaktion auf die Nichtverfügbarkeit des Übertragungsmediums besteht darin, eine von einem Zufallszahlengenerator berechnete Zeitspanne zu warten *(backoff time)* und danach einen neuen Übertragungsversuch zu unternehmen *(nonpersistent* CSMA, etwa mit „nicht hartnäckig" zu übersetzen*)*.
- Eine übertragungswillige Station, die das Medium belegt findet, kann versuchen, unmittelbar nach Abschluß der laufenden Übertragung ihre eigenen Daten abzuschicken *(1-persistent;* die 1 steht dabei für die Wahrscheinlichkeit, mit der sofort nach Ende der aktuellen Übertragung das Medium neu genutzt wird*)*. Wenn während des Wartens auf das Ende der aktuellen Übertragung weitere Station sendewillig geworden sind, kommt es anschließend mit Sicherheit zu einer Kollision. Um eine daraus resultierende Verklemmung zu vermeiden, dürfen nach Eintreten einer Kollision im Anschluß an eine erfolgreiche Übertragung nicht alle sendewilligen Stationen unmittelbar einen neuen Sendeversuch unternehmen. Eine Entzerrung wird dadurch erreicht, daß jede Station eine von einem Zufallsgenerator berechnete Zeitspanne wartet und erst danach ihren nächsten Zugriffsversuch auf das Übertragungsmedium unternimmt.
- Nach Ende der laufenden Übertragung wird mit einer (für jede Station vorher festgelegten) Wahrscheinlichkeit p übertragen *(p-persistent;* p steht dabei für einen Wahrscheinlichkeitswert $0 < p < 1$). Mit der Wahrscheinlichkeit (1-p) wird eine festgelegte Zeit gewartet. Nach deren Ablauf beginnt das Spiel von vorne: Mit Wahrscheinlichkeit p wird übertragen und mit (1-p) weiter gewartet.

Bei der Auswahl eines dieser Verfahren geht es um einen Kompromiß zwischen zwei Extrempositionen: Minimierung der Anzahl von Kollisionen mit dem Risiko, daß das Medium zeitweilig ungenutzt ist, oder möglichst permanente Nutzung des Übertragungsmediums unter Inkaufnahme einer größeren Anzahl von Kollisionen (vgl. Kleinrock u. Tobagi 1975). Die meisten CSMA/CD-Systeme (ETHERNET und auch dessen sich abzeichnende Standardisierung; vgl. Graube u. Mulder 1984) verwenden die *1-persistent*-Strategie: Dadurch wird die Übertragungskapazität optimal ausgenutzt, obwohl es bei steigender Last zu einer zunehmenden Anzahl von Kollisionen kommt. Dies kann in Kauf genommen werden, wenn die Datagrammlänge groß ist im Vergleich zur Signallaufzeit, die im wesentlichen den Kapazitätsverlust durch Kollisionen bestimmt. (Hier liegt ein weiterer Grund dafür, die Kabellänge von Bussystemen bei CSMA/CD-Netzen zu beschränken.)

In Ergänzung zur beschriebenen *1-persistent*-Strategie wird beim Ethernet eine zusätzliche Stabilisierung gegen Stausituationen eingeführt: Bei wiederholten Kollisionen wird die anschließend abzuwartende, zufallsberechnete Zeitspanne im Durchschnitt jeweils verdoppelt *(binary exponential backoff,* vgl. Metcalfe u. Boggs 1976*)*: In der Tendenz werden dadurch Überlastsituation geglättet und eine Monopolisierung des Übertragungsmediums durch wenige Stationen verhindert.

Entsprechend der Klassifikation in 5.4.1 ist das CSMA/CD-Verfahren ein Vertreter eines zufallsgesteuerten, dynamischen Zeitmultiplexverfahrens. Diese Verfahren zeichnen sich dadurch aus, daß sie im Niederlastbereich zu sehr geringen Übertragungszeiten führen. In Lastsituationen dagegen kann eine festgelegte Übertragungszeit und damit auch eine maximale Antwortzeit zwischen angeschlossenen Stationen nur noch mit einer bestimmten Wahrscheinlichkeit eingehalten werden (vgl. 5.5.1). Dieses nichtdeterministische Lastverhalten kann für bestimmte Anwendungen den Einsatz eines CSMA/CD-Zugangsverfahrens ausschließen.

5.4.3 Tokenbus

Bei tokengesteuerten Zugangsverfahren werden Kollisionen dadurch vermieden, daß alle Übertragungen explizit sequentialisiert werden:

- Es gibt ein spezielles Steuerpaket, das **Token** genannt wird und dem Verfahren den Namen gegeben hat. In der Regel besteht das Token aus einer sehr kurzen Folge von Bits (8 oder 16).
- Das Token zirkuliert unter allen angeschlossenen Stationen und reguliert deren Zugriff auf das Übertragungsmedium: Mit dem Empfang des Tokens erhält eine Station das Senderecht (für eine bestimmte Zeit oder ein bestimmtes Quantum an Daten). Anschließend gibt jede Station das Token und damit das Senderecht an die nächste Station weiter.

Voraussetzung für alle tokengesteuerten Zugangskontrollen ist also eine mindestens logisch zirkuläre, ringförmige Anordnung der Stationen. Im Fall eines **Tokenbus,** dem ein busförmiges lokales Netz zugrunde liegt, muß eine solche logische Reihenfolge explizit festgelegt werden. Aus weiter unten noch zu erläuternden Gründen sollte dieser logische Ring dynamisch veränderbar sein, damit er nur die tatsächlich aktiven Station umfaßt. Insbesondere muß diese Zirkelstruktur unabhängig von der Anschlußreihenfolge der Stationen am Bussystem sein. Die Stationen haben in der Regel keine Information über den gesamten Ring; sie müssen jedoch mindestens die Adressen des jeweiligen Vorgängers und Nachfolgers kennen (vgl. Abb. 5-11).

Eine derartige Ringstruktur erfordert für ihren Aufbau und Unterhalt eine erhebliche dynamische Unterstützung. Um die Vorteile und Eleganz der Ringstruktur zu erhalten, sind in der Regel verteilte Lösungen wünschenswert. Im folgenden werden die minimal notwendigen Aufgabenkomplexe beschrieben und die jeweiligen Standardlösungen skizziert.

Einfügung in den Ring. Jede Ringstation ist verpflichtet, in periodischen Abständen anderen Station die Möglichkeit zur Einfügung *(addition)* in den Ring zu bieten. Das Verfahren verläuft in mehreren Schritten und muß insbesondere auch den Fall berücksichtigen, daß mehrere Stationen gleichzeitig in den Ring aufgenommen werden möchten:

- Die im Besitz des Tokens befindliche Station verschickt ein „Nachfolger-gesucht"-Datagramm *(solicit-successor)*.
- Wenn nach Ablauf einer ausreichenden Wartezeit (zweimal die Ausbreitungszeit im Bus, nachfolgend Antwortzeit genannt) keine Erwiderung erfolgt, gibt es keine auf Einfügung wartende Station und das Normalverfahren wird fortgesetzt.

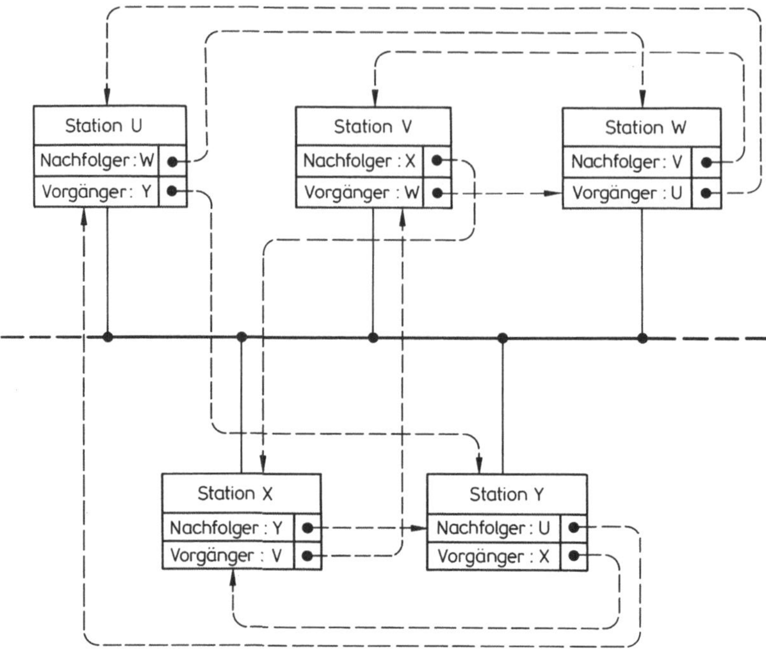

Abb. 5-11. Logische Ringverknüpfung der Stationen an einem Bus

- Wenn nur eine Antwort erfolgt, wird die antwortende Station der neue Nachfolger der anfragenden Station. Diese speichert ihren neuen Nachfolger und übergibt das Token zusammen mit der eigenen Adresse und der seines alten Nachfolgers an die antwortende Station.
- Problematischer ist der Fall, wenn mehr als eine Station die Aufforderung zur Einfügung beantwortet *(contention)*. Erkannt wird dies von der anfragenden Station an der daraus resultierenden Kollision auf dem Übertragungsmedium (vgl. die Kollisionserkennung beim CSMA/CD-Verfahren).
- Die im Besitz des Tokens befindliche Station verschickt daraufhin ein spezielles „Wettbewerbsentscheidungs"-Datagramm *(resolve-contention)*. Die Entscheidung im anschließenden Wettbewerb wird getroffen auf Basis der (Bitfolgen der) Adressen der konkurrierenden Stationen:
  - Im Anschluß an den Versand des „Wettbewerbsentscheidungs"-Datagramms steht viermal die Antwortzeit zur Verfügung: Jeder Bewerber darf in dem Antwortzeitschlitz antworten, der sich aus den ersten beiden Bitwerten seiner Adresse errechnet.
  - Wenn ein Bewerber vor seinem Anwortschlitz ein Signal hört, scheidet er aus. Falls sich erneut eine Kollision ergibt, wird das Verfahren so lange wiederholt, bis ein eindeutiger Gewinner ermittelt oder eine Maximalzahl von Versuchen ausgeschöpft ist. (Es wird also für die Wettbewerbsentscheidung ein 2-Bit-Fenster über die Adressen der Wettbewerber geschoben.)

Herausnahme aus dem Ring. Die Herausnahme *(deletion)* aus dem Ring ist erheblich einfacher, weil dabei keine Wettbewerbssituation entstehen kann. Eine Station V, die aus dem Ring auszuscheiden wünscht, wartet auf das Eintreffen des Tokens. Anschließend schickt sie ein „Neuer-Nachfolger"-Datagramm *(set-successor)* an ihren Vorgänger U, das ihren bisherigen Nachfolger W enthält. U trägt bei sich W als neuen Nachfolger ein, so daß V aus dem Ring herausgenommen ist.

Fehlermanagement. Die Aufgabe der Erkennung und Behebung von Fehlern wird bei einem Tokenbus in der Regel verteilt von allen Stationen wahrgenommen. Dabei wird der Umstand ausgenutzt, daß alle Teilnehmer den gesamten Verkehr auf dem Bussystem mithören und daraus Fehlerkorrekturmaßnahmen ableiten können:

- Wenn z. B. eine im Besitz des Tokens befindliche Station ein Datagramm empfängt, das darauf schließen läßt, daß eine zweite Station ebenfalls ein Token besitzt, so kehrt sie unmittelbar in den Abhörzustand zurück und wartet erneut auf das Token.
- Eine andere Vorkehrung gegen Fehler besteht darin, daß jede Station U nach Weiterleitung des Tokens eine Antwortzeit lang überwacht, ob ihr Nachfolger V protokollgemäß aktiv wird. Dies ist der Fall, wenn V innerhalb der Antwortzeit ein Datagramm verschickt oder das Token weiterleitet.
- Ist dies nicht der Fall, so übergibt U das Token ein zweites Mal an V. Wenn V auch dann noch nicht reagiert, unterstellt U einen Fehler von V und verschickt ein „Wer-folgt?"-Datagramm *(who-follows)*.
- U erwartet daraufhin ein entsprechendes „Neuer-Nachfolger"-Datagramm von W, dem Nachfolger des als fehlerhaft angenommenen V. Wenn W so reagiert, kann U bei sich W als neuen Nachfolger eintragen und normal weiterverfahren. Im Falle eines Scheiterns wird auch diese Aktion wiederholt.
- Wenn auch dann die erwartete Reaktion ausbleibt, d. h. der Ring nach Herausnahme von V nicht wieder geschlossen werden kann, verschickt U ein „Nachfolger-gesucht"-Datagramm. Wenn darauf eine protokollgemäße Reaktion erfolgt, wird zunächst ein Ring aus zwei Stationen neu etabliert, der schrittweise in der oben beschriebenen Form wieder erweitert werden kann.
- Falls alle derartigen Versuche fehlschlagen, stellt U seine Aktivitäten ein und fällt in den passiven Abhörzustand zurück.

Initialisierung und Wiederinbetriebnahme. Die Inbetriebnahme *(initialization)* und Wiederinbetriebnahme nach Fehlersituationen *(recovery)* sind ebenfalls Aktionen, an denen alle Stationen teilnehmen müssen:

- In Abhängigkeit von physikalischen Parametern des unterliegenden Bussystems (Ausbreitungsgeschwindigkeit der Impulse, geographische Ausdehnung) wird statisch eine *(time-out)* Zeit fixiert, während der maximal keine Aktivität auf dem Übertragungsmedium vorkommen kann.
- Wenn eine beliebige Station bemerkt, daß diese Zeit überschritten wird, nimmt sie an, daß das Token verlorengegangen ist. (Gründe dafür können sein, daß eine fehlerhafte Station im Besitz des Tokens ist oder daß der Ring gerade hochgefahren wird.)

- Eine Station, die dies bemerkt, verschickt ein „Tokenanforderungs"-Datagramm *(claim-token).*
- Konkurrierende Tokenanforderungen werden mit einer „Wettbewerbsentscheidung" in ähnlicher Weise aufgelöst wie beim Einfügen neuer Stationen in den Ring.

Es ist offensichtlich, daß die zum Betrieb eines Tokenbus notwendigen Kontrollaktionen sehr komplex sind. Der Gedanke liegt also nahe, diese Verkomplizierung zu vermeiden, indem statisch alle angeschlossenen Stationen jederzeit in den Ring eingegliedert sind. Mit jeder zusätzlichen aktiven Station im Ring erhöht sich jedoch die Umlaufzeit, so daß die beschriebenen aufwendigen Algorithmen zur Einfügung und Herausnahme von Stationen aus dem Ring im Interesse der Minimierung dieser Umlaufzeit erforderlich sind.

Beim Tokenbus handelt es sich entsprechend der obigen Klassifikation um ein deterministisches Verfahren. Der zentrale Vorteil eines solchen Verfahrens liegt darin, daß jeder Station eine systemabhängig fixierbare Übertragungskapazität zukommt. Im Unterschied zu zufallsgesteuerten Verfahren wird eine solche Mindestkapazität auch in Lastsituationen nicht unterschritten. Diese Eigenschaft ist in der Regel für Realzeitanwendungen eine unverzichtbare Anforderung an ein Übertragungssystem. Bezahlt wird der Determinismus bei der Übertragung mit längeren Wartezeiten bei geringer Last: Ist z. B. eine große Anzahl von Stationen mit geringen Datenübertragungsanforderungen (z. B. Terminals) in einen Tokenbus eingegliedert, so führt die Tatsache, daß jede übertragungswillige Station erst auf das nächste Eintreffen des Tokens warten muß, zu längeren Wartezeiten für die einzelnen Stationen als vom anfallenden Datenaufkommen her notwendig wäre.

Unterschiedliche Prioritäten für verschiedene Stationen können ganz einfach dadurch festgesetzt werden, daß unterschiedliche Stationen das Token für verschieden lange Zeit behalten dürfen.

5.4.4 Tokenring

Das Verfahren eines **Tokenring** ist das älteste der hier beschriebenen Zugangsverfahren (vgl. Farmer u. Newhall 1969) und wird nach seinem Erfinder auch **Newhall Ring** genannt. Es ist das gebräuchlichste Zugangsverfahren für ein topologisch ringförmiges lokales Netz. Die im folgenden beschriebene Variante ist orientiert an Andrews u. Shultz 1982, Dixon 1982 und Markov u. Strole 1982.

Das Verfahren basiert darauf, daß das **Token** als besonderes Steuerpaket im Ring kreist. Ähnlich wie beim Tokenbus dient das Token auch hier dazu, das Übertragungssystem für sendewillige Stationen zu reservieren. Im Unterschied zum Tokenbus werden bei der Funktionsweise des Tokens eines Tokenrings die Eigenschaften der Ringtopologie ausgenutzt (Token ist also nicht gleich Token!):

- Das Token eines Rings kann zwei Zustände annehmen: Es kann unbelegt bzw. frei *(free)* oder belegt *(busy)* sein.
- Solange keine Station Daten übertragen will, zirkuliert das als unbelegt gekennzeichnete Token im Ring (vgl. Abb. 5-12(a)).

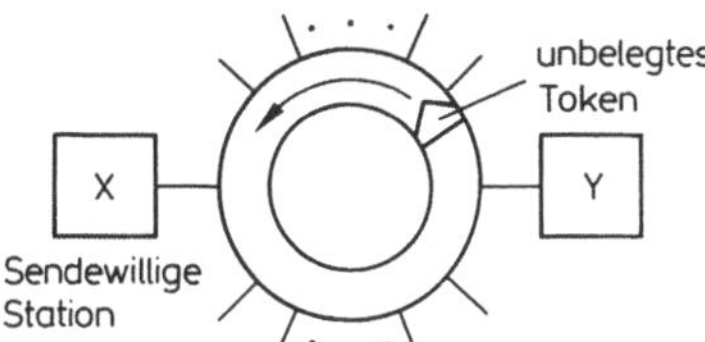

a) Station X wartet auf ein unbelegtes Token

b) Station X markiert das Token als belegt und fügt ihre Daten an, Station Y kopiert die an sie adressierten Daten

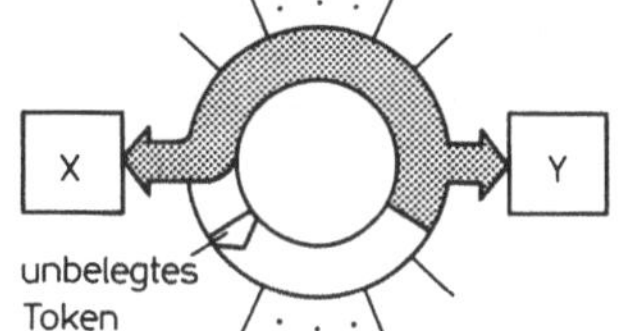

c) Station X entnimmt die umgelaufenen Daten und generiert ein unbelegtes Token

Abb. 5-12 a–c. Skizze zum Tokenring

- Eine sendewillige Station muß warten, bis sie das unbelegte Token erhält.
- Sie markiert das Token bei dessen Durchlauf als belegt und darf dann ihre Daten unmittelbar im Anschluß an das Token versenden (Abb. 5-12(b)).
- Das verschickte Datagramm durchläuft einmal den gesamten Ring und wird vom Sender wieder entnommen. Danach erzeugt dieser ein neues unbelegtes Token und schickt es auf die Rundreise im Ring (vgl. Abb. 5-12(c)).

Eine Station, die gerade Daten verschickt, generiert ein unbelegtes Token, wenn

- sie erstens den Versand ihrer Daten beendet hat und
- zweitens das belegte Token wieder bei ihr eingetroffen ist.

Wenn die ersten Bits der verschickten Nachricht beim Sender wieder eintreffen, bevor dieser das Datagramm vollständig verschickt hat, dann impliziert die erste die zweite Bedingung. Andernfalls könnte eine Station ein neues, unbelegtes Token erzeugen, bevor das von ihr selbst als belegt markierte wieder eingetroffen ist. Dies erlaubt zwar eine bessere Auslastung der Übertragungskapazität, kompliziert aber das Verfahren. Unabhängig von der Wahl einer dieser Varianten gibt es, abgesehen von Fehlersituationen, keine Kollisionen wie bei den Bustopologien, da zu jedem Zeitpunkt höchstens eine Station Daten in den Ring einspeist.

Bei diesem Verfahren wird das in 5.2.3 beschriebene Quittungsverfahren benutzt:

- Im verwendeten Datagrammformat ist Platz vorgesehen für eine Quittung durch den Empfänger. Konkret stehen dazu drei Bits zur Verfügung, über welche die drei Bedingungen

- Empfängeradresse korrekt,
- Datagramm kopiert und
- Fehler

angezeigt werden können. Die ersten beiden Bits dürfen nur vom Adressaten gesetzt werden; an ihnen kann der Absender also ablesen, ob die Empfängeradresse überhaupt existiert und ob die Zielstation gerade erreichbar ist.
Das Fehlerbit kann von jeder Station, die eine Fehlfunktion erkennt, gesetzt werden.

Im wesentlichen können zwei Fehlersituationen eintreten, welche die korrekte Funktion eines Tokenrings beeinträchtigen: der Verlust des Tokens und ein im Ring zirkulierendes Token, das als belegt markiert ist und von keiner Station mehr freigemacht wird. Um diese Fehlersituationen erkennen und beheben zu können, ist eine Überwachungsfunktion *(monitor)* notwendig:

- Ein verlorengegangenes Token kann mit Hilfe einer Zeitüberwachung entdeckt werden: Wenn länger als eine statisch festgesetzte Zeit kein Token mehr umgelaufen ist, so erzeugt der Monitor ein neues, unbelegtes Token.
- Ein permanent belegtes Token wird in folgender Weise erkannt: Bei jedem Durchlauf eines belegten Tokens setzt der Monitor ein Überwachungsbit *(monitor bit)*. Beim Eintreffen eines belegten Tokens mit einem bereits gesetzten Monitorbit liegt ein Fehlverhalten der sendenden Station vor. Der Monitor markiert einfach das Token als unbelegt und entnimmt die nachfolgenden Daten.

Die Monitorfunktion darf natürlich nicht nur einmal (in einer einzelnen Monitorstation am Ring) präsent sein, damit dieses Gerät kein Flaschenhals *(single point of failure)* wird, der das gesamte Netz blockieren kann. Es muß also mehrere potentielle Monitore am Ring geben, von denen aktuell jeweils nur genau einer die Überwachungsfunktion ausübt. Die passiven Monitore überwachen die korrekte Arbeitsweise des aktiven. Falls dieser seine Funktion nicht mehr richtig ausführt, müssen die übrigen sich durch ein geeignetes Abstimmungsverfahren auf einen neuen aktiven Monitor verständigen. Dazu können ähnliche Methoden verwandt werden wie beim Tokenbus die Ermittlung der Station, die als nächste eingefügt wird, wenn sich mehrere darum bewerben *(contention resolution)*.

Der Tokenring bietet den gleichen Vorzug wie der Tokenbus: Unabhängig von der Systemlast kann den angeschlossenen Stationen eine minimale Bandbreite und eine maximale Verzögerungszeit für ihre Übertragungen garantiert werden. Diese Werte können für alle Stationen gleich oder auch mit unterschiedlichen Prioritäten festgelegt sein. Zusätzlich ist keine Fixierung einer minimalen Datagrammlänge notwendig: Da keine von Ausbreitungsgeschwindigkeit und Länge des Kabels abhängenden Kollisionen erkannt werden müssen, können auch beliebig kurze Nachrichten versandt werden.

Der zentrale Nachteil des Verfahrens liegt in der Notwendigkeit einer Überwachungsfunktion am Ring sowie in dem zwischen den Überwachungsstationen erforderlichen Verkehr für deren Abstimmung untereinander. Weiterhin sei erinnert an die in 5.2.3 für alle Ringtopologien abgeleitete - mindestens ein Bit umfassende -

Verzögerung, die durch jede aktive Station am Ring entsteht. Wenn gleichzeitig viele Stationen angeschlossen und aktiv sind, können die sich summierenden Verzögerungen spürbar werden.

5.4.5 Registereinfügung

Die Technik der **Registereinfügung** wurde ursprünglich Mitte der 70er Jahre entwikkelt (vgl. Hafner et al. 1974) und ist ein Zugangsverfahren für lokale Ringnetze. Der Name des Verfahrens geht darauf zurück, daß für den Anschluß einer jeden Station am Ring ein Schieberegister erforderlich ist, dessen Größe der maximalen Datagrammgröße entspricht. In diesem Register werden die zirkulierenden Datagramme zwischen Empfang und Weiterleitung zwischengespeichert. Die Registereinfügungstechnik ist in Abb. 5-13 skizziert:

- Neben dem erwähnten Register ist ein Puffer gleicher Länge erforderlich, der dazu dient, Daten von und an die angeschlossene Station weiterzuleiten. Bei einer Implementierung wird man in der Regel das Register und den Puffer über zwei identische, schnelle Schieberegister realisieren.
- Wenn die angeschlossene Station keine Daten versenden möchte, hat der Puffer keine Funktion. Die einzige Aufgabe besteht dann darin, die Datagramme auf dem Ring weiterzuleiten.
- Wenn gerade keine Datagramme zirkulieren, verweist der Eingabezeiger auf das rechteste Bit des Registers zum Zeichen, daß dieses aktuell leer ist.
- Beim Empfang eines Datagramms werden die eingehenden Daten Bit für Bit in

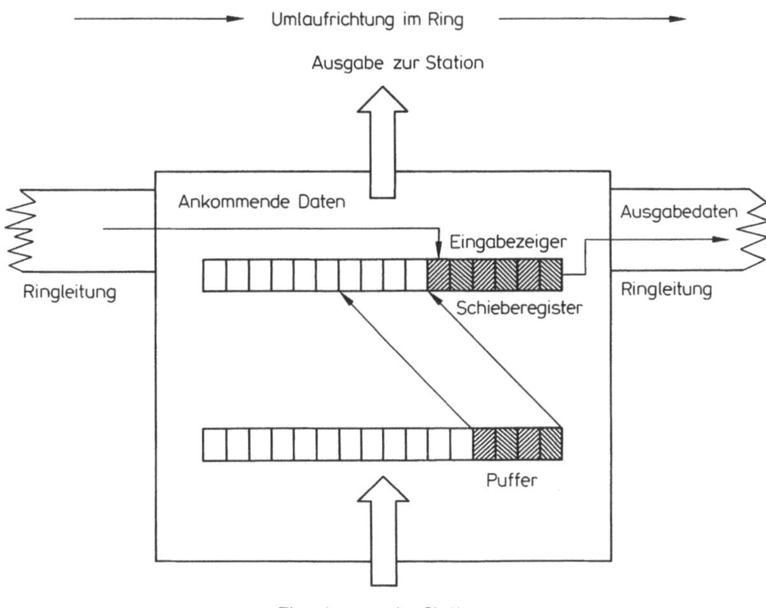

Abb. 5-13. Registereinfügung

das Register eingefügt. Der Eingabezeiger wandert dabei von rechts nach links und zeigt jeweils auf die Registerposition, wo das nächste Bit einzufügen ist.

- Die Datagramme beginnen mit der Empfängeradresse. Sobald die gesamte Adresse im Register vorliegt, ist bekannt, ob das Datagramm an die angeschlossene Station gerichtet ist.
- Ist dies nicht der Fall, werden die bisher zwischengespeicherten Adreßbits ausgegeben. Dies geschieht durch ein bitweises Nach-rechts-Schieben des Registerinhalts. Solange noch gleichzeitig empfangen wird, verweist der Eingabezeiger dabei stationär auf eine Registerposition: Die Weiterleitung erfolgt also zeitlich um die Adreßlänge versetzt. Nach Ende des Empfangs werden die noch im Register befindlichen Bits ebenfalls ausgegeben. Anschließend zeigt der Eingabezeiger wieder auf die rechteste Registerposition, falls nicht inzwischen ein neues Datagramm empfangen wird.
- Wenn das einlaufende Paket an die angeschlossene Station adressiert ist, hängt das weitere Verfahren davon ab, ob die Daten vom Empfänger oder dem Absender aus dem Ring entnommen werden:
- Im ersten Fall müssen die im Register befindlichen Adreßbits gelöscht werden; alle folgenden Daten werden unmittelbar an die angeschlossene Station weitergeleitet.
- Im zweiten Fall wird mit Hilfe des Schieberegisters das einlaufende Paket wie oben empfangen und weitergeleitet. Zusätzlich muß jedoch der Datagramminhalt für die angeschlossene Station in den Puffer kopiert werden.
- Wenn dagegen die angeschlossene Station Daten absenden möchte, so werden diese zunächst in den Puffer kopiert. Wenn das Schieberegister leer ist, kann der Pufferinhalt unmittelbar in das Register kopiert und von dort wie üblich verschickt werden. Wenn das Register dagegem nicht leer ist und das abzusendende Datagramm noch hinten im Register (links vom Eingabezeiger) Platz hat, dann kann es dort parallel zum Eingang und der Weiterleitung des gerade empfangenen Datagramms einkopiert werden. Der Eingabezeiger muß gleichzeitig entsprechend gesetzt werden.

Die Registereinfügung nutzt die Übertragungskapazität des Rings maximal, insbesondere besser als jede andere der vorgestellten Methoden: Jede Station kann spätestens dann senden, wenn ihr Register leer ist. Es können sich also gleichzeitg viele Datagramme im Ring befinden.

Nachteilig ist bei diesem Verfahren, daß jede Station immer erst die volle Adresse abwarten muß, bevor sie entscheiden kann, wie mit den nachfolgenden Daten zu verfahren ist. Die Verzögerung pro angeschlossener Station ist also erheblich größer als die 1-Bit-Verzögerung, die bei der Ringtopologie minimal notwendig ist (vgl. Abb. 5-3(a)).

5.4.6 Slotring

Diese Methode wurde seit Beginn der 70er Jahre in Cambridge entwickelt und wird nach dem Erfinder dieser Technik auch als **Pierce Ring** oder **Cambridge Ring** bezeichnet (vgl. Pierce 1972, Hopper 1977, Wilkes u. Wheeler 1979). Der Name Slotring *(slotted ring)* rührt daher, daß im zugrundeliegenden Ringnetz eine feste Anzahl von **Slots** (übersetzt „Schlitze") zirkulieren. Diese Slots sind den Kabinen eines Paternosters vergleichbar: Sie sind Datagramme eines fest vorgegebenen Formats, in die übertragungswillige Stationen Daten einfügen können. Die Analogie zum Paternoster liegt darin, daß auch die Slots im Cambridge Ring permanent kreisen - unabhängig davon, ob sie gerade Nutzdaten tragen oder nicht.

Die Unterscheidung zwischen einem leeren und einem vollen Slot wird anhand des Werts des ersten Bits in den zirkulierenden Slots getroffen. Anfangs sind alle Slots leer. Der Versand von Daten verläuft in folgenden Schritten:

- Eine übertragungswillige Station muß auf die Ankunft eines leeren Slots warten.
- Beim Passieren der Station
- wird dieser freie Slot als belegt markiert,
- wird die Absender- und Empfängeradresse eingesetzt und
- werden schließlich die Nutzdaten in den Slot einkopiert.
- Stationen dürfen immer nur einen Slot belegen: Nach dem Verschicken von Daten muß der Absender warten, bis dieser belegte Slot zu ihm zurückgekehrt ist - erst dann kann er weitersenden.
- Die Slots enthalten Antwortbits, die zur Quittierung durch den Empfänger verwendet werden. Als belegt markierte Slots durchlaufen den gesamten Ring einmal; es ist Aufgabe des Senders, einen von ihm belegten Slot nach einem Umlauf wieder freizumachen.

Die kreisenden Slots bestehen aus sehr kurzen Datagrammen: Neben Absender- und Empfängeradresse, bestehend aus je einem Oktett (aus 8 Bits bestehendem Byte), enthält ein Slot fünf Kontrollbits sowie Platz für zwei Oktetts Benutzerdaten. Von den Kontrollbits sind zwei für Quittungszwecke reserviert; sie werden in gleicher Weise wie beim Tokenring verwendet.

Eine Fehlersituation liegt vor, wenn ein Slot permanent als belegt markiert im Ring umläuft. Um dies zu erkennen und geeignet zu reagieren, ist ein Monitor erforderlich. Wie beim Tokenring ausführlich beschrieben, ist diese Monitorfunktion mehrfach vorzusehen und eine entsprechende Koordination der Monitore untereinander notwendig.

Die Nachteile des Verfahrens liegen in

- dem ungünstigen Verhältnis zwischen Kontroll- und Nutzdaten - von den 37 Bits eines jeden Slots dienen weniger als die Hälfte (16 Bits) zum Transport von Benutzerdaten;
- der Verzögerung, die dadurch entstehen kann, daß jede sendewillige Station gleichzeitig immer nur einen der umlaufenden Slots zum Transport ihrer Daten nutzen darf - bei geringem Verkehr zirkulieren die meisten Slots unbelegt im Ring.

Die zunächst sehr gering erscheinende Anzahl der maximal adressierbaren Stationen (256) ist keine notwendige Konsequenz des Verfahrens. Durch Erweiterung der Adreßbreite oder Zusammenschluß mehrerer Ringe läßt sich dieses Problem beheben.

Der zentrale Vorteil dieses Verfahrens liegt darin, daß die Anzahl der auf dem Ring umlaufenden Slots eine statische, allen Stationen bekannte Größe ist. Durch Mitzählen der durchlaufenden Slots weiß also jede sendende Station bereits vorher, wann der von ihr belegte Slot wiederkehren wird. Das führende Belegungsbit kann also bei seiner Ankunft unmittelbar invertiert und der damit wieder freie Slot auf der Ausgangsleitung weitergeschickt werden. Wenn die Station weitere Daten zu verschicken hat, muß sie auf den nächsten freien Slot warten.

Im Unterschied zur Registereinfügung muß eine Station zur Identifikation des von ihr selbst verschickten Datagramms also keine Zwischenspeicherung der Adreßfelder vornehmen. Das Verfahren erfordert logisch nicht mehr als die bei Ringnetzen immer minimal notwendige 1-Bit-Verzögerung (vgl. Abb. 5-3) und erlaubt dennoch die gleichzeitige Zirkulation einer ganzen Reihe von Datagrammen.

Der bestechendste Vorteil des Cambridge Rings ist in der verblüffenden Einfachheit des Verfahrens zu sehen: Trotz der Mehrfachnutzung des Rings durch viele gleichzeitig umlaufende Slots sind die Anschlußalgorithmen einfach und damit auch zuverlässig und robust implementierbar.

5.5 Bewertung und Vergleich lokaler Netze

In den vorangegangenen Abschnitten wurden eine ganze Reihe unterschiedlicher technischer Konzepte für lokale Netze vorgestellt. Angesichts dieser Vielfalt drängt sich die Frage nach einem Vergleich verschiedener Netzkonzepte auf. Um eben diesen Vergleich und die Bewertung lokaler Netze geht es im folgenden:

- 5.5.1 ist dem Problem der Leistungsbewertung von lokalen Netzen gewidmet.
- In 5.5.2 werden einige Aussagen zur Entwicklungsperspektive der Technologie und des Einsatzes von lokalen Netzen gemacht. Einige Prototypen lokaler Netze werden kurz charakterisiert.

5.5.1 Leistungsbewertung lokaler Netze

Das erste Problem bei der Leistungsbewertung *(performance analysis)* lokaler Netze liegt in der enormen Vielfalt von Lösungsideen, Konzepten und Produkten, die für lokale Netze verfügbar sind. In den vorangegangenen Abschnitten wurden Beispiele für Topologien, Übertragungsmedien und Zugangskontrollen von lokalen Netzen vorgestellt. Die beschriebenen Beispiele stellen jedoch bereits eine Auswahl dar, die auf wenige wichtige Repräsentanten beschränkt ist. Für jedes reale lokale Netz ist als technisches Rückgrat eine mit Hilfe eines Übertragungsmediums realisierte Topologie sowie ein geeignetes Zugangsverfahren erforderlich. Dabei sind nicht alle kombinatorischen Möglichkeiten sinnvoll: Vor allem einige der Zugangsverfahren wurden im Hinblick auf topologische Eigenschaften des unterliegenden Netzes entwickelt. Registereinfügung und Slotring sind speziell für Ringtopologien entwickelte Zugangskontrollen; aber sowohl für bus- wie auch für ringförmige Netze gibt es Tokenverfahren.

Angesichts der Vielfalt von Netzvarianten ist es schwierig, allgemein anwendbare technische Kriterien zu entwickeln, anhand derer die Leistung lokaler Netze gemessen und verglichen werden kann. Beim Entwurf eines Netzes möchte man unterschiedliche Lösungskonzepte oder -varianten in bezug auf ihrer Leistungsfähigkeit vergleichen können; jedoch sind dann noch gar keine Implementierungen vorhanden, an denen reale Messungen durchgeführt werden könnten. Eine experimentelle Absicherung solcher Entwurfsentscheidungen ist also nur über entsprechende Netzsimulationen und die vergleichende Bewertung ihrer Ergebnisse möglich (vgl. 4.4.1).

Aber auch beim Vergleich von Netzprodukten, von denen es bereits einige Installationen gibt, liefern meist nur Simulationen vergleichbare Ergebnisse: Leistungswerte eines lokalen Netzes hängen von so vielen unterschiedlichen Parametern ab (Übertragungsmedium, Topologie, Zugangsverfahren, Datagrammlänge, Verkehrscharakteristik etc.), daß diese bei zwei verschiedenen Installationen nie in gleicher Weise vorliegen; auch können sie meist nicht in Übereinstimmung gebracht werden. Während des realen Betriebs ist dies unmöglich, und selbst bei dessen Unterbrechung für einen solchen Lasttest wäre dies mit großem Aufwand verbunden. Bei Simulationen ist die Vergleichbarkeit der Resultate durch identische Parameterwerte zu gewährleisten; dabei liegt das Problem dann eher darin, ob die Simulation auch die aus Benutzersicht wesentlichen Systemeigenschaften erfaßt und darüber korrekte Aussagen macht.

Selbst nach Aufstellung einer Vielzahl technischer Leistungsparameter ist deren Kombination zu einer absoluten, allgemein gültigen Bewertung kaum möglich, sondern bestenfalls nur hinsichtlich einer einzelnen Anwendung oder eines spezifischen Anwendungsgebiets. Fragen danach,

- ob eine minimale Datagrammlänge (von z. B. 68 Bytes) zur Verschwendung von Übertragungskapazität führt oder die zu übertragenden Nachrichten im Mittel ohnehin länger sind;
- ob für die Transportzeit von Station zu Station ein Durchschnittswert von x Mikrosekunden (bei statistischer Streuung) pro Datagramm einer fixen Länge vorteilhafter ist als eine garantierte maximale Übertragungszeit von 2*x Mikrosekunden für ein gleichlanges Datagramm;
- ob es wichtig ist, daß die Übertragungskapazität des Netzes bei geringer Belastung von den wenigen aktiven Stationen optimal genutzt werden kann, oder ob im Niederlastbereich auch die produktive Nutzung nur eines Teils der Netzkapazität ausreicht;
- ob zugunsten einer größeren Sicherheit der Datenübertragung Abstriche bei der Transportgeschwindigkeit akzeptabel sind

können im Prinzip nur unter Kenntnis der über dieses Netz abzuwickelnden Anwendungen beantwortet werden.

Bei Simulationsprogrammen erfolgt die Festlegung von Eingabewerten üblicherweise in der Form, daß eine statistische Verteilung über ein gegebenes Intervall oder eine Streuung um einen Mittelwert festgelegt wird. Wenn auf diese Weise die Übertragung in einem CSMA/CD-Netz simuliert wird, werden sich, primär abhängig

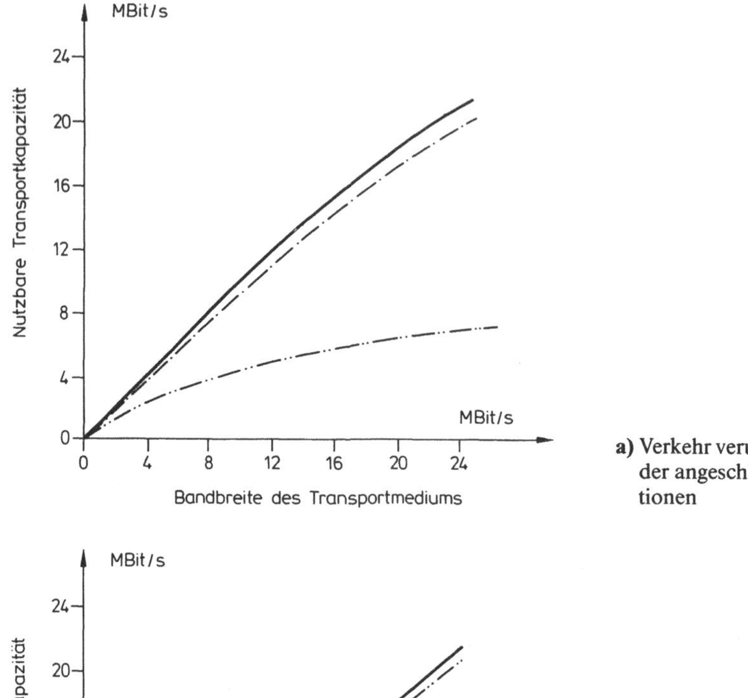

a) Verkehr verursacht von 100 der angeschlossenen 100 Stationen

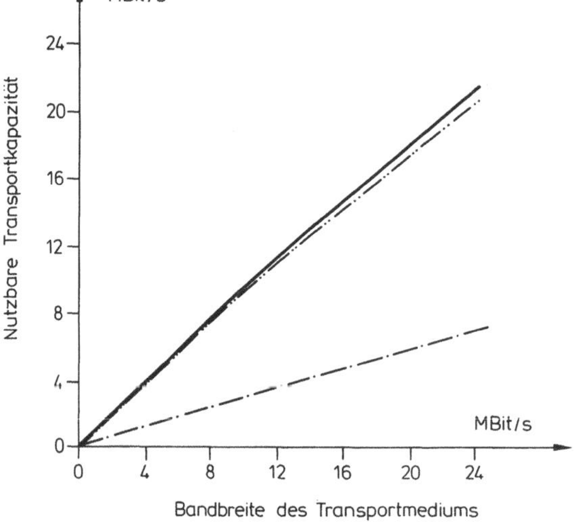

b) Verkehr verursacht von 1 der angeschlossenen 100 Stationen

Abb. 5-14 a, b. Vergleich des Durchsatzes bei den Zugangsverfahren
Tokenring: ——
Tokenbus: —·—·—
CSMA/CD: —··—··—

von der erzeugten Last, Kollisionen ergeben, die den Netzdurchsatz senken. Es ist möglich, derartige Kollisionen gänzlich zu vermeiden, wenn die Kommunikation durch entsprechende Algorithmen in höheren Protokollschichten der angeschlossenen Stationen koordiniert wird.

Dieses Beispiel soll auf ein weiteres Problem bei Leistungsvergleichen hinweisen:

- Die meisten Leistungsmessungen von lokalen Netzen beziehen sich allein auf die bisher vorgestellten Aspekte (Topologie, Medium, Zugangsverfahren), d.h. auf

alternative Realisierungen für transportorientierte Dienstleistungen der ISO-Ebenen 1 bis 3.
- Bei Einbeziehung höherer Protokollschichten bis hin zur Anwendungsebene können die Ergebnisse von Vergleichen gänzlich anders ausfallen, als wenn ausschließlich Netzdienste quantitativ verglichen werden, die eventuell gar nicht gebraucht werden.

Neben den genannten technischen Kriterien, die sinnvoll nur in bezug auf die wesentlichen über ein Netz abzuwickelnden Anwendungen bewertbar sind, spielen bei allen realen Installationen natürlich die entstehenden Kosten bzw. das Preis/Leistungsverhältnis der unterschiedlichen Netze und Produkte eine entscheidende Rolle. Dabei gehen sehr stark betriebliche Besonderheiten wie z.B. vorhandene Infrastruktur (nutzbare Kabel oder Kabelschächte, vorhandene Spezialnetze), Vorinvestitionen, Abschreibungsmodalitäten etc. ein. Entsprechende betriebswirtschaftliche Kosten/Nutzen-Rechnungen haben aber mit der technischen Leistungsbewertung lokaler Netze nichts mehr zu tun.

Der Leistungsvergleich unterschiedlicher Typen lokaler Netze ist ein komplexes Thema, das Gegenstand aktueller Forschungsarbeiten ist: Es liegen eine ganze Reihe wissenschaftlicher, meist analytisch oder über Simulationen gewonnener Einzelergebnisse vor. Diese sind teils Spezialproblemen gewidmet, teils wegen unterschiedlicher Voraussetzungen nur schwer aufeinander beziehbar. Der aktuelle Wissensstand kann deshalb im folgenden nicht umfassend wiedergegeben werden. (Ein Einführungs- und Übersichtsartikel in deutscher Sprache liegt in Spaniol 1982 vor; daneben sei auf Bux 1981, Liu et al. 1982 sowie das Lehrbuch Tropper 1981 verwiesen.)

Als Beispiel für die bei Leistungsvergleichen erzielbaren Ergebnisse werden im folgenden einige Resultate aus Arthurs u. Stuck 1982, Stuck 1983 a und Stuck 1983 b wiedergegeben. Dabei werden die zur Standardisierung vorgeschlagenen Bus- und Ringtopologien mit den Zugangsverfahren CSMA/CD, Tokenbus und Tokenring leistungsmäßig verglichen (vgl. Abb. 5-14). Die zugrundeliegenden Voraussetzungen sind:

- Es werden Übertragungsmedien in einem Leistungsspektrum zwischen 1 und 24 MBit/s verglichen (x-Achse). In Abhängigkeit von der bereitgestellten Bandbreite ist der effektiv erzielbare Durchsatz eingetragen (y-Achse).
- An das Übertragungssystem sind jeweils 100 Stationen angeschlossen.
- Für ein Medium gegebener Bandbreite erzeugen die angeschlossenen Stationen ausreichend Last, um dessen Übertragungskapazität auszuschöpfen.
- Zur Untersuchung der Auswirkungen unterschiedlicher Lastsituationen werden die Annahmen gemacht, daß
- alle 100 Stationen aktiv sind (Abb. 5-14(a)) und
- nur eine der 100 Stationen Daten zu senden hat (Abb. 5-14(b)).

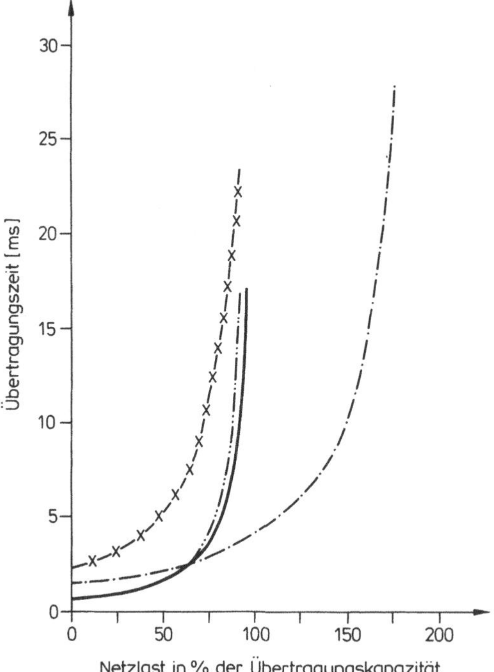

Abb. 5-15. Vergleich der Übertragungszeiten bei unterschiedlichen Zugangsprotokollen:
Slotring: – x – x –
CSMA/CD: –··–··–
Tokenverfahren: ——
Registereinfügung: –·–·–

Der Vergleich der beiden Diagramme belegt eindeutig, daß die Effektivität des CSMA/CD-Verfahrens bei steigender Last von vielen Stationen wegen der zunehmenden Anzahl von Kollisionen rasch abnimmt. Das in Abb. 5-14 beschriebene Ergebnis wurde mit 2000 Bits langen Datagrammen erzielt. Bei Verwendung kürzerer Nachrichtenfragmente verstärkt sich dieser Effekt noch.

Beim Tokenbusverfahren kann die große Kapazität des Übertragungsmediums von einer bzw. wenigen Stationen nicht ausgenutzt werden: In Abb. 5-14(b) hat der Tokenbus deshalb die schlechteste Nutzungsrate.

Der eindeutige „Sieger" dieses Vergleichs ist der Tokenring, weil er in beiden Fällen die beste Ausnutzung erzielt. Dieses Ergebnis ist aber auch in Frage zu stellen, da die Voraussetzung, daß von einer oder auch allen Stationen jeweils genug Last angeboten wird, um die gesamte Übertragungskapazität auszunutzen, sicher in fast allen denkbaren Anwendungen von lokalen Netzen nicht zutreffen dürfte. Die bisherigen praktischen Erfahrungen mit lokalen Netzen belegen eher, daß eine Auslastung von mehr als 40% der großen Kapazität des Übertragungsmediums mit den heute eingesetzten Endgeräten nicht realistisch und auch gar nicht erstrebenswert ist.

Ein weiteres Ergebnis von Leistungsvergleichen unterschiedlicher lokaler Netze aus Liu et al. 1982 hinsichtlich der resultierenden Übertragungszeiten ist in Abb. 5-15 wiedergegeben. Das Diagramm stellt für verschiedene Netzkonzepte die durchschnittliche Übertragungsverzögerung in Abhängigkeit von der Netzlast dar. Die Netzbelastung (x-Achse) variiert von 100 bis 200%, da bei der Registereinfügung gleichzeitig mehrere Datagramme im Ring befördert werden können und deshalb theoretisch auch eine Last von mehr als 100% der Übertragungskapazität erzielt werden kann.

Auch dieses scheinbar eindeutige Untersuchungsergebnis muß bei näherer Betrachtung problematisiert werden: Bei der Modellierung wurde vorausgesetzt, daß beim Token- und Slotring die Datagramme vom Absender aus dem Ring genommen werden; wie oben beschrieben, erfolgt damit gleichzeitig eine Quittierung. Dagegen wird für die Registereinfügung angenommen, daß der Empfänger die ihm zugegangenen Daten ohne Quittung an den Absender entnimmt. Es werden also keine identischen Dienstleistungen verglichen!

Die Resultate in Abb. 5-15 stellen im wesentlichen eine Bestätigung der Ergebnisse in Bux 1981 dar und können in folgender Weise zusammengefaßt werden:

- Der Tokenring führt im Niedriglastbereich zu größeren Übertragungszeiten als CSMA/CD.
- In Lastsituationen zeigt der Tokenring ein stabileres Verhalten und benötigt geringere Übertragungszeiten.
- Die Verzögerungszeiten im Tokenring sind geringer als beim Slotring.

Während sich die ersten beiden Konsequenzen auch analytisch aus den zugrundeliegenden Verfahrensweisen ableiten lassen, ist die dritte Schlußfolgerung nicht unumstritten: Insbesondere aus dem wissenschaftlichen Bereich liegen eine Reihe positiver Erfahrungsberichte über den Cambridge Ring vor.

5.5.2 Entwicklungsperspektiven für lokale Netze

Wie die vorgangegangenen Ausführungen dieses Kapitels belegen, haben die konkurrierenden Konzepte für lokale Netze meist unterschiedliche Vorzüge und Nachteile; sowohl von der rein technischen Bewertung her wie auch angesichts der aktuellen Marktsituation ist nicht zu erwarten, daß eine einzige Technologie in allen Belangen überlegen ist und sich auf dem Markt gegenüber allen anderen durchsetzen wird. Im Gegenteil zeichnet sich ab, daß - zumindest für längere Zeit - konkurrierende Netzkonzepte und -produkte koexistieren werden.

Neben der aktuell noch nicht deutlich abschätzbaren Marktstrategie relevanter Hersteller ist als Hauptgrund dafür anzusehen, daß die Bedürfnisse von potentiellen Anwendern lokaler Netze über ein sehr breites Leistungsspektrum streuen. Es ist deshalb nicht zu erwarten, daß sich eine einzige Technologie über diesen gesamten Anwendungsbereich als dominierend herausstellen wird. Der lange Zeit fast erbittert geführte Streit zwischen Basisband- und Breitbandanhängern hat an Schärfe verloren: Für Hochleistungsnetze oder die Übertragung bewegter Bilder ist ein Breitbandnetz notwendig; daneben gibt es jedoch für längere Zeit einen Bedarf und damit auch einen Markt für Basisbandübertragungssysteme.

Die Übertragungsanforderungen in kleineren Installationen sind selbst mit traditionellen Kupferkabeln auf der Basis einer Stern-, Bus- oder Ringtopologie erfüllbar. Wegen der relativ niedrigen Kosten für diese eingeführte Technologie werden auch solche lokalen Netze Verbreitung finden.

Die folgende Aufzählung beschreibt einige unterschiedliche Typen von lokalen Netzen, die jeweils anhand ihrer technologischen Grundlagen und der daraus resultierenden Charakteristik skizziert werden. Aufgenommen sind die Ausprägungen lokaler Netze, von denen aus heutiger Sicht zu erwarten ist, daß sie sich in verschiedenen Anwendungsbereichen erfolgreich behaupten werden.

Bus oder Ring aus verdrillten Kupferkabeln. Dies ist ein leicht installierbares Netzwerk auf der Basis einer voll beherrschten Übertragungstechnologie, das insbesondere unter Kostenaspekten attraktiv ist. Die Kapazität eines solchen Netzes ist für eine kleine Anzahl von herkömmlichen Endgeräten, insbesondere Terminals mit niedrigen Durchsatzanforderungen, ausreichend.

Stern aus verdrillten Kupferkabeln. Diese Technologie stellt die natürliche Erweiterung von Telefonnebenstellenanlagen auf die interne Datenkommunikation eines Betriebes dar. Für ein solches Netz entstehen normalerweise keine oder nur geringe Kabelkosten, weil die erforderliche Verkabelung in allen Räumen vorhanden ist. Es erlaubt zu geringen Kosten den Anschluß einer großen Anzahl von Endgeräten mit niedrigen Durchsatzanforderungen, z. B. Terminals.

Bus oder Stern aus Basisband-Koaxialkabel. Diese Technik wurde speziell für die Bedürfnisse der Bürokommunikation entwickelt. Sie erlaubt den Anschluß einer mittleren Anzahl relativ dicht beieinander aufgesteller Endgeräte mit mittleren Durchsatzanforderungen.

Bus aus Breitband-Koaxialkabel. Diese technisch aufwendigste und teuerste Technologie ist höchst flexibel für Übertragungsanforderungen jeder Qualität und Quantität verwendbar. Ihr Einsatzbereich variiert von Hochleistungsverbindungen zwischen wenigen Rechenanlagen einer Installation bis hin zur Vernetzung einer sehr großen Anzahl von Endgeräten und Verkehrsarten unterschiedlicher Art. Basierend auf der eingesetzten Frequenzmodulation können analoge und digitale Übertragungsverfahren über ein einziges Kabel realisiert werden. Allein diese Netztechnologie bietet genügend Bandbreite für die Bewegtbildübertragung (Kabelfernsehen).

Bei der Abschätzung der Entwicklungsperspektiven von lokalen Netzen spielen neben den bisher betrachteten technischen Eigenschaften konkurrierender Systeme selbstverständlich unternehmerische Aspekte (Kosten, Nutzen, Risiken) eine zentrale Rolle. Abschließend sei deshalb auf zwei in dieser Hinsicht einander widersprechende, für die Durchsetzung lokaler Netze jedoch wirksame Tendenzen hingewiesen:

- Lokale Netze ermöglichen eine freizügige Kommunikation zwischen prinzipiell allen in einem Betrieb für die Datenerfassung, Weiterverarbeitung und Kommunikation eingesetzten Geräten. Der Zusammenschluß einer solchen Palette unterschiedlicher Endgeräte über ein neutrales Kommunikationsnetz ist ein enormer Vorteil: Der Anwender braucht sich nicht sehr frühzeitig („auf Gedeih und Verderb“) an einen Hersteller zu binden, sondern kann bei seinen Geräteinvestitionen das jeweils aktuelle Marktangebot voll nutzen. Insbesondere ist damit die Möglichkeit einer allmählichen, evolutionären Entwicklung (quantitativer Ausbau und Modernisierung) der gesamten Installation gegeben. Bei Nutzung eines einzigen zentralen Systems dagegen ist dessen Erweiterung oder Austausch gegen eine neue Anlage meist Auslöser einer längeranhaltenden betrieblichen Krisensituation.

- Auf der anderen Seite fällt damit dem Anwender eine größere Verantwortung zu: Solange er sich mit seiner Installation in die Hand eines Herstellers begibt, kann er zu Recht von diesem Lieferanten erwarten, daß ihm die angebotenen Systeme schlüsselfertig und kompatibel ins Haus geliefert werden. Bei Einsatz eines neutralen lokalen Netzes wird ihm von dessen Lieferanten nur die physikalische Möglichkeit des Zusammenschlusses unterschiedlicher Endgeräte geboten. Für eine weitergehende Verträglichkeit der somit kommunikationsfähigen Systeme (z. B. Austauschbarkeit von Dateien, die auf unterschiedlichen Textsystemen erstellt worden sind) trägt der Anwender selbst die Verantwortung.

Diese größere Verantwortung und das damit verbundene Risiko sind vermutlich die wichtigsten Gründe dafür, daß bis heute der Einsatz lokaler Netze in privaten Betrieben nur sehr zögernd erfolgt ist. Die weitergehende Standardisierung im Bereich der lokalen Netze selbst, aber vor allem auch für die darüberliegenden Kommunikationsschichten wird dieses Risiko mindern und somit entscheidend zur Ausbreitung lokaler Netze beitragen.

6 Zur Geschichte der Rechnernetze – Entwicklungsperspektiven der Datenkommunikation

Dieses abschließende Kapitel beschreibt vor dem Hintergrund der bisher entwikkelten Problemstellungen und -lösungen die historische Entstehung und Entwicklung der Rechnernetze; darüberhinaus werden die Perspektiven der Datenkommunikation und damit zusammenhängende Fragen grob skizziert.

Das Kapitel ist in folgender Weise untergliedert:

- In 6.1 werden die historische Entstehung der Datenübertragung und die Herausbildung unterschiedlicher Netztypen beschrieben.
- 6.2 enthält einen Kostenvergleich zwischen der Speicher- und Leitungsvermittlung.
- Auf die Perspektiven der weiteren Entwicklung sowie die mit der Kommunikationstechnologie verbundenen Gefahren wird in 6.3 eingegangen.

6.1 Die Entstehung unterschiedlicher Netztypen

Nachfolgend wird die in 1.4 bereits sehr gedrängt zusammengefaßte Entwicklung von Rechnernetzen ausführlicher dargestellt:

- In 6.1.1 wird als Startpunkt der Entwicklung die typische Zentralrechnerkonfiguration der 60er Jahre beschrieben.
- 6.1.2 zeichnet die im Laufe der 70er Jahre, im Zusammenhang mit der Entwicklung von Herstellernetzwerken eingeführte Vereinfachung beim Rechnerzugang nach.
- In 6.1.3 werden die Grenzen der Herstellernetze im Hinblick auf die aktuellen Anforderungen der Datenkommunikation benannt.
- 6.1.4 enthält die Entwurfsziele, die bei der Entwicklung von speichervermittelten (Datagramm- und Paket-) Netzen verfolgt wurden.
- In 6.1.5 wird der Aufbau der ersten Paketnetze und die Übernahme dieser Entwicklung durch die Postverwaltungen beschrieben.

6.1.1 Die Zentralrechner der 60er Jahre

Im Verlauf der 60er Jahre hatten sich die Hardware- und Softwarevoraussetzungen für den DV-Einsatz auf breiter Front so weit entwickelt, daß bereits in vielen Bereichen der Wirtschaft, der Wissenschaft und öffentlicher Verwaltungen Rechenanlagen im Einsatz waren. Dabei läßt sich unter den damals verbreiteten Anwendungen eine klare Zweiteilung feststellen:

- Bei den meisten Installationen handelte es sich um ein zentralisiertes, stapelorientiertes *(batch)* System zur Bearbeitung einer Vielzahl von Aufgaben kommerzieller und technisch-wissenschaftlicher Art.
- Daneben waren in geringerem Umfang Prozeßrechner zur Steuerung und Überwachung von Produktionsprozessen sowie zur Lösung ähnlicher Realzeitprobleme, etwa bei der Verkehrslenkung, eingesetzt.

Die Prozeßsteuerung war meist von Beginn an auf eine Vollautomatisierung ausgerichtet, d.h. es wurden vor allem solche Abläufe und Prozesse automatisiert, die schon als stetig ablaufende Verfahren mit geringen menschlichen Eingriffsnotwendigkeiten vorlagen oder leicht in eine solche Form umgewandelt werden konnten (z.B. in der chemischen Großproduktion).

Dagegen wurde der weitere Einsatz von DV-Anlagen im kommerziellen und technisch-wissenschaftlichen Bereich immer stärker dadurch behindert, daß die Benutzer des Systems - ob als Entwickler eines neuen Programms oder bei der Anwendung eines solchen - keinen unmittelbaren Zugang zur Dienstleistung des Rechners hatten: In fast allen Fällen waren weitere Personen (Programmierer, Operateure, Systemspezialisten) auf dem Weg vom Anwender zum Rechner erforderlich.

Es gab auch damals bereits erste Anwendungsbeispiele, bei denen für einen rationellen DV-Einsatz ein Rechnerzugang aus der Ferne *(remote access)* erforderlich war. Die Entwicklung der **Fernstapelverarbeitung** trug diesem Bedürfnis Rechnung: Dabei hatte der Bediener einer solchen Stapelstation selbst vorzunehmen, was sonst Teil der Aufgaben des Maschinenoperateurs war:

- das Einlegen des Lochkartenstapels mit seinem Auftrag *(job)* in einen Kartenleser,
- das Einlesen dieses Kartenstapels und
- die Bedienung des Druckers (Papiernachfüllen und Abreißen des fertigen Ausdrucks).

Im Umfeld der für die Fernstapelverarbeitung entwickelten Übertragungsverfahren sind die Ursprünge der Datenkommunikation anzusiedeln.

6.1.2 Vereinfachter Rechnerzugang in den 70er Jahren

Eine qualitativ neue Stufe in der Erleichterung des Rechnerzugangs bedeuteten die ersten dialogorientierten *time-sharing*-Systeme zu Beginn der 70er Jahre: Diese ermöglichten erstmals eine gleichzeitige und unmittelbare Benutzung eines Rechners durch eine große Anzahl von Anwendern. Zusammen mit dem sich ausbreitenden Einsatz von Bildschirmterminals *(display terminals)* waren damit Voraussetzungen für eine neue Klasse von Anwendungsprogrammen geschaffen: Es entstanden nach und nach viele Softwaresysteme, die zu ihrer Bedienung keine besonderen DV-Kenntnisse erforderten, sondern unmittelbar von Sachbearbeitern des betreffenden Anwendungsgebiets benutzt werden konnten.

Dieser Vorzug kann natürlich erst dann voll genutzt werden, wenn die Datenstationen auch unmittelbar am Arbeitsplatz dieser Sachbearbeiter aufgestellt werden können und dabei keine Einschränkungen hinsichtlich der Entfernung zum Rechner gegeben sind: Schon in einem einzigen Bürogebäude können nicht alle Zimmer der betroffenen Sachbearbeiter in unmittelbarer Nähe des Rechnerraums liegen; um so weniger werden solche Entfernungsabhängigkeiten in Fällen akzeptierbar sein, wo auf einem zentralen Rechner die DV-Aufgaben für mehrere Filialen eines Unternehmens abgewickelt werden sollen.

Hinsichtlich des Problems der Datenübertragung lagen durch die Fernstapelverarbeitung die oben zitierten Erfahrungen vor. Seit aber der Anschluß von abgesetzten Datenstationen zur Normalausstattung einer jeden Rechnerkonfiguration gehörte, stellte sich die Notwendigkeit der Datenfernübertragung in qualitativ neuer Form. Zugespitzt formuliert, waren für eine zunehmende Klasse von Anwendungen Verarbeitungsrechner nur noch dann verkäuflich, wenn der Rechnerhersteller gleichzeitig über ein entsprechendes DÜ-Angebot *(data communication,* DC*)* verfügte.

Die meisten Hersteller haben deshalb ihr Produktspektrum um spezielle Komponenten für die Datenkommunikation erweitert. Dazu zählen Vorrechner, Konzentratoren, Multiplexeinrichtungen etc. und nicht zuletzt umfängliche und komplexe Softwaresysteme für die Verwaltung und den Betrieb der damit aufzubauenden Rechnernetze. Beispiele für solche Herstellernetzprodukte sind SNA *(systems network architecture)* von IBM, TRANSDATA von Siemens, DECNET von DEC, DCA von Sperry, WangNet von WANG etc.

Diese Herstellernetzwerke wurden anfangs primär zu dem Zweck entworfen, sternförmige Terminalnetze mit Hunderten von möglicherweise über ein ganzes Land verstreuten Sichtgeräten zu betreiben. In der Zwischenzeit sind sie größtenteils zu komplexen Netzwerken weiterentwickelt worden, die den Zusammenschluß und eine variable Kommunikation zwischen unterschiedlichen Endgeräten (Verarbeitungsrechnern, Terminals, Spezialgeräten) aus dem Angebotsspektrum des jeweiligen Herstellers gestatten.

Einsatzbeispiele für solche Systeme, die es gestatten, die Dienstleistungen einer DV-Anlage überallhin zu liefern, sind seither auch jedem Laien aus dem Alltagsleben bekannt:

- Bei einer Einzahlung oder Überweisung wird in vielen Bankfilialen dieser Vorgang mit Hilfe eines abgesetzten Terminals in einem Zentralrechner verbucht.
- In großen Reisebüros kann man über ein Bildschirmgerät Reiseauskünfte erhalten, Flüge bestellen, Reisebuchungen vornehmen etc.
- Im Behördenbereich werden im Einwohnermeldewesen, bei der Polizei, dem Grenzschutz, der Feuerwehr etc. immer häufiger Rechnernetze mit Hunderten von Endgeräten eingesetzt.

Dies sind nur wenige Anwendungsbeispiele aus dem Spektrum der heute verbreiteten Dialoganwendungen, die ihre Leistung nur über ein darunterliegendes Rechnernetz erbringen können. Zu welchem konkreten Zweck auch immer aktuell derartige Anwendungssysteme in Betrieb sind - ihre Realisierung erfolgt nahezu ausschließlich auf der Basis eines Herstellernetzwerks; die Verbindungsleitungen für den Zusammenschluß der einzelnen Komponenten bestehen in der Regel aus festgeschalteten Leitungen, sogenannten Standleitungen, die von der DBP zu diesem Zweck gemietet sind.

6.1.3 Grenzen der Herstellernetze

Angesichts der sich rasch erweiternden Einsatzmöglichkeiten moderner, leistungsfähiger Rechenanlagen stoßen aber auch diese Systeme schon wieder an ihre Grenzen. Die Ursachen dafür liegen in zwei Eigenschaften, die den Herstellernetzen von ihrer Entstehung her anhaften:

- **Zentralisation:** Sie sind ausgerichtet auf die Erledigung aller Aufgaben in einem Zentralrechner oder wenigen Verarbeitungssystemen. In der Regel wird ein Teil der dort verfügbaren Verarbeitungskapazität bereits für die Verwaltung des angeschlossenen Rechnernetzes benötigt.
- **Geschlossenheit:** Sie verhindern durch untereinander inkompatible technische Lösungen ihren Zusammenschluß oder gar ein Zusammenwachsen. Selbst die Kopplung zweier, im gleichen Unternehmen nebeneinander eingesetzter Netze von verschiedenen Herstellern kann ein eigenes, kostspieliges und äußerst risikoreiches Vorhaben sein (vgl. Einert u. Mayerhofer 1983).

Geschlossene, homogene Herstellernetze stoßen an ihre Grenzen angesichts der sprunghaft ansteigenden Anzahl installierter DV-Systeme und deren neuer Einsatzmöglichkeiten in teilweise sich überschneidenden Anwendungsgebieten. Nach und nach werden an immer mehr Arbeitsplätzen Leistungen benötigt, die auf unterschiedlichen Rechenanlagen angeboten werden. Da diese DV-Anlagen im allgemeinen von unterschiedlichen Lieferanten stammen, können die dort verfügbaren Dienste wegen fehlender Kompatibilität zunächst nicht über ein einziges Endgerät abgerufen werden. (Die theoretische Möglichkeit, mit mehreren Bildschirmgeräten parallel zu arbeiten, ist keinem Benutzer zuzumuten und unter wirtschaftlichen Gesichtspunkten absurd!)

Noch größeres Gewicht erhält die Forderung nach Überwindung der Inkompatibilität und Zentralisation, d.h. nach freizügiger und symmetrischer Kommunikation, angesichts der Einsatzperspektiven von Arbeitsplatzrechnern oder PCs: Ein solcher, privat oder kommerziell genutzter, Mikrocomputer wird um so nützlicher und attraktiver, je größer das Spektrum der angebotenen Dienstleistungen ist. Neben den lokalen Verarbeitungsfunktionen werden dies aber zunehmend auch Leistungen sein, die auf anderen DV-Systemen ausgeführt werden und für den PC-Benutzer nur über entsprechende Kommunikationsmöglichkeiten erreichbar sind.

Homogene Herstellernetze verlangen von anzuschließender Fremdperipherie meistens ein Verhalten, das dem der angestammten eigenen Terminals entspricht

(Terminalemulation). Allein aus wirtschaftlichen Gründen können in Tausenden von PC-Installationen nicht Emulationen für den Anschluß an die wichtigsten (1?, 5?, 20?, 50?) Herstellernetze bereitgestellt werden. Stärker noch als die „große“ Datenverarbeitung, ist also die Entwicklungsperspektive von Arbeitsplatzrechnern davon abhängig, inwieweit es in Zukunft gelingen wird, offene Systeme aufzubauen (vgl. 6.3.1 und 6.3.2).

6.1.4 Entwurfsziele bei der Paketnetzentwicklung

Wie bei allen wichtigen Weichenstellungen in der kurzen Geschichte der Informatik resultierte auch der Auftrag zur Entwicklung der Datagramm- bzw. Paketnetztechnologie aus militärischen Anforderungen. Das amerikanischen Verteidigungsministeriums gab 1964 eine Studie zur Untersuchung militärischer Anwendungen der Datenübertragung in Auftrag mit dem Ziel der Lokalisierung vorhandener Probleme sowie zur Erarbeitung neuer Lösungsvorschläge (vgl. Baran 1964 und Baran et al. 1964). Unter anderem wurde für diese Studie eine Statistik über die Nachrichtenlängen von Dialogtransaktionen erstellt (vgl. Abb. 6-1).

Das wichtigste Ergebnis dieser Statistik besteht in dem Nachweis, daß die Nachrichtenlängen bei Dialoganwendungen überwiegend oder nahezu ausschließlich sehr kurz sind. Im Rahmen diser Studie wurde deshalb die naheliegende Forderung aufgestellt, Rechnernetze für die Übertragung sehr kurzer Nachrichten zu optimieren. Längere Nachrichten sollten entweder gar nicht oder nur unter Inkaufnahme eines entsprechend höheren Aufwands transportiert werden können. Resultat dieser Studie war eine Reihe von Anregungen und Vorschlägen für die Neukonzeption von Übertragungssystemen; u. a. wurde gefordert:

- ein Übertragungsverfahren, das robust gegenüber dem Ausfall einzelner Netzknoten ist (eine für militärische Planungen wohl sehr naheliegende und „natürliche“ Anforderung),
- eine möglichst weitgehende Dynamik bei der Routenwahl,
- die Beschränkung der zu übertragenden Nachrichten auf eine maximale Länge von 256 Zeichen und

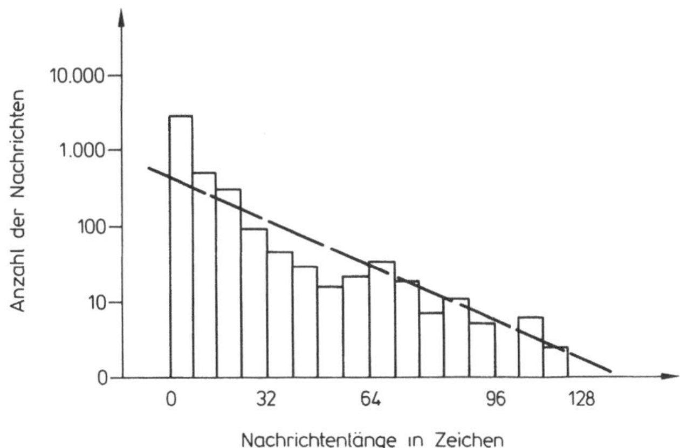

Abb. 6-1. Verteilung der Nachrichtenlängen in einer interaktiven Umgebung

- die Möglichkeit zur logischen Verkettung von bis zu vier solcher Nachrichtenfragmente zu einer maximal 1024 Zeichen langen Gesamtnachricht.

Von anderen Untersuchungszielen ausgehend, kam eine frühe Studie am NPL *(National Physics Laboratory)* in Großbritannien 1967 zu ähnlichen Schlußfolgerungen (vgl. Davies et al. 1967 und Davies 1972). Dabei stand das Ziel im Vordergrund, die Antwortzeiten bei entfernt aufgestellten Terminals gering zu halten, bzw. nicht über eine vorgegebene Grenze steigen zu lassen:

- Fundamentale theoretische Überlegungen auf der Basis der Modellierung eines Netzknotens als eine simple Warteschlange ergeben, daß einzelne lange Nachrichten die durchschnittliche Wartezeit spürbar erhöhen, weil dann auch alle nachfolgenden kurzen Nachrichten so lange aufgehalten werden, bis die lange Nachricht übertragen ist.
- Um also bei gegebenen Realzeitbedingungen eine möglichst geringe Verzögerungszeit garantieren zu können, wurde vorgeschlagen, lange Nachrichten in Blöcke einer bestimmten Länge zu fragmentieren. Für diese Nachrichtenfragmente wurde dort erstmals der Begriff „Pakete" verwendet.

6.1.5 Der Aufbau der ersten Paketnetze

Realisiert wurden alle im vorigen Abschnitt erwähnten frühen Ziele beim Aufbau der ARPA-Netzes in den USA seit ca. 1970. ARPA steht als Kürzel für *Advanced Research Project Agency,* eine zivile Forschungsförderungsorganisation in den USA, über die aber vornehmlich militärische Auftragsforschung durchgeführt wird. Die ARPA wurde inzwischen auch in DARPA umbenannt: Dem alten Namen wurde konsequenterweise ein *Defense* vorangestellt.

Der Aufbau des ARPA-Netzes, über das nach und nach die DV-Anlagen der wichtigsten Forschungszentren und Universitäten in den USA zusammengeschlossen wurden, ist untrennbar mit der Entwicklung der Pakettechnologie verbunden. Viele der grundlegenden Ideen und Konzepte dieser Technologie sind im Umfeld des ARPA-Netzes entstanden und konnten auf diesem riesigen Experimentiernetz auch praktisch erprobt werden.

Die Erfahrungen beim Aufbau des ARPA-Netzes führten zu den ersten privatwirtschaftlichen Anwendungen der Datagramm- und Paketvermittlungstechnik:

- Der internationale Verband der Fluggesellschaften (IATA) hat seit Ende der 60 er Jahre ein weltumspannendes Netz zwischen DV-Anlagen von mehr als 150 Fluggesellschaften aufgebaut. Dieses sogenannte SITA-Netz *(Societé Internationale de Télécommunications Aeronautiques)* stellt ein für die Zwecke der Buchung und Abrechnung internationaler Flugtickets dediziertes Anwendungsnetz dar. Intern verwendet dieses Netz ein Datagrammverfahren zur Minimierung von Antwortzeiten bei Auskunftdiensten; zur Übertragung geldwerter Informationen (Buchungen) wird eine Nachrichtenvermittlungstechnik eingesetzt.
- Ab 1971 erfolgte der Aufbau der TYMSHARE/TYMNET Corporation. Gegründet wurde das Unternehmen zum Verkauf von Rechenzeiten in Servicere-

chenzentren. Zur Erweiterung des Marktanteils erwies es sich bald als notwendig, den Zugang zu den Rechnerleistungen für eine möglichst breite Klasse von Terminals anzubieten. Später erfolgte die Abspaltung von TYMNET als eigenständige Organisation. Diese betreibt heute eines der größten privaten Netze und nimmt insofern eine gewisse Sonderstellung auf dem Markt ein, als TYMNET primär Datenübertragungsdienstleistungen über ein privates, internationales Netz anbietet (etwa wie eine internationale Privatpost). Der Verkauf von Produkten zum Aufbau kundeneigener Netze ist dem nachgeordnet. Die interne Technologie des TYMNET-Netzes hat seit dem frühen Startpunkt eine völlig eigenständige Entwicklung durchlaufen und stellt eine technisch höchst interessante und leistungsfähige Alternative zu der Hauptentwicklungslinie dar, wie sie heute durch ISO und CCITT (vgl. unten) vertreten wird.
- Ab 1975 etwa datiert die Übernahme und wirtschaftliche Nutzung der ARPA-Netzerfahrungen durch die GTE-TELENET Corp. Deren Produkte werden von wichtigen Netzbetreibern in Nordamerika eingesetzt und hatten maßgeblichen Einfluß auf den Entwurf der Empfehlung X.25 der CCITT.

In Europa wurden in den 70er Jahren verschiedene Experimentiernetze zur Erprobung der Speichervermittlung aufgebaut:

- Am NPL in Großbritannien gab es ab 1967 die oben erwähnten Überlegungen zum Entwurf eines Netzes, bei dem die Vorrechnerfunktionen der Geschwindigkeitsanpassung und des Multiplexens vom Netzwerk übernommen werden sollten. Bis 1974 war ein Versuchsnetz zwischen mehreren Rechnern und ca. 200 angeschlossenen Terminals installiert.
- Von dem französichen Forschungsinstitut INRIA *(Institut Nationale de Recherche Informatique et d'Automatique)* in Versailles wurde das Versuchsnetz CYCLADE aufgebaut.
- Ab 1974 errichtete die BPO *(British Post Office)* das EPSS *(Experimental Paket Switching System)*. Die Erfahrungen mit diesem Netz sind unmittelbar in die Definition von X.25 eingeflossen.

Ab 1976 beschäftigte sich der internationale Dachverband der Postorganisationen CCITT *(Comité Consultatif Internationale de Télégraphique et Téléphonique)* mit der Normung von Schnittstellen für Speichervermittlungssysteme. Ziel der Arbeit dieses Gremiums ist es, Normen für Fernmeldenetze zu verabschieden, wie sie vor allem für den internationalen Telefonverkehr und Datenaustausch benötigt werden. Im Unterschied zu den Arbeitsergebnissen der ISO heißen die vom CCITT erlassenen Normen „Empfehlungen" *(recommendation)*. Es gibt dabei unterschiedliche Serien:

- **V-Serie** - diese Empfehlungen treffen Schnittstellenfestlegungen für Fernsprechnetze (Beispiel: V.24 für die Datenübertragung über ein Fernsprechnetz);
- **X-Serie** - diese Empfehlungen legen Schnittstellen für Datennetze fest (Beispiel: X.25 für eine Paketschnittstelle).

Diese Liste ist bei weitem nicht erschöpfend: Es gibt für jeden Buchstaben des Alphabets eine Serie von CCITT-Empfehlungen, die irgendeinen Aspekt der Koordinierungsnotwendigkeiten zwischen den Postverwaltungen der Erde regeln. Für die

Datenverarbeitung und -kommunikation ist neben den beiden erwähnten noch die **S-Serie** von Interesse (Beispiel: S.61 zur Festschreibung eines 8-Bit-Alphabets für den Teletextdienst, TTx).

Die Arbeit beim CCITT war von Beginn an darauf gerichtet, neben der Festlegung einer paketorientierten Schnittstelle auch Anschlußmöglichkeiten für langsame, zeichenweise, d.h. asynchron arbeitende Endgeräte an ein Paketnetz zu normieren. Dabei entstanden folgende Empfehlungen:

- **X.25** - Beschreibung der Randschnittstelle für ein Paketnetz (postamtlich: Schnittstelle zwischen einer Datenendeinrichtung (DEE) und Datenübertragungseinrichtung (DÜE) eines Paketvermittlungsnetzes);
- **X.3 / X.28 / X.29** - Diese Empfehlungen beschreiben ein nichtpaketorientiertes Netzrandprotokoll, über das wenig intelligente, asynchrone Endgeräte *(teletype)* an ein X.25-Netz angeschlossen werden können. Die Empfehlung X.3 fixiert die Eigenschaften dieser Klasse von anschließbaren Endgeräten; X.28 spezifiziert einen Softwaremodul, der die notwendige Anpassung am Rand eines X.25-Netzes vornimmt; die Kommmunikation zwischen diesem Anpassungsprogramm und einem X.25-Teilnehmer auf der anderen Seite des Netzes wird in der X.29-Empfehlung festgelegt.

Erste Versionen dieser Empfehlungen wurden 1978 verabschiedet; teilweise erhebliche Änderungen und Erweiterungen wurden 1980 und 1984 vorgenommen (vgl. 2.5).

Die zentrale Empfehlung X.25 legt Protokolle für die unteren drei Ebenen des ISO-Modells fest. Die Ausarbeitung des ISO-Modells und der X.25 erfolgte anfangs parallel. Aufgrund der nicht immer harmonischen Zusammenarbeit zwischen ISO und CCITT umfaßt die X.25 allerdings auch einige Regelungen, die nach dem ISO-Modell eigentlich der Transportschicht zuzurechnen sind.

Im Gefolge dieses Standardisierungsprozesses wurden nach und nach in einer Reihe von Ländern öffentliche Paketvermittlungsnetze von den betreffenden Postorganisationen aufgebaut:

- das DATAPAC-Netz in Kanada (1976),
- das CTNE-Netz in Spanien (1976),
- das TRANSPAC-Netz in Frankreich (1978) und
- das Datex-P-Netz in der Bundesrepublik Deutschland (1981).

In der Zwischenzeit sind auch in den meisten anderen Industriestaaten Paketnetze aufgebaut worden, oder es gibt zumindest entsprechende Ankündigungen oder Pläne.

6.2 Kostenentwicklung bei Leitungs- und Speichervermittlung

Im Verlauf der bisherigen Darstellung sind bereits an verschiedenen Stellen Speicher- und Leitungsvermittlung unter technischen Aspekten einander gegenübergestellt worden (vgl. insbesondere 3.3 und 3.4). Im folgenden werden beide Netztypen unter Kostenaspekten verglichen: Die historische Entstehung und Entwicklung der Speichervermittlung, insbesondere der Pakettechnologie, findet erst in den folgenden Kostenabschätzungen ihre materielle Begründung und Rechtfertigung:

- 6.2.1 gibt einen Überblick über die für die Datenkommunikation und Rechnernetze relevanten Kostenfaktoren.
- In 6.2.2 wird auf die statistischen Gesetzmäßigkeiten verwiesen, die bei der Speichervermittlung ausgenutzt werden.
- 6.2.3 enthält zusammenfassend eine Gegenüberstellung der Kostenentwicklungstendenzen für die Leitungs- und Speichervermittlung.

6.2.1 Kostenfaktoren für die Datenübertragung

Die Investitionen für ein Rechnernetz setzen sich aus zwei Komplexen zusammen: den Kosten für Übertragungseinrichtungen sowie den Kosten für Vermittlungseinrichtungen.

Bei den **Übertragungseinrichtungen** handelt es sich um die fernmeldetechnischen Einrichtungen für die Verbindungen zwischen den Teilnehmern und dem Netz sowie den netzinternen Knotenverbindungen. Dabei sind vor allem folgende Kostenfaktoren relevant:

- Kabelpreise (Kupfer-, Koaxial- und Glasfaserkabel),
- der für Übertragungszwecke nutzbare Bereich des Frequenzspektrums,
- Kosten für elektronische Übertragungseinrichtungen (Verstärker, Modems, Konzentratoren, Multiplexeinrichtungen etc.) und
- Kosten von Erd- und Verlegungsarbeiten.

Bei den **Vermittlungseinrichtungen,** d. h. den Netzknoten handelt es sich um spezielle DV-Systeme, deren Kosten wesentlich bestimmt werden von der allgemeinen Kostenentwicklung für

- Prozessoren (Zentraleinheit, Leitungsprozessoren),
- Speicher (Arbeits- und Hintergrundspeicher) und
- Software.

Im Rahmen der allgemeinen Produktivitätssteigerung sind alle aufgeführten Kosten in der Vergangenheit gesunken:

- Bei den Übertragungseinrichtungen konnte z. B. der nutzbare Frequenzbereich ausgeweitet werden; neue Übertragungstechniken wie die PCM-Technologie *(puls-code-modulation)* wurden entwickelt.
- Die weitaus gravierendere Verbilligung ist aber auf seiten der Vermittlungsein-

richtungen zu verzeichnen; man denke dabei nur an das Schlagwort vom sogenannten Preisverfall der Hardware.

Der Paketvermittlung liegt das Ziel zugrunde, eine gegebene Übertragungskapazität auf der Basis statistischer Gesetzmäßigkeiten durch erhöhten DV-Einsatz effizienter, also insbesondere auch billiger zu nutzen. Es ist also zu vermuten, daß die schnellere Verbilligung der DV-Ausrüstung gebenüber relativ konstanten Kosten für Übertragungsstrecken sich bei einem Kostenvergleich zwischen Leitungs- und Speichervermittlung zugunsten der Speichervermittlung auswirkt. Vor einer derartigen, quantitativen Abschätzung wird deshalb im folgenden Abschnitt an einigen Beispielen die Nutzung statistischer Gesetzmäßigkeiten bei der Paketvermittlung erläutert.

6.2.2 Nutzung statistischer Gesetzmäßigkeiten bei der Pakettechnologie

Die angestrebte Verbillung der Datenübertragung durch Paketverfahren basiert im wesentlichen auf der Ausnutzung der folgenden drei Gesetzmäßigkeiten:

- der Mehrfachnutzung von Betriebsmitteln,
- dem Gesetz der großen Zahl und
- der Größenökonomie *(economy of scale).*

Alle drei Aspekte hängen eng miteinander zusammen und sollen im folgenden jeweils beispielhaft verdeutlicht werden. (Eine exakte theoretische Ableitung der zugrundeliegenden statistischen Gesetze und ihre Anwendung auf Rechnernetze ist z.B. in Kleinrock 1976 zu finden.)

Mehrfachnutzung von Betriebsmitteln. Die Mehrfachnutzung von Netzressourcen bei der Pakettechnik sei an zwei Beispielen erläutert:

- Die Übertragungskapazität der vorhandenen Leitungen wird bei leitungsvermittelten Netzen für die Dauer einer Verbindung zur ausschließlichen Nutzung durch die verbundenen Netzteilnehmer reserviert. Bei Datagramm- oder Paketnetzen wird Übertragungskapazität im wesentlichen nur für die Nutzdaten zuzüglich einiger Kontroll- und Steuerinformation benötigt. Solange zwischen zwei Teilnehmern auf dem sie verbindenden logischen Kanal keine Daten zu befördern sind, kann die Leitung zwischenzeitlich für den Transport anderer Daten genutzt werden (vgl. dazu Abb. 2-4). Ob und wie stark sich eine derartige Nutzung von Kommunikationspausen auswirkt, hängt vom Charakter der betrachteten Kommunikationsbeziehung ab: Bei einer Dateiübertragung zwischen zwei Rechnern werden vermutlich weniger anderweitig nutzbare Kommunikationspausen entstehen als bei einem Terminaldialog zwischen einem Anwendungsprogramm und einem menschlichen Benutzer am Bildschirm.
- Ein Netzteilnehmer, der gleichzeitig mit mehreren Partnern kommunizieren möchte, benötigt dazu bei einem leitungsvermittelten Netz mehrere Anschlüsse. Bei einem speichervermittelten Netz ist dies über einen einzigen physikalischen

Netzanschluß leicht möglich, weil sowohl bei Datagramm- wie auch bei Paketnetzen eine Multiplexmöglichkeit konzeptioneller Bestandteil des Verfahrens ist: Datagramme können jederzeit an alle Netzteilnehmer geschickt werden; im Falle eines Paketnetzes können, z.B. über einen X.25-Hauptanschluß, parallel sehr viele logische Kanäle gleichzeitig betrieben werden (vgl. 3.3.2). Dieses zweite Beispiel geht logisch über das erste hinaus, weil die Mehrfachnutzung von Leitungen, selbst wenn sie netzintern üblich ist, nicht notwendig an die Teilnehmer weitergereicht zu werden braucht.

Gesetz der großen Zahl. Die an ein Netz angeschlossenen Teilnehmer erwarten in der Regel, daß ihre Kommunikationswünsche vom Übertragungssystem ohne jede Verzögerung ausgeführt werden. Die Entwerfer und Betreiber eines Netzes dagegen sollen diese Anforderung möglichst kostengünstig erfüllen.

Geringe Verzögerungszeiten für einen Verbindungsaufbau oder eine Datenübertragung selbst in den Hauptverkehrsstunden erfordern in der Regel zusätzliche Betriebsmittel (Leitungen, Speicher etc.) und eine statische Reservierung derselben. Eine solche teilnehmerbezogene Reservierung von Betriebsmitteln führt aber zu höheren Kosten, da sie selbst dann bestehen bleibt, wenn der entsprechende Anschluß gar nicht benutzt wird. Dieser Widerspruch ließe sich größtenteils auflösen, wenn dem Übertragungssystem der Kommunikationsbedarf seiner Teilnehmer im vorhinein bekannt wäre. Für ein Transportsystem sind die Übertragungswünsche seiner Teilnehmer aber gerade nicht vorhersehbar.

Bei einem leitungsvermittelten Netz wird das Problem quasistatisch gelöst (vgl. 2.2): Bei der Anmeldung einer Verbindung entscheidet das Netz, ob es augenblicklich diesen Verbindungswunsch erfüllen kann. Nach dem Aufbau der gewünschten Verbindung sind die notwendigen Betriebmittel des Netzes für die beiden verbundenen Teilnehmer exklusiv reserviert. Angesichts der für eine schnelle Übertragung notwendigen teueren Ausrüstung führt dies natürlich zu nutzungszeitabhängigen, relativ hohen Kosten. Statistische Betrachtungen sind nur für eine Ausbauplanung des gesamten Netzes notwendig. (Man denke etwa an die verschiedenen Engpässe, die es bei der DBP in den vergangenen Jahrzehnten beim Ausbau des Telefonnetzes gegeben hat.)

Die Paketvermittlung basiert auf einer weitergehenden Ausnutzung statistischer Gesetzmäßigkeiten: Die Statistik liefert Wahrscheinlichkeitsaussagen darüber, daß bei genügend großer Anzahl von Teilnehmern (Gesetz der großen Zahl), die jeweils einzeln ein nicht vorhersagbares Verhalten haben, für alle zusammengenommen durchaus ein stetiger, berechenbarer Verkehr entsteht. Wie verläßlich derartige Vorhersagen sind, kann man an der Prosperität der Lebensversicherungen ablesen, die auf der Basis ihrer Sterbetafeln offensichtlich sehr erfolgreich kalkulieren können!

Ein Beispiel für die nutzbringende Anwendung dieses Gesetzes der großen Zahl beim Aufbau eines Übertragungsnetzes zeigt die Schemadarstellung eines Netzknotens in Abb. 6-2 (vgl. dazu auch die am Ende von 6.1.4 beschriebene Modellierung eines Netzknotens als Warteschlange):

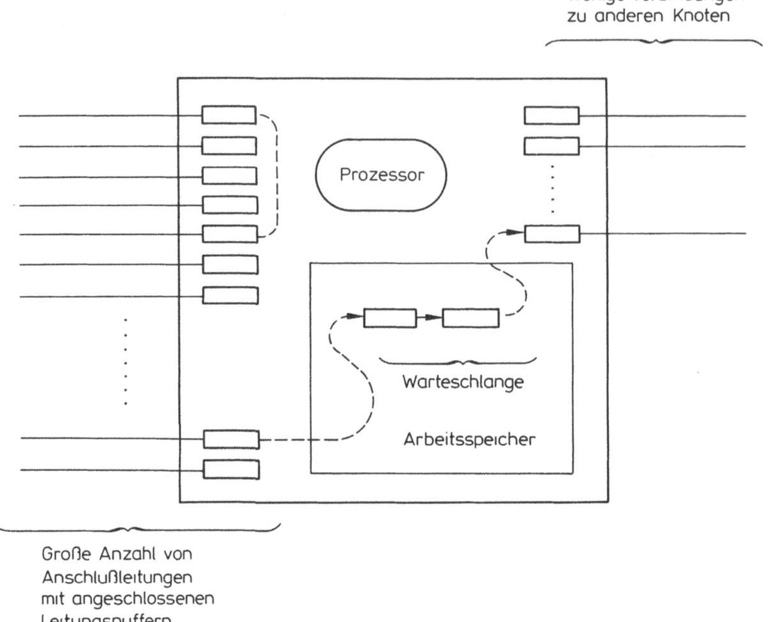

Abb. 6-2. Skizze eines Netzknotens

- Auf der einen Seite ist eine größere Anzahl von Anschlußleitungen zu Endteilnehmern vorgesehen.
- Auf der anderen Seite können wenige, leistungsstarke Verbindungen zu anderen Netzknoten angeschlossen werden (abhängig von der ursprünglichen und später eventuell erweiterten Topologie des Netzes).
- Die Aufgabe des Prozessors besteht nun darin, Datagramme oder Pakete von Nutzdaten zwischen den Anschlußleitungen sowie den Knotenverbindungen entsprechend ihrem Zielort richtig weiterzuleiten.
- Eventuelle Warteschlangen vor einzelnen Ausgangsleitungen werden im Arbeitsspeicher zwischengespeichert.

Bei einer statistisch fundierten Planung eines solchen Knotens werden entsprechenden Annahmen über die Nutzungscharakteristik (Häufigkeit und Umfang der Benutzung) der einzelnen Anschlußleitungen zugrundegelegt. Die Ergebnisse für die notwendige Größe des Arbeitsspeichers sowie die erforderliche Leistungsfähigkeit der Knotenverbindungen werden im allgemeinen erheblich unter denen liegen, die sich durch Addition des gesamten, allerdings nur mit sehr geringer Wahrscheinlichkeit gleichzeitig möglichen Bedarfs aller Anschlüsse ergäben.

In der Konsequenz wird somit eine kostengünstigere Konfiguration geplant. Natürlich kann diese ihre Aufgaben im Rahmen der geforderten Leistungswerte auch nur mit einer gewissen Wahrscheinlichkeit (<1) erbringen. Aber dieses Risiko ist der unvermeidliche Preis für die angestrebte Verbilligung. Für Anwendungen, bei denen ein solches Risiko nicht tragbar ist, läßt sich eine Verbilligung in der skizzierten Weise nicht erzielen.

Größenökonomie. Die Größenökonomie formuliert präzise die in der Technik überall bekannte Erfahrung, daß die jeweiligen Produktionskosten pro Einheit im allgemeinen durch den Aufbau größerer Produktionskapazitäten gesenkt werden können.

Konkretisiert für die Datenkommunikation bedeutet dies z. B.: Die Übertragungskosten in einem einheitlichen großen Netz liegen normalerweise erheblich unter den Kosten, die in mehreren separat nebeneinander betriebenen Netzen entstehen. Gerade eine solche Parallelexistenz separater Spezialnetze hat sich aber in vielen Großunternehmen als Resultat der bisherigen Entwicklung „naturwüchsig" ergeben.

Auch die Bemühungen um eine Digitalisierung der Sprachübertragung und die Integration von Daten- und Sprachübertragung bei den Netzbetreibern (vgl. die Planungen der DBP zum Aufbau eines *Integrated Services Digital Network*, ISDN) sind Planungen zur Überwindung teurer Separatnetze, d.h. zur weitergehenden Nutzung der Größenökonomie mit dem Ziel der Verbilligung der angebotenen Übertragungsleistungen.

6.2.3 Kostenentwicklungstendenz bei der Leitungs- und Speichervermittlung

Im folgenden werden Ergebnisse von empirischen Kostenvergleichen zwischen leitungs- und speichervermittelten Übertragungssystemen aus der Literatur wiedergegeben. Wichtig sind dabei weniger die absoluten Zahlen (diese beziehen sich auf Nordamerika und sind nur bedingt übertragbar), als vielmehr die deutlich zum Ausdruck kommende Tendenz der Kostenentwicklung, die auch für europäische Verhältnisse Gültigkeit hat.

In Abb. 6-3 ist wiedergegeben, wie sich im Zeitraum der letzten beiden Jahrzehnte die Übertragungskosten pro MBit bei leitungs- und speichervermittelten Netze entwickelt haben (vgl. Roberts 1974 und Roberts 1982). Die absoluten Zahlen in Abb. 6-3 sind unter folgenden Annahmen und Randbedingungen ermittelt worden:

- Als konkreter Repräsentant eines speichervermittelten Netzes wurde ein Paketnetz gewählt. Es ist eine Paketlänge von 32 Oktetts zugrundegelegt. In vielen existierenden Paketnetzen sind die Pakete länger; die Tendenz geht aber eindeutig hin zu kleineren Paketlängen, insbesondere auch im Hinblick auf eine digitale Sprachübertragung. Eine kürzere Paketlänge wirkt sich im Vergleich zugunsten der Pakettechnik aus, weil dann bei gleichem Nutzdatendurchsatz die Anforderungen an die Vermittlungseinrichtungen steigen.
- Es liegen nordamerikanische Gebühren zugrunde und zwar für eine Nutzung tagsüber während eines normalen 8-Stunden-Arbeitstages.
- Für eine durchschnittliche Netzverbindung sind vier Teilstrecken mit einer Länge von 300 Meilen und einer Kapazität von 56 KBit/s angenommen.
- Ein Verdichtungsfaktor von 1:7,5 ist zugrundegelegt, d.h. daß durchschnittlich für jede Zeiteinheit, während der effektiv Nutzdaten übertragen werden, 7,5 nichtgenutzte Zeiteinheiten verstreichen. Ursachen für diese empirisch ermittelten unproduktiven Zeiten auf der Leitung sind z. B. Wartezeiten wegen ausste-

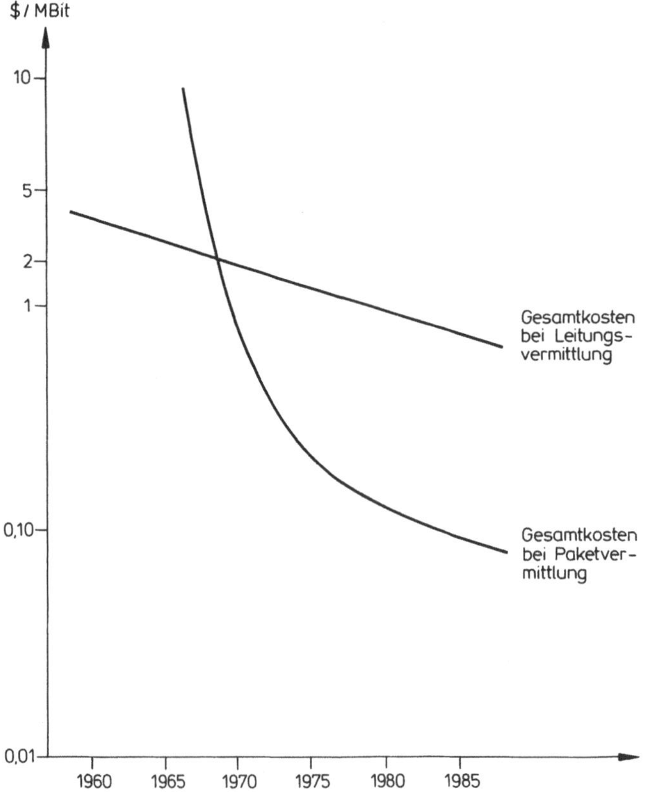

Abb. 6-3. Kostentendenz der Datenübertragung in den USA

hender Quittungen, Fehlersituationen, Verarbeitungszeiten in den kommunizierenden Prozessen, etc.

Die konkrete Aussage von Abb. 6-3 lautet also: Etwa ab Beginn der 70er Jahre wurde die speichervermittelte Datenübertragung billiger als die leitungsvermittelte, und dieses Kostenverhältnis zugunsten der Pakettechnik hat sich seither stabilisiert.

Gegen die Gültigkeit und Übertragbarkeit der oben aufgeführten Voraussetzungen dieses Kostenvergleichs lassen sich im Detail viele Einwände vorbringen. Z. B. kostet die Übertragung eines MBit im Datex-P-Netz der DBP seit dessen Inbetriebnahme im günstigsten Fall tagsüber knapp 2 DM im Vergleich zu den 0,10 $, die in Abb. 6-3 für das Jahr 1985 eingesetzt sind. (Fernmeldegebühren sind in den USA traditionell niedriger als in Europa - dafür werden sie auch nicht zum gleichen Preis flächendeckend angeboten!) Doch punktuelle Änderungen in den Voraussetzungen führen nur zu punktuellen Verschiebungen der Kurvenverläufe. Die Kernaussage, daß nämlich die Speichervermittlung sich schneller verbilligt als die Leitungsvermittlung und letzlich billiger wird, bleibt bestehen.

Zur Abrundung des Kostenvergleichs zwischen Leitungs- und Speichervermittlung sei abschließend ein weiteres Ergebnis aus der gleichen Quelle zitiert, das sich auf

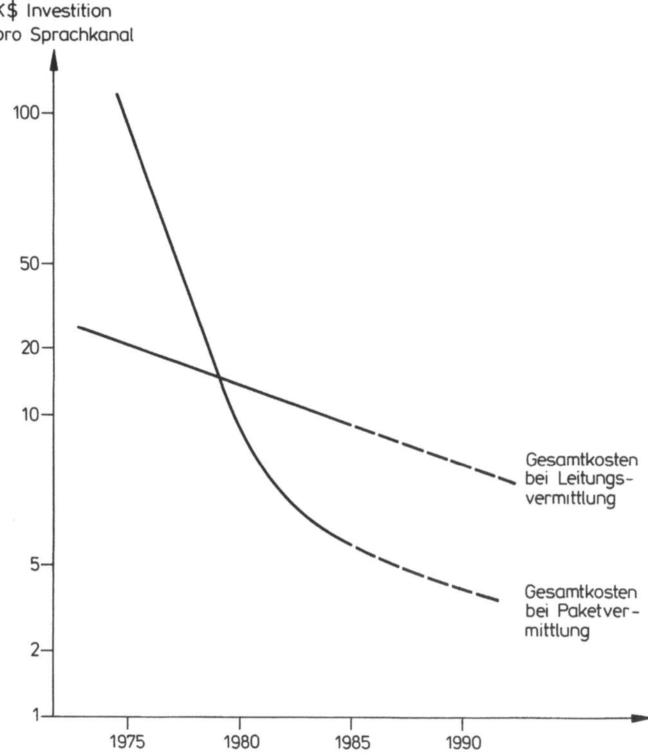

Abb. 6-4. Kostentendenz der digitalen Sprachübertragung in den USA

die Kosten der Sprachübertragung bezieht. Die heute weltweit installierten Telefonsysteme basieren auf einer älteren, leitungsvermittelten, analogen Übertragungstechnik. Deshalb wäre ein Vergleich ihrer Übertragungsleistung mit modernen, digitalen Verfahren nicht sinnvoll: Allein aufgrund der weitaus höheren anwendbaren Geschwindigkeiten wäre die digitale Technik dabei überlegen.

In Abb. 6-4 wird deshalb die Kostenentwicklung der notwendigen Investitionen für einen Sprachkanal über ein Netz hinweg verglichen. Die Nutzungs- und Netzvoraussetzungen sind - soweit möglich - dieselben wie beim obigen Vergleich. Ergebnis ist, daß etwa gegen Ende der 70er Jahre die Speichervermittlung auch bei der Sprachübertragung (für z. B. den Neuaufbau eines Telefonnetzes) billiger als die analoge Technik geworden ist. Aufgrund der enormen Investitionen, die in der Vergangenheit weltweit beim Aufbau analoger Telefonnetze getätigt wurden, ist jedoch damit zu rechnen, daß sich die Digitalisierung der Sprachübertragung dennoch nur allmählich in den kommenden Jahrzehnten durchsetzen wird. Z. B. sehen die aktuellen Planungen der DBP vor, daß sich die Umrüstung der Telefonvermittlungsstellen bis hinunter auf die Ortsebene bis etwa zum Jahre 2040 hinziehen wird.

Bei einem völligen Neuaufbau eines Telefonnetzes stellt sich das Problem natürlich anders: So wurde z. B. in den 70er Jahren ein von vornherein voll digitales Telefonsystem in Saudi-Arabien installiert, da vorher dort nur einige lokale Systeme, aber kein landesweites Telefonnetz existiert hatte.

Zum Abschluß dieses Abschnitts sei daran erinnert, daß trotz der beschriebenen Kostentendenzen nicht unmittelbar gefolgert werden kann, daß die Leitungsvermittlung in Kürze durch die Speichervermittlung ersetzt sein wird: Wie in 3.4 ausführlich entwickelt, bleibt die Leitungsvermittlung bei zeitkritischen Übertragungsanforderungen der Speichervermittlung überlegen. Zusätzlich ist man bestrebt, durch den erhöhten Einsatz billiger Prozessorleistung in modernen Konzentrator- und Mulitplexeinrichtungen (Ausnutzung der Hardwareverbilligung) auch die Leitungsvermittlung insgesamt kostengünstiger zu gestalten.

6.3 Perspektiven der Datenkommunikation

Abschließend seien nun noch einige Aspekte hinsichtlich der Entwicklungsperspektive von Rechnernetzen sowie der Datenkommunikation behandelt. Dabei wird keine Prognose über künftige technische Entwicklungen, keine Abschätzung zukünftiger Markt- oder Preisentwicklungen gegeben. Ziel dieses Abschnitts ist es vielmehr, vor dem Hintergrund der bisherigen, rein technischen Abhandlung

- das zunehmende Gewicht der Datenkommunikation im Rahmen der gesamten EDV-Entwicklung zu skizzieren (6.3.1),
- die aus der Sicht der Anwender wünschenswerte Perspektive der Rechnernetzentwicklung hin zu offenen Systemen zu umreißen (6.3.2),
- einige ökonomische bzw. politökonomische Widersprüche aufzuzeigen, welche die aktuelle und mehr noch die künftige Entwicklung der Datenkommunikation beeinflußen (6.3.3) und
- auf einige politische Probleme und Gefahren hinzuweisen, die insbesondere mit der zukünftigen technischen Entwicklung der Datenkommunikation eng zusammenhängen (6.3.4).

6.3.1 Die steigende Bedeutung der Datenkommunikation

Die aktuell zu beobachtende Durchdringung unseres Alltagslebens mit Mikroprozessoren und Rechnerleistungen geht zurück auf die rapide wissenschaftlich-technische Entwicklung in den letzten Jahrzehnten:

- Von ihrer Entstehung an bis vor wenigen Jahren waren Rechenanlagen große Ungetüme, die einen enormen Platz einnahmen und bei deren Anschaffung und Betrieb erhebliche Kosten entstanden. Entsprechend eingeschränkt war das Einsatzgebiet dieser „Wunderwerke der modernen Technik“: Die notwendigen Investitionen konnten nur von größeren Firmen aufgebracht werden. Lange Zeit bestand auch dort die EDV in der Regel aus einer einzigen leistungsfähigen zentralen Anlage (vgl. 6.1.1 und 6.1.2). Trotz ihres enormen Preises wurden diese Systeme oft nur langsam in den Betriebsablauf integriert - häufig genug waren sie zunächst vor allem als Prestigeobjekte angeschafft worden.
- Die Fortschritte in der Rechnertechnologie, insbesondere die Entwicklung der Mikroprozessoren, haben diese Situation grundlegend verändert:

- Der geringe Anschaffungspreis,
- die hohe Integration der Bauteile und das dadurch erzielbare kleine Volumen
- sowie die Energieeinsparungen beim Betrieb dieser Anlagen

ermöglichen das Vordringen von Prozessoren in alle Bereiche unserer Gesellschaft. Ein Ende der Nutzungsmöglichkeiten und Auswirkungen dieser Entwicklung sind heute bei weitem noch nicht abzusehen.

Die Zahl der existierenden DV-Anlagen ist im letzten Jahrzehnt enorm gestiegen. Das Spektrum der eingesetzten Systeme reicht von PCs über isolierte Verarbeitungsrechner bis hin zu großen Rechnernetzen im Rahmen eines Betriebs oder einer Organisation (vgl. 6.1.3). Dabei steigt die Anzahl der installierten Anlagen sowohl insgesamt wie auch für die einzelnen Typen dieser Klassifikation weiterhin an.

Allein die große Zahl der inzwischen existierenden, betrieblich oder privat genutzten DV-Anlagen führt mit Zwangsläufigkeit zum Problem der Kopplungsmöglichkeit dieser isolierten Systeme. Dabei handelt es sich zunächst um eine rein technische Problemstellung, für die auch in der Vergangenheit in Einzelfällen schon Speziallösungen erarbeitet wurden.

Inzwischen erhält die Forderung nach einer durchgängig möglichen Kopplung der vielen isoliert existierenden Systeme, d.h. ihre Vernetzbarkeit, ein zunehmendes Gewicht. Der Grund dafür liegt darin, daß durch die Vernetzung eine höhere Effektivität und eine neue Qualität in der Nutzung von DV-Systemen möglich wird:

- Daten müssen nur noch einmal erfaßt werden. Nach der Ersterfassung liegen sie lokal in maschinenlesbarer Form vor. An jeden gewünschten anderen Nutzungsort können sie über ein Netz transportiert werden.
- Inkonsistenzen zwischen mehrmals gespeicherten Daten können entweder gar nicht erst auftreten oder sind erheblich einfacher zu lokalisieren und zu beheben.
- Die Einsatzgebiete der DV haben sich so erweitert und differenziert, daß kein isoliertes System mehr in der Lage ist, alle für seine(n) Benutzer interessanten Dienstleistungen anzubieten. Der Zugang zu andernorts gespeicherten Informationen, Spezialrechnern und deren Dienstleistungen über ein Netz ermöglicht eine weitergehende Arbeitsteilung und damit eine Kostensenkung für EDV-Dienste.
- Der Zugang zu DV-Leistungen wird vollkommen unabhängig vom Standort des Rechners sowie vom aktuellen Aufenthaltsort des Benutzers.
- Für eine Rationalisierung und Automatisierung von Arbeits- und Prozeßabläufen bieten sich ganz neue Möglichkeiten: Es ist nicht mehr erforderlich, die entsprechenden Produktionsprozesse lokal zusammenzufassen. Auch weite Entfernungen lassen sich mittels einer geeigneten Datenübertragung billig und schnell überbrücken.

Diese unsystematische und zweifellos unvollständige Aufzählung soll das Wirkungsspektrum der heutigen und mehr noch der zukünftigen Datenkommunikation aufzeigen. Im Prinzip geht es darum, daß die Rationalisierungs- und Einsatzmöglichkeiten moderner EDV-Anlagen durch ihre Kommunikationsfähigkeit eine neue Dimension erhalten. Für nahezu alle betrieblichen und volkswirtschaftlichen Transportprobleme bieten sich durch die Datenkommunikation neue Lösungsmöglichkeiten an: Die Raum-Zeit-Restriktionen vieler Probleme und ihrer Lösungen werden tendenziell aufgehoben.

Als Konsequenz dieser Perspektiven läßt sich für die Datenkommunikation allgemein nur bekräftigen, was in 5.5.2 für lokale Netze bereits behauptet wurde: Es ist nicht damit zu rechnen, daß sich in Zukunft ein Rechnernetzkonzept oder gar nur ein Produkt durchsetzen wird. Im Gegenteil ist davon auszugehen, daß sich das Gesamtspektrum von Netztypen weiter differenzieren wird. Die bisher entwickelten Netzkonzepte haben in bezug auf einzelne Problemfelder und konkrete Einsatzfälle ihre jeweiligen Vor- und Nachteile; sie sind nicht pauschal durch einander ersetzbar.

Neben der zunehmenden Ausweitung der Einsatzgebiete der Datenkommunikation sind Schwerpunkte für deren eigenständige Weiterentwicklung zu erwarten

- in der weiteren Verbesserung existierender Netztypen,
- in der Entwicklung neuer Netzkonzepte für die optimale Unterstützung neuer Anwendungen (Beispiel: Nachrichtenvermittlung) und
- bei der Lösung des Problems der übergreifenden und durchgängigen Kopplung unterschiedlicher Netztypen.

6.3.2 Technische Perspektive: Offene Systeme?

Wie in 6.1.3 ausgeführt, können die existierenden Rechnernetze den aktuellen Anforderungen ihrer Betreiber und Teilnehmer immer weniger gerecht werden: In der Regel handelt es sich dabei um Herstellernetze, die mit ihrer unterschiedlich stark ausgeprägten Tendenz zur Zentralisierung und Geschlossenheit eine freizügige, anwendungsorientierte Kommunikation erschweren oder gar verhindern.

Zur Überwindung dieser Geschlossenheit, für die Erarbeitung verallgemeinerbarer Lösungen des Problems der Kopplung unterschiedlicher Netze müssen neue Wege beschritten werden: Notwendig ist eine Realisierung offener Systeme, wie sie als Basis ihrer Standardisierungsarbeiten von der ISO konzipiert worden sind. Die zentralen Ziele bei der Entwicklung dieses Modells waren von vornherein die vollständige Trennung von Transport und Anwendung sowie die Bereitstellung von Kommunikationsmöglichkeiten zwischen gleichberechtigten Teilnehmern unabhängig von der jeweiligen technischen Realisierung bei den beteiligten Partnern (vgl. 1.4).

Ein Übertragungssystem, welches das Kriterium der Offenheit in nahezu perfekter Weise erfüllt und deshalb auch ein weittragendes Modell für ein offenes System abgibt, ist das weltweite Telefonsystem:

- Nach außen stellt das Netz gleichberechtigte Teilnehmeranschlüsse bereit.
- Ob ein Endteilnehmer daran einen einfachen Zimmerapparat oder eine hochmoderne digitale Nebenstellenanlage anschließt, ist zunächst allein seine Entscheidung. (Im Falle der Nebenstellenanlage wird er meistens mehrere parallele An-

schlüsse beantragen, damit gleichzeitig auch mehrere Außengespräche geführt werden können).

- Abgesehen von Überlastsituationen stellt das Netz die gewünschten Verbindungen bereit.
- Wenn die verbundenen Teilnehmer z. B. wegen Sprachschwierigkeiten keine sinnvolle Kommunikation durchführen können, so ist dies kein Übertragungsproblem des Netzes. Die Schallwellenübertragung funktioniert auch dann noch; sie ist sogar die Voraussetzung dafür, daß die Teilnehmer erkennen können, daß sie einander nicht verstehen.
- Auch die Anwahl von Nebenstellenanlagen mit mehreren Anschlüssen erfolgt in sehr komfortabler und benutzerfreundlicher Weise:
  - Alle Kanäle sind unter einer einzigen Rufnummer zu erreichen; Verbindungswünsche werden befriedigt, solange noch freie Kapazität zur Verfügung steht.
  - Die Adressierung der Nebenstellenapparate erfolgt über eine einfache Nummernerweiterung, d. h. in einem dem Benutzer bereits bekannten „Format".
  - Die Anwahl eines bestimmten Nebenstellenapparats über eine Durchwahl geschieht über genau dieselbe „Schnittstelle", die jeder Telefonbenutzer bereits kennt und beherrscht.

Das Bestreben nach Schaffung eines ähnlich durchgängigen Konzepts für die Datenübertragung entstand auf seiten der Anwender, welche die Vielzahl der auf den Markt kommenden Endgeräte ohne Einschränkungen und besondere DÜ-Anpassungen miteinander kombinieren wollten. Aufgegriffen wurde dieser Wunsch nach Kompatibilität im Rahmen von Standardisierungsbemühungen durch die ISO. Grundlegendes Ergebnis der daraus entstandenen Normungsarbeit ist das ISO-Referenzmodell für die Kommunikation offener Systeme (vgl. 1.4).

Beim Beginn dieser Entwicklung war nicht absehbar, ob dieses Vorhaben würde erfolgreich zu Ende geführt werden können: Einerseits waren gravierende technische Probleme zu lösen, und auf der anderen Seite erfolgte diese Arbeit ohne und teils sogar gegen die Lieferanten von DV-Anlagen und Netzhersteller. Inzwischen ist das Referenzmodell der ISO allgemein als der Rahmen für die Entwicklung von DÜ-Normen akzeptiert:

- Es umfaßt einen neutralen Begriffsapparat, durch dessen Verwendung eine Verständigung sowie ein Erfahrungsaustausch zwischen disjunkten „Herstellerschulen" überhaupt erst ermöglicht wurde.
- Das ISO-Modell wird neben der ISO auch vom CCITT als Basis für die Ausarbeitung von DÜ-Normen verwendet (vgl. 6.1.5).
- Es wird zunehmend auch bei der Dokumentation und Weiterentwicklung der Herstellernetzwerke und der entsprechenden Produkte berücksichtigt.
- Es gibt mit unterschiedlichem Reifegrad Normungsentwürfe oder abgeschlossene Normen für höhere Protokolle, d. h. die ISO-Schichten oberhalb der Netzwerkebene. Sie wurden erst möglich durch die Ausarbeitung des Referenzmodells und nutzen durchgehend das ISO-Modell als Bezugsrahmen.

Herstellernetzwerke sind unabhängig voneinander entstanden, ihre gegenseitige Kompatibilität war kein Entwurfsziel. Also sind sie in der vorliegenden Form auch nicht als Basis für den Aufbau offener Systeme geeignet. Normungsbestrebungen und -erfolge sind nicht unmittelbar bindend für die Entscheidungen von Herstellern. Abhängig von deren Marktposition ist jedoch für die Zukunft damit zu rechnen, daß auch die Netzlieferanten beim Entwurf ihrer Produkte mehr oder weniger schnell internationale Standards berücksichtigen werden. Nach Lösung der technischen Probleme bei der Kopplung von Netzen sowie der Ausarbeitung entsprechender Standards erscheint die Realisierung einer offenen Kommunikation bei der Datenübertragung keine reine Utopie mehr zu sein.

6.3.3 Ökonomische Perspektive: Kampf der Giganten?

Wie in 6.1.1 beschrieben, stand am Beginn der Rechnernetzentwicklung das Bedürfnis, einen Verarbeitungs- oder Prozeßrechner mit entfernt aufgestellten Peripheriegeräten zu verbinden. Physikalisch bestanden diese Verbindungen aus eigens dazu verlegten Kabeln, oder es wurde dazu die Übertragungskapazität öffentlicher Netze, insbesondere des Telefonnetzes genutzt, wenn die Verlegung eigener Kabel ökonomisch nicht sinnvoll oder aus juristischen Gründen nicht möglich war.

Unter dem Aspekt der Technikgeschichte markiert dies einen ersten Berührungspunkt zwischen zwei getrennt entstandenen Ingenieurdisziplinen:

- dem sehr jungen und in hektischer Entwicklung befindlichen Gebiet der Informatik und
- der klassischen Fernmeldetechnik, die als Spezialgebiet der Elektrotechnik schon über 100 Jahre mit der Übertragung elektrischer Impulse und Signale befaßt ist.

Insbesondere aus der Sicht von Informatikern wird häufig der Beitrag und die Rolle der „Fernmelderei" unterschätzt: In ihrer langen Geschichte hat die Fernmeldetechnik imponierende wissenschaftliche und technische Resultate erarbeitet. Als Beleg dafür sei nur auf die beiden weltumspannenden, bereits vor Jahrzehnten installierten Fernmeldenetze hingewiesen:

- den Fernsprechdienst (dies ist die fernmeldetechnisch korrekte und postamtliche Bezeichnung des Telefons) und
- den Fernschreibdienst (Telex-Netz).

Diese Netze existierten bereits zu einer Zeit, als es noch gar keine Datenverarbeitung gab. Darüber hinaus erbringen beide ihre Dienste mit einer Zuverlässigkeit, von der auch heute noch die meisten DV-Systeme weit entfernt sind. Die in 6.3.2 erfolgte Würdigung des Telefonnetzes als Musterbeispiel für ein offenes System ist auch als Beleg für die Ausgereiftheit dieses Systems anzusehen.

Nach den geschilderten ersten Berührungspunkten zwischen Datenverarbeitung und Fernmeldetechnik wurde und wird die weitere Entwicklung durch zwei Tendenzen bestimmt:

- den ständig steigenden Kommunikationsbedarf zwischen EDV-Anlagen verschiedener Herstellerfabrikate und unterschiedlicher Größe (vgl. 6.3.1) sowie
- die zunehmende Digitalisierung der Übertragungs- und Vermittlungstechnik (Entwicklung der PCM-Übertragungstechnik als digitale Verbesserung der ana-

logen Sprachübertragung, Entwicklung digitaler Nebenstellenanlagen und Netzknoten etc.).

Es wäre eine Beschönigung der Tatsachen, die aktuellen Auswirkungen und künftigen Resultate der beiden aufgezeigten Tendenzen mit dem harmonisierenden Begriff des „Zusammenwachsens" beschreiben zu wollen.

Unter technischen Gesichtspunkten wäre dies gerechtfertigt. Aber auf der ökonomischen und politischen Ebene läuft dieser Prozeß ganz und gar nicht harmonisch ab! Sowohl bei der Datenverarbeitung wie auch bei der Fernmeldetechnik handelt es sich um hochgradig monopolisierte Märkte, um deren Beherrschung zwischen den jeweiligen Produzentengruppen erbittert gekämpft wird. Um eine Vorstellung der Dimensionen dieser Auseinandersetzungen zu gewinnen, möge der Hinweis genügen, daß der Gewinn des größten nordamerikanischen Fernmeldemonopols AT&T *(American Telephone and Telegraph Company)* etwa in der Größenordnung des Umsatzes von IBM, dem überragenden Giganten auf der Seite der DV-Industrie, liegt.

Zusätzlich kompliziert wird die Analyse und Erkenntnis der Zusammenhänge dadurch, daß die Fernmeldeindustrie neben ihrem direkten Markteinfluß auch noch über die jeweiligen Postorganisationen (in Europa größtenteils Staatsmonopole mit entsprechendem Einfluß auf die Legislative) und deren Koordinierungsgremien, insbesondere das CCITT, Einfluß auf die weltweite Entwicklung nehmen können (vgl. Pouzin 1976).

Vermutlich gehen im Kern oder mindestens zu relevanten Teilen

- die nicht immer harmonische Zusammenarbeit zwischen CCITT und ISO (vgl. 6.1.5),
- die Auseinandersetzungen um die weltweit festzulegende Art der Integration von Sprach- und Datenübertragung auf digitaler Basis (vgl. ISDN in 6.2.3)
- wie auch ein gut Teil der anderen Ungereimtheiten in der bisherigen Entwicklung von Rechnernetzen

auf genau diese Widersprüche und Rivalitäten zurück. Ausgetragen werden sie in jedem Fall auf dem Rücken der Anwender, denen teils gar keine, teils nicht die technisch optimalen, sondern nur „zweit- oder drittbeste Lösungen" für ihre DÜ- und Kommunikationsprobleme angeboten werden.

6.3.4 Politische Perspektive: Totale Überwachung?

Im Prinzip sind alle Auswirkungen des Einsatzes von Rechnernetzen auch schon beim lokal begrenzten Einsatz einer isolierten DVA auszumachen. Die Vernetzung der Systeme kombiniert und potenziert jedoch die Auswirkungen des Rechnereinsatzes - und zwar im guten wie im schlechten. Zwei Beispiele dafür seien angeführt, daß die Kombination isoliert vorhandener Daten und Verfahren zu einer neuen Qualität führen kann:

- Die Gewerkschaften lehnen konsequent die Einführung von Personalinformationssystemen ab. Es gibt inzwischen viele Beispiele dafür, daß durch das darin gespeicherte Datenabbild („Datenschatten") des Einzelnen in der Tendenz die Trennung zwischen Privatsphäre und betrieblichen Interessen aufgehoben wird.

- Die für 1984 geplante Volkszählung in der BRD, in deren Ergebnis ein Datenabgleich mit existierenden, anderen Datensammlungen geplant war, wurde höchstrichterlich mit Hinweis auf diesen Abgleich untersagt. Gerade ein derartiger Datenabgleich (Konsistenzsicherung) ist aber eine der Aufgaben, die über Rechnernetze permanent und ohne Aufsehen jederzeit durchführbar werden.

Ein mit den Gefahren von Rechnernetzen unmittelbar zusammenhängendes Problemfeld sind die sogenannten „Neuen Kommunikationsmedien", weil diese technisch jeweils auf unterschiedlichen Rechnernetzen basieren.

Mitte der 70er Jahre hatte eine Enquetekommission des Deutschen Bundestages noch mit ausdrücklichem Hinweis auf die zu erwartenden negativen sozialen Auswirkungen die Einführung neuer Kommunikationsmedien neben den öffentlich-rechtlichen Rundfunk- und Fernsehanstalten abgelehnt. Ein halbes Jahrzehnt später kam eine neue Bundestagskommission zum entgegengesetzen Schluß, obwohl sich an den zu erwartenden „sozialen Folgekosten" in der Zwischenzeit sicher nichts geändert hatte (vgl. Holzer 1981 und Mettler-Maibom 1983).

Auf der Basis dieser neuen Empfehlung plant die DBP inzwischen eine vollständige Umwälzung der Fernmeldeinfrastruktur in der Bundesrepublik: Mit einem Aufwand von ca. 200 bis 300 Milliarden DM (!) soll ein integriertes, digitales Breitbandvermittlungssystem errichtet werden. Natürlich stellt sich als erstes die Frage, ob es in der BRD nicht dringendere Aufgaben gibt, zu deren Lösung eine solche Summe zunächst einmal eingesetzt werden sollte (Umweltschutz, Arbeitslosigkeit, Ausbildungs- und Krankensystem etc.). Darüber hinaus hängen mit derartigen Planungen unmittelbar die folgenden Problemfelder zusammen (vgl. Kubicek 1984):

- Nutznießer dieser Entwicklung werden neben den Lieferanten der Post sicher in erster Linie nicht Privathaushalte sein, sondern Unternehmen, die darüber ihre Daten einschließlich der Geschäftspost billiger austauschen können. Finanziert wird der Ausbau mit den Geldern aller Steuerzahler, die zum Ausgleich dann für die unrentabel gewordene Briefbeförderung höhere Gebühren werden aufbringen müssen.
- Bei Realisierung eines durchgehend digitalisierten, einheitlichen Breitbandvermittlungsnetzes und Weitergabe der resultierenden Verbilligung an die Endteilnehmer entstehen enorme Rationalisierungsmöglichkeiten: Insbesondere in personalintensiven, kundennahen Bereichen wird dann eher real werden, was die DBP anfangs schon als Ziel für das Btx-System (Bildschirmtext, im angelsächsischen Sprachraum *videotex* genannt) propagiert hatte: die Bestellung, Buchung, Überweisung vom billigen Familienterminal aus. Btx ist dazu noch bei weitem zu schlecht und zu teuer! Bei Einführung einer digitalen 64 KB-Leitung als Standardtelefonanschluß bieten sich technisch qualitativ ganz neue Realisierungsmöglichkeiten für dieses Ziel.
- Die dadurch auf erweiterter Palette mögliche Heimarbeit wird stark zunehmen. Auf eine solche Arbeitsorganisation sind die zum Schutze der Arbeitnehmer vorhandenen Gesetze nicht zugeschnitten: Sie greifen wegen fehlender Voraussetzungen nicht. Herkömmliche gewerkschaftliche Organisationsformen sind nicht mehr adäquat, neue Formen bislang nicht entwickelt (vgl. Briefs 1984).

- Die Möglichkeiten für eine elektronische Überwachung steigen enorm an und werden durch heute schon nicht kontrollierbare Regelungen des Datenschutzgesetz bei weitem nicht erfaßt:
  - Bei durchgängiger Digitalisierung der Telefonvermittlungsstellen ist es mit minimalem Software- und Speicheraufwand möglich, alle Telefondaten zu erfassen. (In vielen Betrieben mit neueren Nebenstellenanlagen ist dies heute schon der Fall: Alle Gesprächsdaten, wie z. B. die Nummer des angewählten Teilnehmers, Dauer und Kosten des Gesprächs, werden gespeichert.)
  - Für eine eindeutige Teilnehmeridentifikation gibt es heute schon Verfahren der automatischen Sprecherkennung, d. h. der Stimme eines beliebigen Menschen („akustischer Fingerabdruck").
  - Im Zusammenhang mit den Arbeiten auf dem Gebiet der automatischen Spracherkennung lassen sich ganz neue Abhörmöglichkeiten denken: Telefongespräche werden nach bestimmten Wortfeldern abgehört; erst wenn eines der vorgegebenen „Reizwörter" fällt, wird anschließend mitgeschrieben, bzw. der laufende Mitschnitt nach Ende des Gesprächs nicht vernichtet.
- Es ist eine bis heute von den Sozialwissenschaften viel zu wenig (wegen mangelnder Forschungsförderung?) untersuchte Frage, welche sozialen Auswirkungen sich aus der zunehmenden „Informatisierung" unserer Gesellschaft ergeben: Die technisch mögliche Ersetzung zwischenmenschlicher Interaktion durch elektronische Überweisungen, Buchungen, Bestellungen etc. führt zu einer verstärkten sozialen Verarmung. Bisher gibt es weder Ansätze noch Erfahrungen, wie dem entgegengewirkt werden kann.
- Die individuellen Auswirkungen zunehmender Bildschirmbedienung während der Arbeit und in der Freizeit sind ungeklärt. Es gibt viele Indizien dafür, daß sich daraus erhebliche Konsequenzen für das Sprachverhalten, das schriftliche und mündliche Ausdrucksvermögen, die nonverbale und emotionale Kommunikationsfähigkeit von Menschen ergeben.

Zusammenfassend kann konstatiert werden, daß mit der Entstehung und dem weiteren Ausbau von Rechnernetzen vielfältige politische Probleme verknüpft sind, auf die der Einzelne wie die Gesellschaft insgesamt sehr mangelhaft vorbereitet sind. Die Verabschiedung von Datenschutzgesetzen erfolgte als Reaktion auf die zunehmende Verbreitung von DV-Anlagen und deren ungehemmten Einsatz im nachhinein - d. h. zu spät und zum Teil auch nicht weitgehend genug. Es steht zu befürchten, daß derselbe Fehler in bezug auf Rechnernetze und die damit zusammenhängenden Probleme wiederholt wird.

Es gehört auch zu den Aufgaben von Informatikern und Netzspezialisten, in Kenntnis dieser von ihnen am besten einzuschätzenden Probleme rechtzeitig auf die sich abzeichnenden Konsequenzen hinzuweisen und auf technische, wohl aber auch politische Lösungen zu drängen.

Literaturverzeichnis

Abramson, N.: The ALOHA System. in: Abramson, N., Kuo, F.(eds.): Computer-Communication Networks, Prentice-Hall, Englewood Cliffs, 1973

Ahuja, V.: Routing and Flow Control in Systems Network Architecture. IBM Systems Journal, Vol 18, 1979, S.298-314

Andrews, D.W., Shultz, G.D.: A Token-Ring Architecture for Local Area Networks: An Update. Proceedings COMPCON Fall 82, IEEE Computer Society, Los Angeles, 1982, S.615-624

Arthurs, E., Stuck, B.W.: A Theoretical Performance Analysis of Polling and Carrier Sense Collision Detection Communication Systems. Computer Communication Review, Vol 11, No 4, 1981, S.156-163

Baran, P.: On Distributed Communication Networks. IEEE Transactions on Communication Systems, Vol CS-12, March 1964, S.1-9

Baran, P., Boehm, S.P., Smith, J.W.: On distributed Communications - Summary Overview. Memorandum RM-3767-PR, Rand Corporation, 1964

Bauer, F.L.: Kryptologie - Verfahren und Maximen. Informatik-Spektrum, Band 5, Heft 2, Springer-Verlag, Heidelberg New York Tokyo, Juni 1982, S.74-81

Beauchamp, K.G. (ed.): Interlinking of Computer Networks. Reidel Publishing Company, Dordrecht, 1979

Benhamin, E., Estrin, J.: Multilevel Internet working Gateways, Architecture and Applications. IEEE Computer, September 1983, S.27-34

Beth, T.: Kryptographie als Instrument des Datenschutzes. Informatik-Spektrum, Band 5, Heft 2, Springer-Verlag, Heidelberg New York Tokyo, Juni 1982, S.82-96

Bhargava, V.K., Haccoun, D., Matyas, R., Nuspl, P.: Digital Communications by Satellite. John Wiley, New York, 1981

Blome, F.: Betriebserfahrungen mit der Systemzuverlässigkeit programmgesteuerter Fernsprechvermittlungssysteme der Deutschen Bundespost. in: Vorträge der Gemeinschaftstagung Technische Zuverlässigkeit, Mai 1985, S.50-60

Blomeyer-Bartenstein, H.P., Both, R.: Datenkommunikation und Lokale Computer-Netzwerke. Verlag Markt & Technik, Haar bei München, 1983

Bocker, P.: Datenübertragung - Band 1 und 2. Springer Verlag, Heidelberg, 1976 und 1977

Brandt, G.J., Chretien, G.J.: Methods to Control and Operate a Message-Switching Network. Proceedings Symposium on Computer-Communications Networks and Teletraffic, Polytechnic Institute of Brooklyn, April 1972

Briefs, U.: Informationstechnologien und Zukunft der Arbeit. Pahl-Rugenstein Verlag, Köln, 1984

Bux, W.: Local-Area Subnetworks: A Performance Comparison. IEEE Transactions on Communications, Vol COM-29, No 10, October 1981, S.1465-1473

Bux, W., Closs, F., Janson, P.A., Kummerle, K., Miller, H.R., Rothauser, H.: A Local Area Communication Network Based on a Reliable Token Ring System. in: Ravasio, P., Hopkins, G., Naffah, N. (eds.): Proceedings International In-Depth Symposium on Local Computer Networks, Florenz, North Holland, Amsterdam, 1982, S. 69-82

Cheong, V.E., Hirschheim, R.A.: Local Area Networks: Issues, Products and Developments. John Wiley, New York, 1983

Chu, K.: A Distributed Protocol for Updating Network Topology Information. Report RC 7235, IBM T.J. Watson Research Center, Yorktown Heights, 1978

Cunningham, I.: Message-Handling Systems and Protocols. Proceedings IEEE, Vol 71, No 12, December 1983, S.1425-1430

Danthine, A. A. S.: Network Interconnection. in: Ravasio, P., Hopkins, G., Naffah, N. (eds.): Proceedings International In-Depth Symposium on Local Computer Networks, Florenz, North Holland, Amsterdam, 1982, S. 289-307

Davies, D. W.: Communication Networks to Serve Rapid Response Computers. Proceedings IFIP Congress, 1968, S. 650

Davies, D. W.: The Control of Congestion in Packet Switching Networks. IEEE Transactions on Communications, Vol COM-20, June 1972, S. 546-550

Davies, D. W., Barber, D. L. A., Price, W. L., Solo monides, C. M.: Computer Networks and Their Protocols. John Wiley, New York, 1979

Davies, D. W., Bartlett, K. A., Scantlebury, R. A., Wilkinson, P. T.: A Digital Communication Network for Computers Giving Rapid Response at Remote Terminals. Proceedings ACM Symposium on Operating Systems Principles, Gattlinburg, 1967

Dixon, R. C.: Ring Network Topology for Local Data Communications. Proceedings COMPCON Fall 82, IEEE Computer Society, Los Angeles, 1982, S. 591-605

Eckert, H., Fell, D., Görgen, D., Hinsch, E., Koch, H., Sarbinowski, H., Truöl, K.: Grundlagen der Datenkommunikation. Springer-Verlag, Heidelberg New York Tokyo, 1985

Einert, D., Mayerhofer, L.: Möglichkeiten und Grenzen der Gateway-Lösung zur Öffnung geschlossener Netze. Informatik Fachbericht Nr. 60, Springer-Verlag, Heidelberg New York Tokyo, 1983, S. 197-235

ERIPAX-Werbebroschüre. Ericsson Information Systems GmbH, Düsseldorf, 1984

Farmer, W. D., Newhall, E. E.: An Experimental Distributed Switching System to Handle Bursty Computer Traffic. Proceedings Symposium on Problems in the Optimization of Data Communications. ACM, New York, 1969, S. 1-33

Frank, H., Kahn, R. E., Kleinrock, L.: Computer Communication Network Design - Experience with Theory and Practice. Proceedings Spring Joint Computer Conference, 1972, S. 255

Freedman, D.: Fiber Optics Shine in Local Area Networks. Mini-Micro Systems, Vol 16, No 10, September 1983, S. 225-230

Fultz, G. L.: Adaptive Routing Techniques for Message Switching Computer Communications Networks. University of California, Los Angeles, Report UCLA-ENG-7352, July 1972

Gabler, H.: Ein Jahr Datex-P. Protokoll der 20. Tagung des Ausschusses für Fragen der Datenverarbeitung beim FTZ, Darmstadt, 1981-10-28

Gee, K. C. E.: Local Area Networks. John Wiley, New York, 1982

Gerke, P. R.: Neue Kommunikationsnetze - Prinzipien, Einrichtungen, Systeme. Springer-Verlag, Heidelberg New York Tokyo, 1982

Grange, J.-L. (ed.): Satellite and Computer Communications. Proceedings International IFIP-TC6 Symposium, North Holland, Amsterdam, 1983

Graube, M., Mulder, M. C.: Local Area Networks. IEEE Computer, October 1984, S. 242-247

Hafner, E. R., Nenadal, Z., Tschanz, M.: A Digital Loop Communications System. IEEE Transactions on Communications, Vol COM-22, No 6, June 1974, S. 877-881

Hamming, R. W.: Error Detecting and Error Correcting Codes. Bell Systems Technical Journal, Vol 79, April 1950, S. 147-160

Höring, K., Bahr, K., Struif, B., Tiedemann, C.: Interne Netzwerke für die Bürokommunikation. R. v. Deckers Verlag., Heidelberg, 1983

Holzer, H.: Verkabelt und verkauft? Verlag Marxistische Blätter, Frankfurt/Main, 1981

Hopper, A.: Data Ring at Computer Laboratory, University of Cambridge. in: Local Area Networking. National Bureau of Standards, Washington D. C., 1977, S. 500-531

Irland, M. I.: Buffer Management in a Packet Switch. IEEE Transactions on Communications, Vol COM-28, April 1978, S. 328-337

Jolly, J. H., Adams, R. A.: Simulation Study of a Data Communication Network - Part I. Plessey Telecommunications Research Ltd., Report 97/72/78/TR, 1978

Kamoun, F.: Design Considerations for Large Computer Communications Networks. Ph. D. thesis, Computer Science Department, University of California at Los Angeles, UCLA, 1976

Kamoun, F.: A Drop and Throttle Flow Control (DFTC) Policy for Computer Networks. Proceedings 9th International Teletraffic Congress, Spain, October 1979

Kamoun, F., Kleinrock, L.: Stochastic Performance Evaluation of Hierarchical Routing for Large Networks. Computer Networks, Vol 3, 1979, S. 267-286

Kerner, H., Bruckner, G.: Rechner-Netzwerke – Systeme, Protokolle und das ISO-Architekturmodell. Springer Verlag, Wien New York, 1981

Kleinrock, L.: Queing Systems - Vol II: Computer Applications. John Wiley, New York, 1976

Kleinrock, L., Tobagi, F.: Random Access Techniques for Data Transmission Over Packet-Switched Radio Channels. Proceedings National Computer Conference, AFIPS Press, Montvale, 1975, S. 187-201

Kubicek, H.: Defizite der Informatik hinsichtlich ihrer Folgenbewältigung und die politische Bewältigung dieser Defizite. Dargestellt am Beispiel der aktuellen Kabeldiskussion. Arbeitspapiere zu Organisation, Automation und Führung, Universität Trier, FB IV, Nr. 1, 1984

Lam, S. S., Reiser, M.: Congestion Control of Store and Forward Networks by Buffer Input Limits. Proceedings National Telecommunications Conference, IEEE, Long Beach, 1977, S. 12.1.1 - 12.1.8

Liu, M. T., Hilal, W., Groomes, B. H.: Performance Evaluation of Channel Access Protocols for Local Computer Networks. Proceedings COMPCON Fall 82, IEEE Computer Society, Los Angeles, 1982, S. 417-426

Markov, J. D., Strole, N. C.: Token-Ring Local Area Networks: A Perspective. Proceedings COMPCON Fall 82, IEEE Computer Society, Los Angeles, 1982, S. 606-614

MacQuillan, J.: Adaptive Routing Algorithms for Distributed Computer Networks. Ph. D. Thesis, Harvard Univ. 1974 auch veröffentlicht als: Bolt, Beranek and Newman, Report 2831, May 1974

Merlin, P. M., Schweitzer, P. J.: Deadlock Avoidance - Store-and-Forward-Deadlock / Other Deadlock Types. IEEE Transactions on Communications, Vol COM-28, May 1980, S. 345-360

Metcalfe, R. M., Boggs, D. R.: Ethernet: Distributed Packet Switching for Local Networks. Communications ACM, Vol 19, No 7, 1976-07, S. 395-404

Mettler-Maibom, B.: Breitband-Kommunikation auf dem Marsch durch die Institutionen. in: Technik und Gesellschaft - Jahrbuch 2, Campus Verlag, Frankfurt/Main, 1983

MacQuillan, J. M., Richer, I., Rosen, E. C.: The New Routing Algorithm for the ARPANET. IEEE Transactions on Communications, Vol COM-28, May 1980, S. 711 - 719

Naylor, W. E.: A loop-free adaptive Routing Algorithm for Packet-Switched Networks. Proceedings 4th ACM/IEEE Data Communications Symposium, Quebec, 1975

Neumann, K.: Operations Research-Verfahren, Band III, Graphentheorie, Netzplantechnik. Carl Hanser Verlag, München, 1975

Parnas, D. L, Würges, H.: Response to Undesired Events in Software Systems. Proceedings 2nd International Conference on Software Engineering, IEEE, Long Beach, 1976, S. 437-446

Pierce, J. R.: Network for Block Switches of Data. Bell Systems Technical Journal, Vol 51, No 6, July 1972

Pouzin, L.: Congestion Control Based on Channel Load. Reseau Cyclades Report MIT-600, August 1975

Pouzin, L.: Virtual Circuits vs. Datagrams - Technical and Political Problems. Proceedings National Computer Conference, 1976, S. 483-494

Price, W. L.: Simulation Studies of an Isarithmically Controlled Store and Forward Data Communications Network. Proceedings IFIP Congress, August 1974, S. 151-154

Price, W. L.: A Review of the Flow Control Aspects of the Network Simulation Studies at the National Physics Laboratory. Proceedings International Symposium on Flow Control and Networks, Versailles, February 1979, S. 17-32

Rajaraman, A.: Routing in TYMNET. Proceedings European Computing Conference. London, May 1978

Raubold, E., Haenle, J.: A Method of Deadlock-Free Resource Allocation and Flow Control in a Packet Network. Proceedings International Computer Communication Conference, 1976, S. 483-487

Rauch-Hindin, W.: IBM's Local Network Scheme. Data Communications, Vol 11, No 5, May 1982, S. 65-70

Ravasio, P., Hopkins, G., Naffah, N. (eds.): Local Computer Networks. North Holland, Amsterdam, 1982

Rawson, E., Metcalfe, R.: Fibernet: Multimode Optical Fibers for Local Computer Networks. IEEE Transactions on Communications, Vol COM-26, No 7, July 1978, S. 983-990

RCNET - Technische Beschreibung. RC-Computer, Regnecentralen GmbH, Düsseldorf, 1979

Roberts, L. G.: Data by the Packet. IEEE Spectrum, No 2, 1974

Roberts, L. G.: Packet Switching Economics. Ericsson Review No 3, 1982, S. 125-128

Rosner, R. D.: Packet Switching. Lifetime Learning Publications, Wadsworth Inc., Belmont, 1982

Rudin, H.: On Routing and Delta Routing: A Taxonomy and Performance Comparison of Techniques for Packet-Switched Networks. IEEE Transactions on Communications, Vol COM-24, January 1976, S. 43-59

Rudin, H., Collin, H. W. (eds.): Protocol Specification, Testing and Verification. Proceedings IFIP 3rd International Workshop, North Holland, Amsterdam, 1983

Schicker, P.: Datenübertragung und Rechnernetze. Teubner Verlag, Stuttgart, 1983

Schulz, A.: Das fehlertolerante System Tandem T16. in: Informatik-Fachberichte Nr. 83, Springer Verlag, Heidelberg New York Tokyo, 1984, S. 189-200

Schwartz, M., Saad, S.: Analysis of Congestion Control Techniques in Computer Communication Networks. in: Grangé, J. L., Gien, M. (eds.): Flow Control in Computer Networks, North Holland, Amsterdam, 1979, S. 113-130

Segall, A.: Failsafe Distributed Algorithms for Routing in Communications Networks. in: Grangé, J.-L., Gien, M. (eds.): Flow-Control in Computer Networks, North Holland, Amsterdam, 1979

Simon, J. M., Danet, A.: Controle des Ressources et Principes du Routage dans le Reseau TRANSPAC. in: Grangé, J.-L., Gien, M. (eds.): Flow-Control in Computer Networks, North Holland, Amsterdam, 1979, S. 33-44

Spaniol, O.: Konzepte und Bewertungsmethoden für lokale Rechnernetze. Informatik-Spektrum, Springer-Verlag, Heidelberg New York Tokyo, Band 5, Heft 3, September 1982, S. 152-170

Spaniol, O.: Satellitenkommunikation. Informatik-Spektrum, Springer Verlag, Heidelberg, Band 6, Heft 3, August 1983, S. 124-141

Stallings, W.: Local Networks: An Introduction. Macmillan, New York, 1984

Stallings, W.: Local Networks. Computing Surveys, Vol 16, No 1, March 1984, S. 3-41

Stuck, B.: Which Local Net Bus Access Is Most Sensitive to Congestion? Data Communications, Vol 12, No 1, January 1983, S. 107-120

Stuck, B.: Calculating the Maximum Mean Data Rate in Local Area Networks. Computer, Vol 16, No 5, May 1983, S. 10-17

Tanenbaum, A. S.: Computer Networks. Prentice Hall, Englewood Cliffs, 1981

Tropper, C.: Local Computer Network Technologies. Academic Press, New York, 1981

Wilkes, M. V., Wheeler, D. J.: The Cambridge Digital Communication Ring. Proceedings Symposium on Local Area Communications Network, Mitre Corp., McLean, 1979, S. 47-62

Sachverzeichnis

Das folgende, alphabetisch sortierte Sachverzeichnis enthält eine Zusammenstellung der definierten Begriffe und Abkürzungen sowie Verweise auf ihr Auftreten im Text. Die Seitenangaben hinter jedem Schlagwort verweisen auf die Stellen, wo dieser Begriff auftritt. Eine **halbfett** gedruckte Referenz verweist auf das definierende Auftreten; wenn mehrere Seitenangaben so hervorgehoben sind, wird an nachfolgenden Stellen die vorherige Definition erheblich erweitert oder modifiziert.

A

B

F

G

G

I

J

K